U0187111

UI Intelligence and Front-end Intelligence

Engineering Technology, Implementation Methods, and Programming Ideas

UI智能化与前端智能化

工程技术、实现方法与编程思想

甄焱鲲 著

机械工业出版社
CHINA MACHINE PRESS

图书在版编目（CIP）数据

UI 智能化与前端智能化：工程技术、实现方法与编程思想 / 甄焱鲲著 . —北京：机械工业出版社，2023.6
ISBN 978-7-111-73139-9

Ⅰ. ①U… Ⅱ. ①甄… Ⅲ. ①人机界面–程序设计 Ⅳ. ①TP311.1

中国国家版本馆CIP数据核字（2023）第079994号

机械工业出版社（北京市百万庄大街22号 邮政编码100037）
策划编辑：杨福川　　　　　　责任编辑：杨福川　陈　洁
责任校对：张爱妮　卢志坚　　责任印制：张　博
保定市中画美凯印刷有限公司印刷
2023 年 7 月第 1 版第 1 次印刷
170mm × 230mm · 28.25印张 · 516千字
标准书号：ISBN 978-7-111-73139-9
定价：129.00元

电话服务　　　　　　　　　　网络服务
客服电话：010-88361066　　　机 工 官 网：www.cmpbook.com
　　　　　010-88379833　　　机 工 官 博：weibo.com/cmp1952
　　　　　010-68326294　　　金 书 网：www.golden-book.com
封底无防伪标均为盗版　　　　机工教育服务网：www.cmpedu.com

Preface **前　言**

写作动机

2017 年，我在负责 UC 浏览器部分内核工作时，为了解决前端测试的问题，引入了机器学习技术。借助计算机视觉和其他算法模型能力，我在 UI 的还原质量、布局问题、排版问题和样式问题等方面都取得了不错的成绩。在此基础上，我在阿里前端委员会共创会议上正式提出"前端智能化"概念，期望通过引入机器学习能力对现有前端技术和工程进行升级。在这次共创会议后，阿里前端智能化小组正式成立。

从 2017 年提出前端智能化开始，到 2022 年 NoCode 业务的交付，近 5 年时间如白驹过隙。我一直想把自己和团队的思考与实践分享给读者。本书以"智能 UI"为切入点，旨在详细阐述前端智能化，帮助读者为业务赋能、对工程提效。

其实，如果智能 UI 没有与内部的技术工程体系耦合得那么紧密，我也可以像 imgcook 一样开放出来，然后以文档方式教读者如何使用。不幸的是，智能 UI 先是紧密耦合大促场景，后又与频道的研发体系相耦合，而内部的模块标准、持续集成、组件和研发框架等都和行业标准有较大差异，如果把智能 UI 开放，相当于逼迫读者使用现有的技术栈，这对技术选型和工程改造都有巨大的成本压力。因此，我选择把智能 UI 的设计思想、实现路径乃至背后的部分智能化编程思想都分享出来，使读者在读完本书后可以构建自己的 NoCode 业务交付能力、个性化 UI 供给和消费能力、UI 调控能力。

授人以鱼，不如授人以渔。本书把问题分析、定义和解决的过程，以及这些过程背后的思考，都完整、清晰、全面地呈现出来，希望这些内容能够给读者带来启发，进而提高读者解决现实问题的能力。

综上所述，本书的写作动机是：

❑ 通过实践帮助读者学会构建自己的智能 UI 技术工程体系。

❑ 通过思考过程的分享帮助读者学会用前端智能化分析并解决业务和技术问题。

❑ 通过可微编程帮助读者了解前端智能化编程思想。

读者对象

本书适合以下读者：

❑ 对低代码 UI 开发技术实践感兴趣的程序员。

❑ 希望提升研发效率、对 UI 和交互进行创新的前端程序员和前端爱好者。

❑ 对智能 UI 技术感兴趣的技术管理者。

❑ 想借助智能 UI 提升业务价值的业务人员、产品经理和设计师。

本书内容和阅读建议

本书探讨的是前端和机器学习两个领域的知识，以智能 UI 为场景，介绍前端智能化的技术工程实践原理、方法和编程思想。书中内容分为三篇：第一篇"关于智能 UI"包括第 1~3 章，主要介绍前端智能化的基本概念、智能化的思维框架，以及实现 UI 个性化的方法；第二篇"智能 UI 实战"包括第 4~7 章，主要介绍智能 UI 从设计到实现的全过程；第三篇"智能 UI 编程思想"包括第 8~10 章，主要介绍 UI 智能化、交付智能化和编程思想智能化。

本书有以下 3 种阅读方式。

❑ 快速实战：对于对前端智能化有所了解的读者，推荐从第二篇开始阅读，直接进入智能 UI 的实战部分，快速掌握业务和技术工程，然后阅读第三篇，进一步创造业务价值，提升研发效率，最后阅读第一篇，了解前端智能化和 D2C 原理。

❑ 快速应用：对于致力于构建自己的前端智能化团队和技术产品的读者，例如开发自己的 imgcook，推荐从第三篇开始阅读，再读第一篇和第二篇。

❑ 循序渐进：第一次接触前端智能化和智能 UI 的读者可以循序渐进地逐篇浏览和实践。

致谢

本书引用了部分团队内部的文档资料，特此感谢妙净、苏川、笑翟、吖克、卡狸、欣余、数斯、缺月、昭如、卓风、大漠、禹哲、泽它、连山等资料贡献者。

书中内容如有不当，请广大读者批评指正，联系邮箱为 zyk1980@sohu.com。

Contents 目　录

关于智能 UI

随着前端开发效率的提升以及前端智能化生成代码能力的成熟，前端可以应对更复杂多变的 UI。复杂多变的 UI 契合业务的个性化诉求，业务在激烈的市场竞争中借助个性化提升用户体验并改善业务效果。进一步说，智能 UI 是前端工程师借助个性化创造业务价值的良好途径。

回望通往前端智能化的道路，支撑前端智能化从一个虚无的概念到实在的技术的关键在于两个切入点和一个方法。初期，前端智能化的第一个切入点是借助智能化页面重构，借助机器学习对设计稿进行识别、理解和代码生成，极大提升了前端研发效率。中后期，前端智能化的第二个切入点是借助智能 UI 实现个性化，借助产品、设计和研发一体化生产的方式，用 UI 可调控和个性化推荐赋能业务进行产品精细化运营，使用可微编程的方法，借助机器学习和人工智能的算法能力，从本质上改变软件的设计和研发。

Chapter 1 第 1 章

前端智能化

网页三剑客是镌刻在第一批前端工程师灵魂中的烙印。撇开 Flash 被丰富的 BOM、DOM、JavaScript、CSS 取代不说，切图、提取资源、拾色器提取 CSS 颜色值、编写 HTML 和 CSS 的工作仍然和当初一样无趣且烦琐。随着 2019 年 D2 终端技术大会上发布设计稿智能生成代码工具 imgcook，这些烦琐的工作终于被前端智能化所替代。下面详细介绍前端智能化的概念、要求、能力和方法。

1.1　AI 改变前端编程

在需求和变更的双重压力下，前端工程师逐渐沦为业务交付工具人。此外，相对于重新定义商业模式、产品功能，调整 UI 和交互对于产品来说更加短、平、快，这加剧了前端被资源化的状况。很多一线的前端工程师在应对产品需求的路上，发现自己连业务逻辑、代码逻辑都写得越来越少了。"页面重构"这个岗位应运而生。但是，我们也要正视前端被资源化现象的合理性：如果做不好业务，技术也将失去生存和发展的空间。因此，排斥或消除这种现象是错误的，应该接受并改变它。

诚然，要改变前端被资源化的现象，短期的目标是先消除重复和低价值的"页面重构"工作。我们从这里出发，看看 AI 怎么改变前端编程的。

如图 1-1 所示，借助 AI 的能力，前端工程师可以自动进行页面重构工作，把看设计稿、切图、提取颜色值、调整样式等低价值、重复性的事务交给 AI 去做。接下来，我们看看 AI 怎么做，页面重构工作有什么要求。

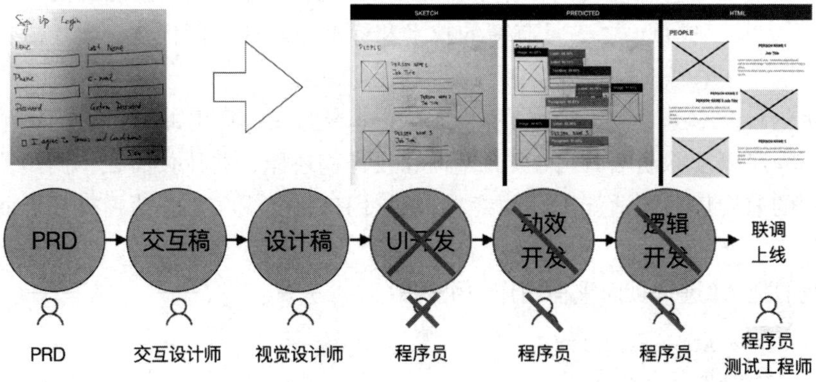

图 1-1　AI 替代前端工程师进行页面重构的工作

1.2　AI 进行页面重构的要求

页面重构就是把设计稿转换成 Web 页面的过程，AI 进行页面重构就是用 AI 替代页面重构前端工程师执行这个过程。下面通过一则招聘信息大体了解一下页面重构前端工程师的岗位职责和岗位要求。

❑ 岗位职责：负责部门门户网站（PC）、微信小程序以及移动端 H5 的页面重构和设计稿还原，并让页面在不同浏览器下有良好的兼容性，能适配不同的终端；通过 HTML5 和 CSS3 动画提升页面用户体验；建立和维护公共 UI 组件库，提升团队页面重构效率，创造更高项目价值；跟踪最新的前端技术和标准，持续优化前端页面性能，提升用户体验。

❑ 岗位要求：本科及以上学历，2 年及以上页面重构经验；精通 HTML5、CSS3、JavaScript 等技术，对 Web 标准化有深入见解；有良好的编程习惯，对组件化、模块化、CSS 设计模式有一定的经验，有大型网站页面重构经验者优先；熟悉页面性能优化，了解各主流浏览器特性；能快速构建出主流浏览器的页面，能解决平台多终端的兼容、适配问题；可熟练使用前端构建工具，如 Grunt、Gulp、Webpack 等，有前端工程化经验者优先；有较强的学习能力、分析能力和解决问题的能力；对用户体验有深刻的理解，思路清晰；具备良好的沟通能力和团队协作精神。

我们把这个招聘信息稍微整理一下，把 AI 不用承担的职责忽略：去掉"建立和维护公共 UI 组件库，提升团队页面重构效率，创造更高项目价值"，原因是 AI 可以针对设计稿生成代码，不需要组件库这种代码复用技术来提高研发效率；去掉"跟踪最新的前端技术和标准，持续优化前端页面性能，提升用户体验"，因为是生成页面，一旦有新的技术和标准或新的性能优化方案，重新生成即可。

简化后，AI 进行页面重构的职责范围就聚焦在：负责部门门户网站（PC）、微信小程序以及移动端 H5 的页面重构和设计稿还原，并让页面在不同浏览器下有良好的兼容性，能适配不同的终端；通过 HTML5 和 CSS3 动画提升页面用户体验。

我们把 AI 进行页面重构当作一个函数：

```
Function AI_WebRebuild(input){
    switch (input){
        case设计稿:
        return {html,css,resources};
        case AfterEffect等动画动效文件:
        return {html,css,resources};
        default:
            break;
    }
}
```

从以上函数可以发现，输入有设计稿、动画动效文件两种可能，输出都一样：html、css、resources。接下来，根据岗位要求看看 AI 需要具备什么能力才能进行页面重构的生成工作。

1.3 AI 进行页面重构的能力

把前面的岗位要求进行类比和抽象，总结如下：

❑ 生成结果准确。

❑ 生成结果可维护。

❑ 生成结果兼容各种业务场景。

这就对 AI 的页面重构能力有了更具体的要求。为了应对这些要求，我们设计了对应的研发模式来进行承接和实现，如图 1-2 所示。

这种研发模式支撑了阿里电商双十一的营销会场模块开发工作，将大量的页面重构工作用 AI 的设计稿生成代码 D2C（Design to Code）能力自动完成。那么，读者可能会问：这是如何做到的？下面具体介绍一下背后的技术体系，如图 1-3 所示。

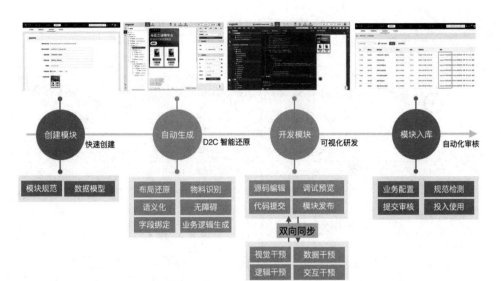

图 1-2　AI 进行页面重构的研发模式

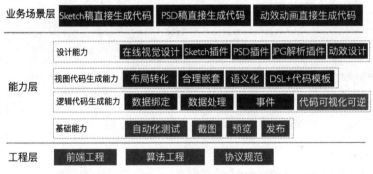

图 1-3　AI 进行页面重构的技术体系

该技术体系具有如下优点。

❑ 生成结果准确：能力层用设计工具插件辅助设计师约束设计稿内容。

❑ 生成结果可维护。

❑ 生成结果兼容各种业务场景：PageSchema 实现可扩展的 DSL，如图 1-4 所示。

从输入的处理到机器视觉的识别，再到 AI 的理解和 DSL 转换成对应的代码表达，至此，我们实现了一整套 AI 进行页面重构的系统化能力。

图 1-4　DSL 兼容各种业务场景

1.4　AI 进行页面重构的方法

看到这里，读者可能会产生疑问：这和看着设计稿进行页面重构有什么区别？答案是：没有，也有。没有区别，是因为 AI 进行页面重构的过程只是替代前端工程师进行工作，并没有改变页面重构的工作流程和工作内容；有区别，是因为 AI 的替代使页面重构的方法发生了本质的变化，以往前端工程师看设计稿、理解设计稿、切图、布局及选用 HTML、CSS 进行设计稿还原的过程，变成了用机器视觉识别设计稿，用算法模型理解设计稿，用神经网络和算法决策如何切图、布局，以及选用 HTML、CSS 进行设计稿还原。

AI 页面重构的方法如图 1-5 所示。

陡峭的学习曲线和大量 AI 领域机器学习的专业概念是理解 D2C 能力的拦路

虎，因为机器视觉、算法模型、神经网络、fastRNN、YOLO、NLP、目标检测、分类模型、语义识别等机器学习专业概念太复杂。但是，如果从 AI 应用的角度去描述机器学习，就可以聚焦到 3 个问题：原理、过程、调试方法。

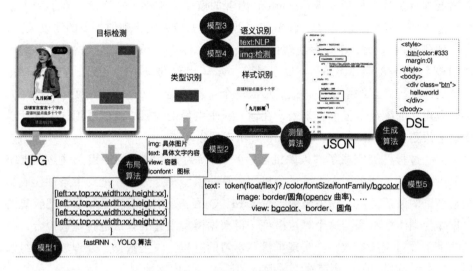

图 1-5　AI 进行页面重构的方法

1.4.1　原理

机器学习的原理莫衷一是，一般的理解是：基于最大熵原理对输入的概率分布进行算法模型的拟合，未来可以对输入做出概率预测。这个理解就把机器学习分成训练和预测两个部分，训练的质量影响预测的准确性。

最大熵原理其实是一个最朴素、最简洁的思想，如果理解一个六面的骰子掷出其中一面的概率是 1/6 的话，那么就已经掌握了最大熵原理。对于骰子，由于不知道是否有人做手脚，唯一知道的是每一面出现的总概率等于 1，因此把这个已知的条件称为"约束条件"：$P(x=1)+P(x=2)+\cdots+P(x=6)=1$。所以，最符合现实的客观假设是：这是个正常的骰子，每一面出现的概率是个"等概率事件"，即 $P(x=1)=P(x=2)=\cdots=P(x=6)=1/6$。所谓最大熵原理就是指满足已知信息（约束条件），不做任何假设（不掺杂主观因素），把未知事件当做等概率事件处理。比如：在算法模型看来，一个 UI 出现 img、text、view、iconfont 等控件的概率是相等的。

1.4.2　过程

以图 1-5 中的类型识别为例，共有 img、text、view、iconfont 四种类别的控件出现在业务场景中，那么，根据最大熵原理，每种控件出现的概率应该是 1/4 。
但是，作为前端工程师，会有一个经验（或者叫先验）的判断：iconfont 出现的概
率在 4 种类别中应该是最低的。于是，我们收集所有过往构建的页面，在收集的
数据上进行统计分析后发现：iconfont 出现的概率为 12%。这样就得到了一个新
的约束条件（额外信息）：P(iconfont)=12%。根据最大熵原理加入新的约束条件，
然后把剩下的部分做等概率处理：P(img)+P(text)+P(view)=88%。这 3 个类别出
现的概率是：88%÷3≈23%。根据经验，view 出现的概率比较低，可能还要进
一步统计分析修正约束条件，最后形成一个合理的结论，这个结论就是根据最大
熵原理建立的统计学模型。未来，在输入一个页面的时候，就能够用这个统计学
模型来预测 img、text、view、iconfont 出现的概率了。

上述过程已经完成了"人肉机器学习"，因为整个模型的约束条件是人工统
计分析出来的。如果把人工统计分析变成算法模型统计分析，把约束条件换成算
法模型里的激活函数、损失函数、Reward、Q 值、互信息等模型参数，把收集的
数据作为训练样本喂给这个算法模型，再根据模型内置的算法进行函数拟合，找
到约束条件对应的参数，就实现了机器学习的过程：收集数据、处理数据、组织
训练样本、选择模型、训练模型、验证和调优、用模型预测。

1.4.3 调试方法

从上述"人肉机器学习"的过程中可以看到，模型、参数和训练样本这 3 个
要素对机器学习至关重要，对这 3 个要素进行调整就可以完成大部分模型的调试
工作。

1. 模型

如果把机器学习的算法模型比作大脑，模型就是大脑里的思维模式。认知世
界的思维模式如果出现问题，很多事物我们就无法理解。这时就会去改变自己的
思维模式，最终理解了一些对于初学者是新事物的东西，这个过程就完成了对大
脑里思维模式的调试。

机器学习也是一样，不同的算法模型有不同的特点、不同的局限性。如果
关注机器学习领域的读者，必定对卷积神经网络（CNN）有所耳闻，这是一个
非常强大的机器视觉领域的算法模型，它可以逐像素、逐区域地提取图像特征
（卷积），再利用神经网络进行建模，从而理解图像特征。但是，CNN 有其局限
性，卷积核设置过大，就会因为运算量过大而无法实际使用。就像人眼看到的图
像，如果大脑处理不过来，就会产生 VR 晕动症。可以用转换器或其他模型替代

CNN，再根据试验情况决定选用什么模型。这就像做前端开发过程中的技术选型一样，运用不同的技术，通过调试找到最适合解决问题的技术方案。

2. 参数

调试过程中涉及的参数并不是前述模型记录的参数，而是训练模型的参数。训练模型的参数通常称为超参数，在机器学习中，超参数是在学习过程开始之前设置其值的参数。相反，其他参数的值是通过训练得出的。由于超参数的取值是无法通过训练模型得到的，即训练数据中不含有超参数取值的信息，因此，如何对超参数进行选择、调优就成了研究的重点。

在超参数优化方面，主要方法有：网格搜索（Grid Search），又称参数扫描，是超参数优化的传统方法，它仅仅对手动指定的模型的子集进行穷举搜索；随机搜索（Random Search），即在高维空间中简单地采样固定次数的参数设置的随机搜索；贝叶斯优化（Bayesian Optimization），这是噪声黑盒函数全局优化的一种方法。

关于超参数的选择、调优至今还没有明晰的方法，只是大概知道超参数对于模型的表现有很大影响，却不清楚具体是如何影响的。因此，算法工程师被戏称为炼丹师、调参工程师。

如果说超参数是针对机器学习算法模型初始化的参数，那么训练参数则是针对机器学习过程进行初始化的参数。训练参数包括如下几方面。

❑ 学习速率：模型太大的话，无法学到精髓；模型太小，则无法解决训练样本中没出现的问题（专业术语叫过拟合）。

❑ 批次大小：该参数与训练样本有关，太大或太小都不好，要让模型反复、随机、均匀地越过不同类型的训练样本为佳，但通常会对训练样本进行随机打散。

❑ 随机打散：该参数与批次大小相关联，为打散时使用的随机数，就像在写程序时生成随机数的 Random Seed。

3. 训练样本

训练样本就是收集和处理数据，在机器学习领域有一个专业名词叫"特征工程"。如果把"机器学习"比作日常生活中的"读书"，那么特征工程就是一种读书方法：好读书，读好书。"好读书"是指要经常读书，"读好书"是指读的书的内容质量要高。对于机器学习也是一样："好读书"之于训练样本就是要求丰富性，训练样本充分才能训练出好模型；"读好书"之于训练样本就是要求高质量，高质量的训练样本才能让模型学习到精髓，而不会被噪声带偏。

在具体操作的时候，成熟的机器学习生态提供了大量的数据清洗、数据分析、特征提取、样本组织的工具和方法论，因此完全不用担心。PipCook 这个为前端开发的开源系项目，就能够用 JavaScript 高性能、高质量地完成上述工作。

掌握了上述调试方法，基本就可以自己实现 AI 进行页面重构的过程，训练 AI 进行页面重构了。如果这个过程中遇到问题，还可以从 3 个方面进行调试和优化：选对模型，调好参数，组织高质量且丰富的训练样本。

第 2 章　*Chapter 2*

面向不确定性编程

相信大部分程序员意识不到自己日常的编程都是面向确定性的，因为接受过软件工程等相关教育后我们会觉得传统的软件和编程理论理所应当，就像每天饿了吃饭、困了睡觉一样自然，我们不会关注为什么需要吃饭和睡觉。假设有一个全新的科学领域研究并证明"人可以通过皮肤摄取维持生命的能量，人可以通过达芬奇睡眠法用打盹儿来修复身体受损伤的细胞"，你还会觉得人为什么需要吃饭、人为什么需要睡觉等问题很蠢吗？不会。因为新科学技术的出现，让这个理所应当的问题发生了改变，其合理性不再那么合理了。

回到编程领域，AI 的出现让"是否应该面向确定性编程"这个问题的合理性也发生了一些微妙的变化。接下来就谈谈如何发现这些微妙的变化，以及这些微妙的变化能为前端带来什么有意义的进化。

2.1　运行时的不确定性带来的全新挑战

相对于硬件能力跟不上软件需求的过去，现在硬件的能力并没有被软件完全释放。除了游戏、专业工具（如视频啊·辑、3D 建模等）外，大多数软件并没有完全释放硬件的能力。这里不用"算力"而用"硬件能力"，因为"算力"不足可以优化或妥协，"硬件能力"是固定的。从 CPU 分化出向量和矩阵专业运算的 GPU 开始，系统里用"通用电子电路（CPU）＋软件"方式解决的很多问题都逐步被专业电子电路所替代。比如商汤和旷世科技提供的摄像头模组里，用硬件电子电路进行照片质量的检测和修正，包括常用的美颜功能。这时，摄像头模组已经不再是一个简单的传感器，它包含了专业的计算单元。类似的，还有以往的 iPhone 5S 上 A7 处理器加入的 M7 协处理器，专门针对重力加速感应、陀螺仪和地磁等数据进行硬件电路计算。更有设备专门进行神经网络加速、图像处理加速、数字信号处理。赛灵思 Xilinx 研发出了 ZYNQ 和 Vitis 这种可编程逻辑器件混合处理器，除拥有前述硬件电路的加速能力外，还可以通过 ZYNQ 的 FPGA 编程这些逻辑器件来定制一个符合自己要求的加速器。特斯拉在 AI Day 展示的 FSD 机器学习加速能力利用的就是这一原理。

运行时硬件能力的提升造就了一个异常复杂的运行时环境，除了不同标准的小程序、不同版本的浏览器引擎、不同的分辨率、不同的安全区域等之外，还有不同的硬件平台。

随着硬件能力的发展，除了适配不同终端外，场景化编程已经逐渐从幕后走到台前。进化论领域有个有趣的例子，是说眼睛最初只是一个突变的感光细胞，而这个突变却使其具备了生态竞争优势，它可以觅光而去，找到适合生存和进化的空间。随着时间推移，这个感光细胞逐渐进化出眼窝和视杆细胞，根据进光量和角度可以检测出空间、方位、景深等信息，最后发展出视锥细胞，可以感受色彩。今天，把智能手机和最初的 PDA、HTC 时代的 Android 手机做对比，智能手机的处理能力、存储能力、感知能力和理解能力有了极大提升，这些能力的进化势必改变智能手机所处的生态位置，发展出全新的生存空间——使用场景。针对使用场景进行编程，已经不是什么新鲜事，因为 Apple 用"快捷指令"把场景化编程安排得明明白白。

读者或许会问：既然 Apple 知道场景化编程重要，为什么不自己开发出来让用户使用呢？答案是开发不出来，因为生活场景不胜枚举，UI 和交互习惯不一而足，这种挑战正是去做智能 UI 的驱动力。我们可以学习 Apple，先定义好能力，再根据场景及用户的 UI 和交互习惯偏好，智能化组装出类似"快捷指令"这样贴合实际、符合习惯的软件供用户使用。

这些异常复杂的运行时环境、使用场景、个性化的用户体验等已经不是以往 ToolChain 级别的工具或所谓跨端框架、Webpack 插件能够解决的，它们必然会冲击到软件编程本身。

2.2　编程本身受到的影响

2.2.1　想不清楚

编程本身受到的最大影响就是想不清楚。好似上面 Apple 场景化编程的例子，生活场景不胜枚举、UI 和交互习惯不一而足，异常复杂的运行时环境、使用场景、个性化的用户体验等因素，让接到需求就查框架、脚手架、库、API、编程语言特性、算法和数据结构的程序员一时手足无措。

手足无措的原因来自不确定性。说到底，编程是工程思想驱动的，工程就是以现有技术为基础来解决实际问题。因此，工程是追求确定性的，技术选型要选成熟的技术，技术方案要在成本和效果之间衡量取舍，项目成员是否具备足够的技能和熟练度保障工程进度等都是在用"想清楚"去消除"不确定性"。然而今天，前端工程师必须接受这样一个事实：这个世界有其复杂而难以想清楚的一面。比如梅拉尼·米歇尔在《复杂》一书中曾提到："免疫系统如何抵抗疾病，细胞如何组成眼睛和大脑，类似这种由简单个体构成的复杂系统还有人类的经济系统、万维网等。最为神秘的是，所谓'智能'和'意识'是如何从不具有智能和意识的物质中涌现出来的？"

笔者非常赞同这个观点，这里从本质上呈现了两种典型的复杂性。

先看免疫系统、细胞系统、经济系统。因系统中元素的内禀属性和外在相互连接的影响，系统分析从来都是一件难以想清楚的事情，这才有了软件系统分析中的领域模型、四色分析法、五视图分析法等思维工具。但是，这些思维工具基本都是在进行抽象和归纳，未来使用的演绎过程（也就是实现系统的过程）会受这些抽象和归纳的设计所约束。但是，这些约束还是内禀的，无法影响外部真实世界。最后，程序的设计在变化迅速和纷繁复杂的外在环境中不断劣化，最终使前端工程师的工作（如 UI 和交互开发）在现代的不确定性面前显得不合时宜且力不从心。

科技发展带领科学走进微观世界，而微观世界里存在的单纯能量、质量、动量、时间、空间等都显得那么简单、纯粹且不具有智能和意识，正是这些元素构成了强相互作用、弱相互作用、电磁力、引力，并将彼此束缚在一起，形成了夸克、胶子、轻子、中子、质子、原子、分子、神经元、神经网络、大脑，以及寄宿其中的所谓"智能"和"意识"。这种纵深的复杂度向微观领域延伸，就像欧洲大型粒子对撞机发现的希格斯玻色子，似乎永无止境。这种无限的纵深和层级间复杂的相互作用所表现出的不确定性，也难以在短时间里想清楚。前端工程师会研究开发框架、浏览器引擎、JS 引擎，但是，当面对对性能和功能有要求的极端情况时，他们可能还不得不去了解各种操作系统、内核模块、设备驱动、硬件电路等。

以 AI 进行页面重构的例子来看，从设计稿到智能生成代码，由于无法想清楚不同设计师用不同的设计工具有多少种设计的可能性，生成代码的链路异常复杂。到目前为止，笔者和团队至少遇到、修复和解决了数万个生成代码的问题。以圆角矩形为例，有的设计师直接用贝塞尔曲线在设计工具里完成一个封闭的圆角矩形，有的设计师则用设计工具里的圆角矩形调整弧度，还有的设计师用两个圆加一个矩形拼一个胶囊。

2.2.2 做不明白

笔者发布 imgcook 后在两年多实践里根据用户反馈解决了数万个问题。有如此多问题是因为程序的设计或研发质量不行吗？是，也不是。面向确定性，以规则为核心、阈值为灵活性无法应对设计输入的复杂性，这是非智能化程序设计时不可避免的错误，所以我们说这是质量不行。但设计输入异常复杂，即便汇聚行业精英倾尽全力，仅用非智能化程序的阈值也很难将这类问题解决彻底。从某个问题中发现了解决方案，并依据阈值问题进行修复后，另一个和当前阈值相关的问题会随之出现，那么这样的阈值冲突便越来越多，难以收敛。

2018 年，笔者来到杭州接手达芬奇项目，引入 AI 解决这些问题到发布 imgcook 的这段时间，异常艰难。最大的困难是难以突破的编程习惯——面向确定性。

团队最大的困惑是：如果把识别交给机器视觉，把理解交给神经网络，用 AI 替代硬编码的规则和阈值，那么出现偏差的时候会对代码生成质量造成很大影响，这时该怎么办呢？智能化就是一个自迭代的过程，把错误样本沉淀并标注好，交给机器进行在线训练更新权重，实现自迭代，持续提升模型准确率。话虽简单，实际操作起来却不那么容易，因为这里面透露着做智能化经常会遇到的两个困难。

1. 区分程序逻辑和 AI 要解决的问题

对于区分程序逻辑和 AI 要解决的问题，首先，要突破"面向确定性"的编程习惯。这确实很难，软件工程师在写程序之前都习惯于先想清楚输入、输出和程序逻辑，再进行编程。这里的输入输出至多是具备灵活性：多个多种输入经过程序逻辑处理后产生多个多种输出（例如泛型），这还是在确定范围内的。比如：

```
Function AI_WebRebuild(input){
    switch (input){
    case设计稿:
        return {html,css,resources};
    case AfterEffect等动画动效文件:
        return {html,css,resources};
    default:
```

```
        break;
    }
}
```

这里的输入有两种类型——设计稿、动画动效文件，会产生多个输出——html、css、resources。那为什么没有处理逻辑？怎么就输出了 {html, css, resources}？没错，这就是图 1-5 中交给 AI 算法模型解决的问题：把输入转换成 html、css、resources（原理可参见 1.4.1 节）。

2. 机器学习的门槛较高

对于机器学习的门槛较高的问题，笔者提出了基于 Pipline（流水线）和插件的架构，基于现有 Python 机器学习生态，用 JavaScript 实现一个面向前端工程师的算法应用机器学习框架，来降低前端理解和使用 AI 的成本（方法可参见 1.4.3 节）。

首先，用快速上手的方式让大家可视化地快速试验，找到合适的算法模型，如图 2-1 所示。

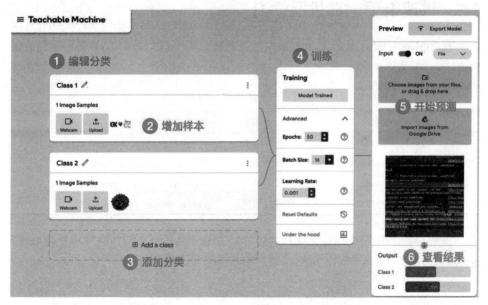

图 2-1　Pipboard 可视化测试 AI 算法模型能力

然后，用 PipCook 根据选择的算法模型实现算法工程的 Pipline ，在能力不足的时候用 JavaScript 写一些面向自己的前端技术工程体系的插件，整体架构如图 2-2 所示。

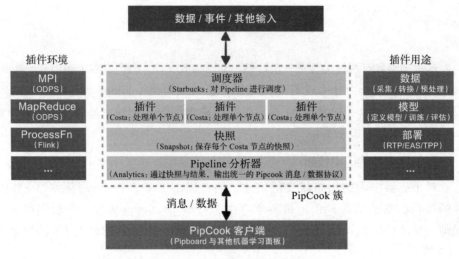

图 2-2　PipCook 的技术架构

2.3　快速上手前端机器学习

在 PipCook 中，用 Pipeline 表示一个模型的工作流，目前实现了 4 条官方的 Pipeline，如表 2-1 所示。

表 2-1　4 条官方 Pipeline

Pipeline 名称	任务类型	Pipeline 文件 CDN 链接
image classification MobileNet	图片分类	image-classification-mobilenet.json
image classification ResNet	图片分类	image-classification-resnet.json
text classification Bayes	文本分类	text-classification-bayes.json
object detection YOLO	目标检测	object-detection-yolo.json

那么这个 Pipeline 到底是什么样的呢？ Pipeline 使用 JSON 来描述样本收集、数据流、模型训练与预测等阶段及每个阶段相关的参数。

```
{
    "specVersion": "2.0",
    "type": "ImageClassification",
    "datasource": "替换真实数据源",
    "dataflow": [
        "https://cdn.jsdelivr.net/gh/imgcook/pipcook-script@5ec4cdf/
        scripts/image-classification/build/dataflow.js?size=
        224&size=224"
```

```
    ],
    "model": "https://cdn.jsdelivr.net/gh/imgcook/pipcook-script@5ec4cdf/
        scripts/image-classification/build/model.js",
    "artifacts": [],
    "options": {
        "framework": "tfjs@3.8",
        "train": {
            "epochs": 10
        }
    }
}
```

如上面的 JSON 所示，Pipeline 由版本、类型（datasource、dataflow 和 model）及构建插件 artifacts、Pipeline 选项 options 组成。目前开源的 Pipeline 类型包括 ImageClassification（图片分类）、TextClassification（文本分类）、ObjectDetection（目标检测），在 PipCook 后续迭代中也会不断增加对其他任务类型的开源，让每个前端都能训练自己的页面重构 AI 算法模型。

每个脚本通过 URI query 传递参数，model 脚本的参数也可以通过 options.train 定义。artifacts 定义了一组构建插件，每个构建插件会在训练结束后被依次调用，从而可以对输出的模型进行转换、打包、部署等。options 包含框架定义和训练参数的定义（参见 1.4.3 节）。

QuickStart 的 Pipeline 中，任务类型为 ImageClassification，即图片分类。示例还定义了图片分类所需的数据源脚本、数据处理脚本、模型脚本，示例准备的数据源存储在 OSS 上，样本中包含两个类别，分别是 avatar 和 blurBackground，也可以用自定义的数据集替换，训练出属于自己的图片分类模型。定义了所使用的 Pipeline 运行依赖的框架为 tfjs 3.8，训练的参数为 10 个 epoch，下一步就能通过 PipCook 来运行它了。

安装和运行 PipCook 需要满足以下条件。

❑ 操作系统：MacOS 或 Linux（Windows 有基本的支持，但未完全测试）。

❑ 软件环境：Node.js v12.17.0 或 v14.0.0 以上（v13 不支持）。

然后运行以下命令，等待安装完成即可。

```
$ npm install @pipcook/cli -g
```

2.3.1 训练

把 Pipeline 文件保存为 image-classification.json，然后运行以下代码：

```
$ pipcook train ./image-classification.json -o my-pipcook
```

```
ⓘ preparing framework
████████████████████████████ 100% 133 MB/133 MB
ⓘ preparing scripts
████████████████████████████ 100% 1.12 MB/231 kB
████████████████████████████ 100% 11.9 kB/3.29 kB
████████████████████████████ 100% 123 kB/23.2 kB
ⓘ preparing artifact plugins
ⓘ initializing framework packages
ⓘ running data source script
downloading dataset ...
unzip and collecting data...
ⓘ running data flow script
ⓘ running model script
Platform node has already been set.
2021-08-29 23:32:08.647853: [ tensorflow/core/platform/cpu_feature_
    guard.cc:142] This TensorFlow binary is optimized with oneAPI Deep
    Neural Network Library (oneDNN) to use the following CPU instruc-
    tions in performance-critical operations:  AVX2 FMA
To enable them in other operations, rebuild TensorFlow with the
    appropriate compiler flags.
loading model ...
Epoch 0/10 start
Iteration 0/20 result --- loss: 0.8201805353164673 accuracy: 0.5
Iteration 2/20 result --- loss: 0.03593956679105759 accuracy: 1
...
Iteration 18/20 result --- loss: 5.438936341306544e-7 accuracy: 1
ⓘ pipeline finished, the model has been saved at /Users/pipcook-
    playground/my-pipcook/model
```

在 PipCook 的代码仓库中也保存了这个示例，可以通过 URL 直接运行：

```
$ pipcook train https://cdn.jsdelivr.net/gh/alibaba/pipcook@main/
    example/pipelines/image-classification-mobilenet.json -o my-pipcook
```

其中，参数 -o 表示训练工作空间被定义在 ./my-pipcook 中。

从日志中可以看出，PipCook 在准备阶段会下载一些必要的依赖项。

❑ framework：框架指的是一组压缩包，每个压缩包针对不同的运行环境
提供了 Pipeline 运行所需要的依赖。笔者的运行环境是 MacOS、Node
12.22，依赖 tfjs 3.8 框架，PipCook 会根据当前环境自动选择适配的框
架文件。这个框架文件是由 PipCook 维护的，默认镜像是国内的阿里
云 OSS，所以网络不佳的读者不用担心下载的问题。同时在 us-west 中
也维护了一份副本，国外的读者也可以方便地下载到。每个框架 URL
的文件只会被下载一次，之后再次使用时将从缓存中获取，不会浪费磁
盘空间。

❑ scripts：PipCook 的模型任务由一组打包后的脚本组成，在这个示例中，脚本被存储在 GitHub 上，可以通过 jsdelivr 进行 CDN 加速，脚本可以引入框架中的包对数据进行处理或者进行模型训练。

❑ artifact plugins：构建插件用于对训练后的模型进行处理，比如上传 OSS 等操作。由于这些插件本身都比较轻，且每个插件安装完后都会有缓存，因此它们被设计成了 npm 包，通过 npm 客户端进行安装。在此示例中没有配置构建插件，所以此项会被忽略。

准备工作完成后，就会依次运行 datasource、dataflow 和 model，开始拉取训练数据，处理样本，输入模型进行训练。

示例定义 Pipeline 的训练参数（前述炼丹师的超参数）为 10 个 epoch，因此模型训练在 10 个 epoch 后停止。

此时，训练产物被保存在工作空间 ./my-pipcook 中的 model 文件夹中。

```
my-pipcook
    ├── cache
    ├── data
    ├── framework -> .pipcook/framework/3fcee957e1dbead6cc61e52bb599
    ├── image-classification.json
    ├── model
    └── scripts
```

可以看到，工作空间中包含此次训练所需的所有内容，其中 framework 是下载完成后被软链到工作空间的 framework 目录中的。

2.3.2　预测

通过 pipcook predict 命令将图片送入模型进行类别预测，两个参数分别为工作空间 ./my-pipcook 和待预测的图片地址 ./avatar.jpg。

```
$ pipcook predict ./my-pipcook -s ./avatar.jpg
ⓘ preparing framework
ⓘ preparing scripts
ⓘ preparing artifact plugins
ⓘ initializing framework packages
ⓘ prepare data source
ⓘ running data flow script
ⓘ running model script
Platform node has already been set. Overwriting the platform with [object
    Object].
2021-08-30 00:08:28.070916: [ tensorflow/core/platform/cpu_feature_
    guard.cc:142] This TensorFlow binary is optimized with oneAPI
    Deep Neural Network Library (oneDNN) to use the following CPU
```

```
instructions in performance-critical operations:  AVX2 FMA
To enable them in other operations, rebuild TensorFlow with the
   appropriate compiler flags.
predict result: [{"id":0,"category":"avatar","score":0.9999955892562866}]
√ Origin result:[{"id":0,"category":"avatar","score": 0.9999955892562866}]
```

和训练时一样，预测时也会准备 framework、scripts 和 artifact plugins 等必要的依赖，当依赖已存在时则会忽略，这样即使将模型移动到其他设备上也可以直接运行，PipCook 会根据配置自动准备运行环境。从输出日志来看，模型预测这张图片的类型为 avatar，可信度为 0.999。

2.3.3　部署

通过 Pipcook 部署机器学习模型的命令为 pipcook serve <workspace-path>。

```
$ pipcook serve ./my-pipcook
ⓘ preparing framework
ⓘ preparing scripts
ⓘ preparing artifact plugins
ⓘ initializing framework packages
Pipcook has served at: http://localhost:9091
```

默认端口为 9091，也可以通过参数 -p 指定，然后通过浏览器打开 http://localhost:9091，就可以访问图片分类任务的交互界面并进行测试，如图 2-3 所示。

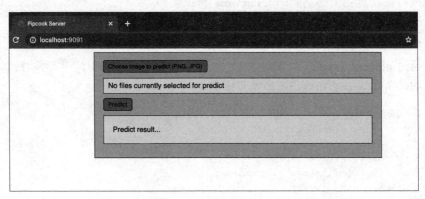

图 2-3　图片预测界面

选择图片并单击 Predict 按钮，结果如图 2-4 所示。

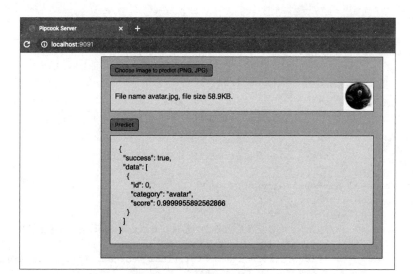

图 2-4　图片预测结果

当然，也可以用命令行工具或 HttpWebRequest 直接访问预测接口。

```
$ curl http://localhost:9091/predict -F "image=@/Users/pipcook-play-
    ground/avatar.jpg" -v
< HTTP/1.1 100 Continue
* We are completely uploaded and fine
< HTTP/1.1 200 OK
< X-Powered-By: Express
< Content-Type: application/json; charset=utf-8
< Content-Length: 64
< ETag: W/"40-kCOJxkKqWqcndfPNbdrICzIiW+A"
< Date: Mon, 30 Aug 2021 03:59:49 GMT
< Connection: keep-alive
< Keep-Alive: timeout=5
* Connection #0 to host localhost left intact
{"success":true,"data":[{"id":0,"category":"avatar","score":1}]}*
    Closing connection 0
```

进行到这里，就可以回到 AI 进行页面重构的问题，把传统编程模式升级到面向不确定性编程。

```
function data_process(input){
    var formData = new FormData();
    var fileField = document.querySelector("input[type='file']");
    formData.append('inputFile', fileField.files[0]);
    fetch('http://localhost:9091/predict', {
    method: 'PUT',
    body: formData
```

```
    })
    .then(function(response) {
        if(response.headers.get("content-type") === "application/json")
        {
            return response.json();
        } else {
            console.log("Oops, we haven't got JSON!");
        }
    })
    .catch(error => console.error('Error:', error))
}
function AI_WebRebuild(input){
    switch (input){
        case设计稿:
            //这里添加的部分就是AI输出的结果，当然这只是伪代码，不要直接使用
            var final_web = data_process(input);
                return {final_web.html,final_web.css,final_web.resources};
        case AfterEffect等动画动效文件:
                return {html,css,resources};
        default:
    }
}
```

升级后的代码通过 WebAPI 调用了这里部署的 AI 算法模型服务，算法模型服务再根据图 1-5 介绍的过程，按照控件、组件、模块、区块、布局、页面的层级结构进行识别和理解，然后，再根据 DSL 定义的 WebSchema 转换器输出为 H5 页面、微信小程序、支付宝小程序等。

其实，这里已经用前端机器学习的能力实现了一个纯前端技术下的面向不确定性编程的过程。之所以说实现了面向不确定性编程过程，是因为这里并没有直接针对设计稿源文件的信息写任何处理逻辑，而是把信息输入用 PipCook 训练好的模型里，由模型帮程序进行识别、理解和处理。这种非直接编程实现，而是间接利用 AI 算法模型能力实现程序功能的过程，就是所谓的面向不确定性编程。只要能够区分程序逻辑和 AI 要解决的问题，用 PipCook 这个低门槛、前端的机器学习技术把 AI 要解决问题的能力训练出来，就能够应对现在异常复杂的运行时不确定性挑战。

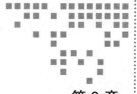

第 3 章 *Chapter 3*

UI 个性化

讲到这里，读者已经对所谓"前端智能化"整个技术体系、如何实现面向不确定性编程有了大致的了解。接下来进入本书的主题——UI 个性化部分，介绍一下前端智能化和面向不确定性编程如何应用到 UI 个性化中，且能够带来什么价值。

图 3-1 是前端智能化体系演进的最新版，方框内部分是本书将会分享的内容。

❑ 解决方案层：UI 个性化方案。

❑ 业务工具层。

　　○ 个性化 UI 生产的 UICook 和个性化用户触达的业务投放能力 RunCook。

　　○ 智能化场景生成、智能设计、场景和用户 UI 交互偏好理解。

　　○ 设计生产一体化管理和供给能力、UI/ 逻辑代码生成能力。

❑ 规范标准层：UI 交互数据回流规范（回流数据用于模型算法的迭代优化）。

基础工具层除了上一节介绍的 PipCook 外，DataCook、SampleCook、PipCloud 等会在具体用到的地方再进行介绍，因为本书的目标是用好前端智能化，不会在底层技术能力和技术原理上着墨过多。

总的来说，基础工具层赋予了前端"面向不确定性"编程的能力，使用 DataCook 处理数据，使用 SampleCook 对数据进行分析和特征工程组织训练样本，使用 PipCook 训练模型，再使用 PipCloud 把模型算法部署到云端提供 AI 服务，用这条 Pipline 和其训练出的 AI 能力去替代以往"面向确定性编程"的代码逻辑和业务逻辑。那么，在智能 UI 应用面向不确定性编程能力的时候，具体应用在哪里？分别用于应对什么问题？接下来，结合应对的问题由技术推演到业务依次展开介绍。

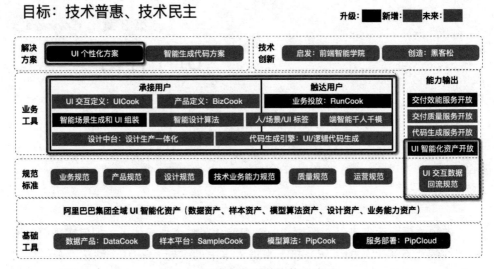

图 3-1　前端智能化技术体系演进

3.1　UI 个性化的研发成本问题

在欧洲，一个应用如果不符合无障碍的要求会被起诉。根据《欧洲社会权利支柱》第 17 条：为公民提供更有效的新权利——特别是包容残疾人，确保残疾人（以及众多老年人）能受益于更多无障碍产品和服务，从而可以更积极地参与社会和经济。进口的产品和服务也必须符合这些要求，意味着我国出口的产品在重视 GDPR 隐私保护之余，还要重视无障碍的司法条款和法律要求。

2019 年 9 月 4 日，新华网《为视障人士，阿里巴巴修了 10 条"互联网上的盲道"》的报道中指出：目前，阿里巴巴已经铺了 10 条"互联网上的盲道"，淘宝、天猫、闲鱼、飞猪、支付宝、高德、UC、饿了么、钉钉、阿里云都为视障人士提供专业的服务。

2020 年 11 月 24 日，国务院办公厅印发了《关于切实解决老年人运用智能技术困难实施方案的通知》，意为帮助老年人解决各类互联网服务使用困难的问题。2020 年 12 月 31 日，工信部也印发了《互联网应用适老化及无障碍改造专项行动方案》（以下简称《方案》），《方案》决定自 2021 年 1 月起，在全国范围内组织开展为期一年的互联网应用适老化及无障碍改造专项行动，旨在解决老年人、残疾人等特殊群体在使用互联网等智能技术时遇到的困难。改造 App 名单如表 3-1 所示。

表 3-1　工信部首批适老化及无障碍改造 App 名单（源自工信部官网）

类型	App 名称
新闻资信	腾讯新闻、新浪微博、今日头条
社交通信	● 社交类：微信、QQ ● 电信类：电信、移动、联通网上营业厅
生活购物	● 购物：淘宝、京东、拼多多、闲鱼 ● 美食外卖类：饿了么、美团 ● 住房：链家、贝壳 ● 娱乐：抖音、火山小视频、喜马拉雅听书、爱奇艺、优酷、全民 K 歌、唱吧 ● 工具：百度、搜狗
金融服务	● 支付类：支付宝、微信支付 ● 银行类：中国工商银行、中国农业银行、中国建设银行、中国银行、中国交通银行
旅游出行	● 地图类：百度地图、高德地图、腾讯地图 ● 网约车类：滴滴出行 ● 票务类：铁路 12306、携程旅行
医疗健康	● 寻医问诊类：114 健康、好大夫在线、微医 ● 医药类：京东到家、叮当快药

《方案》明确指出："当前，我国公共服务类网站及移动互联网应用（App）无障碍化普及率较低，适老化水平有待提升，多数存在界面交互复杂、操作不友好等问题，使得老年人不敢用、不会用、不能用；普遍存在图片缺乏文本描述、验证码操作困难、相关功能与设备不兼容等问题，使得残疾人等群体在使用互联网过程中遇到多种障碍，面临数字鸿沟。"

针对老年人，推出更多具有大字体、大图标、高对比度文字等功能特点的产品。鼓励更多企业推出界面简单、操作方便的界面模式，实现一键操作、文本输入提示等多种无障碍功能。提升方言识别能力，方便不会普通话的老人使用智能设备。

针对这些要求，必须进行一些技术改造。

❏ 补充缺失的朗读文案 aria-label。

❏ 减少不必要的朗读焦点：

　　❍ 在最外层的 div view cell 上加 accessible={true} 属性，同时增加 aria-label 把内层节点的重要元素都读出来。比如"商品标题 + 价格 +'元'"。

○ 把不需要朗读的元素加上 aria-hidden={true}，屏蔽掉获取朗读焦点。

```
<TrackerLink
    key-{index}
    style={{
        ...styles.labelBox,
    }}
    data-spm={label.spmItem}
    data-track-type={"ALL"}
    exp-type={"auto"}
    data-track-params={label.trackParams}
    href={label.clickUrl}
    <!-关注这部分代码->
    aria-label={label.title}
    accessible={true}
    <!-到这里结束->
>
<!-这里添加aria-hidden={true}屏蔽朗读焦点->
<View style={styles.container_4} aria-hidden={true}>
<!-到这里结束->
```

上述例子只是一个简单的无障碍改造，在真实业务场景中还会遇到非常多复杂的情况，比如在瀑布流里既有视频又有图片的情况，就不仅仅是加个无障碍属性的问题，对于自动播放的视频或轮播图还要改造代码逻辑。

针对适老化的改造更加复杂，因为在调整字体大小和触摸区域的时候，势必对 UI 的布局结构产生比较大的影响，对版式设计、交互设计也提出了新的要求，对于前端工程师来说，相当于开发了一个新的 App。

这些研发成本的投入都指向针对特殊人群提供优质的服务。这就是最基本的 UI 个性化问题的起源，前端工程师需要智能 UI 这种个性化能力去服务不同的人群。而针对特殊人群提供优质的服务，彰显了人性的光辉和文明的进步。

在这些有社会价值的事情上多投入研发成本，势必会在有业务价值的事情上少投入研发成本，这是典型的零和博弈思维，因为研发手段单一造成研发资源总量的限制。引入前端智能化的 D2C 生成能力，就可以借助 imgcook 生成代码来解决这个问题。产品经理只需要和设计人员共同产出针对无障碍和适老化不同版本的设计稿，就可以生成对应的视图代码，再通过数据字段绑定和逻辑点绑定的方式解决逻辑问题，能够极大降低研发多套 UI 和交互的研发成本问题。

在打破研发成本问题的限制后，除了适老化和无障碍等基础 UI 个性化问题外，还有哪些 UI 个性化表达问题？怎么解决这些问题？

3.2　UI 个性化表达的能力问题

1. UI 个性化表达的价值是什么

打破研发成本问题的限制后，技术人员才能腾出手来研究业务问题，而不是一味地被资源化，疲于应付各种业务需求和变更。技术人员研究业务问题，我认为应该先从了解业务、理解业务、设计优秀的技术承接方案入手，UI 的个性化表达恰好涵盖了这些部分。做好 UI 的个性化表达，首先要了解业务，知道都有哪些业务场景用什么方式服务哪些圈层的用户；其次要理解业务，知道这些业务场景针对不同圈层用户群体输出什么价值；最后，用优秀的技术承接方案去帮助业务在不妥协的情况下服务好所有圈层的用户群体。

为什么说业务会妥协呢？试想一下，业务的定义必须是确定的，产品的功能和 UI 交互在需求评审和项目研发前都已经确定了，这些产品定义都隐含了一个前提——技术只能实现一套方案。在这个隐含的前提下，产品定义势必会迎合最大的用户群体而对于次要用户群体进行妥协，就像一个按钮在没有智能 UI 能力介入前只能定义成一个确定的样式。如果前端工程师手握智能 UI 这个技术方案，并且打破隐含的前提——技术能实现服务不同圈层用户的 N 套方案，并根据用户点击率等使用情况智能化投放 UI 方案，就能够帮助业务在不妥协的情况下服务好所有圈层的用户群体。这就是智能 UI 个性化表达能力最朴素的表现，这赋予了技术人员赋能业务、参与业务决策的契机，让技术人员从资源化的手和脚逐步走向大脑，提升技术的业务价值。

2. UI 个性化表达的产品功能问题

除了无障碍和适老化所关注的特殊人群外，其他用户是否存在 UI 个性化表达的需求呢？答案是肯定的。乔布斯有个偶像是寿司之神小野二郎，笔者在网络上观看了一个小野二郎的访谈视频，视频中有一段讲的是小野二郎在做寿司的时候会观察自己的客人，根据客人的口型选择寿司的米量，做出客人一口可以舒适食用的寿司。这个故事里小野二郎的寿司就具备了个性化表达的能力，针对不同的客人做出不同尺寸的寿司，是场景和用户偏好的理解下有针对性地设计。

在 UI 交互领域也是一样，用户经常吐槽一些把 "＜" 字符当做回退按钮的例子，对于手指粗的人（尤其是男人）来说，要点击很多次才能点到触控区域。这就像一个寿司需要客人两口吃完，拿在手里的半截寿司既不方便又不礼貌。针对用户的理解提供不同的 UI 和交互方案，匹配当前的用户场景，才能解决好 UI 个性化表达的问题。

读者可能会觉得这些概念太抽象，那来点更抽象的——信息论，这是笔者提出 UI 个性化表达的理论基础。众所周知，香农的信息论已经成为指导各领域发展的基础理论，从手机信号传输到文件压缩、音视频压缩，从信息传输到物理学的熵理论，没错，就是前面提到的最大熵原理的"熵"。1948 年，香农在其划时代的论文《通信的数学理论》中提出了信道容量公式，即香农公式。该公式为 $C=B\log_2(1+S/N)$，其中，C 是单信道的信道容量，即建立了一个单点输入、单点输出的信道后，这条通道每秒最多可以传送多少比特的信息量，B 是信道的带宽，S 是传送信号的平均功率，N 是噪声或者干扰信号的平均功率。

可以简单地把信息通道比作城市道路，这条道路上单位时间内的车流量受到道路宽度和车辆速度等因素的制约，在这些制约条件下，单位时间内最大车流量就被称为极限值。香农公式对于后世最大的意义在于，几乎所有的现代通信理论都是基于这个公式展开的。这和 UI 的个性化表达有什么关系呢？

如果把产品设计的内容作为信息，技术实现的 UI 和交互则类比信道（信息传输的通道），把承载的内容类比编码器，把用户对信息的感知类比译码器，那么，就可以根据信息论计算出信道容量和信噪比等信息系统参数，并且根据这些参数来优化信息从产品设计到用户感知、理解和使用的过程。

因此，可以对产品设计、UI 和交互设计实现、用户的感知理解和使用进行系统化的建模，并且用信息论定义的系统参数作为指标来度量其效果。举例来说，笔者在开发一个营销活动的页面时，页面里有很多区块、模块、组件和信息，有一些信息是利益点表达，如优惠券、划线价等，有一些信息是决策支撑表达，如用户评价、购买数量等，用户手机屏幕的空间是有限的，应该怎么显示这些信息呢？

没有智能 UI 的时候，产品可能会对业务效果进行妥协，大概率会优先显示利益点表达来迎合大众的实惠心理，但对于有明确购买目标或优秀购买力的用户来说，缺少了决策支撑表达就需要逐个商品点进去看详情，体验很差。有了智能 UI 就可以理解和区分实惠型用户和优惠不敏感型用户，针对实惠型用户投放更多利益点：取消部分用户评价、购买数量的信息，腾出空间，在优惠券、划线价之外再投放更多满减、满返等优惠信息。而针对优惠不敏感型用户，则把详情页的很多决策支撑信息如型号、规格、包装内容等前置，替换掉原有的优惠信息区域。用智能 UI 根据不同用户类型投放个性化的信息，由此来提升产品功能和用户体验，用技术来驱动产品能力的迭代。

3.3　UI 个性化的业务价值问题

虽然，UI 个性化能够提升体验，很多人还是对其产生的业务价值抱有疑虑。业务方的顾虑主要集中在一点上：投入产出比如何？毕竟，要落地智能 UI 会给各方带来额外的成本：产品经理要定义不同圈层的用户路径，设计人员要出不同元素和样式的设计稿，研发人员要针对不同的 UI 方案进行代码的走查和调试发布，测试人员也要额外增加很多轮针对不同机型的适配。虽然用自动化测试、代码生成、智能设计能够解决大部分问题，但还是要回答业务价值的问题：投入产出比如何？产出如何？

提升业务价值产出的手段主要有两个：精细化、规模化。

1. 精细化

精细化可以把业务从不太差、大部分不错向都很好迈进，逐步用精细化产品能力去满足不同圈层用户在不同业务场景下的需求，将业务场景（用户路径）精细化，细分出功能、空间、时间维度，从而把之前未有效传递的业务价值传递到正确的场景和用户群体中，把大盘的业务效果通过小场景和小群体的精耕细作不断提升。

2. 规模化

规模化可以把业务价值从单点扩大到全局，从一个类型的业务或一个子业务，扩大到整体业务效果的提升。最初做智能 UI 的时候，主要应用在大促的营销活动场景，后来应用到日常营销活动会场，再到现在应用到频道导购类型的日销业务中，逐步扩大智能 UI 的使用场景，用丰富的落地场景来实现规模化，从而不断提升业务价值产出。

为了进一步规模化，笔者将目光投向了一个任何产品都必须回答的问题：如何增长？大部分产品的增长都是通过触达用户、转化用户来实现的，触达用户已经由广告解决，但触达的有效性和转化率则可以由智能 UI 解决。

当用户第一次接触产品或很久没有使用需要被产品激活召回，这种情况下对 UI 表达的有效性提出了更高的要求。计算广告时代，通常用不同的广告物料针对不同的关键字（场景）、不同的人群进行投放，最后把有效的物料、关键字、人群关系保存成广告投放计划，进行广告投放，这里就会产生两个问题：如何更有效地投放？如何更有效地承接和转化？

如何更有效地投放？笔者在做国际商业化的时候，从零构建了一个广告系统，服务了国际业务的数亿 PV（Page View，页面浏览量）和数百家广告主。用逆向思维，笔者把自己对广告系统的理解应用到 UC 国际浏览器的广告投放上，针对产品目标用户群体用算法选择次优或长尾广告关键字，避免被热门关键字抬高成本。同时，用智能化生成物料的方式进行自动化投放，来保证这些次优或长尾关键字的承接转化效果。通过这些举措，每个月节约了数百万的广告投放费用。今天，在用户增长业务中，智能 UI 可以根据吸引用户的广告物料特征进行场景匹配，再根据人群特征选择符合用户偏好的 UI 布局和信息表达方式，从而进一步提升承接和转化的效率。双管齐下，利用智能 UI 良好地解决用户增长的问题。

随着国家要求各大平台开放和互联互通，避免平台型产品的垄断地位损害正常的市场经济秩序，微信小程序、H5 内嵌浏览器等业务场景逐渐成为业务新的增长点。在这个背景下，如果针对不同业务场景去逐个人工开发，将再次掉入研发成本的泥潭。笔者沿用代码生成和供给能力，设计了 RunCook 这个业务投放工具，通过注册和生成的方式，从底层适配不同容器能力带来的技术能力和业务能力差异，技术能力差异如微信小程序、支付宝小程序、H5 等，从上层适配不同业务能力带来的差异，业务能力差异如支付宝积分、盒马荷花、饿了么豆子等。通过注册服务能力、业务能力的方式，让 RunCook 可以感知目标代码生成的各种限制，从而把智能 UI 生成和供给的代码转译成中间表示（Intermediate Representation，IR），再用 IR 编译成适配不同平台和不同业务场景的目标代码。

智能 UI 是实现 UI 个性化的重要手段，UI 个性化也是本书的核心主题，因此，这些问题的彻底解决不能只停留在理论，还需要从第二篇的实战中逐步细化到技术细节、技术方案和配套的工程体系之上，才能掌握打造一个智能 UI 系统的能力。

本篇小结

    智能 UI 是以前端智能化为基础的，而前端智能化赋予了前端软件工程师面向不确定性编程的能力，正是这种面向不确定性编程的能力，让前端工程师构建个性化的 UI 服务于不同的场景、不同 UI 交互偏好的用户群体，从而提供更好的用户体验。

    所谓前端智能化，就像 Node.js、React Native 在服务端和客户端扩展前端的使用场景一样，在 AI 领域扩展前端技术边界。以前端最常见的页面重构工作为切入点，借助 AI 进行设计稿的识别、理解和智能表达，从而实现用 AI 替代前端程序员进行页面重构。同时，提供了设计工具 Sketch、Photoshop、Figma 插件方便设计师或程序员检测和修正设计稿，并提供动效动画的参数设置和预览导出功能。插件和 imgcook 设计稿生成代码工具无缝衔接，将设计稿导出的数据生成 PageSchema 的 DSL。最后，利用官方提供和开放生态贡献的 DSL 转换器，把 PageSchema 的 DSL 转换成微信小程序、支付宝小程序、SwiftUI、Flutter、HTML5 等视图代码。前端工程可以直接和云 IDE 集成，一站式完成代码的调试、测试、验证、发布等工作。

    除了页面重构这个切入点外，imgcook 还提供了数据字段绑定、逻辑点识别绑定、组件库的定义和识别（解决自定义 Video 播放器等业务组件识别和生成组件代码的问题）。当然，这些还是无法满足包罗万象的前端技术工程领域，仍可以借 AI 能力去清洗日志，基于 NLP 自然语言处理能力去自动化过滤一些脏数据和噪声。或者，为了构建现有项目页面的数据，可以通过 Puppeteer 的 Headless

Chrome 能力，对现有的 HTML 页面、模块、组件渲染后截图，并根据 DOM 节点属性标注数据的标签，再通过 DataCook 和 SampleCook 组织自己的训练样本，在 imgcook 或 PipCook 的帮助下训练符合自己业务特点的模型，最后，经过 PipCloud 部署到自己的云服务上提供 AI 的预测服务。用自己的 AI 预测服务替代复杂的 if…else 和 switch…case 部分，让模型算法替代硬编码的业务逻辑和代码逻辑，从而实现"面向不确定性编程"。

在前端智能化代码生成能力的加持下，突破了 UI 个性化研发成本问题，即可腾出手来研究业务场景和用户 UI 交互偏好，用自己部署的 AI 云服务预测能力去理解场景和用户偏好，根据用户的反馈不断优化迭代算法，自动化地组装和投放个性化 UI 交互界面到不同的业务场景中，给不同圈层用户带来无障碍及适老化之外更多优质的个性化体验。

第二篇 *Part 2*

智能 UI 实战

　　如果说提升研发效率是下限的提升，那么提升业务价值就是上限的突破。移动时代 UI 和交互被弱化，以往交互体验为业务提供用户体验价值很容易遇到瓶颈。笔者苦苦思索怎么用前端智能化提升业务价值，目光聚焦到个性化用户体验上。这背后的思考也很朴素：既然能生成 UI，何不针对不同偏好的用户生成不同的 UI？这就把前端智能化和代码生成能力从单纯的前端技术工程领域，带入业务的用户个性化体验领域。

　　为了把前端智能化和代码生成能力带入实际项目中，首先要搞清楚智能 UI 的具体方法和步骤，然后以供给链路和消费链路为线索，介绍设计令牌的设计和实现方法及 UI 方案生成，最后介绍如何由前端主导，借助端上智能化能力，实现智能 UI 的技术工程体系的过程。

Chapter 4 第 4 章

智能 UI 的目标、方法和步骤

本章简要介绍智能 UI 的目标、方法和步骤。如果做个简单的类比，非智能 UI 可比作静态渲染，智能 UI 可比作动态渲染。智能 UI 就是在按照需求编写固定渲染条件的时候，用智能化模型算法替代硬编码条件。有了智能化能力，既省去了 if…else，又能融入更丰富的个性化能力。

4.1 智能 UI 具体做什么

从信息有效表达到 UI 个性化展示方案，再到 UI 可变性和调控，最后用设计系统进行约束，是贯穿本书始终的主脉络。如何用智能 UI 提升 UI 表达信息的效果？如何用智能 UI 实现 UI 个性化信息展示？同时，如何给设计师一个途径，让其帮智能 UI 把控调控的视觉效果和规范性，是本节介绍的主要内容。

4.1.1 在 UI 上实现信息有效表达

智能 UI 技术工程体系要解决的问题是在不同场景针对不同圈层用户实现 UI 的信息有效表达。为什么前端需要研究 UI 信息的有效表达？权益、内容、功能等是引导和激发用户交互的核心驱动力，但 UI 是承载它们的关键，权益、内容、功能等最终会以 UI 和交互为渠道向用户发送信息。发送信息都存在有效性的差异。笔者做过实际的业务测试，波谷形式的划线价会比删除线的划线价点击率更高，证明波谷形式在向用户发送"优惠"这个信息的时候更有效，这也印证了 UI

信息表达存在有效性差异。

　　在没有前端智能化和机器学习之前，提升 UI 信息表达有效性的方法主要是通过 A/B 测试，将不同的方案进行测试然后分析数据，挑出有效的 A 或 B 方案进行放量。关键在于这种方法的有效性局限于追求下限，也就是更不坏。为什么这么说呢？因为最终放量的方案是所有方案的最大公约数，未被最大公约数覆盖的用户，获取信息的方式被迫迁就大多数用户。无法兼顾少量用户的 UI 偏好是技术的失职，应该用个性化给用户提供更好的信息表达方式。

　　在 UI 上实现信息有效表达就是为了追求更好。在很多业务上针对不同的人群进行特殊的 UI 设计，然后根据人群进行 UI 方案投放来提升信息表达的有效性，这做到了追求更好，就像最近各个 App 在适老化版本中做的那样。既然这样做可以提升 UI 上信息表达的有效性，如果做得更细不就更有效吗？是的，从适老化版本又衍生出男性版、女性版、中性版、儿童版、学生版、极简版等，然后把这些特定圈层用户偏好的 UI 信息表达方式用不同的 UI 方案实现出来即可。

4.1.2　个性化 UI 方案数量的重要性

　　在双十一中，尝试用默认产品设计的方案，与智能 UI 生成的 20、50 种方案做对比，个性化的方案数量越多，用户点击率提升幅度越大。因此，只要能构造更多的个性化 UI 方案，就能更好地提升信息表达的有效性。

　　如图 4-1 所示，布局和元素、样式的组合创造了丰富的 UI 方案，这就给个性化服务用户带来了除男性版、女性版、中性版、儿童版、学生版、极简版等之外更多的可能性。比如，用一个信息密度较低的版本去适配一个躺在床上逛淘宝的有密集恐惧症的用户群体，让他们在安静的深夜里平静地享受手淘上各种新奇有趣的商品。

4.1.3　UI 的可变性

　　有了目标，即更多数量的 UI 方案，该怎么实现呢？构造更多的个性化 UI 方案，就需要有更多布局、更丰富的 UI 元素池和更多的 UI 元素样式。更多布局如一排二、一排三、一大两小等方式解决了信息的宏观呈现方式。丰富的 UI 元素池解决了选择什么 UI 元素来呈现什么信息，比如选择优惠券、保价标还是选择好评数、购买量。更多的 UI 元素样式可以组合出更符合某个圈层用户感知力的信息表达方式，包括色彩、间距、字体、字号等。它们有什么共性？答案是：UI 的可变性。

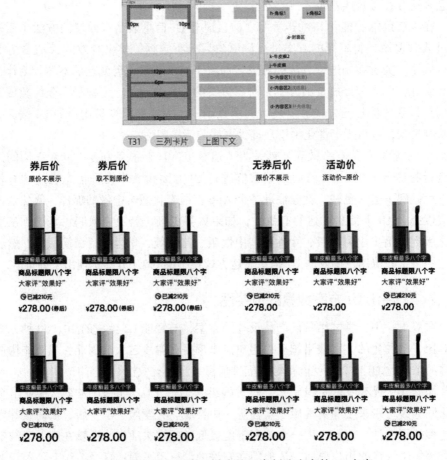

图 4-1 用布局和元素、样式的组合创造丰富的 UI 方案

UI 的可变性可以让丰富的方案直接通过智能 UI 生成。回忆一下页面重构的过程：拿到设计稿后根据设计元素选择实现 UI 的控件、组件、CSS 样式。假设没有设计稿，产品经理想要让 UI 从蓝色变成红色，肯定不会让设计人员重新改设计稿，而是从代码里找到对应类别把 #0000FF 改成 #FF0000，完成了颜色的修改，这就是 UI 的可变性——直接用代码改变 UI 的部分。

直接用代码可以修改 CSS 样式，因此，代码修改样式赋予了只能 UI 自主生成方案的能力。仅就代码修改颜色来说，Web 标准色共计 140 种，虽然 Aqua 与 Cyan 异名同色（青色），Fuchsia 与 Magenta 异名同色（洋红），实际上也有 138 种之多。代码修改 138 次颜色值，就能生成 138 个按照样式变化的 UI 方案。除了用代码修改颜色外，修改布局、背景、边框等样式，都是智能生成 UI 方案的途径。

4.1.4 UI 设计约束

既然有可变性，相对地一定有不变性。可变性是在更多个性化 UI 方案的方向上提供扩展能力，不变性是在更规范的个性化 UI 方案的方向上提供约束。产品经理和设计人员在产品上施加的约束和直接用代码改变 UI 的部分一一对应，比如此处只能用蓝色、字号不能小于多少、行间距不能大于多少等，这些约束有一个传统的名字——设计规范。

设计规范的重要性在于：更多的个性化 UI 方案是否符合设计规范的要求？是否能保证业务、品牌 VI 视觉系统的一致性和用户体验的连贯性？此外，借助设计师对设计思想和设计趋势的理解提供经验性约束，能够降低生成无效个性化 UI 方案（不会有对应用户群体）的概率，保障了智能 UI 生成的方案不会太差。

但是，设计规范是在开始一个具体产品设计之前就定义好的，只具备约束意义，更加像是具体产品设计的定义。因此，需要把设计规范引入智能 UI 的技术体系内，用方案生成规范进行实例化。这就像在定义系统设计的时候为未来的具体功能定义一些对象模板——类，然后，在这些具体功能的详细设计和开发中把这些类实例化成对象一样。所以，在方案生成规范的技术设计上也可以采用类似的方法，把设计规范用面向对象的编程思想定义成一系列的类，把不同层级的设计规范分别用基类、子类、继承、重写等面向对象编程（OOP）的方法实现。

C++ Primer Plus 一书将对象的本质表述为"用来设计并扩展自己的数据结构"。

那么，设计规范的数据结构是怎样的呢？用 Material Design 上的示例分析一下。首先，Material Design 设计规范包含简介、环境、布局、导航、颜色、排版、声音、图标、形状、运动、互动、沟通、机器学习等部分。当然，每个部分还包含很多的细节，比如颜色（Color）部分包含颜色系统（The Color System）等部分。根据上述内容，用 OOP 的方式把自己的数据结构定义成：MaterialDesign.Color.TheColorSystem。

接下来，在这个名叫罗勒的食谱应用程序设计规范中，可以看到具体应用 Material Design 到一个项目中的示例。这个示例包含了如下部分：布局、颜色、排版、图标、形状、运动。以颜色为例，在 Material Design 中颜色系统包含颜色使用和调色板、颜色主题创建、颜色选择工具三个主题，其中颜色使用和调色板又包含颜色和主题、原则，颜色和主题又包含主要颜色、次要颜色、浅色和深色变体。而在示例中，罗勒只定义了颜色和主题：罗勒的主要颜色是橄榄绿，罗勒的次要颜色是橙色。罗勒继承了 Material Design 中的定义后，覆盖了主要颜色

MaterialDesign.Color.TheColorSystem.PrimaryColor 和 次 要 颜 色 MaterialDesign. Color.TheColorSystem.SecondaryColor 这两个属性的定义。

为什么罗勒要重写而不是赋值呢？因为这样可以给整个设计系统留下扩展性，一旦要做一个新的产品需要一套新的设计规范，就可以从基类继承和扩展。此外，还有一个关键作用就是把设计系统和方案生成规范解耦，有罗勒一层作为 Material Design 和实际方案生成规范映射关系之间的缓冲区，有点儿类似前端 PollyFill 的设计思想。

继续下钻，就到了方案生成规范的数据结构和类的定义，然而，前端技术体系原本就有 CSS 这个强大的系统，可以非常方便地用 CSS 来实现方案生成规范的数据结构和类的定义。例如，一个基础按钮可以被应用在不同的组件里，如搜索条、对话框、日期选择器、筛选器等，当这个按钮的背景色发生改变时，这些组件的样式外观也一定是随之改变的，这就是原子设计理论。

原子设计（Atomic Design）是一种组件化设计模式，由原子（Atom）、分子（Molecule）、有机体（Organism）、模板（Template）和页面（Page）组成。在原子设计模式下，我们可以根据特定场景去引用不同层级的组件，将原子样式合理组合完成某一功能的分子组件，再将分子组件合理组合完成某一特定场景的有机体组件，以此类推，完成一个完整的页面展示。在原子设计模式下，可以有效地避免重复书写、提高代码可维护性、加快开发速度等。

原子设计模式的价值更加体现在于智能化、自适应的设计系统上，利用原子设计的设计原理，可以较大程度上解耦设计数据与 UI 可视层，使得设计数据仅仅在组件层面聚合，屏蔽了更底层具体实现细节，避免重复定义组件，也使得设计系统能够自适应不同尺寸的 UI 展示，不管是横向还是纵向的细节均能够自适应处理。

原子设计模式的实现有助于前端开发工程师构建出一组完整、可扩展性较强、智能化较高的组件库，更为重要的是，原子设计能够大大提高开发效率，节省了大量的编码时间，而且使得前端代码变得更加简洁、可维护性更高，从而减少团队间的工作冲突，提升开发效率。

假设我们需要编写一段 HTML 代码，用来渲染一个按钮。

首先，我们要使用原子设计，定义原子组件，比如按钮：

```
<button class="button">Button Text</button>
```

然后，定义一个分子组件，比如 alert-button：

```
<button class="alert-button">Alert Button Text</button>
```

最后，定义一个组件，比如 dialog box：

```
<div class="dialog-box">
    <button class="alert-button">Alert Button Text</button>
</div>
```

4.2　供给链路概述

至此，在不同场景针对不同圈层用户的 UI 信息有效表达的个性化 UI 方案供给链路的方法和步骤就完整清晰地浮出水面。

从图 4-2 中可以看到，左侧把设计系统按照规则、元素、模块的层级组成的设计决策系统，利用设计令牌（Design Token）作为方案生成规范，将设计约束和 UI 的可变性通过变量连接起来，再进一步约束 D2C DSL，从而干预生成的组件、模块、区块、页面等交付物。

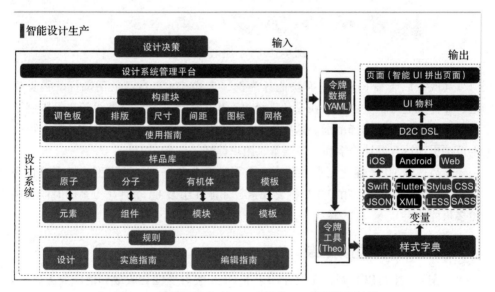

图 4-2　智能设计生产——个性化 UI 方案供给链路

4.2.1　UI 个性化元素供给

与 Material Design 中的组件一样，业务用到的 UI 元素通常是一些业务组件，如商品主图、商品标题、商品内容、商品价格。这里的"商品"二字是组件的业务属性，换做内容产品，就可以把"商品"替换成"内容"，类似的图片、标题等组件也要用"内容"进行业务属性的标识。这些标识就是对 UI 个性化元素

（见图 4-3）的产品约束，让 UI 元素可变性范围更加符合业务属性。

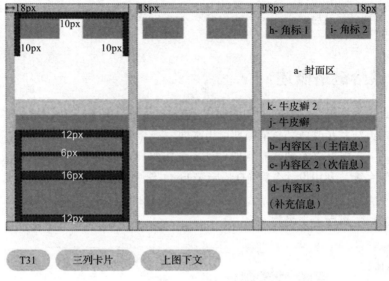

图 4-3　UI 个性化元素

其次，以天猫 618 会场模块业务为例，天猫 618 有自己的活动标、视觉规范、设计规范等，这些就是在设计系统里产生的设计决策，这些设计决策限制了设计令牌可变性的选择范围。这里对 UI 个性化元素的设计约束，让 UI 元素可变性范围更加符合设计美学和业务场景、用户偏好。

最后，让 UI 个性化元素在符合业务属性、业务场景的前提下，借助设计令牌用程序直接生成更多的 UI 个性化元素，才能在组装 UI 个性化方案的时候提供更多可能性。

4.2.2　UI 个性化方案组装

从图 4-4 中可以看到，在设计约束下 UI 元素可变性会收敛到适应业务属性、业务场景和设计规范的确定性范围内，降低智能 UI 在选择 UI 元素时的复杂度。再根据 UI 布局约束来决定 UI 元素在布局中的位置，让智能生成的代码不会出现布局和样式的错乱，从而自动化组装成丰富的 UI 个性化方案。

通过对大量设计理论的研究，结合前端 UI 编程的经验，在前端智能化基础上产生了一种面向未来的 UI 编程思路：不再用传统的 UI 代码实现布局和样式，而是使用声明式 UI 代码提供可变性，再用算法模型来决定需要哪些布局方案，以及里面的元素如何摆放。这也就需要建立 UI 的领域模型，比如电商产品的常用布局、常规 UI 元件。当这些功能和设计都被大量重复生产和使用时，势必会沉淀大量的数据表征设计稿和实际 UI 代码之间的关系，就能够通过智能生成的方式实现 UI 的自动化组装，释放宝贵的注意力去关注需求的合理迭代和设计创意的创新。

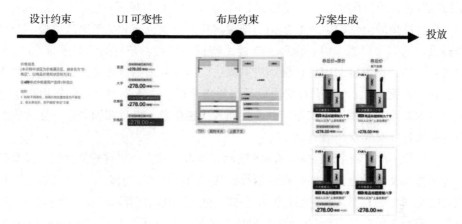

图 4-4　消费链路：自动化组装 UI

4.3　消费链路概述

　　UI 个性化方案投放是智能 UI 消费链路的基础，使用这个基础能力前，必须明确业务场景和用户场景的区别，从而正确地进行方案投放。二者的区别主要是观察角度，一个是从业务供给场景的角度看，另一个是从用户消费场景的角度看。业务供给场景是预定义的，有一个明确的范围才能实现人工投放。然而，站在用户消费场景的角度看则是随机的，很难枚举在不同时间、空间中不同用户所处的是一个什么场景，这就没有一个明确的范围，不仅难以理解、归纳，而且也无法简单通过人工投放来实现方案和人群之间的匹配。

　　因此，在智能 UI 的消费链路中，先是业务场景和设计令牌匹配形成方案，然后是方案和用户群体匹配，虽然这些匹配是可枚举的，但是，当这些组合放在用户场景不可枚举的时空和用户偏好中，就会变得不确定和复杂。这些不确定和复杂的组合在 UI 个性化方案的投放中想要取得好效果，就必须借助算法模型的理解力和决策力。

　　算法模型的理解力由 UI 的理解、业务场景理解、用户场景理解、用户 UI 偏好理解四个部分构成，它们可以概括成：针对特定用户 UI 偏好在什么用户场景下用什么 UI 才能有效地表达业务场景信息。举例来说：从 UI 偏好度看，早上搭乘地铁时间短暂需要更密集的信息供给，同时，年轻用户能够容忍更密集的信息。综合这些因素，在 UI 上插入更多优惠信息虽然会显著增加信息密度，但由于优惠信息能降低决策成本，所以，在年轻人搭乘地铁的用户场景，通过插入优惠信息等手段提升信息密度，能够让 UI 表达更契合用户场景。

算法模型的决策力由 A/B 能力、流量调控、归因分析和决策算法模型四个部分构成，它们可以概括成：借助 A/B 能力测试用户点击呈现的偏好进行 UI 方案的流量调控，再根据归因分析训练决策算法模型，未来通过决策算法模型预测用户偏好和匹配的 UI 方案进行快速放量。举例来说：决策模型针对年轻用户坐地铁上班的场景，采用一排二布局并前置插入优惠信息，经过归因分析，插入优惠信息能够良好地触发冲动消费行为。

个性化 UI 方案消费链路如图 4-5 所示，读者可能会产生这样的疑问：没有日志等大数据实时处理能力，也没有预算搞在线算法服务，怎么办？这就要说到前端智能化的另一利器：端智能。拥有了端智能，就可以把算法模型下发到用户侧，由算法模型在用户侧进行 UI 个性化投放的决策，再由智能 UI 的 Runtime SDK 拉取对应的 UI 方案。

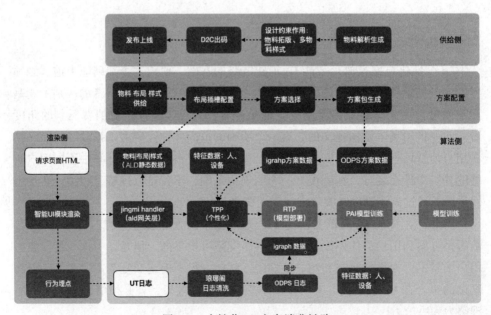

图 4-5　个性化 UI 方案消费链路

所谓端智能，就是把算法模型从服务端迁移到客户端进行预测乃至实时训练。这样做优点是节省服务器资源、运行时、带宽成本，以及实时性和个人隐私保护。缺点是端上算力较服务器弱，端智能算法模型能力受算力限制，还对用户的设备有特殊要求。但是，也不必太过担心，今天的 TensorFlow 能够借助 WebGL、WebGPU、WebNN 能力进行加速，ARM 有 NEON 指令集对向量、矢量、矩阵运算加速，对用户设备的兼容性已逐渐提升，能够覆盖大部分用户。

　　那么，下面将会从智能 UI 供给链路、智能 UI 消费链路、端智能链路三个方面详细介绍用前端智能化手段从零打造智能 UI 的技术工程体系。

Chapter 3 第 5 章

智能 UI 供给链路

智能 UI 供给链路由 UI 可变性、设计生产一体化、智能生成代码三个部分构成。UI 可变性是智能 UI 的基础，定义、设计和实现以设计令牌为核心、CSS 为手段的子系统，连接设计系统和智能生成代码系统，将 UI 交互开发的上下游连接起来。向上围绕设计令牌开发设计系统，用设计令牌约束设计输入的规范性，设计师只需要围绕设计令牌系统的可变性进行可变性范围的定义，就能够直接干预智能 UI 生成的页面、模块或组件。向下围绕设计令牌开发智能生成代码系统，面对设计令牌带来的 UI 可变性，海量方案通过智能生成代码的方式交付，是智能 UI 落地业务研发效能提升的重要手段。

5.1 实现 UI 的可变性

本节按照设计到实现的顺序，逐步介绍设计师工作的目的、设计意图，以及这些意图是如何通过前端工程实现完整交付的。这个过程中的选择、取舍就是所谓的可变性。了解 UI 的可变性如何一步步从设计落地到前端技术工程中，是构建智能 UI 供给链路的基础。

Ajax 之父 Jesse James Garrett 围绕"以用户为中心的设计"得出一套产品设计的思维模式：从抽象到具体，逐层击破战略层、范围层、结构层、框架层和表现层五个层面，最终达到提升用户体验的设计目的。其中"表现层"是这五层中的最顶层，该层又称为"视觉设计"。D2C 的目的就是将"表现层"（视觉设计）

转换成 Web 应用（或 Web 页面），和视觉设计不同的是 D2C 用代码来表达视觉，而视觉设计用设计稿来表达视觉。设计稿中的要素和 Web 中的元素对应关系是什么？在 Web 前端技术工程中又是如何实现视觉设计中的可变性的？下面就详细解答这些问题，开始我们的实现 UI 的可变性之旅。

5.1.1　视觉设计的基础

用户的第一印象或直觉反应通常是在 50ms 内形成的。如果用户不喜欢向他们展示的东西，就会选择离去。很多人误以为这意味着设计师加入有吸引力的元素，就能最大限度地提升 UI 吸引力从而留住用户。而事实上，使用视觉设计来创造和组织元素是为了引导用户关注应用的功能，并使美感一致。

例如，设计师围绕应用的功能来构思和安排网站内容，并小心翼翼地确保内容能给人以正确的视觉暗示，这些暗示细节的变化会直接影响用户的感受和想法。所以，必须始终以正确的方式向用户展示正确的东西。因此，视觉设计应该将用户的注意力吸引到重要的内容上，以重要的内容诠释产品功能，并在设计的表达和用户对 UI 的感知力之间取得平衡。视觉设计师必须努力适应用户对 UI 感知的局限性，比如认知负荷，因此会用留白、空间、分隔、分组等魔术棒，施展用分块来帮助用户理解和区分不同信息的魔法。而前端工程师则会利用技术让栩栩如生的 UI 及合理的交互呈现在用户面前，提示他们和内容或功能进行互动。

另外，视觉设计的重点是：通过图像、颜色、字体和其他元素的组合来实现具有美感的 Web 应用（或 Web 页面）。一个成功的视觉设计并不直接影响页面上的内容或功能，相反，这些 UI 变化范围不同效果的呈现，能够吸引用户并帮助应用和他们建立信任，并用 UI 偏好的个性化来增强它。下面将详细介绍这些元素的特点，同时展示其在视觉设计和技术实现上的关系。

5.1.2　视觉设计的基本元素

创造视觉设计的基本元素也是 UI 可变性的对象，包括线条、形状、色彩、质感、字体、形体等。这些基本元素自身和其内在属性，以及组织这些元素的方式和元素之间的关系，共同构成了设计意图的实现路径。

1. 线条

线条连接着两个点，可以用来定义形状，进行区域的分割。所有的线，如果是直线的话，都有长度、宽度和方向。此外，还有曲线等线条。

代码示例：

```css
<style type="text/css">
.container {
    width: 500px;
    height: 200px;
    border: 1px solid black;
    text-align: center;
    box-shadow: 5px 5px 3px rgba(125, 125, 126, 0.7);
    position: relative;
}
.curve {
    position: absolute;
    width: 250px;
    height: 30px;
    border-bottom: 1px solid red;
    border-right: 1px solid red;
    border-bottom-right-radius: 100%;
    bottom: 0;
}
.curve:after {
    content: "";
    position: absolute;
    width: 250px;
    height: 30px;
    border-top: 1px solid red;
    border-left: 1px solid red;
    border-top-left-radius: 100%;
    left: 250px;
    bottom: 30px;
}
.circle {
    width: 200px;
    height: 200px;
    background: radial-gradient( circle, transparent 50px, black 51px,
        transparent 52px );
}
</style>
<div class="container">
        <div class="curve"></div>
        <div class="circle"></div>
</div>
```

如图 5-1 所示，借助线条可以在 UI 上绘制形状，还能给 UI 添加一些装饰性元素。

除了独立的线条外，UI 元素上的线条还有边框、背景（纹理）等。

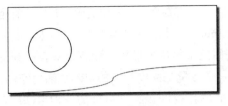

图 5-1　线条效果

2. 形状

形状是自成一体的区域。为了定义区域，设计师使用具有不同样式的线条、颜色或纹理来构建不同的区域。不同的区域分别组成不同的形状，而每个物体又是由形状组成的。

代码示例：

```
<h1 style="color: blue;border: 1px solid black;">Hello World!</h1>
<h1 style="color: blue;background-color: yellow;">Hello World!</h1>
<h1 style="color: blue;background: linear-gradient(#fb3 30%, #58a 30%);
    background-size: 100% 30px;">Hello World!</h1>
```

这些 CSS 样式的效果如图 5-2 所示。

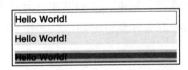

图 5-2　线条、颜色、纹理构成区域的效果

3. 色彩

色彩可变性的选择和组合，被用来区分 UI 元素，创造深度和立体感，增加重点和强调，还能帮助 UI 组织信息。色彩理论研究各种可变性如何对用户产生心理影响，色彩心理学则是其中一门重要的学科。色彩在客观上是对人们的一种刺激和象征，在主观上则是一种反应和行为。

色彩心理通过视觉开始，先经过人眼视锥细胞取色、视杆细胞取灰阶和景深，再从知觉、感情，到记忆、思想、意志、象征等，其反应与变化是极为复杂的。而色彩应用除了这些复杂度外，很重视视觉到感知的因果关系，即由对色彩经验的积累变成对色彩心理响应的范式：受到什么刺激后能产生什么反应。了解这些，前端工程师才能够从本质上掌握设计师的设计表达会对用户产生什么影响，从而摸清背后的设计意图。

研究色彩可变性时，前端工程师会发现在使用色彩时，RGB 是其接触最多的颜色空间，分别用红色（R）、绿色（G）和蓝色（B）三个通道来表示色彩，有时还需要用到透明度（Alpha）通道，来使某些低层级内容能够透出。

RGB 颜色空间利用三个颜色分量的线性组合来表示颜色，任何颜色都与这三个分量有关，而且这三个分量是高度相关的。RGB 颜色空间是图像处理中最基本、最常用、与显示设备的颜色空间兼容性最好的，但 RGB 连续变换颜色时并不直观，想对图像的颜色进行调整需要同时更改这三个分量。

自然环境下获取的图像容易受自然光照、遮挡和阴影等情况的影响，因此，图像对亮度比较敏感（注意，这里指的不是 Alpha 通道的透明度，而是色彩亮度，如照片中高光、亮色部分）。而 RGB 颜色空间的三个分量都与亮度密切相关，即只要亮度改变，三个分量都会随之相应地改变，而没有一种更直观的方式来表达。

此外，人眼对于 RGB 三种颜色分量的敏感程度不尽相同。通常人眼对红色最不敏感，对蓝色最敏感，所以 RGB 颜色空间是一种均匀性较差的颜色空间，各通道调整结果与人眼视觉感受会有较大的偏差，因此，很难直接根据图像推测出较为精确的三个分量数值。

在图像处理中使用较多的是 HSL 颜色空间。HSL 表示色相（Hue）、饱和度（Saturation）、亮度（Lightness），它比 RGB 更接近人眼对色彩的感知经验。HSL 能非常直观地表达颜色的色调、鲜艳程度和明暗程度，方便进行颜色的对比。在 HSL 颜色空间下，更容易跟踪某种颜色的物体，方便 UI 重构忠实表达设计意图。

代码示例：

```
<h1 style="color: blue;background-color:hsla(120,65%,75%,0.3);">Hello
    World!</h1>
```

效果如图 5-3 所示。

Hello World!

图 5-3　用 HSLA 表示色彩（A 是 Alpha 通道，代表透明度）

4. 质感

质感是指物体表面被感知的时候，人的经验感觉。通过重复一个元素，就会产生一种质感，形成一种纹理。纹理能够让 UI 元素摆脱单调的色彩，产生特殊的质感。可以借助 CSS 纹理去模拟大理石、皮革、木材、金属等质感。

5. 字体

字体在 UI 设计中是指设计师选择哪种字体，同时规定它们的大小、排列、颜色和间距等。这些常规的概念在进行 UI 重构的过程中可谓驾轻就熟，但是，字体选择会对排版产生直接和深刻的影响，这是容易忽视的部分。如果不理解字体和排版之间的关系，只是按照设计师选择的字体进行代码的实现，在字符截断、换行等场景中进行 UI 重构时就容易出现排版和 UI 渲染错误。

在讨论排版问题时，通常遵循的是字体形状部件的属性，如升部、基线、降部、行距、X 的高度（X-height）等，如图 5-4 所示。

图 5-4　字体形状部件的属性

了解字体形状部件的属性后，还需要一些字体排版的原则，才能保证排版的美观。这些原则是由设计系统中的设计规范所提供的，以 Material Design 的规范为例。

- ❑ 4dp 网格：无论 pt/sp 大小如何，文本的基线都必须位于 4dp 网格上，线高必须是可除以 4 的值才能维护网格。
- ❑ 基线测量：CSS 或 Sass 会从字体的基线进行测量并自动计算行高等数值。
- ❑ X 的高度（X-height）：取决于 X 的值，周围留白可以让字体显示更清晰，有字母的 UI 重构尤其要注意。
- ❑ 上升下降属性：在行高紧密的情况下，笔画之间可能发生碰撞，需要对字体的上升下降属性中是否让字符碰撞边界进行测试。

由于设计师无法站在技术实现的角度去观察，难以发现 UI 重构的排版样式和 UI 渲染问题，因此，在字体选择的过程中，要对排版问题进行充分测试，出现问题及时与设计师一起协商解决。

6. 形体

形体适用于三维物体，描述其体积和质量，并允许其在三维空间中和用户交互（如 AR、VR 等）。形体可以通过组合两个或多个形状来创造，并可以通过不同的结构、贴图和颜色来进一步增强。随着 WebXR 等标准的完善和推广，前端也不可避免地邂逅 AR、VR 等三维场景，形体在日常工作中出现的概率急剧增加。在淘系技术中，前端工程师已经在天猫等业务场景中应用了全景视频、3D 帧动画、AR 交互等全新的商品展示形式，如图 5-5 所示。

高精度乐高机器人3D试玩　　360度环拍帧动画　　　　　AR试表　　　　720度全景视频讲解

图 5-5　高精度 3D 模型交互界面

　　Web UI 视觉设计的基本要素如图 5-6 所示，这些 Web UI 视觉设计基本要素背后，都有一些常用视觉设计原则的归纳，如层次感、焦点、韵味、呼吸、轻度留白、重度留白等。既然视觉设计原则会直接影响 UI 重构的方法和排版布局方式，理解视觉设计原则就成了 UI 重构高手的必由之路。下面介绍一些常见的视觉设计原则。

5.1.3　视觉设计的原则

　　一个成功的视觉设计会将一些基本视觉设计原则应用到 Web UI 基本元素中，并将这些元素用视觉设计原则以一种合理的方式结合起来。当试图找出使用何种基本 UI 元素进行重构以及如何排版布局时，请务必参考这些设计原则，力求在 UI 重构的过程中遵守这些原则，忠实还原设计意图。

　　常见的视觉设计原则如下。

- ❑ 统一性：统一性能够建立页面元素之间的和谐感，让它们看起来属于同一个地方，让用户不会因为混乱的布局而分心。
- ❑ 格式塔：在视觉设计中，格式塔原则帮助用户感知整体设计，而不是单个元素。
- ❑ 层次：使用 Z-index、位置、字号等来显示 UI 信息的层次感。
- ❑ 平衡：为 UI 信息创造一种平等分配的感觉。
- ❑ 对比：利用大小、颜色、方向等的差异来强调某些 UI 元素。
- ❑ 规模：通过展示每个项目如何根据大小相互关联来创造用户的兴趣和访问深度。
- ❑ 支配：以一个元素为焦点，其他元素为从属，利用物体的大小、颜色等使焦点突出。
- ❑ 相似性：在整个设计中创造连续性，而不直接重复。相似性是用来使各个部分在界面上共同工作的，帮助用户更快地学习、理解和使用界面。
- ❑ 空间：在设计中融入空间有助于减少噪音，增加可读性。留白是布局策略的重要组成部分。

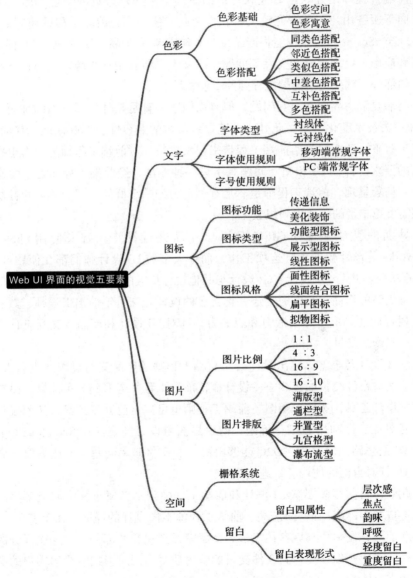

图 5-6　Web UI 视觉设计的基本要素

视觉设计原则会应用于图 5-6 的 Web UI 视觉设计要素上，用于约束这些要素实际使用的方式和设计手法，最终限制 UI 可变性的范围。当然，这个范围还只是原则上的范围，具体使用时还是要看前端工程师应用了哪些原则。

5.1.4　设计交付与前端交付的关系

前端工程师是互联网时代软件产品研发中离用户最近的角色，向上承接设计，向下服务用户，负责完整交付软件产品。狭义上，前端工程师使用 HTML、CSS、JavaScript 等专业技能将产品设计实现成 Web 产品，涵盖 PC 端及移动端的网页和应用，处理视觉和交互等问题。广义上，所有用户终端产品与视觉和交互有关的部分，都应当是前端工程师的专业领域。

前端要解决界面和交互问题，但界面问题一直是软件工程方面的难题，因为 UI 和相关技术变化太快。此外，浏览器各版本的兼容性、Web 标准、移动设备、多终端跨平台适配等又给前端工程带来很大挑战，对前端工程师的能力也提出了更高的要求。许多 UI 和交互问题有不只一种解法，经前端工程师之手常有巧妙构思和精彩呈现。前端工程师是非常有创造力的一个群体，因为领域特性决定了前端需要更丰富的创造力和想象力。

早期的设计师使用 GIMP 对用户界面进行设计，后来使用 Photoshop、Fireworks 等设计软件进行这项工作，而今大多数 UI 设计师们都在使用 Sketch、Figma 等工具进行 UI 设计。UI 设计与其他设计最大的区别就是 UI 设计师输出的并不是最终的作品，他们通常还要把自己的设计先交付给前端工程师，然后由前端工程师借助其丰富的创造力和想象力，针对 UI 设计和产品、交互设计进行开发并完成产品交付。

怎么设计乃至怎么输出设计会对前端工程师的产品交付过程产生重大影响，所以，面对设计交付的媒介——设计稿，前端工程师会遇到各种问题，最终被迫去学习设计工具，然后去切图。前端工程师也可以自己开发工具，按照设计稿自动构建界面，即利用 D2C。可是，构建界面与设计师在使用 Sketch 或 Figma 来设计 UI 的思路南辕北辙，D2C 能够解决一些交付效率问题，但还需要读者借助智能 UI 针对自己的使用场景进行优化。

此外，目前很多团队 UI 设计和前端工程师分别隶属于两个职能部门，这种情况造成了 UI 设计师不懂前端、前端工程师不懂设计的局面。而事实上，在 UI 设计和前端开发两个领域存在很多关系紧密乃至重叠的部分，对这些部分的理解深度会直接影响设计交付到软件交付的映射质量，同时影响对终端用户的交付的质量和用户体验。

5.1.5　Web 应用的交付过程

对于前端工程师而言，一个 Web 应用主要由三大要素构建而成，即 HTML、CSS 和 JavaScript。

1）HTML：HTML 是 Hyper Text Markup Language 的缩写，它并不是一门编程语言，而是一种用来告知浏览器如何组织 Web 页面的标记语言，是构成 Web 世界的砖和瓦。HTML 定义了网页内容的含义和结构，它由一系列 HTML 标记组成，这些标记包裹不同的内容，使其以 W3C 标准和具体浏览器实现所支持的方式呈现或者工作。

2）CSS：CSS 是 Cascading Style Sheets（层叠样式表）的缩写。和 HTML 类似，它也不是真正的编程语言，甚至不是标记语言，而是一种样式表语言，用来描述 HTML 或 XML（包括 SVG、MathML、XHTML 之类的 XML 分支语言）文档的呈现。CSS 解决了在屏幕、纸质、音视频等媒体上的元素应该如何被渲染的问题。

3）JavaScript：JavaScript 是脚本编程语言，因此以往被称作 JS 脚本。它可以在网页上实现复杂的功能，让网页展现的不再是简单的静态信息，而是实时更新的内容，如交互式的地图、2D/3D 动画、滚动播放的视频等。JavaScript 解决了如何让 Web 鲜活起来的问题。

对于 Web 应用而言，HTML、CSS 和 JavaScript 各司其职，其中 HTML 用来搭建骨架，由一系列的 HTML 标签元素来描述骨架的每个部件或内容。这个时候，它是没有任何美感的，仅仅是一篇普通的文档，只有给骨架加上相应的 CSS 才能有美感。虽然 HTML 和 CSS 的组合能让前端工程师构建出一个好看的 Web 应用，甚至能达到设计师所追求的 UI 效果，但这些都是静态的。如果希望 Web 应用具有灵魂——动态性和可操作性，那就需要使用 JavaScript。从 Web 应用本身来看，JavaScript 提供动态性（主要是条件渲染和样式变化）和可操作性（提供 UI 的触点并响应用户操作），把原本静态、独立的 UI 元素串成一条条用户路径，并且在路径的每个节点上完成 UI 逻辑、交互逻辑、业务逻辑。

5.1.6　原子设计理论

回顾了设计、前端以及 Web 应用的交付过程，理解了 UI 是如何从设计师开始经过前端工程师加工并交付给用户的，我们回到如何释放构建 Web 应用的 UI 的可变性问题上。首先要做的是构建设计系统，原子设计理论就派上用场了。

原子设计是由 Brad Frost 最早提出的，被用于创建设计系统。类似化学中所有物质都是由原子组成的，原子结合成分子，分子组合形成更复杂的细胞、生物，设计系统也可以按照这种方式进行分层。原子设计理论拆分成 5 个层次：原子、分子、组织、模板、页面。

原子是网页最基础的组成部分，如表单标签、输入框、按钮等，也可以是抽象的元素，如色板、字体等。原子指化学反应不可再分的基本微粒，虽然是微粒，但会对分子乃至物体形成产生很大影响。同理，在设计中原子是构成设计的最基础元素，可以是一个图标、一种字体等本身不具备特有功能的元素。这些基础元素虽然基础，但是会对 UI 产生很大影响。

原子以特定的次序、结构和排列结合成分子。回到设计中，多个设计元素以特定的次序、结构和排列组合在一起，也会创造出具有明确功能的组件，比如将表单标签、输入框、按钮组合在一起构成表单。原子设计强大的地方在于，可以为分子的创造分配不同的原子，以确保结合具有明确的意义和功能。

不同的分子组合形成组织，在设计中各种不同的组件组合在一起，形成一个完整的功能模块，例如首页的轮播图模块，有图像、文字等元素，还有按钮、导航箭头等组件。利用组织这个概念能帮助设计师建立模块化意识并深入理解页面结构，帮助前端工程师准确布局。

将元素、组件和功能模块相互关联，可以得到产品模板，即产品框架。我们可以把产品框架看做产品的低保真线框图（wireframe）。在这个阶段，产品的信息架构和可视化的层次结构变得非常重要，它们决定了用户理解 UI 的路径和方式。这些信息架构和可视化层次结构不同，可以良好满足不同类型用户对 UI 感知、理解和使用的偏好。

页面是模板的特定实例，准确表达了最终用户看到的内容。在模板的基础上继续添加细节，最终会形成完整的页面，即产品的高保真原型，也是交付研发的设计交付物——设计稿。

把原子设计理论代入到 Web 应用研发，其对应的概念如下。

❑ 基础元素（Element）：可变、可配置的最小基础单元，比如按钮、输入框、文本、段落、图标等。

❑ 组件（Component）：表达一定功能语义的简单组件，比如搜索条、商品卡片、评分、筛选器等。

❑ 模块或区块（Module）：由基础组件构成的表达了完整业务语义的复杂区块，比如信息流、登录表单等。

❑ 页面（Page）：一个完整的页面。

❑ 应用（App）：一个完整的应用，在页面基础上加上路由等功能构成完整的用户路径。

　　原子设计理论的一切,都是为了给产品设计、研发效率和用户体验一致性提供帮助。同时,它们也是传达设计原则、设计意图,构成产品独特气质的基石。为了让上述的"设计基石"更统一,设计师一定会有一套设计规则(设计规范)。但令人遗憾的是,最熟悉这些规则的人大多是规则的制定者,其他设计师对规则的细节则不甚清楚,在业务中大多是通过组件的复制、样式的复制完成产品的设计(或者说是搭建产品设计)。

　　开发者对规范的理解成本则更高,在开发落地过程中主要依赖设计师和工程师线下沟通。针对沟通和理解成本的问题,一些前端工程师开始和设计师一起使用设计令牌。设计令牌很容易映射到前端组件样式上,还有大量的前端工程实践和开源项目作参考,因而迅速流行于设计和前端领域。

　　设计部分聊完了,接下来谈谈令牌。令牌是在网络编程中用户身份与服务器端进行校验的凭证。而在设计体系中,令牌则是具体设计与设计规范进行校验的凭证。利用好令牌进行前端工程化,将设计的样式代码进行语义化和编组,就可以轻松灵活地在不同需求场景下调用不同基础样式,同时,借助与设计规范进行校验来保证使用样式的正确性。具体的方法是:从最广泛的场景和语义开始定义全局变量,也就是元素或原子的样式,分子可引用若干原子来构成自己的基础样式语义,逐级往上构建场景中语义化的令牌体系。然后,在设计规范中对令牌在某一场景的某一语义下选取某个样式的范围进行具体定义,就完美地把设计和令牌结合在了一起,让它们共同为 UI 的可变性服务。

　　原子设计理论的落地,就是要打造一套可以根据用户偏好开关或配置进行整体的令牌样式替换的方案。例如当用户手机为夜览模式时,调整好元素的属性(如文本的颜色等),将页面或应用整体切换成夜览样式。设定好一系列基础的色板、色号、字体、字号,然后进行基础元素、组件的色板引用,再根据具体场景构建方案、页面或应用,就可以通过映射 UI 可变性到设计令牌的样式选择来实现整体的 UI 个性化方案。

```
//无特殊语义的基准色板定义
purple100: rgb(184, 121, 240);                            //淡紫色
purple200: rgb(159, 101, 208);
purple300: rgb(130, 80, 170);                             //深紫色

//有一些基础语义
primaryBackgroundColor: $purple200;                       //背景
primaryTextColor:       $purple300;                       //文字颜色

//具体场景
primaryButtonBackgroundColor: primaryBackgroundColor;     //主按钮背景色
primaryButtonQuietTextColor:  primaryTextColor;           //主按钮文字颜色
```

在这种语义化命名规范的帮助下，只需要根据需求定义具体场景，逐级引用元素、组件、模块构建页面，并在其上应用设计令牌，再根据设计系统的约束生成新的实例化值，就能拥有一套智能化、自适应的设计系统来实现 UI 的可变性。这就是笔者追求的设计生产一体化方案。

5.2 设计系统：设计生产一体化方案

在开始设计生产一体化之前，先介绍一下设计体系对 UI 和交互的约束。常规的观点是有主题样式约束就够了。这个观点最大的问题在于没有看到主题样式的弊端——缺乏弹性。之所以说主题样式缺乏弹性，是因为主题样式是在"确定性"指导下定义出的"××情况下用××样式"，除了 Media Query 和 View Port 等技术的有限弹性外，主题定义方式可选择的样式都是固化的，且是由设计师一套一套人工调整并制作出来的，不仅缺乏弹性，而且成本高、效率低。

笔者在定义设计生产一体化方案时，引入了设计系统、原子设计理论、智能设计和代码生成的概念，把这些理论借助设计令牌联结成设计生产一体化方案。这种联结不仅能避免主题缺乏弹性的问题，还能将设计体系的约束用设计令牌和代码生成的 D2C 能力贯通，避免个性化带来的巨大人工设计和研发成本。同时，智能设计则可以在 AI 的辅助下，按照设计体系的约束自动生成更多的设计方案，从而提升智能 UI 方案的丰富性，更好地提供 UI 个性化体验。

5.2.1 设计、研发、UI 个性化消费三位一体的新轮子

之所以叫"新轮子"，是因为业界已经有很成熟的设计系统。从设计规范到前端技术工程体系的开源产品，GitHub 上不胜枚举。但是，从赋能设计到提效研发再到 UI 个性化消费三位一体的设计系统，是在前端智能化、智能 UI 落地实践中迭代出来的，很难直接拿业界开源的产品来套用。下面先细数一下行业里比较流行的轮子。

面向设计师的设计规范管理工具有 Toolabs、Zeroheight 等。Toolabs 拥有非常完善的 DSM 功能，包括主题创建、动效、转场、状态等。该 DSM 系统完整且可定制，设计团队可以用 Toolabs 管理、分发和使用设计系统。但是，Toolabs 不能导出代码。

Zeroheight 是个自由开放的 DSM 协作平台，甚至针对布局的构建都有基础接口。同时，Zeroheight 支持团队协作进行规范设计，多人撰写和评论等功能一

应俱全，支持各种主流设计工具的文件格式，能够直接导出前端样式代码 Scss、Sass、Emotion 等，还支持基于 Storybook 的前端框架。

　　面向前端工程师的设计系统和生产工具有 Amazon Style Dictionary、Theme UI、Storybook、Adobe Spectrum，以及 Salesforce 的 Theo、Styling Hooks、Einstein Designer 等。

　　如图 5-7 所示，Amazon Style Dictionary（样式字典）实现了设计系统直接影响生产的开源框架，定义了一系列设计令牌，同时，具备将设计令牌输出成前端、客户端 UI 代码的能力，扩展和自定义能力良好。

图 5-7　Style Dictionary 中的设计系统和设计令牌

　　到目前的 3.0 版本为止，Style Dictionary 构建过程可以合并所有令牌文件，然后迭代合并对象并转换它找到的令牌，但只对不引用其他令牌的令牌进行值转换。这里的初衷是，任何引用的值都应该是唯一的，且对所有引用保持一致，因此只需要进行一次转换。然后，在所有令牌转换后，样式字典将解析所有别名 / 引用。因此，Style Dictionary 会把令牌变成确定性样式值，而使 UI 失去可变性，因此 UI 个性化供给和消费无法实现。

　　Theme UI 则是基于设计约束的设计系统框架，架如其名，擅长主题定义和应用。而设计系统远不只主题，前面已介绍，这里不再赘述。Storybook 可谓脍炙人口，是个原型加工、生成和调试 UI 组件的系统，让前端不用关注业务逻辑，只须专注于 UI 开发。但是，Storybook 描述式构建 UI 的方式和智能 UI 声明式构建 UI 南辕北辙，尤其是追求确定性这一点，与智能 UI 追求 UI 可变性背道而驰。

　　反倒是 Salesforce 的 Theo、Styling Hooks、Einstein Designer 体系非常契合智能 UI 的设计理念，因此，在构建智能 UI 的设计系统和设计生产一体化方案的时候，或多或少参考和借鉴了 Salesforce 的系统。

　　2019 年 Salesforce 发布 Einstein Designer 系统，将定义 UI 的能力友好开放给商家使用，给消费者带来了优秀的体验。虽然在 2017 年阿里巴巴就已在双十一活动中落地智能 UI，且在设计稿智能生成代码方面领先 Salesforce，但是 Salesforce 的设计更符合 B 端用户装修店铺诉求。这跟两家公司的基因有关。Salesforce 本来就是去中心化的电商平台，天然对 UI 的个性化有着强烈的诉求。

而阿里巴巴是一个中心化的电商平台，落地和推进智能 UI 的过程受到中心化业务诉求和系统限制比较多。Salesforce 使用智能 UI 帮助商家服务消费者，看似是 2B，本质上是 2C 为主。此外，2B 服务商家的部分中，Salesforce 以技术为基础服务商家，阿里巴巴以 ISV 为基础服务商家。从生态角度看两家公司不分伯仲，从技术上看又有异曲同工之妙。

因此，在研究了 Salesforce 的设计理念和工程方法后，我们设计了自己独特的设计、研发、UI 个性化消费三位一体的系统（如图 4-2 所示）。该系统有别于 Salesforce 的分布式，且立足于中心化 2C 产品形态。

设计系统与设计系统管理平台（Design System Manager，DSM）共同构成了设计决策，顾及了三位一体的要求：让设计师可以用设计令牌直接干预终端用户体验。以往都是声明设计系统的各种规则，并将这些声明应用在样品/物料库、构建 UI 的要素之上。研发产品的时候，还要根据具体功能来使用这些声明，进行业务的具体设计。这会造成不连贯的问题，具体业务人员对规则的应用情况，要看这个具体承担设计职责的设计师对规则理解是否正确、应用是否规范等。研发人员对规则的应用情况，要看研发人员对设计规范和设计意图理解的程度，以及对用户体验负责任程度。正是这些原因，很多公司的设计规范和设计系统形同虚设。设计生产一体化方案中的设计系统就是为了在全链路中彻底解决这个问题：让规则和设计稿信息结构化、标准化、系统化，并且符合设计令牌的要求。

5.2.2 设计系统的技术选型

要让规则和设计稿信息结构化、标准化、系统化落到实处，首先要解决的问题是用何种技术手段来实现这个目标，即技术选型。技术选型在软件工程中处于首位，因其直接决定了后续方案设计、详细设计乃至具体编程的质量。所以，这里分享一些笔者沉淀的思维框架和方法论。

笔者认为，技术选型是以方向、方略、方法为路径，渐进式思考的过程。方向部分承接了背景和问题分析，把问题分析得出的判断和结论聚焦到一个明确的方向是其核心。方略则是确立一些基本原则，这对技术选型时价值衡量和取舍极为重要。方法，顾名思义，即技术选型的具体步骤和方法。

1. 方向：确定技术选型要解决的问题和要求

首先，必须明确技术选型处在问题定义之后，没有高质量的问题定义，随之进行的技术选型、方案设计、详细设计都会受到影响。这种影响最常见的表现是问题解决得不彻底、系统的灵活性和扩展性差、投入产出比低，这就是为什么开篇花时间进行诸多分析、思考和判断的原因。

我们提出的是"独特的设计、研发、UI 个性化消费三位一体的设计系统"。"独特"是指不能完全照搬和复用开源方案。"设计、研发、UI 个性化消费三位一体"是指设计系统的输出会直接影响研发和 UI 个性化消费环节，同时，UI 个性化消费环节制约研发的交付物，研发的交付物又制约了设计系统的输出，而不能按照传统设计系统的思路进行割裂的设计。"设计系统"明确了设计的目标——一个服务于设计的系统，明确了用户、用户自身的认知能力和工作习惯等，这也为技术选型提供了大量的参考。

这些技术选型的参考明确了选型的方向，通常会把选型范围缩小到某个技术领域中，如 PC 端还是移动端、分布式还是非分布式、基于数据还是基于文件等。在设计系统的技术选型上，智能 UI 体系倾向于 PC 端，但兼容移动端、分布式基于文件的技术来实现。因为设计师的大部分设计工作是在 PC 端完成的，但查看和细节调整兼容移动端可以提升产品的便利性。对于分布式的考量，因为设计系统落地到业务中需要不同层次上的输出，Figma 用其成功证明了这个过程需要大量的协同，分布式会更加符合这种多人协同对计算和存储能力要求高的诉求。但是，分布式基于数据实现较为复杂，涉及数据一致性、数据冲突等问题。而对于设计系统，规范通常是一份结构化文件（如 Figma 中用 Style Dictionary 插件导出 JSON），而协同可以用现有的基于文件的协同来实现，对于一致性和冲突问题又可以用版本控制来解决，还能良好跟踪规范的版本、修订内容等。对围绕文件展开的用户、权限、配置等管理工作，则可以采用分布式数据库、消息队列等技术。

2. 方略：确定技术选型过程的价值取舍和衡量

完成了上述思考和判断，就完成了技术选型的第一步——确定方向。但这还无法确定以下问题：交付物是什么？是否用 CSS？用什么方法把设计的工作习惯最大程度保留？如何降低用户理解和使用的成本？等等。这个环节考查的是技术选型的定力，这个定力基于人和事进行取舍的原则。"人"的技术选型考虑因素有胜任程度（风险）、能力提升的程度（历练）等，还可以加入组织视角，如技术储备、技术突破、协同复杂度等。"事"的技术选型考虑因素有交付要求（一次性还是演进式交付）、服务场景的要求、时间要求等。这些问题的答案需要有取舍的原则作为定力，不能被选型过程不断浮现的问题带跑，要始终围绕着确定的方向和实际情况。

从"人"的角度看，笔者倾向于能力提升，因此，在淘系前端 Fusion、ICEWorks

等技术较为成熟的背景下，选择 MUI、Theme UI、Gatsby、MDX、Emotion.js 等技术能够实现能力提升的目的。从"事"的角度看，这些技术在设计系统和设计应用开发方向上有很多可以挖掘的技术价值，同时又符合设计系统服务场景的要求，应该能较好地简化未来的设计和实现工作。

3. 方法：技术选型的具体步骤和方法

最后就是技术选型的步骤和方法。在软件设计中，最朴素的设计方法是分层，基础、能力、应用三层设计是较常用的方法。技术选型的时候，实际是在上述三层结构中选择填空，脑海中对整体设计有一个大致的轮廓，然后选择具体的技术来实现。

需要注意的是，选择的技术越基础，方案设计的灵活性越高，实现的复杂度就越高。使用框架可以降低基础技术选择的复杂度，很多底层技术细节被框架隐藏、封装。但框架会限制未来方案设计，一旦框架里某些能力无法实现设计诉求，修改的成本和风险都极高。但是，选择成熟的框架可以极大降低技术选型对底层技术的要求，同时降低方案设计的复杂度。

选择的技术越偏应用层，方案设计的灵活性越差，但实现的复杂度也越低。选择的技术偏向应用，只能借助技术自身提供的扩展性进行自定义，或者用自定义的方式去适配，在外部创造灵活性，但这会带来很大的局限性。最典型的例子是选择一些和自己设计诉求相似的技术方案，然后用插件等方式进行自定义扩展。这样做的好处是快，非常适合试错型项目。

Theme UI 的功能过于强调主题的使用，Emotion 的能力过于基础，MUI 又受到自身的分层设计的限制，看起来都不太适合直接用于智能 UI 的设计系统。笔者调研了具体业务场景的实际案例，围绕后续设计令牌的承接、D2C 的代码生成以及 UI 个性化消费的要求，以实现 UI 可变性约束为核心，选择 JSON 文件作为设计系统的规范输出格式，设计系统本身用 MDX 和文件版本控制实现 Emotion.js 上所见即所得的效果，用 GraphQL 查询和格式化展示文档，这套技术选型逐渐清晰且契合设计的目标。

从图 5-8 中可以看到，这种所见即所得的效果比较适合程序员，让设计师直接使用成本偏高，还需要把代码中需要设计师调整的内容用可交互的组件展示出来，比如调色板、滑块、下拉列表框等，让他们通过非代码方式来使用。这些考量和设计就已经从技术选型向方案设计过渡了，这里"需要设计师调整的内容用可交互的组件展示出来"就是设计方案的一部分，也可以称为所见即所得的设计规范编辑。

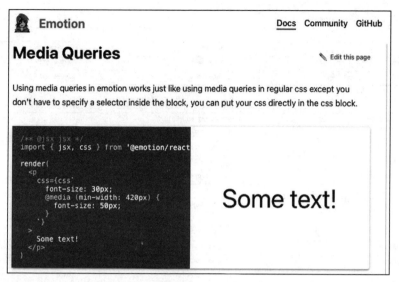

图 5-8　所见即所得的设计系统管理技术

5.2.3　设计系统的方案设计

在开始设计方案之前先聊一下"设计感"这个看起来很虚，实际上与方案质量息息相关的重要概念。所谓"设计感"是指设计的产出物给人的感受，这里包括两个层面的含义：首先，不管给人的感受是好是坏，都能让人感觉到设计在里面起到的控制作用；其次，这种控制作用应该让设计的产出物往高质量方向延伸。

还记得前文说到的"熵"这个概念吗？熵就是系统的无序程度，如果软件工程师的方案设计是想到哪里设计到哪里，其无序程度就会增加（熵增）。熵增会使设计产出物的质量降低。因此，设计感就是来对抗软件工程"熵增"的重要手段。

如图 5-9 所示，左侧单纯罗列难以维护和管理的设计元素的属性（Property），而右侧将属性归纳总结到 Theme Key 中，用 fonts、fontSizes、lineHeights、colors、space 等进行分类（和之前介绍的 Style Dictionary 中的 Category 类似），方便很多，而且具备了些许"设计感"，让无序的罗列变成了有序的分类。

设计中需要掌握的另一个技巧就是确定设计顺序。所谓的顺序指：从输入向输出依次设计，还是从输出向输入层层推导。笔者推荐后者，原因有二：第一，输出是解耦各个模块、子系统、系统的重要工作切面；第二，从输出向输入层层推导是一种演绎过程，对抽象思维能力要求低。

Property
fontFamily
fontSize
fontWeight
lineHeight
letterSpacing
color
bg, backgroundColor
borderColor
caretColor
outlineColor
textDecorationColor
opacity
transition
m, margin
mt, marginTop
mr, marginRight
mb, marginBottom
ml, marginLeft
mx, marginX
my, marginY
p, padding

Property	Theme Key
fontFamily	fonts
fontSize	fontSizes
fontWeight	fontWeights
lineHeight	lineHeights
letterSpacing	letterSpacings
color	colors
bg, backgroundColor	colors
borderColor	colors
caretColor	colors
outlineColor	colors
textDecorationColor	colors
opacity	opacities
transition	transitions
m, margin	space
mt, marginTop	space
mr, marginRight	space
mb, marginBottom	space
ml, marginLeft	space
mx, marginX	space
my, marginY	space
p, padding	space

图 5-9 两种方案

　　确定方案各部分之间的工作切面，也就确定了各部分的交付物。它们之间是否能够互相配合？比如设计规范的交付物里缺失某个设计令牌表达所需的字段，就会造成设计令牌生成和向下传递到代码生成等环节出错，从而影响到后续的 DSM、UI 方案个性化投放等环节。这就是前端在开发方案设计之初要与服务端对字段的原因，最终字段构成的协议是双方开展工作并行不悖、能够协同的必要条件。因此，在设计工作切面的时候，可以参考接口设计、协议设计的方法。

　　总而言之，在设计之初对系统方方面面了解得细致入微，同时还能够归纳和总结方方面面的共性与差异，才能用高度抽象的思维能力自顶向下设计一个完美的系统。然而，在大多数情况下，由于受到经验、信息、技术能力、时间等限制，这很难实现，通常仅仅停留在"想"的状态，这也是极限编程和敏捷开发流行的原因：快速试错、快速迭代，以求快速演进到最优解。简而言之就是以编程代替无意义的思考。

　　综上所述，这里用从输出向输入层层推导的方式来进行方案设计。再回顾设计系统的架构：设计令牌之前，首要任务就是确定双方的工作切面，确保设计系统的输出是设计令牌能够使用的。

　　和图 5-9 不同，通过对业务所使用的各种卡片进行分析，可以总结出一套适合业务的语义化系统，使用状态、数量、方向、动作、布局、其他六个部分来描述组件和表单这两个主要的 UI 类别，如图 5-10 所示。

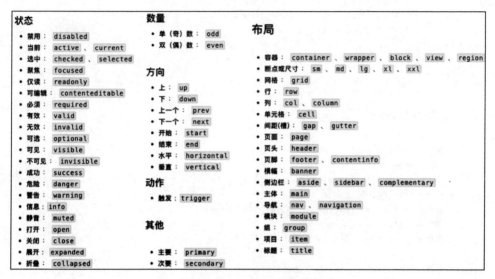

图 5-10　设计令牌的基础 UI 语义化

　　用这个语义化系统就能够统一、结构化地描述组件或表单了。手风琴组件描述如图 5-11 所示。

```
<ul class="accordion">
    <li class="accordion__item collapsed">
        <button class="accordion__heading">
            <span class="accordion__title">title</span>
            <svg class="accordion__icon"></svg>
        </button>
        <div class="accordion__panel">
            <p>content</p>
        </div>
    </li>
    <li class="accordion__item expanded">
        <button class="accordion__heading">
            <span class="accordion__title">title</span>
            <svg class="accordion__icon"></svg>
        </button>
        <div class="accordion__panel">
            <p>content</p>
        </div>
    </li>
```

```
<li class="accordion__item collapsed">
    <button class="accordion__heading">
        <span class="accordion__title">title</span>
        <svg class="accordion__icon"></svg>
    </button>
    <div class="accordion__panel">
        <p>content</p>
    </div>
</li>
</ul>
```

手风琴（Accordion）

- 容器： `accordion`
- 项目： `accordion__item`
- 头部： `accordion__heading`
- 标题： `accordion__title`
- 内容： `accordion__content` 、 `accordion__panel`
- 图标： `accordion__icon`
- 展开： `accordion__item` 带上 `expanded`
- 折叠： `accordion__item` 带上 `collapsed`

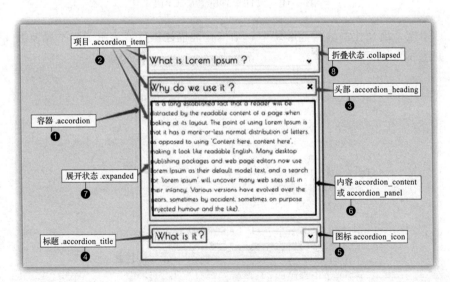

图 5-11　手风琴组件描述

图 5-12 中的内容可以按照基础层、修饰层、对象层、命名空间层的方式组织起来形成具体的设计令牌，这部分内容在 5.3 节会详细展开，这里就不再赘述，

核心是要理解这种语义化描述 UI 的系统和设计系统的产出物如何共同构成工作切面。

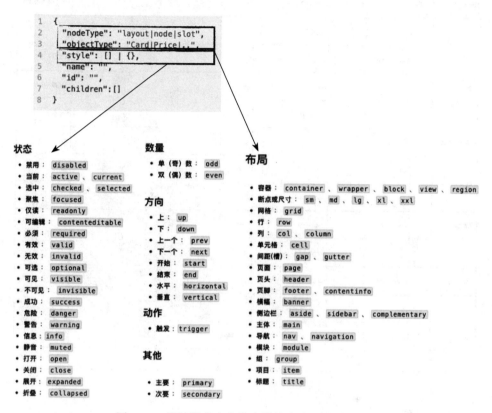

图 5-12　设计规范产出物和设计令牌系统的关系

这种工作切面的设计摆脱了 Theme UI 那种样式字典缺乏和设计令牌系统联系的弊端，又通过映射层良好地解耦了设计系统自身的结构化设计规范文档，消除了 MDX 到设计产出物 JSON 之间相互耦合的副作用，如图 5-13 所示。

把这些内容串起来，就是设计系统的核心方案设计，如图 5-14 所示。

首先定义好语义系统来供给设计要素；然后用规范模板来组织这些要素，渐进式地让设计师逐层定义好设计规范；最后，在具体业务场景的设计规范上描述未来生成方案所必需的可变性范围，如依赖、属性、操作符、变量等，再用结构化的描述为 NLP 去理解和应用设计规范进行智能生成打下基础。

Template	Type	Object (布局+组件识别主体)	Dependency	Property	Operator	Value		Description
Global	布局	container		margin-left	=	18px		页面内最外层区块
				margin-left	=	18px		
两列半,一排三,一排四		grid-collumn		gap	=	6px		垂直循环的列
一排三		gird-row		gap	=	6px		水平循环的行
		block		margin-bottom	=	6px		包裹模块的层
复杂组合模块		card		gap	=	6px		卡片
一排三		badge		margin-top	=	12px		角标
				margin-left	=	12px		
一排二		badge		margin-top	=	20px		
				margin-left	=	20px		
一排三聚合		card.children		margin-top	=	12px		
		card		padding-bottom	=	16px		
Global	样式	card		radius	=	12px, 24px		卡片
		image	if card.radius == 12px	radius	=	6px		主图

图 5-13　设计系统产出物的样例

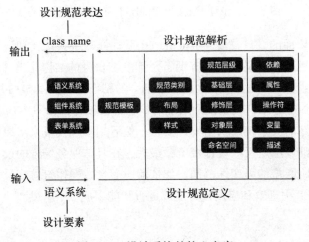

图 5-14　设计系统的核心方案

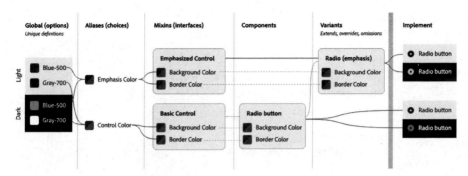

图 5-14　设计系统的核心方案（续）

5.2.4　设计系统的详细设计

1. 语义系统

语义系统参考设计令牌的基础 UI 语义化。这里分别对幻灯片、菜单、表单开关举几个例子，介绍如何借助语义系统来实现设计系统对各个层次的设计决策定义，即使用何种令牌来组成设计规范。

（1）幻灯片（Carousel）组件（见图 5-15）

- ❑ 容器：carousel。
- ❑ Slide 容器：carousel__container。
- ❑ Slide 项目：carousel__slide。
- ❑ 分页：carousel__pagination（内结构可以参考 Pagination 组件）。
- ❑ 下一页：carousel__next。
- ❑ 上一页：carousel__prev。

图 5-15　幻灯片组件的语义化

```
<div class="carousel">
    <!-- Slide容器-->
    <div class="carousel__container">
    <!-- Slides -->
        <div class="carousel__slide"></div>
        <div class="carousel__slide"></div>
    </div>
    <!--分页-->
    <ul class="carousel__pagination">
        <li class="page__item"></li>
    </ul>
    <button class="carousel__next"></button>
    <button class="carousel__next"></button>
</div>
```

（2）菜单（Menu）组件

❑ 容器：navigation、menu、nav。

❑ 菜单项：navigation__item、menu__item、nav__item。

❑ 当前菜单项：navigation__item--active、menu__item--active、nav__item--active（--active 也可以更换成 --current）。

❑ 禁用菜单项：navigation__item--disabled、menu__item--disabled、nav__item--disabled。

❑ 链接：navigation__link、menu__link、nav__link。

❑ 图标：navigation__icon、menu__icon、nav__icon。

❑ 分割线：navigation__divider、menu__divider、nav__divider。

❑ 方向。

    ○ 水平：navigation--horizontal、menu--horizontal、nav--horizontal。

    ○ 垂直：navigation--vertical、menu--vertical、nav--vertical。

❑ 下拉菜单容器：dropdown。

    ○ 下拉菜单切换项：dropdown__toggle。

    ○ 下拉菜单：dropdown__menu。

    ○ 下拉菜单项：dropdown__item。

```
<!--普通菜单-->
<nav>
    <ul class="nav">
        <li class="nav__item">
            <a class="nav__link">item</a>
        </li>
        <!--当前状态或选中状态-->
        <li class="nav__item nav__item--active">
```

```
            <a class="nav__link">item</a>
        </li>
        <!--禁用状态-->
        <li class="nav__item nav__item--disabled">
            <a class="nav__link">item</a>
        </li>
    </ul>
</nav>

<!--垂直菜单-->
<nav>
    <ul class="nav nav--vertical">
        <li class="nav__item">
            <a class="nav__link">item</a>
        </li>
        <!--当前状态或选中状态-->
        <li class="nav__item nav__item--active">
            <a class="nav__link">item</a>
        </li>
        <!--禁用状态-->
        <li class="nav__item nav__item--disabled">
            <a class="nav__link">item</a>
        </li>
    </ul>
</nav>
<!--分组菜单-->
<nav>
    <ul class="nav">
        <li class="nav__item">
            <a class="nav__link">item</a>
        </li>
        <!--当前状态或选中状态-->
        <li class="nav__item nav__item--active">
            <a class="nav__link">item</a>
        </li>
        <!--禁用状态-->
        <li class="nav__item nav__item--disabled">
            <a class="nav__link">item</a>
        </li>
        <li class="nav__divider"></li>
        <li class="nav__item">
            <a class="nav__link">item</a>
        </li>
        <li class="nav__item">
            <a class="nav__link">item</a>
        </li>
    </ul>
</nav>
```

（3）表单开关（Switch）组件

❏ 容器：radio。

❏ 组：radio--group。

❏ 标签：radio__label。

❏ 图标：radio__icon。

❏ 状态。

 ○ 选中：radio--checked。

 ○ 必选：radio--required。

 ○ 禁用：radio--disabled。

 ○ 有效：radio--valid。

 ○ 无效：radio--invalid。

 ○ 状态不确定：radio--indeterminate。

```
<div class="radio">
    <svg class="radio__icon"></svg>
    <div class="radio__label">label</div>
</div>
```

（4）表单滑块（Slider 或 Range）组件

❏ 容器：slider。

❏ 轨道：slider__track。

❏ 进度：slider__fill。

❏ 手柄：slider__handle。

❏ 当前值：slider__value。

❏ 标签：slider__label。

```
<div class="slider">
    <div class="slider__track">
        <span class="slider__fill"></span>
        <span class="slider__handle"></span>
    </div>
    <div class="slider__label">label</div>
    <div class="slider__value">value</div>
</div>
```

大家可以根据上述例子中的方法梳理自己的语义系统，梳理的过程就是检验设计令牌的基础 UI 语义化设计合理性，以及是否能够在主要的应用场景中完成符合预期的工作。这是详细设计的核心——用核心部分的细节来检验方案设计的合理性。

2. 设计规范输出

有了语义系统供给的设计要素，下一步就是把设计规范输出的详细设计做出来，检验这些输出格式定义的合理性。设计规范输出的详细定义包括节点描述格式、可变样式约束条件、可变样式约束三个部分。

（1）节点描述格式

设计规范输出的格式为 JSON，这是在设计令牌约束下做出的选择。下面先看看节点描述的 JSON 格式。

```
{
    "nodeType": "layout|node|slot",
    "objectType": "Card|Price|...",
    "style": [] | {},
    "name": "",
    "id": "",
    "children":[]
}
```

1）nodeType：描述节点的类型，主要有 3 种类型。

❑ layout：布局节点，一般是根节点。

❑ node：普通节点。

❑ slot：插槽，可以插入物料，不可以有叶子节点。

2）objectType：描述节点的具体对象类型。在营销场景中主要有以下几种类型。

❑ Card：卡片。

❑ Title：标题。

❑ Price：价格。

❑ InterestPoint：利益点。

3）name：节点名称。

4）id：节点 ID。唯一标识节点，不可重复。

5）style：描述节点的样式，style 可以是数组或对象。

```
    {
        "nodeType": "slot",
        "objectType": "Price",
        "name": "price",
        "id": "234",
        "style": {
        "width": "340px",
            "height": {
                "constraintType": "ge&le",
            "value": ["100px","120px"],
```

```
        "step": "10px"
      }
    }
  }
```

数组定义节点的可选样式。数组里的对象需要指定类型，可以包含两种类型的样式对象。

❏ base：定义基础样式。基础样式在确定节点对象的样式中是渲染层级最低的。

❏ variant：定义可选的可变样式，表示节点的样式可以任选，但只能选择其中一个。variant 的渲染可以包含条件。

如下样例所示，卡片布局的基础样式是 6px 的页边距（margin），在此基础上，可以选择三种不同方案的样式：1*1、1*2、1*3。

```
{
    "nodeType": "layout",
    "name": "layout",
    "objectType": "Card",
    "style": [{
        "name": "base",
        "type": "base",
        "margin": "6px"}, {
        "name": "1*1",
        "type": "variant",
        "width": 384,
        "borderRadius": [ 24, 12 ]},{
        "name": "1*2",
        "type": "variant",
        "width": 384,
        "borderRadius": 12},{
        "name": "1*3",
        "type": "variant",
        "width": 284,
        "borderRadius": 12}],
}
```

对象直接定义节点的可变样式属性，具体的定义方法参考后文定义可变样式的方法。对象的可变范围是无条件的，比如下面的样例，定义了一个价格节点，表明该节点的宽度是 340px，高度可以在 100px 和 120px 的范围内以 10px 的步长变化：

```
"style": {
    "width": "340px",
    "height": {
```

```
            "constraintType": "ge&le",
            "value": ["100px","120px"],
            "step": "10px"
    }
```

variant 类型的样式可以定义条件，也可以嵌套（只有 variant 类型可以嵌套）。如下样例所示，一个价格节点的样式在 1*3 且包含利益点的条件下，高度为 12px。

```
{
    "nodeType": "node",
    "ObjectType": "Price",
    "name": "price",
    "style": [
        {
            "type": "base",
            "width": {
                "constrainType": "lg",
                "value": "23px"
            }
        },
        {
            "type": "variant",
            "condition": "$('.Card').style.name == '1*3'",
            "style": [
                {
                    "type": "variant",
                    "condition": "$('.Card').has('.Interest')",
                    "height": "12px"
                },
                {
                    "type": "base",
                    "width": "10px"
                }
            ]
        }
    ]
}
```

（2）可变样式约束条件

可变样式约束定义在 variant 类型的 style 属性中的 condition 字段，描述可变样式约束的执行条件。约束条件由对象查询、对象属性、对象方法和条件规则四个部分构成。

1）对象查询。

❑ $("#id")：返回对应 ID 的节点。

- $(".Card")：返回对应对象类型的节点。
- this.parent：返回该节点对应的一级父节点。
- this.parents：返回该节点对应的所有父节点。
- this.children：返回该节点对应的所有子节点。

2）对象属性。对象属性可以返回节点对象的所有属性，如 $('.Card').style. name。

3）对象方法。

- count()：返回节点的数量，如 $('.Card').count()。
- has()：返回该节点是否包含另外的子节点，如 $('.Card').has('.Price')。

4）条件规则。

- 大于（>）：如 $('.Card').count() > 4。
- 小于（<）：如 $('.Card').style.width < '300px'。
- 或（||）：如 $('.Card').style.width < '300px' || $('.Card').style.width < '300px'。
- 与（&&）：如 $('.Card').style.width < '300px' && $('.Card').style.height < '30px'。
- 非（~）：如 $('.Card').style.margin ~ '20px'。

（3）可变样式约束

可变样式约束由一个可变约束对象来定义：

```
"style": {
    "width": "300px",
    "height": {
        "constraintType": "ge&le",
        "value": ["100px","120px"],
        "step": "10px"
    }
```

无约束情况下直接按照规范的样式取值即可，这里不做展开。

范围约束是制定约束范围的类型，然后用 value 表示对应约束的值，再用 step 表示约束的步长，不设置即默认步长为 1px：

```
{
"constraintType": "ge&le",
"value": ["100px","120px"],
"step": "10px"
}
```

枚举约束表示在 value 数组中规定的范围内智能取值：

```
{
"constraintType": "enum",
```

```
"value": ["100px","120px"]
}
```

取值还可以链接到其他对象的属性值上，用 ${} 来表示需要解析的链接属性：

```
{
"constraintType": "enum",
"value": [ ${'this.style.width - 20'},${'this.style.width + 20'}]
}
```

最后看一个完整的设计规范输出样例：

```
{
    "nodeType": "layout",
    "name": "layout",
    "objectType": "Card",
    "style": [
        {"name": "base", "type": "base", "margin": "6px"},
        {"name": "1*1", "type": "variant", "width": 384,"borderRadius":
            [ 24,12]},
        {"name": "1*2","type":"variant","width": 384,"borderRadius": 12},
        {"name":"1*3","type":"variant","width": 284, "borderRadius": 12}
    ],
    "children": [
        {
            "nodeType": "node",
            "ObjectType": "InterestPoint",
            "name": "interestPoint",
            "style": [
                {
                    "type": "base",
                    "width": ""
                },
                {
                    "type": "variant",
                    "condition": "Card.style.name == '1*3'"
                }
            ]
        },
        {
            "nodeType": "node",
            "ObjectType": "Price",
            "name": "price",
            "style": [
                {
                    "type": "base",
                    "width": {
                        "constrainType": "lg",
                        "value": "23px"
```

```
                    }
                },
                {
                    "type": "variant",
                    "condition": "Card.style.name == '1*3'",
                    "style": [
                        {
                            "type": "variant",
                            "condition": "Card.children.has('Price')",
                            "height": ""
                        },
                        {
                            "type": "base",
                            "width": ""
                        }
                    ]
                }
            ]
        },
        {
            "nodeType": "slot",
            "ObjectType": "Title",
            "style": [ { } ]
        }
    ]
}
```

5.2.5 关于自适应样式

移动端的兴起，IoT 的加入，以及 AR、VR 等技术的普及，都深刻地改变了 UI 的实现方式。这种深刻改变的背后，是对各种设备如何展示 UI、各种场景如何构建用户交互方式的全新挑战。仅就移动端一个场景来看，不同分辨率以及产品定义的不同信息架构背后，都对自适应样式能力提出了要求。所谓自适应样式的能力，就是在不同的设备中和不同场景下，都能够保证设计意图忠实被技术还原，让用户获得一致的、最佳的体验。这里仅就重要的部分进行介绍，以确保实现设计系统时没有遗漏那些需要附加考虑的重要选项。

1. 字号

由于设计工具内都是以 px 为单位，所以面向设计师的输入单位都以 px 为准，但为了确保自适应性和可拓展性，所有的 px 单位都需要转化为 rem 单位，因此，需要定义 root：1rem = ? px。在浏览器中默认 1rem=10px，程序可根据规范进行定义更改。

设计稿 px 转 rem 的实现方式如下：

```
.demo {
    font-size: rem.convert(24px);
    padding: rem.convert(5px 10px);
    border-bottom: rem.convert(1px solid black);
    box-shadow: rem.convert(0 0 2px #ccc, inset 0 0 5px #eee);
    @include rem.convert((
        margin: 10px 5px,
        text-shadow: (1px 1px #eee, -1px -1px #eee)
    ));
    }
```

与之关联的字距也以该单位为准。

而行高会复杂一点，几种计量单位的计算方式都有所差异。

- line-height: 1.5：所有可继承元素根据其自身的字号计算行高。
- line-height: 150%/1.5rem：根据当前元素的字号计算行高，继承给下面的元素。

所以，根据具体场景判断是否需要使用单位即可，如图 5-16 所示。

MOBILE FIRST

	WEIGHT	SIZE-S mobile	LINE-HEIGHT	SPACING	PREVIEW
H1	bold/700	48/3rem	1.25	0	Lorem ipsum dolor
H2	bold/700	40/2.5rem	1.5	0	Lorem ipsum dolor
H3	bold/700	32/1.5rem	1.5	0	Lorem ipsum dolor
H4	med/500	24/1.5rem	1.5	0	Lorem ipsum dolor
BODY 2	med/500	16/1rem	1.75	0	Lorem ipsum dolor
BODY 1	reg/400	16/1rem	1.75	0	Lorem ipsum dolor
LINK	med/500	16/1rem	1.75	0	Lorem ipsum dolor
BUTTON	med/500	16/1rem	1.5	2%	BUTTON TEXT
CAPTION	med/500	16/1rem	1.5	0	Lorem ipsum dolor

assumed browser root font-size

图 5-16　字号样式的自适应（源自 Material.io ）

2. 间距

同理，所有和间距相关的计量单位也应以 rem 或 em 为标准。由于间距涉及定位问题，em 具有容器的继承性质，对于绝对定位是更加有效的。如图 5-17 所示，这里需要具体问题具体分析。

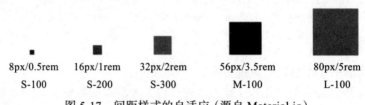

图 5-17　间距样式的自适应（源自 Material.io）

3. 颜色

在色板的规范应用中，通常只会用到 3 类颜色：主品牌色、次品牌色、中立色。因此在命名颜色相关的规范时，不应该用 red、blue 这种具体的颜色，而应该用 primary、secondary、neutral 去命名。

默认情况下，可以根据用户所定义的一个品牌色去生成相应的色板。有很多工具可以做类似的事情，比如 Material Design 官网在 resources/color 路径下提供的工具，或者在 Figma 上借助设计令牌插件来快速生成自己的色板。

剩下的详细设计就交给大家来完成（图 5-16 中所列举的剩余部分），围绕着设计规范输出的 JSON 和图 5-16 的流程，再加上技术选型和方案设计中所介绍的 Gatsby、Emotion、MDX 技术（也可以根据自己的实际情况和喜好，遵从技术选型的要点来选择）实现设计系统的其他部分。关键是围绕设计规范输出的 JSON 这个设计系统和设计令牌的工作切面，保证两个系统能够完成协作。下面就详细介绍设计令牌系统。

5.3　设计令牌：设计体系的技术承接

首先，由于设计令牌是承上启下的关键，其质量直接决定了设计规范承接质量、D2C 代码生成质量、UI 个性化消费质量，对设计生产一体化能力提出了更大的挑战。其次，因为设计令牌在设计系统、代码生成和 UI 个性化消费都有协作切面，而切面相互之间的关联性又很强，不像设计系统那样可以从一个工作切面出发进行演进式设计。因此，在设计令牌的技术承接体系中，采用自顶向下先定义后设计的抽象设计方法。最后，必须要明确的是，很难一下把所有的令牌都设计出来，必须留下灵活性和扩展性，便于在需要时对已有的令牌进行扩展。

5.3.1　令牌类型

谈到抽象设计方法，组织一个强大的、可扩展的设计令牌架构，取决于需要多少个抽象层次。如图 5-18 所示，设计语言、设计系统、设计规范、具体设计的层层递进，在设计令牌中从值、基础变量、通用令牌到组件令牌的体系也是层层递进，并且和设计系统一一对应并承接。

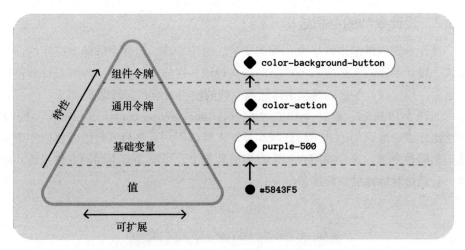

图 5-18　Design Token 架构

- ❏ 值（Value）：#5843F5 是一个颜色的值。
- ❏ 基础变量（Base Variable）：变量 purple-500 对应的值是 #5843F5。
- ❏ 通用令牌（Common Token）：color-action 在互动元素如文本链接和按钮上使用，体现从 Color 到 Action 逐步将变量带入使用场景。
- ❏ 组件令牌（Component Token）：定义令牌应用的对象按钮，可获得"一个按钮组件（color-background-button）会使用 purple-500"的信息。

令牌中的类型不同，含义也不同，如表 5-1 所示。

表 5-1　令牌类型

令牌类型	含义	示列
值	代码中的原始值	颜色值 #5843F5
基础变量	设计语言中的原始值，由与上下文无关的名称表示，可以直接使用，并被所有其他令牌类型所继承	purple-500 表示紫色，它可能用于文本颜色，或用于背景颜色，只要可用颜色的地方都有可能使用

(续)

令牌类型	含义	示列
通用令牌	与特定的上下文或抽象有关,有助于传达令牌预期的目的,当一个具有单一意图的值出现在多个地方时,通用令牌是有效的	color-action 表示只用于具有交互的元素上,比如文本链接、按钮等
组件令牌	与使用它们的特定组件有关,范围只针对它们所属的组件,不仅传达目标属性,也传达它们的状态	color-background-button 表示只用于按钮组件的背景颜色上

5.3.2 设计令牌的组织结构

设计令牌的组织结构指值、基础变量、通用令牌、组件令牌体系应用的命名方式。设计令牌的命名应具备严格的语义规则,这样才能传达出令牌设计和使用的意图,期待设计令牌能够正确传达该令牌的使用场景和实例化要求。

如图 5-19 所示,设计令牌的名称 color-background-container-primary--hover 传达出详细、准确的信息,设计师和开发人员都不用看文档或数值就可以知道这是一个颜色令牌,该令牌用在一个容器的背景上,可能会有不同的变体来传达层次,它是针对鼠标悬浮的状态。

图 5-19 设计令牌命名方式和语义规则

图 5-20 是 Salesforce UX 令牌的命名组织方式,该方式由 Brandon Ferrua 和 Stephanie Rewis 在 2019 提出,而且 Adobe Spectrum 和 Danny Bank 的 Style Dictionary Token 工具也使用了这种命名方式。

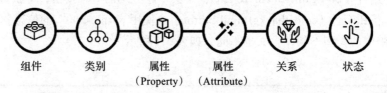

图 5-20 Salesforce UX 令牌的命名组织方式(源自 Salesforce UX 官网)

5.3.3 从简单的令牌结构设计开始

从基础知识开始,即使是简单地设计令牌的命名结构,也可以通过层次表现出其命名模式和语义规则。

$esds-color-neutral-42 令牌的命名（见图 5-21）包括 4 个层次。

❑ 命名空间：esds 是一个具有独立空间的命名，一般会以设计系统或团队
　名称命名，这里 esds 代表的是 EnghtShapes 设计系统。

❑ 类别（Category）：比如 color 指的是颜色类别。

❑ 变体（Variant）：变体为 neutral。

❑ 尺度（Scale）：尺度值为 42。

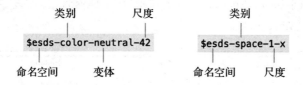

图 5-21　设计令牌命名结构示例

该设计令牌最终可以映射到一个颜色值上，比如 #6b6b6b。同样地，$esds-
space-1-x 将命名空间、类别和尺度组合在一起，最终映射了一个带有固定单位的
长度值，比如 16px，用来作为一个通用值。

如图 5-22 所示，设计令牌命名结构的约定还可以由更为复杂的结构来命名，
即令牌的命名含有多层结构信息，比如"命名空间""类别""概念""属性""变体"
和"尺度"等。

图 5-22　设计令牌命名结构示例

此外，还需要更多的层次来定义设计令牌的命名，以集中记录和广泛重用
设计决策。适度复杂的命名如 $esds-color-feedback-background-error 和 $esds-
font-heading-size-1，可以更直观地表示设计令牌的取值情况，这两个令牌的取值
分别为 #B90000 和 64px。更多的层次会导致更复杂的令牌，如 $esds-marquee-
space-inset-2-x-media-query-s，除了包括组件名称，还包括两个"类别"/"尺
度"对。

如图 5-23 所示，为了让令牌有语义化且描述清晰，一个包含分类学和类型学
的标记化语言需要更多层次。当令牌拥有复杂的层次，就必须组织起来方便管理

和使用：

- ❑ 基础（Base）作为令牌的主干，由"类别"（如 color）、"概念"（如 action）和"属性"（如 size）几个部分构成。
- ❑ 修饰（Modifier）指的是一个或多个"变体"（如 primary）、"状态"（如 hover）、"尺度"（如 100）和"模式"（如 on-dark）。
- ❑ 对象（Object）指的是"组件"（如 button）、组件中的"元素"（如 left-icon）或"组件组"（如 forms）。
- ❑ 命名空间（Namespace）结合了"系统"（如 esds）、"主题"（如 ocean）或"领域"（如 retail）。

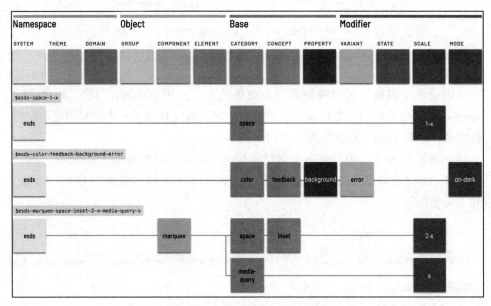

图 5-23　复杂设计令牌命名过程

如图 5-24 所示，在平时工作中可以将设计师和开发人员可重复使用的决策录入到上面的表格中，列入候选令牌统一管理。

命名空间 (NameSpace)			对象 (Object)			基础 (Base)			修饰 (Modifier)			
系统 (System)	主题 (Theme)	领域 (Domain)	组 (Group)	组件 (Component)	元素 (Element)	类别 (Category)	概念 (Concept)	属性 (Property)	变体 (Variant)	状态 (State)	尺度 (Scale)	模式 (Mode)
$esds-spce-1-x												
esds						space					1-x	

图 5-24　命名和语义规则

图 5-25 是来自 Bloomberg、Salesforce、Orbit、Morningstar、Infor 和 Adobe
公司的关于"主要行动（链接或按钮）的悬停状态颜色"的令牌命名。不同公司、
不同团队（不同的系统）会以不同的层级来给设计令牌命名。6 个不同的团队在描
述设计令牌中，对同一个场景使用了不同的层级。

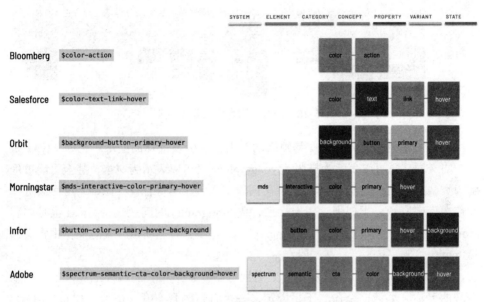

图 5-25　对比各公司的语义规则和组织方式

5.3.4　设计令牌主要的分层命名

图 5-25 也从侧面反映了一个设计令牌命名约定的痛点：命名约定没有标准答
案，只能说总有一种方式是最适合自己团队的。尽管如此，图 5-26 依旧展示了不
同系统中命名设计令牌的层级不同。这些不同的层级有一个共同特点：令牌命名
方式是相似的。接下来展开这几个分层，进一步理解其中的命名方式。

（1）基础层

基础层（Base Level）中最为常用的是"类别"和"属性"。随着设计令牌的
几何增长，单一的类别有可能不够用，因此，在基础层中还会使用"概念"这个
子集。

1）类别。令牌存在于一个原型类别中，比如颜色、字体或空间。

如图 5-26 所示，类别跨越了视觉风格的关注点，有时可能会重叠在一起。
除了典型的颜色之外，不同的系统以不同的方式命名类别。常见的类别包括
color、font（又称为 type、typography、text）、space（又称为 units、dimension、

spacing）、size（又称为 sizing）、elevation（又称为 z-index、layer、layering）、break-
points（又称为 meddia-query、responsive）、shadow（又称为 depth）、touch、time
（又称为 animation、duration）。

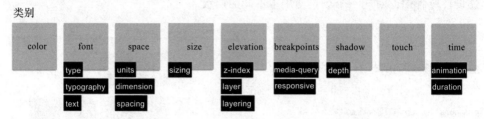

图 5-26　带有不同术语的常见类别

原则：避免同义词。即使是顶级的类别也会引发选择的困难。比如，type 是
一个同义词，既可以表示为排版（typegraphy）又可以表示为文本，甚至可能被理
解为类型，因此，选择 type 这个同义词作变量名，不符合设计原则，给后续选择
和使用带来麻烦。类似地，用 text 来替代 typography 的问题在于，text 也是内容
（content）的同义词，直接使用 typography 又过于冗长，所以，实际操作中常会选
择 font。

2）属性。如图 5-27 所示，一个类别可以和一个相关的属性配对来定义一个
令牌的名称，尽管这个命名不足以定义一个有目的且有意义的值，如 color-text、
color-border。

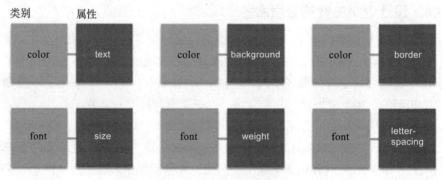

图 5-27　属性的命名模式

和颜色相关的属性包括 text、background、border 和 fill 等，从而产生了缺少
背景的基本令牌（Basic Token），比如：

```
$color-background: #FFFFFF
```

```
$color-text: #000000
$color-border: #888888
```

常见的排版属性包括 size（字号）、weight（字重）、line-height（行高）和 letter-spacing（字母间距），由此类别与属性结合可以产生的令牌有：

```
$font-weight: normal
$font-size: 14px
$font-line-height: 1.25
```

可以说，类别/属性对是非常笼统的，没有目的性。因此，需要概念和修饰层。

3）概念。如图 5-28 所示，可以在类别的基础上添加一个或多个概念（Concept）对类别令牌进行分组。概念也可以称为是类别的一个子集。

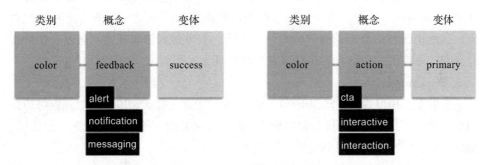

图 5-28　用概念对令牌分组

例如，颜色类别加上概念之后，又可以像下面这样进行分组。

❏ feedback（又称为 alert、notification、messaging）：如 success、warning 和 error 等变体。

❏ action（又称为 cta、interactive、interaction）：用于给交互动作提供相应的反应信息，比如链接、按钮在悬浮状态下的颜色，以及一些选项项目的颜色变化等。

概念与变体（Variant）相结合，形成像 $color-feedback-success 和 $color-action-primary 这样的设计令牌。

排版令牌常被纳入像 heading（又称为 header、heading-level、headline、display）和 body 等概念中，如图 5-29 所示。

像 eyebrow 标题或 lead（又称为 deck、subheader、subhead）这样的特殊情况，感觉和 heading（1~6 级）和 body（s、m、l）概念有所不同，这样的命名具有一定的目的性。针对这种情况，在令牌的命名约定中应该加入变体和尺度的层级。

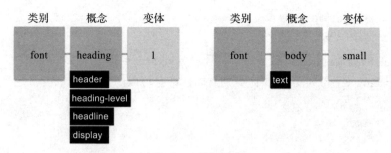

图 5-29 排版令牌

原则：类内同质性，类间差异性。在所有层面上，尤其是概念，要努力实现类内的同质性（如 visualization）和类间的差异性（如 visualization 和 commerce）。为了保持较少的概念数，可以将销售（sale）和清仓（clearance）纳入可视化（visualization）。然而，可视化用于图表，而销售和清仓是电子商务流程中的对象。虽然销售和清仓都具有"售卖"的性质，但考虑到售卖形式不同而产生的不同含义，最终将它们划分为相互独立的两个概念。

（2）修饰层

令牌中使用修饰层（Modifier）中的变体、状态、尺度和模式来增强令牌的目的性。令牌中的修饰层可以独立使用，也可以与类别、概念和属性等一起使用，形成一个更广泛、更具目的性的令牌命名。

像 $color-text-primary、$color-background-warning 和 $color-fill-new 这样的令牌将类别 / 属性对与变体结合在一起。

1）变体。一个变体可以区分不同的使用情况。例如，一种设计语言通过改变文本颜色来创造层次和对比，如 primary（又称为 default、base）、secondary（又称为 subdued、subtle）、tertiary（又称为 nonessential）。类似的 UI 界面 feedback（反馈信息）也常用不同的颜色以提醒用户注意，如 success（又称为 confirmation、positive）、error（又称为 danger、alert、critical）、information（又称为 info）、warning、new 等，如图 5-30 所示。

灵活性还是具体性的选择依据是什么？像 $color-success 这样的令牌，结合了颜色、类别和成功（success）变体，作为一个适用于多场景的解析性标识。这使得用户可以将 $color-success 应用于任何背景（background）、边框（border）和文本（text）。

灵活性是以牺牲特殊性（具体性）为代价的，进一步探究，还可能影响应用的精确性。一个变体名为 success 的颜色可能只用于文本或背景而不是两者同时。更有甚者，一个表示"成功"（success）的对象可能需要不同的颜色用于文本、背景以及边框。在这种情况下，一个令牌中包括一个属性层命名，给用户的感觉就会很具体，但同时该令牌的灵活性就会大打折扣，比如 $color-background-success（用于 background 属性的变体颜色 success）或 $color-text-success（用于 text 属性的变体颜色 success）。

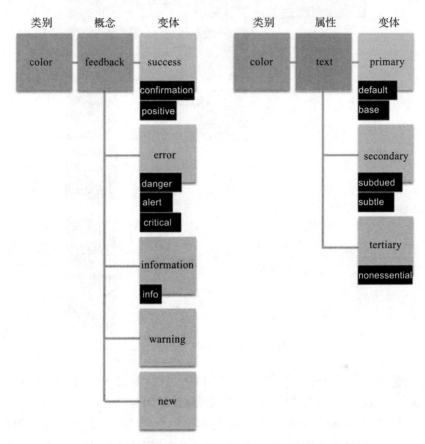

图 5-30　类别 / 属性对与变体结合形成的修饰层

2）状态。令牌可以指定基于交互状态的属性。

如图 5-31 所示，default 表示默认；hover 表示指针（比如鼠标）悬浮在一个按钮上；press（或 active）表示用户在按压和释放一个对象之间，比如用户使用鼠标在一个按钮上按下和释放的那一刻；focus 表示一个对象能够接受输入时，得到焦点状态，比如光标在输入框中闪动时的状态；disabled 表示一个对象不能接受输入时，比如按钮、链接禁止点击的状态；error 表示表单输入框输入数据错误。状态通常将一个对象（比如按钮 button）或类别（如 color）、概念（如 action）

和属性（如 text）与一个变体（如 primary）结合起来使用。

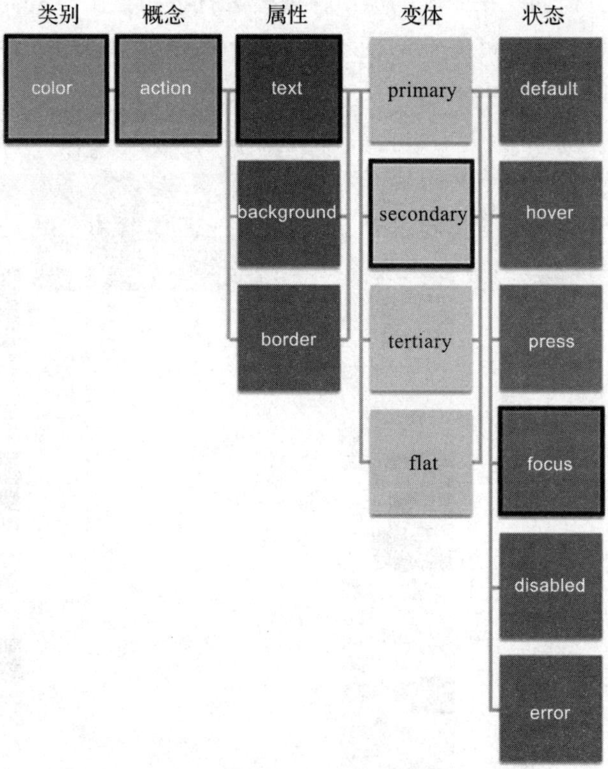

图 5-31　在命名中使用状态

3）尺度。令牌中的尺度通常选择不同的尺寸（size）、空间（space）和其他选项来区分不同事件下事物的差异。常见的尺度类型如下。

❑ 枚举值（Enumerated）：比如用于标题的级别，即 1、2、3、4、5 和 6。

❑ 有序值（Ordered）：比如 Google Material 设计系统中颜色级别，即 50、100、…、900。

❑ 有界限的尺度（Bounded）：比如 HSL 中 0 到 100 的亮度值，即 slate-42、slate-90。

❑ 比例（Proportion）：通常在一个基础值上按一定的量增大或缩小，比如在 1-x 的基础上做增量（2-x、4-x 等）、做缩量（half-x、quarter-x 等）。

❑ T 恤尺寸（T-shirt Size）：从 small（变体为 s）、medium（变体为 m，standard、base、default）和 large（变体为 l）开始，并扩展到 xl、xs 和 xxl。注意：尺寸不等于空间。

尺度经常使用在通用和有目的性的令牌上。例如，大多数系统都定义了通用的（又称原始的）间距，比如 $esdds-space-2-x 代表 32px，$esds-color-neutral-42 代表 #6b6b6b 颜色，这些都是对空间和颜色的有目的性的使用。在这种情况下，2-x 和 42 分别位于比例和明度标尺上。

对于像 $esds-font-size-heading-level-1 和 $esds-font-size-body-small 这样的令牌，有目的地在类别（如 font）、概念（如 heading）和属性（如 size）的范围内指定一个比例（level-1），如图 5-32 所示。

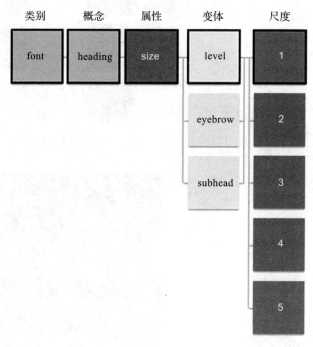

图 5-32　尺度

如图 5-33 所示，为了实现弹性布局等特殊布局方式，特殊性（specificity）要求将概念和尺度成对运用在令牌中。例如，在响应式布局系统中，可以根据媒体查询（media-query）获得尺寸断点（如 m. 1），再利用概念 / 尺度对来表示不同断点下的具体样式。

4）模式。模式通常是指亮（light）和暗（dark）。令牌可以采用一个模式修饰符来区分元素出现在两个或多个表面或背景设置上的值，以实现独特的明暗模式，表现力强的系统也可以扩展到额外的品牌颜色模式，如图 5-34 所示。

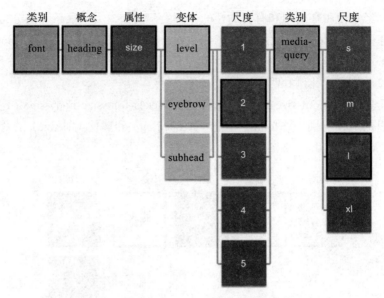

图 5-33 尺度 / 类别对、尺度 / 概念对的应用

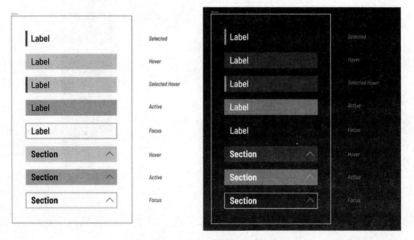

图 5-34 色彩模式示例

例如，$color-action-background-secondary-hover-on-light 和 $color-action-background-secondary-on-hover-on-dark 这两种令牌，可用来区分用户在组件元素上的交互操作，比如，"垂直导航"的垂直过滤器，以及"水平 Tab"选项的悬停（hover）状态时的背景颜色，如图 5-35 所示。

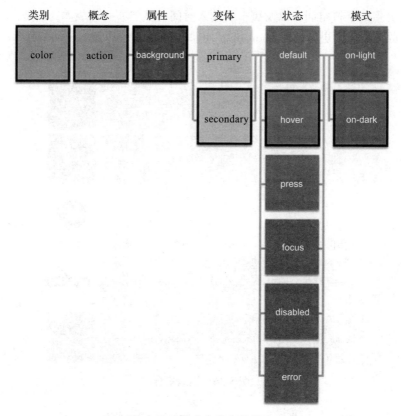

图 5-35　模式和状态的结合

模式和状态的结合增加了令牌数量，但在实践中仅限于小的子集，并通过更简单别名值（如 $color-accent-hover-on-dark）在许多可预测的目的中重复使用，让令牌数爆炸的问题得到缓解。

原则 1：明确的默认值与缩写的默认值。

使用模式的令牌可以假定一个默认值，比如背景，通常是亮色或白色，并且只对"深色"的替代物附加一个 on-dark 修饰器。这就避免了在许多与 on-dark 无关的令牌上添加 on-dark 修饰器。

另外，一些系统依靠在同级令牌中的并行构造来预测迭代一个集合，比如 on-light、on-dark 和 on-brand 的修饰名就能有预期（或目的性）地使用，如图 5-36 所示。

原则 2：使用修饰性术语定义令牌。

令牌通过在标签（如 dark 或 light）前加上 on 这样的修饰性术语，可以让令牌的含义更加清晰，如图 5-37 所示。然而，使用修饰性术语如 on-light 这样定义会占用更多的字符空间，以及更多的输入时间。虽然有一些成本，但是，为了提高令牌的可读性，更建议使用 on-light 而非 light 来定义令牌。

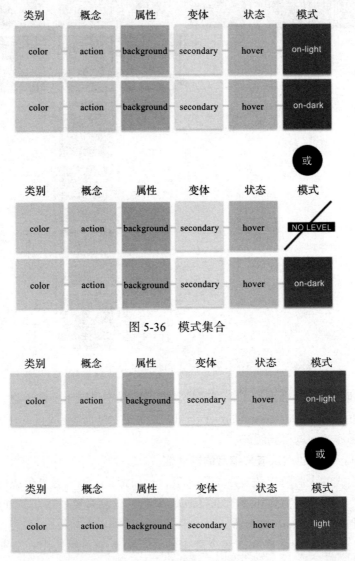

图 5-36　模式集合

图 5-37　让令牌更具可读性

（3）对象层

虽然令牌能够跨组件目录重复使用有目的设计决策，但是只能在少数组件或单个组件中使用。对象层（Objects）对特定某个组件、嵌套在一个组件中的元素或一个组件组的令牌进行分类。在处理表单等组件集合时，通常会出现这种嵌套使用设计决策的情况，以方便进行表单联动或条件渲染等情况的表单样式定义。

一方面，一个输入（input）组件使用许多现有的令牌，如 $esds-color-text-primary 来设置文本颜色。另一方面，令牌集合可能没有任何相关的东西可以应用于输入组件的边框颜色（border-color）和圆角（border-radius）。像 $esds-color-neutral-70 这样的通用令牌和 4px 这样的显式值就足够了。

在一个组件内，边框颜色可能与某个组件令牌的定义有关，需要在某个地方记录这个组件特定的令牌（$esds-input-color-border）。然而，这种记录在全局令牌中不是一个好的选择，应该把它记录在组件 npm 包中 css 样式的资源文件里，如输入框的设计规范或 input.scss 文件中，如图 5-38 所示。这些地方便于记录使用常规名称的决策，使得处理其他组件时引用过去的决策非常方便。

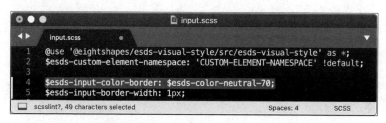

图 5-38　在组件的位置记录命名的决策

即使是像输入框这样的原子组件（Atomic Component），最终也会有像图标和链接这样的嵌套元素，这些元素也是重用样式的相关候选元素。

特定嵌套元素的令牌可能同时包含组件名称和元素名，非常像 BEM 前端命名方法，如图 5-39 所示。特定元素的令牌也可以出现在像设计规范或 input.scss 这样的本地环境中，如 $esds-input-left-icon-color-fill、$esds-input-left-icon-size 和 $esds-input-line-link-color-text。

图 5-39　令牌的嵌套关系

像 forms（又称为 ui-controls 或 form-controls）这样的组件组（Component Group）与一个组件的局部令牌相关，也与其他相关的组件相关，它们共同组成了一个有意义的组。例如，下拉选择框（Select）、复选框（Checkbox）和单选按钮

（Radio）也可以使用 $esds-color-neutral-70 作为边框（Border）。

由于这个决策与许多组件（常见的是 3 个或以上）有关，因此有如下操作：

❑ 将 $esds-form-color-border 添加到全局令牌中。

❑ 将 $esds-form-color-border 替换 $esds-input-color-border。

❑ 从 input.scss 中移除 $esds-input-color-border。

❑ 将 $esds-form-color-border 应用于 Select、Checkbox 和 Radio。

从而实现如图 5-40 这样的组件组。

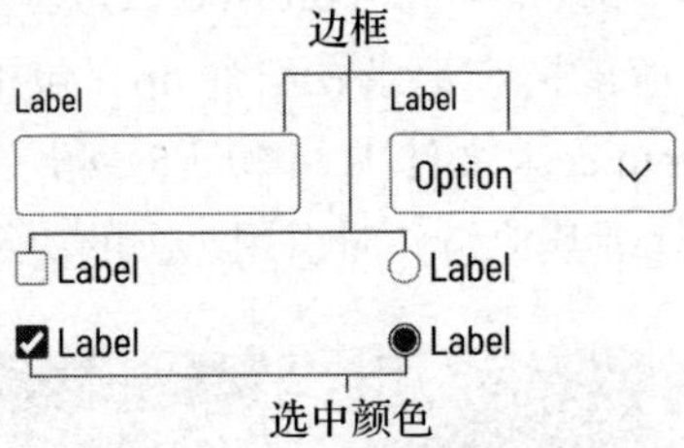

图 5-40　组件组的令牌使用

原则：先从局部开始，然后再推广，不要过早地将决策定义在全局上。

（4）命名空间层

在一个命名空间中工作的小团队，不用担心与有限合作者共享命名空间级别的问题。然而，鉴于令牌的存在是为了跨许多作用域和平台进行样式传播，将作用域变量的命名空间前置到系统（System）、主题（Theme）或领域（Domain）是至关重要的。

首先是系统，许多系统在命名空间级别时会采用下面的方式。

❑ 系统名称：比如 comet- 或 orbit-。采用短的系统名，比如 5 个或更少的字符，通常这样的命名效果比较好。

❑ 系统缩写：长名称的单词首字母缩写，比如 slds- 就是系统名为 Salesforce Lightning Design System 的缩写，mds- 是 Morningstar Design System 的缩写。

因此，对于开发人员来说，以 esds 命名的普通令牌是 $esds-color-text-primary 和 $esds-font-family-serif，因不同团队创建的变量不同，系统命名空间可方便进行追踪。

其次是主题，系统经常需要提供主题，可以在整个系统范围改变颜色、排版和其他样式，如图 5-41 所示。像 marriott 这样的组织可能为 JW Marriott、Renaissance、W、Courtyard 和其他酒店定义主题。一个主题的主要目的是扩展并经常覆盖现有令牌的视觉决策。对于 marriott 的 courtyard 来说，在按钮、复选框和选定的标签高亮等组件上可使用品牌颜色（#a66914）。

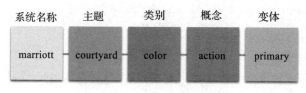

图 5-41　系统和主题的关系

在主题架构中，命名和流动令牌的约定是一个相当复杂的话题，超出了本书的范围。不同的团队以不同的、通常非常复杂的方式设置工具、技术方案和命名结构。这里仅提出一些"关于主题的主题"，以澄清主题层面的设计意图。

比如一个动画应用（由 $aads 的 Animation App 设计系统支持）可能提供的颜色主题，如 ocean、sands、mountain 和 sunset，每个主题可能都需要在一般化和具体化的背景下改变类似但不同的设计令牌。

记录令牌决策的一种方法是将主题（比如 ocean）附加到系统命名空间（比如 aads），从而形成一个较小的命名空间，比如 $adds-ocean。这个命名空间为系统作者提供了一个地方来映射指定主题的值，这些值覆盖并有时扩展默认令牌值。例如，在编译 ocean 主题的视觉决策时，对相关的令牌进行映射。

```
$aads-color-text-primary = $aads-ocean-color-primary;
$aads-color-forms-text-metadata = $aads-ocean-color-primary;
$aads-color-background-secondary-on-dark = $aads-ocean-color-primary;
```

原则：主题≠模式。

一个主题最终可能需要 on-light、on-dark 的色彩应用，比如 courtyard 组件很可能需要 on-light 和 on-dark 模式，就像 renaissance 组件一样。因此，在使用这两个概念的系统中，主题与色彩模式是密切相关的。

最后是领域，领域又称为业务单元（Business Unit），为一个组提供命名空间，使其能够在系统核心的令牌之外自行创建、隔离和分发一组令牌，如图 5-42 所示。

图 5-42　系统和领域的关系示例

例如，consumer 组构建的标志、卡片系统和其他促销组件可能会产生大量的新令牌，这可能导致 consumer 命名空间的令牌如下：

```
$esds-consumer-color-marquee-text-primary
$esds-consumer-color-promo-clearance
$esds-consumer-font-family-marquee
$esds-consumer-space-tiles-inset-2-x
```

这些局部的决策可能需要运用于多个领域（consumer 的各种产品系列）或颜色模式（consumer 的 light 和 dark 模式）。每个领域都是不同的，所以一开始并没有常规的名称可使用。一家银行可能分为 credit-card、bank 和 loan 几个领域，而另一家则可能分为 sales 和 servicing。因此，领域的应用需要根据自己团队的实际情况，还要考虑将来令牌会在哪些团队之间应用，针对不同的团队用其领域进行管理。

5.3.5 如何设计一个令牌

一个成功、持久的令牌系统，其架构设计（Token Architecting）能够呈现出简单明了的分组、排序、分类和决策。

（1）先显示选项，再显示决策

没有选择，则无法做出决策。

```
color :
    white : &color-white "#FFFFFF"
    black : &color-black "#262626"
    neutral :
        20 : &color-neutral-20 "#222222"
        90 : &color-neutral-90 "#EEEEEE"
    blue:
        50: &color-blue-50 "#2196F3"
        60: &color-blue-60 "#1E88E5"
......
interactive-color :
    default: *color-blue-50
    dark: *color-blue-60

background-color :
    default : *color-white
    light : *color-neutral-90
    dark : *color-neutral-20
    disabled: *color-neutral-90

text-color :
    default : *color-neutral-25
```

```
on-light : *color-neutral-25
on-dark : *color-white
light : *color-neutral-55
disabled : *color-neutral-65
link :
    default : *color-blue-50
    on-dark : *color-white
```

首先，在令牌文件中，可以从颜色等选项开始进行令牌的选择。然后，将选项应用于像 text-color 和 background-color 上下文中产生决策。让令牌以原子设计理论为基础——从选项到决策，从简单到复杂，从局部到结合上下文，从而产生运行时的具体设计决策实例。

（2）从颜色和字体开始，但不要止步于此

颜色、字体和图标是设计语言的三大要素。因此，令牌文件应该从颜色、字体和图标的选择和决策开始。

```
color :
    interactive-color :
    background-color :
    text-color :
font :
    family :
    size :
    line-height :
border :
    size :
    icon :
space :
    inset :
    stack :
    inline :
    grid :
layout :
    row :
    margin :
    gutter :
shadow :
    block :
    text :
    size :
transition :
    timing :
layers :
responsive :
theme :
```

```
product :
age :
motif :
```

首先从应用于背景和文本的颜色开始，然后逐层、逐步地扩展到许多其他类型的决策中，如上面代码所示。从颜色和字体开始，但不要止步于此。扩大决策，以涵盖设计语言的所有关注点，让设计令牌从系统、领域、主题等层面上彼此协调。

（3）在有意义的尺寸上有不同的选择

许多令牌的概念（concept）包括特定的尺寸（scale），比如，T 恤衫的尺寸有 S、M、L 等，按数字递增对应尺码为 2、4、8 等，自定义术语为 compact、cozy、comfortable 等。尺寸也可以从部分选项如 s、m 等开始，然后根据项目需要扩展到更多。

```
space :
    default : 16px
    xxs: 2px
    xs: 4px
    s: 8px
    m: 16px
    l: 32px
    xl: 64px
inset :
    default : 16px
    xxs : 2px
    xs : 4px
    s : 8px
    m : 16px
    l : 32px
    xl : 64px
```

尺寸可以将一个令牌的层次结构分成类似但不同的变体，例如将 space-inset 从 XXS 到 XL 的尺寸分成 space-inset-squish 和 space-inset-stretch，两者都提供 XXS 到 XL 的尺寸。定义、选择和标记尺寸，并展示它们如何适用于不同的场景。

（4）选择沉淀至令牌的依据

什么时候一个选择可以成为一个新的令牌？一次使用显得不够，二次使用可能缺乏说服力，三次呢？如果它出现了多次，通常就有资格成为新令牌。但也有例外，如果放到智能 UI 的设计生产一体化体系中，缺少令牌就意味着无法生成代码，一次选择就必须产生新的令牌，哪怕这样做会产生冗余。

冗余是令牌系统复杂度爆炸的前兆，而隔离是解决该问题的重要手段。借助系统、领域、主题来隔离不同的选择和决策，就能够把冗余控制在彼此独立的令牌集合中，从而保证全局定义是解耦和分层的。

此外还须注意，选择沉淀令牌在非智能 UI 和智能 UI 场景的依据是不同的。在非智能 UI 场景下，选择沉淀令牌依据应当趋向丰富性，邀请更大范围的成员参与其中去丰富整个令牌系统，让未来的 UI 和交互更有表现力。但是，在智能 UI 场景下，选择沉淀令牌依据规范性，总体上更加严格和保守，避免在整个设计生产一体化系统中，对生成代码、个性化方案的生成和推荐造成额外的负担。

5.3.6　有效地使用设计令牌

在 5.2.4 节中，通过示例的方式简略介绍了一些设计令牌的选择，用示例展示了设计令牌在定义设计规范时如何使用。下面将详细介绍一些设计令牌的使用方式，解析设计令牌是如何承接设计系统的。

（1）设计令牌如何工作

在设计系统中放置一些构建块（Building Block），比如颜色面板（Color Palette）、尺寸（Sizing）、排版（Typographic）、边框（Border）、圆角（Radius）、渐变（Gradient）、阴影（Shadow）、时间（Time）、网格（Grid）、媒体查询（Media Query）和图标（Icon）等。

在设计系统中，通常使用称为"设计指令"的特殊实体来存储设计决策。这些实体以"键值对（Key:Value）"形式出现，以 JSON 或 YAML 等文件格式进行组织。这些文件被用作输入源文件，经过处理和转换生成不同的输出文件。有了这些功能，就可以在所有的变化中维护和扩展它们。

图 5-43 展示了一个理想的工作流是如何在实际中使用设计令牌的。设计师可以选择他们自己喜欢的设计工具，在这些工具上作出设计决策。工具有相应的插件或 API，可以提供 YAML 或 JSON 格式的键值对。社区中有大量的工具可以将设计令牌生成 YAML 或 JSON，比如 Then、Dragoman、Postcss-map、样式字典和 Diez 等。生成的文件可以通过设计工具为开发者提供不同的变量值（动态值），从而应用于智能 UI 的代码生成、方案生成上，实现个性化的 UI 供给。

设计和开发工具之间的这种联系将允许设计团队在他们的设计工具中更新样式风格，并在整个设计生产一体化系统中看到自动同步的结果（通过后续介绍的 D2C 代码生成能力进行预览）。

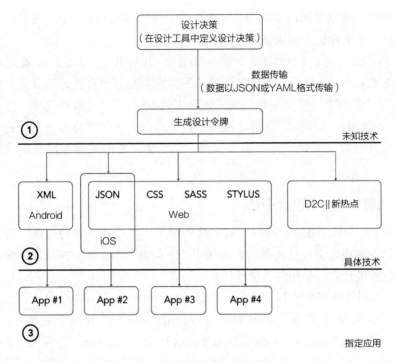

图 5-43　设计令牌工作过程

（2）从变量到令牌

　　每个设计系统都会提供选项（智能 UI 的可变性范围），例如颜色可以从黑色（black）到中性色（neutral）再到白色（white），每个中性色可以通过像 #2b303b 这样的十六进制（HEX 代码）代码来定义，并且存储在 $color-neutral-20 这个变量中，供 Emotion、Sass 这样的 CSS in JS 技术使用。

```
$color-neutral-20 = #222222;
$color-neutral-90 = #EEEEEE;
$font-size-m = 1rem;
$font-size-s = 0.875rem;
$space-m = 16px;
$space-l = 32px;
```

　　晦涩难懂的数值变得不再神秘，但它们并没有弥补命名和使用之间的差距。针对设计令牌定义的变量，让前端工程师对能选什么看得更清楚，但却让令牌能做什么变得不明确。

　　（3）设计决策：一个应用于环境的选择

　　令牌系统的优势在于知道如何将选项（比如 $color-neutral-20）应用于上下文

（比如传统的深色背景色）。将选择（Option）作为一种决策，把令牌系统中变量的具体选择清晰化。

```
$background-color-dark = $color-neutral-20;
$background-color-light = $color-neutral-90;
$font-size-paragraph = $font-size-m;
$font-size-microcopy = $font-size-s;
$space-inset-default = 16px 16px 16px 16px;
$space-stack-l = 0 0 32px 0;
```

然而，这类决策通常还是隐藏在某个仓库（Repo）的某个文件中，这些文件是供 Web 产品的开发人员使用的。那么，设计师呢？其他 Web 产品经理呢？比如 iOS 和 Android 的跨平台 Web 产品中，开发人员已经为设计决策进行了编码，但设计师和产品经理对此还是一无所知、一头雾水，无法对决策实际干预产品的过程产生干预。

（4）通过令牌系统传播的决策

在令牌系统中，选项和决策并没有被隐藏在文件中。相反，它们被集中起来，以易于使用、可预测的格式，作为令牌传播给使用系统的任何产品、设计师或开发人员。数以百计的令牌成为可读的、有语义的、可追踪的决策，并被智能 UI 应用到每个 Web 产品中。

把这些决策看作是一个大的、分层的规则表，通过 D2C 带来的预览能力，将令牌和场景融合在一起，就能让设计师和产品经理认识到决策对 Web 产品所施加的影响。之前决定用 $color-neutral-80 来做边框或背景，可能有点随意，现在可以让设计师或产品经理以一种深思熟虑、传统的方式，在预览之上可视化地选择 $border-hairline 或 $background-color-light 这样更加严谨的令牌，这个过程就是设计决策。

在令牌系统的帮助下，设计师之间开始合作，设计师和产品经理共同决策，他们在做决策时更加慎重、自信，将他们的想法组织在一个他们共享的令牌结构集合中，再由生产链路进行具体样式代码的编译和生成。

（5）通过 JSON 组织令牌数据

JSON 是一个理想的令牌数据组织格式，用于编码分层的名 / 值对，使令牌数据能够在不同的工具和技术工程体系中复用，如图 5-44 所示。

使用 JSON 中的令牌，可以根据自己的前端技术、工程体系，为不同的框架、组件库（比如 CSS、Sass、LESS 或 Stylus）提供设计决策、设计令牌的转换能力，如图 5-45 所示。同时，JSON 为跨平台创造了一座桥梁，无论是在 iOS 工作中直接消费还是为 Android 转译成 XML。

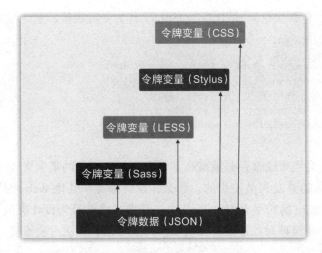

图 5-44　用 JSON 组织令牌数据

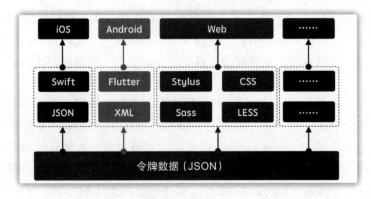

图 5-45　令牌数据的 JSON 跨平台能力

作为开源社区和前端使用最广泛的数据交换格式之一，JSON 带来的灵活性和扩展性是无与伦比的，只要在 GitHub 上搜索一下就会陷入选择困难症。但必须指出的是，JSON 对比 ProtocolBuff、XML、YAML 等数据交换格式，也有许多能力上的不足。

（6）通过 YAML 轻松管理和读取令牌数据

JSON 易用且功能强大，层次分明且灵活。然而，作为管理令牌数据的方案，它仍有许多不足，如语法冗长、手工整理时容易出错、缺乏注释支持、缺乏变量等。

而 YAML 是一种更适合人类阅读的语言，用于记录分层的属性 / 值对。YAML 以更易读的格式为 JSON 的分层能力增加了变量和注释。YAML 有助于

快速向任何系统、观众展示其可读的标记语言和内容。使用时，可以通过 yamljs
（ https://www.npmjs.com/package/yamljs ）将 YAML 数据转化为 JavaScript 对象，
作为 D2C 代码生成过程的前导步骤。

　　对 JSON 和设计决策用 YAML 进行隔离的另一个好处就是解耦。在数据库编
程的时候，通常会有一个数据接口层把物理上的数据库和逻辑上的数据库进行解
耦。所谓物理上的数据库是指 MySQL、OceanBase 等数据库系统，以及这些系
统所提供的数据操作 API，将它们映射到一个抽象、统一的逻辑层上，就是逻辑
上的数据库。切换不同的物理数据库或数据云服务，由于有逻辑数据库提供的解
耦能力，因此不需要修改上层的代码，只需要在路基数据库上进行适配和扩展即
可。YAML 解耦也是同样的原理，把设计决策同 JSON 数据交换格式之间做映射，
从而在设计决策进行扩展或变更的时候，可以在 YAML 层进行适配和扩展，如
图 5-46 所示。

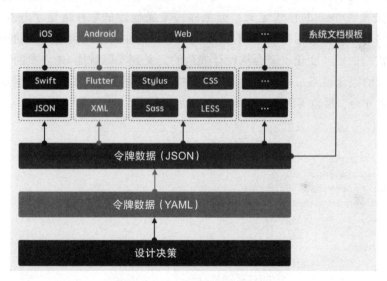

图 5-46　YAML 管理设计决策

（7）避免实现设计令牌的陷阱

　　首先，任何实现的路径都需要看具体的使用场景，而针对智能 UI 最终的使
用场景是元素细节的控制和其组合形成的丰富方案，因此，使用传统的 CSS 定义
会有问题。

```
/** @jsx jsx */
import { css, jsx } from '@emotion/react'
render(
```

```
    <div>
        <style>
            {`
                .danger {
                    color: red;
                }
                .base {
                    background-color: lightgray;
                    color: turquoise;
                }
            `}
        >
        </style>
        <p className="base danger">What color will this be?</p>
    </div>
)
```

猜猜这里是什么颜色？是的，是绿色，虽然从写法上希望 danger 拥有更高优先级去覆盖 base 的样式定义，但是样式定义创建的顺序决定了 base 会覆盖 danger 的定义。在使用智能 UI 的实际场景中，往往要使用大量元素的样式，而这些样式的使用、变化、组合从设计规范的定义到实际智能 UI 方案的定义会产生很复杂的组合链路，每次都回溯和重构样式定义的创建顺序，难以实现且容易出现样式冲突、覆盖等问题。

```
/** @jsx jsx */
import { css, jsx } from '@emotion/react'
const danger = css`
    color: red;
const base = css`
    background-color: darkgreen;
    color: turquoise;
render(
    <div>
        <div css={base}>This will be turquoise</div>
        <div css={[danger, base]}>
            This will be also be turquoise since the base styles
            overwrite the danger styles.
        </div>
        <div css={[base, danger]}>This will be red</div>
    </div>
)
```

以上例子是使用 Emotion 或 React 重新实现刚才的样式定义，会发现在 emotion 中构建视图，不必考虑样式的创建顺序，最终视图的样式会按照使用的顺序进行合并，从而达到更加符合智能 UI 要求且更符合直觉的效果。

此外，这种方式真正地把设计决策的产物当做一份声明，在使用过程中不同场景的决策确定了令牌使用的实际效果，而仅在设计系统创建设计规范的时候决定实际效果的可能性范围，也避免了 CSS 标准的约束规则引发的各种覆盖、冲突等细节问题。

对于 Emotion 或 React 也好，自己定义的样式表也罢，有一个设计问题在实现智能 UI 的过程中是不合适的。

```
/** @jsx jsx */
import { jsx } from '@emotion/react'
render(
    <div
        css={{
            color: 'darkorchid',
            '@media(min-width: 420px)': {
                color: 'orange'
            }
        }}
    >
        猜猜这是什么?
    </div>
)
```

上面例子中的 @media(min-width: 420px) 是假设弹性布局大部分情况下没有问题，而在局部进行一些优化来达到更好的视觉效果，像例子中对颜色的限制。但是，必须要考虑智能 UI 生成和投放方案的时候就会进行媒介查询（Media Query）的动作，方案的投放本身就会考虑用户设备尺寸等信息。

其次，智能 UI 施加设计约束的过程是以设计语言、设计系统、设计规范、设计决策、UI 方案生成限制、UI 方案投放限制的顺序层层递进，就像内嵌样式（Inline Style）一样，最终各方案有一套确定的样式集合，并没有样式的动态性和复用性诉求。

最后，不论是用 Sass 还是 Emotion 等 CSS in JS 的技术方案，都要考虑到对设计系统的承接，以及后续 D2C 生成代码、智能 UI 方案生成和消费等环节面临的问题。因此，在实现设计令牌系统的时候，要时刻提防上述陷阱给整个智能 UI 体系带来的问题和风险，尽可能多地进行分层和解耦，把风险和问题隔离到局部和可控的范围中。

5.4 代码生成：智能 UI 的基石

工业革命给科技带来的是生产力变革，但是，还有一种笔者很欣赏的观点，说工业革命的本质是颠覆人类的造富模式。在工业革命之前，人类造富的模式是征服与掠夺，而工业革命之后，人类造富的模式是贸易与合作，贸易与合作最终导致科技的结晶足够便宜以至于普罗大众都能接受。因此，科技要规模化才能产生推动时代发展的动力，而工程师不断优化科技产品才是其核心。

马斯克（Elon Musk）曾说过，"没有火箭科学家，只有火箭工程师"，回到前端智能化，笔者的理解是前端智能化里没有 AI 科学家，只有 AI 工程师。前端智能化通过 imgcook.com 提供的 D2C 代码生成链路，并在此链路上经年累月不断优化迭代、修复 BUG、调试模型算法，最终只有一个目的，即 AI 科技使用起来足够"便宜"。

在《交互的未来：物联网时代设计原则》一书中有个非常有趣的观点：技术人员和设计师要致力于设计平静技术产品。它的核心观点是：技术人员和设计师有必要充分了解用户注意力范围的边缘，良好地约束技术产品对用户注意力的影响，让技术产品放大、发挥机器和人各自的优势。人的主要任务不是计算，而是做人。平日里大家口中乔布斯的"科技人文关怀"一词，不正在诠释平静技术是什么吗？Apple 的产品不正在诠释如何放大、发挥机器和人各自的优势吗？这些问题相信从 Apple 产品的市场占有率上已有答案。经常被自以为是的设计刺痛后，每每都能在 Apple 的设计中找回些许科技带来的关怀。

Apple 产品的规模化，让很多技术深入千家万户服务亿万消费者，怎么才能向 Apple 学习让 imgcook 的 D2C 代码生成规模化呢？通过一系列的摸索，笔者发现智能 UI 这个场景非常适合。首先，智能 UI 主要是针对 UI 的可变性组织成个性化方案，这里最大的瓶颈就是可变性带来的庞大开发工作量，D2C 恰好用生成替代人工的方式解决该问题。其次，智能 UI 可以规模化 D2C 生成代码的应用场景，按手上五十多个业务每个业务二十套方案来算，理想情况下，前端工程师就能借助 D2C 供给一千套 UI 代码生成应用场景，这无疑能快速扩大代码生成能力的使用规模。最后，智能 UI 能够给业务创造价值，很多时候用户转身离开的核心原因是产品做得不够好，尤其是运营辛苦招商、选品供给上来后，产品的 UI 交互体验差，白白葬送了这些价值，也使用户丧失了享受这些价值的机会，所以笔者经常提醒自己：前端是把业务价值传递给用户的桥梁，桥梁造不好，再好的业务价值也难以大规模传递给用户。

综上所述，如果智能 UI 是把业务价值传递给用户的桥梁，那么代码生成的规模化能力就是智能 UI 的基石，下面将详细介绍这个基石是如何打造的。由于 D2C 代码生成能力在 imgcook 的官网已有比较详细的介绍，且前文也已经从多角度介绍了前端智能化和生成代码技术，这里主要围绕实现智能 UI 的角度阐释如何用好 D2C 代码生成能力。

5.4.1　代码生成基础

2018 年 9 月 5 号从广州来杭州之前，笔者还在负责国际浏览器、国际信息流、国际营销等业务，放弃上百人团队只身来杭州淘系技术在很多人眼里是个疯狂的举动。确实，不带团队、没任何承诺，也没几个熟人，做前端智能化设计稿生成代码这个事儿就更加不确定了。刚到杭州时，除了笔者外，前端团队鲜有懂算法的人，没有团队的同时，与原达芬奇规则生成代码团队配合也磕磕绊绊、困难重重，最大的困难就是每个人都觉得是 PPT 工程，提的方案大家看不懂且都觉得虚。

到杭州以后，几乎每天都熬夜到天亮才去小睡一会儿，然后又赶紧爬起来上班，随后一整天耐心地解释各种质疑、写 Demo、讲算法可改进的地方。2019 年元旦后的 D2 前端论坛上，团队发布了 imgcook 的开放版本，至今迭代了三年，让团队在 D2C 能力上取得了一些成绩：95% 的布局算法可用率、90% 以上的代码还原度、80% 以上的代码可维护性等，同时也积累了近 4 万用户。这一路坚持下来的唯一动力就是梦想，梦想着可以把前端低价值重复劳动用 AI 替代，从而让前端工程师能够有更多时间和其他技术栈的程序员一样，更多在技术本身上探索和创新。

在智能 UI 这个应用场景中，把前端低价值重复劳动用 AI 替代显得更为重要。设计生产一体化中设计规范的约束，设计令牌把设计可变性连接到代码生成能力上，海量 UI 设计元素和设计方案的出现，让前端工程师将面临无法人工开发的窘境。这种窘境不仅是低价值重复劳动，正常的页面重构工作量已成为前端不可承受之重。本节主要是以 AI 生成代码的 imgcook 为基础，介绍用 D2C 能力来解决 UI 研发压力的方法和途径，不会过多赘述 imgcook 官网教程的内容，而是以智能 UI 场景中如何使用好生成代码能力为主展开内容。

imgcook 是视觉稿一键还原生成 UI 代码，并基于还原后的 UI 代码进行可视化编辑的全新 UI 重构技术。使用的方式主要有两种，一种是安装 Sketch/Photoshop 插件，另一种是如果符合设计稿规范，可以使用上传设计稿的方式来使用代码生成能力。在设计工具中通过插件导出设计稿的 JSON 描述信息，再用 imgcook 进行智能化 UI 重构后可视化编辑，在编辑器中进行视图、数据绑定、逻辑编辑等，生成代码后将代码导出到工程目录。这条路径是用来熟悉和理解 imgcook 的 D2C 能力的，而智能 UI 的海量重构工作是不可能一个个人工可视化编辑的，这就引出本节介绍的重点部分"自定义链路"，也就是图 5-47 中"开发者服务"的部分。只有掌握了自定义链路，才能把设计稿上传、组件生成、方案生成的完整智能 UI 供给链路搞定，把 imgcook 的 D2C 能力无缝集成到智能 UI 的技术工程体系中。

除视觉稿还原服务外，还提供了如 imgcook-cli、imgcook VS Code 插件等工程效率工具，也支持用户自定义 DSL、自定义插件等，如图 5-47 所示。在大规模应用 D2C 能力的场景下，可以从设计稿协议自定义到代码转换的 DSL 自定义，再到工程 CLI 自定义置入到现有的 CI/CD 工作流。

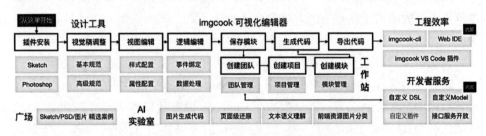

图 5-47　D2C 代码生成能力地图

（1）快速上手

既然是设计稿生成代码，第一步当然就是保证设计稿输入的质量。imgcook 对设计稿没有严格的约束和要求，但仍能通过一些简易的调整让生成的代码结构、布局还原精确性，代码可维护性大幅提升。最常用的调整是围绕设计元素组织的，如将属于组件、模块的设计元素图层用 #Group# 设计稿协议包裹，用 #merge# 设计稿协议对需要合并的图层进行包裹等。把这个过程中的主要环节提取出来：新建设计稿、调整设计稿结构、图层合并、了解设计稿协议、D2C 接口使用。

1）新建设计稿，原始设计稿如图 5-48 所示。

图 5-48　原始设计稿

由于设计师通常习惯在一个 Sketch 文件里放置所有 UI 设计，因此需要新建一个空白的 Sketch 稿，将需要还原的图层从原始设计稿复制过来。通常新建设计稿要考虑的因素不多，主要是根据工程要求。如果现有工程链路要求生成模块，就把原始设计稿按照模块维度组织成新的设计稿即可；如果现有工程链路要求生成页面，则将原始设计稿中的每个页面分别放在新建的设计稿中即可。唯一需要注意的是设计稿源文件大小，由于算力问题现在 imgcook 对单个设计稿大小限制在 50 MB 内。

以智能 UI 为目的的设计稿略有不同，以过去的经验看，给设计师一个模板是行之有效的。在模板里分为 3 个区域，每个区域用自定义协议让设计师进行组织和标注。第一个区域是布局，主要用于指明后续的设计稿元素会被如何使用。第二个区域是组件，例如主图、标题、评价、价格等，在方案生成中，这些组件构成了模块级方案、页面级方案。第三个区域是方案示例，用于设计调整组件和布局的时候，在方案示例区域预览最终效果。

2）调整设计稿结构。为了能够让还原后的 DOM 结构更加合理规范，需要对设计稿的结构进行微调，按照模块、组件、控件的层次用 #group#merge# 等设计稿协议来组织图层，如图 5-49 所示。

图 5-49　Group 协议调整结构

对图层添加了成组协议，处理后的设计稿经过 imgcook 还原结构会更加简洁、合理，降低后续进行调整、添加逻辑、绑定数据等工作的成本。

3）图层合并。设计师通常会用很多图层、遮罩和装饰性元素共同完成一个空间、组件和模块的设计，这会导致 D2C 代码生成产生大量琐碎的图片，因此，需要把一些设计元素用 #merge# 进行包裹方便 imgcook 自动合并成一张图片。

例如，图 5-50 方框区域中的商品主图有一个装饰性元素 New，如果这是一个未来绑定"角标"字段的组件，就应该把字符 New 和背景的半圆图片放在一个 #merge# 里。在示例的设计稿中，有 4 张图片需要合并。这里有一个小技巧，可以在调整完第一个店铺券后，直接将第一个店铺券复制为第二个、第三个店铺券，这样可以节省调整的成本。

图 5-50　图层合并

4）了解设计稿协议。如果理解了第一篇智能页面重构中介绍的 AI 进行识别、理解和代码生成能力，在使用设计稿协议的时候，就应该优先交给 imgcook 进行智能化识别和处理。当一些识别结果不可用时，再使用设计稿协议进行针对性调整。在使用设计稿协议调整时，下面列表的推荐指数越低，越不建议人工使用设计稿协议干预。不建议人工干预，主要是因为这些协议覆盖的设计稿内容较多、较琐碎，如果人工干预过多会大幅降低研发效率。表 5-2 是 imgcook 主要支持的协议。

表 5-2　imgcook 主要支持的协议

	作用	图层命名规范	推荐指数
合并	将该文件夹下的所有图层合并成一张图片	合并、# 合并 #、#merge#，重点推荐 #merge#	****
成组	将某些图层圈定在一个 DOM 节点下面	# 成组 #、#group#	***
图片导出格式	指定图片导出的格式	#imgFormat: 图片格式 # #imgFormat:png#（默认） #imgFormat:svg# #imgFormat:base64# #imgFormat:jpg#	***

（续）

	作用	图层命名规范	推荐指数
模块 className 前缀	指定模块的 className 前缀	#classPre: 类名前缀 # 如 #classPre:shop#、#classPre:item#	**
图层 className	自定义模块内的每个图层的 className	#class: 类名 # 如 #class:info#	*
组件	将图层中的组件、组件属性等显性标记出来	#component: 组件名 ? 属性 = 值 # #component:componentName?prop=value# 如 #component:slider#、#component:slider?k=v#	**
循环	将某些图层组指定为循环	#loop: 循环组名 # 如 #loop#、#loop:item#	*
绑定数据实体模型（仅阿里内部支持）	指定模块对应的数据模型，如此模块是商品模块，需绑定商品模型下字段	#schema: 数据模型 id# 如 #schema:id#	**
绑定字段	自定义图层（文本、图片）对应的字段	#field: 字段名 # 如 #field:itemTitle#	*
模块	将页面分割为多个模块的标记	#module: 模块名 ? 属性 = 值 #	*
逻辑（仅阿里内部支持）	指定使用某逻辑	#logic: 逻辑名 #	*
自定义	自定义协议	#custom-xxx:xxxx?key1=value1#	*
多协议共存	区隔一个图层同时有多个协议作用	直接拼接相连区隔多个协议，如 #field:itemTitle#class:info#	*

实现智能 UI 的过程中最重要的是自定义协议，可以从自定义协议开始将 D2C 能力按照智能 UI 实现的要求进行拓展，定义一条可视化编辑之外的自动化代码生成链路，对智能 UI 实现规模化供给。

5）D2C 接口使用。官网有可视化干预详细的图文教程，跳过这部分主要是因为智能 UI 需要规模化生成代码的能力，这显然不是人为可视化调整可以企及的。想要绕开可视化编辑实现对智能 UI 规模化、自动化生成代码，首先要了解 imgcook 开放的 D2C 接口能力。D2C 接口可以理解为一个 Pipline：输入设计稿原始数据、数据清洗、设计稿协议分析、控件识别、组件识别、模块识别、逻辑树重建、布局算法、样式算法、视觉树重建、Scheme JSON 输出，最终，对 D2C 接口调用的目的就是获取这个 Scheme JSON。API 接口文档可以在官网中找到，这里就不展开了。

```
//调用D2C接口的示例代码
async createPegasusProjectMultimod(opt){
    const {ctx} = this;
    try{
        //用户添加到imgcook团队中
        const userInstance = await ctx.service.uiUser.findOrCreateUser().
            catch(ctx.uiResponse.bind(ctx));
        const result = await ctx.curl(`https://www.imgcook.com/api-
            open/pegasus/createProject`, {
            method: 'POST',
            contentType: 'json',
            dataType:'json',
            timeout: 15000,
            data: {
                access_id: IMG_COOK_ACCESS_ID,
                workId:userInstance.empId,
                project:{
                    name:'multimod-jingmi-'+opt.id,
                    group:'multimod',
                    project:'jingmi-'+opt.id,
                    appName:'guan'
                },
                options:{
                    createGit:true,
                    useNewGenerator:true,
                    generatorConfig:JSON.stringify({
                        //初始化仓库代码的脚手架配置
                        repoGenerator: true,
                        id: 223, //替换成自己的脚手架
                        conf: {
                          //Rax官方组件脚手架参数，用自己的脚手架换成自己
                              的配置
                          name:'multimod-jingmi-'+opt.id,
                          description:'multimod-jingmi-'+opt.id
                        },
                    }),
                    defaultCommit:''
                }
            }
        });
        if(result && result.data && (result.data.success ===
            'true'||result.data.success === true)){
            return result.data.result
        }
        return result;
    }catch(e){
        console.log(JSON.stringify(e))
```

```
        return {};
    }
}
```

以上示例主要是让 imgcook 的 D2C 代码生成 API 识别设计稿里所有的组件，获取生成后的数据可以走自己的工程链路。示例中对 Rax 组件生成对应的 DSL 可以在 https://github.com/imgcook-dsl/rax-hook-classname 中找到。示例中的 jingmi 是阿里内部智能 UI 系统"鲸幕"的代号。这种外挂 imgcook 的 D2C 能力灵活性更好，但是，没有走 imgcook 的 DSL 链路无法享受后续 imgcook 的 D2C 智能识别理解能力升级带来的红利，阿里内部也在对鲸幕进行升级。除了这种外挂的方式外，下面将介绍如何使用 imgcook 的自定义 DSL 链路，对设计稿自定义协议进行解析和处理，构建更加完善的智能 UI 系统。

（2）自定义设计稿协议

图 5-51 中右侧"组件"部分里商品标题、优惠券、价格、评价、销量等一系列组件，在设计稿中用自定义协议 #custom-ui:smartUI?size=300# 进行包裹替代 #group# 分组协议。左上侧"布局"部分则指出组件在页面中的位置及其布局规则，由这些组件和布局规则共同构成了左下侧部分的"智能 UI 方案"。

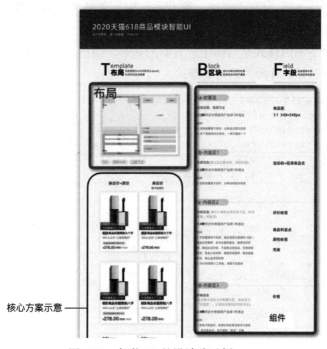

图 5-51　智能 UI 的设计稿示例

1）自定义设计稿协议方法。

❑ 使用范围：所有图层。

❑ 使用方法：在图层名称上加上 #custom-type:name?key1=value1#，如 #custom-image:imageTranslate?size=300#。

❑ 效果：imgcook 在 DSL 处理的时候输出图层添加的自定义规则。

❑ 注意事项：自定义规则会透传到 DSL 的输入中，需要业务人员在自定义的 DSL 进行后续处理。

2）多协议共存方法。

在某些场景下，同一个编组或图层上可以加上述多个协议，如一个编组上同时加"成组"（group）和"类名"（className）前缀，此协议就是多协议共存约定。

❑ 使用场景：区隔一个图层或编组同时有多个协议。

❑ 使用范围：所有图层。

❑ 使用方法：在图层名称上直接拼接相连多个协议，如 #custom-type:name?key1=value1#field:itemTitle#class:info#。

自定义设计稿协议主要有两个作用，一是告诉后续代码生成链路要把哪些元素当作一个组件提取并生成代码，二是告诉后续代码生成链路哪些组件是同一类型的。第一个作用不难理解，第二个作用主要是为了体现设计的可变性，以价格为例，同是价格这个类型的组件可能有表示降价的样式、强调权益优惠的样式等。这些不同的样式是后续生成方案的基石，组件的多样性决定了方案的多样性，应适当引导设计师供给更多样式。

```
"selfId":"CEF13AD2-20CD-400D-A6ED-E3DB02229C25",
    "nodeLayerName":"合并",
    "smart":{
        "layerProtocol":{
            "field":{
                "type":"purePicture"
            },
            "layout":{
                "type":"layout",
                "position":"top"
            }
        },
        "nodeIdentification":{
            "fieldBind":[
                "purePicture"
            ]
        },
        "nodeCustom":{
```

```
        "fieldBind":{
            "confidential":0.9651088118553162,
            "isConfident":true,
            "label":"purePicture",
            "type":"fieldBind"
        }
    }
}
```

这里的 smart 部分就是在设计稿协议加上 #custom-image:imageTranslate?
size=300# 这种自定义协议后生成的内容。在提取这些自定义协议内容的时候需
要格外注意，在图 5-52 中，smart、props 及 rect 是同级的，因此，在提取的时候
像提取 classname 一样，要使用 json.smart && json.smart.layerProtocol 方法。

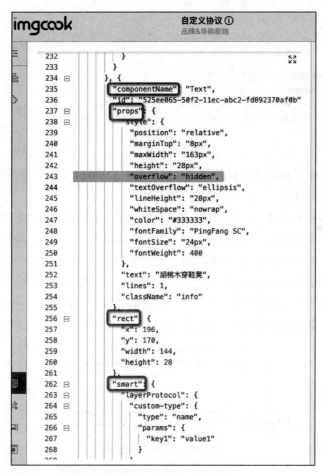

图 5-52 自定义协议代码结构分析

了解如何提取自定义设计稿协议的内容，就可以仿照前面的 D2C 接口调用代码来进行处理。

```
traverse(schema, (json) => {
    switch (json.componentName.toLowerCase()) {
        case 'block':
            blocks.push(json);
            break;
    }
});
//提取classname的示例
traverse(schema, (json) => {
    if (json.props && json.props.className) {
        json.props.className = getStyleClass(
            json.props.className,
            dslConfig.cssStyle
        );
    }
});
//自定义协议处理: 提取自定义的智能UI组件
traverse(schema, (json) => {
    if (json.smart && json.smart.layerProtocol) {
        //根据自定义设计稿协议中智能UI组件传递的关键字进行处理
    }
})
```

至此就完成了自定义协议并从设计稿中分组提取智能 UI 元素组件的工作。

（3）逻辑的处理

由于前端工程师都有自己的框架、脚手架，加上数据结构、接口协议等的差异和遗留的代码问题，很难给出一个通用的解决方案。因此，笔者想分享一下 2019 年双十一零研发战役的解决思路，然后再介绍一下 imgcook 的自定义逻辑库怎么使用，希望读者能够解决 UI 代码之外逻辑代码所涉及的问题。

2019 年双十一零研发解决方案中，将业务逻辑（本质上是一个小需求）在响应式编程范式下整理为图 5-53 的 4 个步骤。

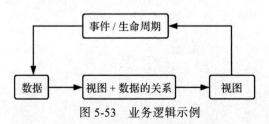

图 5-53 业务逻辑示例

在引入 imgcook 生成代码的过程中，可以和 D2C 能力一一对应，如图 5-54 所示。

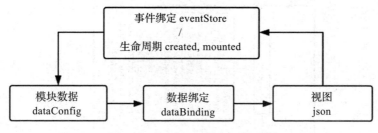

图 5-54 imgcook 业务逻辑示例

若逻辑由业务组件实现高内聚、低耦合，则通过业务组件配置就可以实现大部分业务功能而不需要人工编写代码。

1）技术方案。

如图 5-55 所示，零研发链路包括以下三个部分。

❑ 配置态：实现各租户下默认业务逻辑的配置。

❑ imgcook：承接自还原链路而来的业务逻辑，同时可对业务逻辑进行修改和调整。

❑ 运行态：Web IDE 内的代码将由 imgcook 按照一定规范实现，赋予完整的模块开发能力。

2）产品方案。

产品方案如图 5-56 所示，包含如下部分。

❑ 配置态：租户逻辑配置。

❑ 视图变化：每种逻辑可配置的内容不一样。多态逻辑一般需要配置其状态的数目。

❑ 绑定映射：用来配置实现逻辑的视图所需的绑定关系，是视图和数据（逻辑代码）的纽带。

❑ 逻辑代码：用来处理数据或响应时间。

产品方案还包括图 5-57 所示的业务逻辑修改部分。

❑ imgcook：业务逻辑修改。每一个识别出来的业务逻辑会记录自己的视图、绑定、业务逻辑代码的关系并统一展示出来。

❑ 视图变化：展示为主。配置通过修改 imgcook 视图自行实现。

❑ 绑定关系：复用数据绑定面板能力。

❑ 业务逻辑代码：同函数编辑，点击前往 IDE 进行编辑。

运行态：Web IDE 代码组织，每个代码效果如图 5-58 所示。

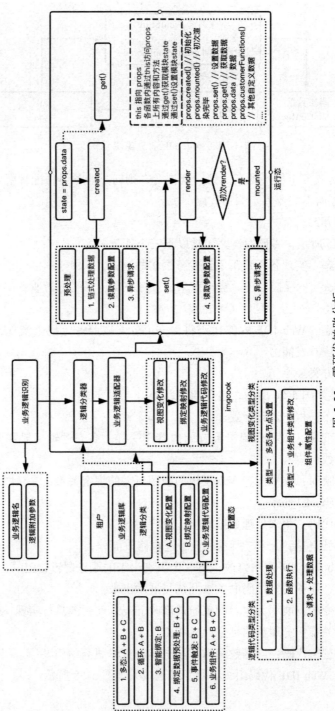

图 5-55 零研发链路分析

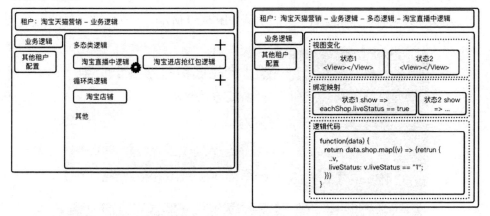

图 5-56　零研发逻辑配置

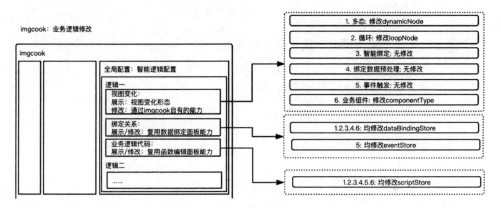

图 5-57　业务逻辑修改

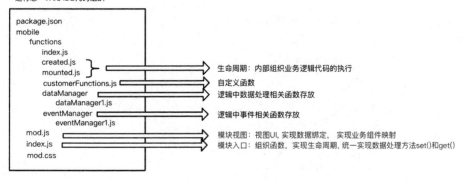

图 5-58　imgcook 代码组织

3）案例验证。

用实际案例验证方案是否可行，示例如图 5-59 所示。

图 5-59　业务逻辑生成案例

首先识别出"加载更多"按钮代码如下。

```
{
    type: 'loadmore',
    domain: 'tianmao'
}
```

然后是租户配置：

```
{
    type: "loadmore",
    domain: 'tianmao',
    view: {
        type: "multStatus",
    nodes: [
        {
            ...加载更多节点的vdom
        },
        {
            ...另一个状态是空，这里写个空节点
        }]
    },
        dataBinding: {
            type: "multStatus",
            dataBindingStore: [
            {
                target: ['show'],
                value: {
                    value: 'data.loadmore'
```

```
                    }
                },
                {
                    ...空绑定
                }]
        },
        functions: {
            type: "multStatus",
            content: function() {
                let { items } = this.get();
                Mtop.request({...}).then((data) => {
                    this.set({
                        items: items.concat(data),
                        loadmore: false
                        })
                })
            }
        }
    }
```

　　参考上面的案例，在智能 UI 平台上设计实现一个逻辑配置的后台，方便运营或产品检查组件的视图、状态，并进行相关的业务逻辑配置。这个方案的核心原理是 ReactiveProgramma 和面向观测量的编程模式，这里简要介绍一下这种编程思想。日常开发组件、模块都是秉承复用的思想，但在真正实现的时候，前端工程师大概知道高内聚、低耦合的理念却不知道具体的方法，面向观测量的编程模式正是一种实现低耦合的方法。如果把一个组件、模块抽象为一个黑盒，接收输入处理并产生输出，这里的输入可以是用户事件、系统事件、框架提供的binding 等，就可以从中提取观测量，如用户事件参数、系统时间参数、bingding字段等，这些观测量都会在组件、模块生命周期中被对应的逻辑进行处理，如组件 mount、unmount 等。在具体的开发过程中，面向观测量编写对应的处理逻辑，就完成了面向观测量的编程。随后，只要观测量的类型不发生变化，这些处理逻辑就可以被复用，观测量类型发生变化，这些处理逻辑也很容易扩展。如果读者对这部分感兴趣的话，可以去学习一下 Steam.js 或 RX.js 的教程。有关 imgcook上使用自定义业务逻辑库的部分也是沿用这里的一些思想进行设计的，大多都是在进行面向观测量的编程，这些处理逻辑被称为"逻辑点"。

　　逻辑库可以做什么？使用 imgcook 生成代码时，粘贴还原之后，还可能有数据绑定、样式调整等一些工作。举个例子，对于图 5-60 这样一份设计稿。

❑ 文本中包含"利益点"关键词，绑定到 itemDesc 上（通用字段规范）。

❑ 文本中包含"国家名"，绑定到 country 上。

❑ 设计稿宽度为 702 的模块，将宽度改为 750，并居中展示。

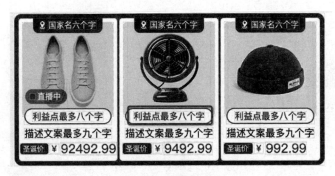

图 5-60　逻辑点示例

逻辑库可以自定义执行条件完成自动化逻辑和字段绑定，从而提高开发效率。

逻辑库怎么工作？首先，了解一下 imgcook 工作原理。imgcook 在视觉稿转代码的过程中存在一些阶段性的形态：视觉稿→静态 UI →富含业务逻辑的 UI。本质上是：视觉稿信息 JSON →布局后的 JSON →含有逻辑的 JSON，JSON 从简单到复杂，直至能完成整个模块的业务逻辑需求。核心是之前调用 imgcook 的 OpenAPI 接口生成的 D2C Schema 描述，它包含基本的 UI 描述（样式＋属性）、结构关系、事件方法、数据处理等生成代码需要用到的信息。

逻辑库的本质是设定自动触发条件完成修改 Schema，最终达到自动化添加逻辑绑定和数据字段绑定的目的。下面来看一个示例。

操作：点击 🖾 图标可以查看模块的 Schema。

1）逻辑描述。

文本中包含"利益点"关键词，绑定到 itemDesc 上（通用字段规范）。

2）逻辑识别 **（触发条件）**。

❑ 节点为文本节点：ctx.curSchema.componentName="Text"。

❑ 文本内容包含"利益点"关键字：ctx.curSchema.props.text.includes(' 利益点 ')。

3）逻辑表达（修改 Schema）。

修改这个节点的文本属性为 '{{item.itemDesc}}'。

4）最终生成代码。

从 "<Text> 利益点 </Text>" 变成 "<Text>{{item.itemDesc}}</Text>"。

逻辑点会遍历每一个节点，判断每个节点是否满足执行条件，满足条件则会执行指定方法。按图 5-61 添加自己的逻辑库，然后再按图 5-62 添加自己的逻辑点。

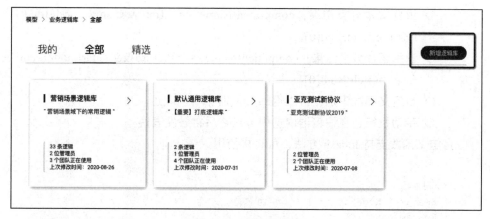

图 5-61　添加逻辑库

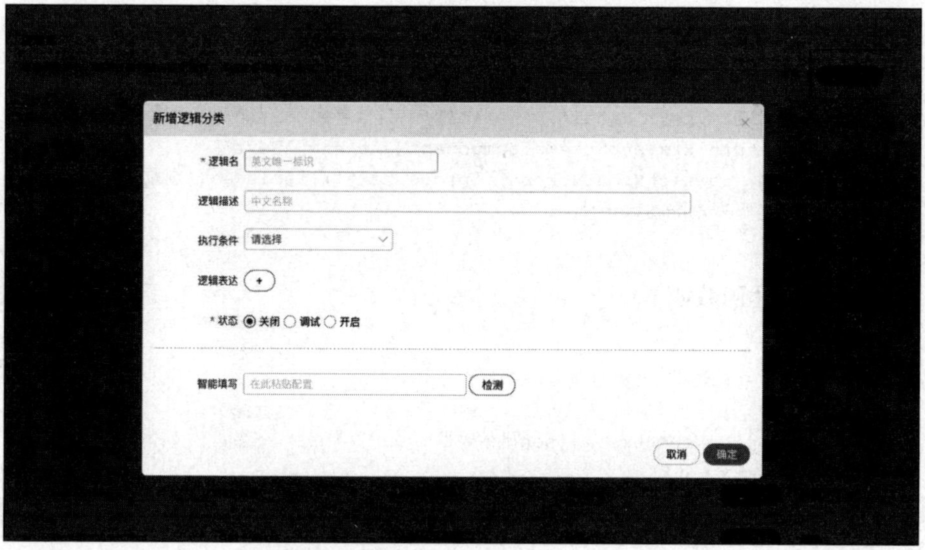

![图 5-62]

图 5-62　添加逻辑点

接下来，依次介绍"新增逻辑分类"界面的功能。

❏ **逻辑名**：唯一英文标志。

❏ **逻辑描述**：中文描述，用于描述逻辑。

❏ **执行条件**：在粘贴之后生成代码过程中，imgcook 会遍历每一个节点。这里需要设置设置节点的条件，目前包含以下类别。

　　○ **根节点执行**：只执行一次。

　　○ **识别文本属性**：props.text。

- 识别文本分类结果：componentName === Text && smart.nodeIdenti-fication.fieldBind[0]。
- 识别图片分类结果：componentName === Picture && smart.nodeIdenti-fication.fieldBind[0]。
- **自定义函数识别**：可以返回 true 时会自动表达。
- **手动执行**：在编辑器内选中节点之后再触发表达。

自定义函数支持 lodash 方法，可直接使用。

```
/*
 *识别函数
 * @param { NodeSchema } json原始数据
 * @param ctx上下文
 * @returns { Boolean }是否识别成功
 */
    async function logic(json, ctx){
        // ctx.curSchema -当前选中节点Schema
        // ctx.activeKey -当前选中Key
        // ctx.set('data1', 'hello'); -设置参数可以在表达函数中读取
        return ctx.curSchema.componentName === 'Text'
        && _.get(ctx.curSchema, 'props.text').includes('利益点')
        //可以使用lodash
    }
```

自定义表达函数如下：

```
/*
 *表达函数：执行逻辑，返回修改后JSON
 *
 * @param { NodeSchema } json原始数据
 * @param ctx上下文
 * @returns { NodeSchema }
 */
    async function logic(json, ctx){
        // ctx.curSchema -当前选中节点Schema
        // ctx.activeKey -当前选中Key
        // ctx.get('data1'); -读取识别函数中设置的值

            const value = ctx.params[0].value;
        //可干预参数，用于手动执行时修改
        ctx.curSchema.props.text = value

        return json
    }
```

下面定义字段说明的上下文对象。

```
interface IContext: {
    allSchema: INode,                          //整个JSON
    curSchema: INode,                          //当前遍历到的节点JSON
    activeKey: string,                         //当前遍历到的节点的ID
    schemaMap: {                               //根据ID找节点
        [key as string]: INode
    },
    set(key: string, value: string): any;      //在识别函数中设置数据
    get(key: string): any;                     //在表达函数中获取
}

interface INode{
    componentName: string,
    loopArgs?: [],                             //智能UI自定义参数
    loop?: string,                             //智能UI自定义参数
    id: string,
    selfId: string,
    props: {
        style: {
            [key: string] : any
        },
        [key: string] : any
    },
    smart: {
        layerProtocol: object
    },
    imgcook?: object,
    state: any,
    children?: INode[]
    __ctx?: {                                  //自动在每个节点上生成临时变
                                               //  量，逻辑结束会清理
        key: string,                           //每个节点唯一ID
        parentKey: string,                     //父节点ID
        beforeKey?: string,                    //前一个节点ID
        afterKey?: string,                     //后一个节点ID
        path: string,                          //绝对路径
        isRoot?: boolean                       //是否根节点
    }
}
```

如图 5-63 所示，逻辑排序保证逻辑有序执行，一个逻辑输出的 JSON，就是下一个逻辑输入的 JSON。

如何应用逻辑库？在"团队设置"→"业务逻辑库设置"中修改，所有团队会默认应用通用的逻辑库。imgcook 以团队维度管理逻辑库，多个团队可以共用同一个逻辑库。如图 5-64 所示，可以在自己的团队设置里，用自己定义的逻辑库进行替换。

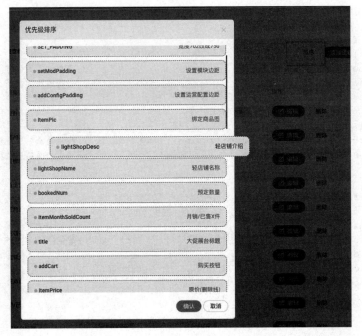

图 5-63 逻辑编排

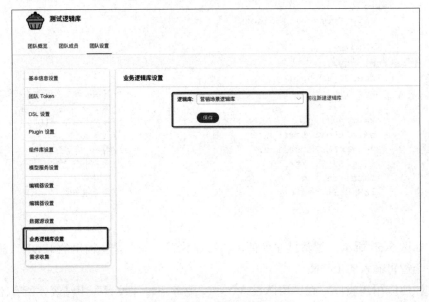

图 5-64 团队设置

普通版本编辑器会直接运行逻辑，如图 5-65 所示。

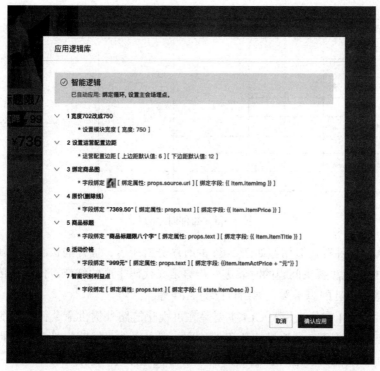

图 5-65　逻辑库应用确认界面

与图 5-65 的可视化操作不同，为了能够在智能 UI 的链路里使用逻辑处理能力，需要在调用 imgcook 代码生成的 API 时确保有在团队下按照上述内容配置自己的逻辑库，并打开逻辑点编辑面板的应用开关，就能够把对应的字段绑定、逻辑点绑定工作自动完成，返回的 Page Scheme JSON 里也将会包含这些代码。

5.4.2　熟悉插件、CLI 的扩展能力

如何使用 DSL、插件、CLI 的扩展能力，是智能 UI 中使用 imgcook 的能力生成代码来实现对设计令牌承接的基础。前面介绍过 DSL，这里着重分析一下插件和 CLI 的扩展能力。

首先，插件和 CLI 的关系是什么？如果说插件是一个点，那么 CLI 就是一条线，把不同的插件按照配置的顺序依次应用到设计稿生成链路中，具体时序见图 5-66 的详细分析。

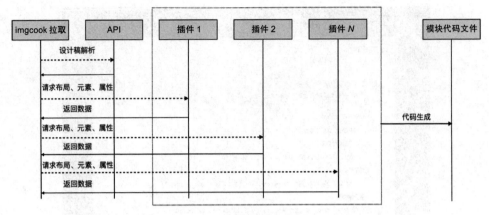

图 5-66　插件时序分析

其次，插件有什么用？如图 5-66 的时序分析所示，插件的核心作用就是在自定义 DSL 仍无法解决问题的时候进一步自定义代码生成的细节，比如上传图片到 CDN、融合自己的脚手架、调用自己的 API 等。

最后，CLI 有什么用？CLI 主要是在可视化链路外提供命令行工具简化插件安装、工程初始化、拉取模块代码的工作，另外，CLI 借助配置文件中对插件的配置提供扩展能力，这种扩展能力独立于可视化之外，就像 Shell 脚本一样是自动化的重要途径。

5.4.3　在 D2C 代码生成中应用设计令牌

在上述的代码生成能力、自定义能力和工程能力的学习之后，已经掌握了如何使用 imgcook 提供的 D2C 能力，并且熟悉如何用非可视化的自定义链路实现智能 UI 的组件生成。但是，这里还缺少了一个环节——设计令牌，作为设计生产一体化的核心，连接设计到生产的桥梁，如何将设计令牌应用到代码生成链路将会大幅度提升整体的自动化程度，同时给予设计师干预最终实现的路径。下面以图 5-67 为例详细介绍在 D2C 代码生成中应用设计令牌的方法。

图 5-67　示例模块

（1）imgcook 生成的 Page Scheme JSON

为了搞清楚 D2C 和产出物，首先要分析一下设计稿插件或设计稿解析服务会产生什么内容，搞清楚哪些是设计令牌关心的设计元素和样式。

```json
{
    "taskId": "D0B2C884-B441-479B-9B90-EA2500039CEA",
    "pluginVersion": "4.0.20",
    "reference": "sketch",
    "type": "Block",
    "id": "Block_1",
    "__VERSION__": "2.0",
    "props": {
        "style": { "width": 714, "height": 250 },
        "attrs": { "x": 0, "y": 0 }
    },
"children": [
    {
        "__VERSION__": "2.0",
        "props": {
            "style": { "width": 250, "height": 250 },
            "attrs": {
                "x": 0,
                "y": 0,
                "source": "https://img.alicdn.com/imgextra/i1/O1CN01NSI
                    hf51y8cbrRGdEA_!!6000000006534-2-tps-500-500.png"
            },
            "dealGradient": []
        },
        "type": "Image",
        "selfId": "F0028C44-69C4-4122-B99D-30EDC552E366",
        "children": [],
        "originType": "Other",
        "animation": null,
        "nodeLayerName": "矩形",
        "id": "Image_0"
    },
    //略去代码细节
],
    "name": "group",
    "artboardImg": "https://img.alicdn.com/imgextra/i4/O1CN01EmsFUx1N1c
        mCq3Rrk_!!6000000001510-2-tps-714-250.png"
}
```

上面设计稿解析产出的 JSON 经过 imgcook 处理之后的 Page Scheme JSON 如下：

```
export default {
```

```
"componentName": "Block",
"id": "052e1e00-386a-11ec-9fd8-0f974f929cce",
"props": {
    "style": {
        "display": "flex",
        "alignItems": "center",
        "flexDirection": "row"
    },
    "className": "mod"
},
"taskId": "EDFE07CE-6857-48BF-AA58-A403095AC09F",
"artboardImg": "https://img.alicdn.com/imgextra/i4/O1CN01zVxbVJ1znf
    j0R0P18_!!6000000006759-2-tps-714-250.png",
"rect": {
    "x": 0,
    "y": 0,
    "width": 714,
    "height": 250
},
"pluginVersion": "4.0.20",
"name": "group",
"reference": "sketch",
"restore_id": "9b619cbf-a025-49be-ac02-20efea90ab79",
"children": [{
    "componentName": "Picture",
    "id": "052e9334-386a-11ec-9fd8-0f974f929cce",
    "props": {
        "style": {
            "marginRight": "18px",
            "width": "250px",
            "height": "250px"
        },
        "className": "layer",
        "source": {
            "uri": "https://img.alicdn.com/imgextra/i3/O1CN01TyiKwb
                1EYIU9o4Lqv_!!6000000000363-2-tps-500-500.png"
        },
        "autoScaling": false,
        "autoWebp": false
    },
    "rect": {
        "x": 0,
        "y": 0,
        "width": 250,
        "height": 250
    },
    "selfId": "9C141FFC-8886-4EAB-8B0A-466A2CE03530",
    "nodeLayerName": "矩形"
```

```
    }
//略去代码细节
    "smart": {
        "layerProtocol": {
            "component": {
                "type": "button"
            }
        },
        "nodeIdentification": {
            "baseComponent": ["button"]
        },
        "nodeCustom": {
            "baseComponent": {
                "isConfident": true,
                "label": "button",
                "score": 1.4999815225601196,
                "type": "baseComponent",
                "meta": {
                    "threshold": 0.99
                },
                "rect": {
                        "x": 268,
                        "y": 155,
                        "width": 446,
                        "height": 89
                    },
                    "id": "5fa74657-2c32-43d6-befd-42808339bc83",
                    "selfId": null
            }
        }
    }
    }]
}],
"imgcook": {
    "restore_id": "9b619cbf-a025-49be-ac02-20efea90ab79",
    "functions": [{
        "content": "export default function created() {\n\n}",
        "name": "created",
        "type": "lifeCycles"
    }, {
        "content": "export default function mounted() {\n\n}",
        "name": "mounted",
        "type": "lifeCycles"
    }],
    "dataConfig": {
        "schemaLaunchConfigId": "self"
    },
    "genSettings": {
```

```
            "exportClassName": false,
            "appendRpx": true
        },
        "defaultReadonlyFiles": ["src/mobile/index.js", "src/pc/
            index.js", "src/mobile/actionsIndex.js", "src/mobile/
            builtinActions/created.js", "src/mobile/builtinActions/
            mounted.js", "src/mobile/mod.js", "src/mobile/mod.css",
            "src/mock.json"]
    }
}
```

删除不必要的数据，抽取 JSON 文件中的 type 为 text 中的 color：

```
{
    "color": [
        {
            "props": {
                "style": {
                    "color": "rgba(34, 34, 34, 1)"
                }
            },
            "type": "Text",
            "selfId": "FA500F33-DEC6-4627-B76D-647DE5245D880",
            "id": "Text_1"
        },
        {
            "props": {
                "style": {
                    "color": "rgba(189, 149, 124, 1)"
                }
            },
            "type": "Text",
            "selfId": "BCDBD7E3-7E97-4729-B9F5-C18FF7C1E3230",
            "id": "Text_3"
        },      //略去代码细节
    ]
}
```

从 imgcook 复制出来的 JSON，只保留了带有 color 节点的 Text，即节点
type="Text"，同时保留了对应节点的 selfId 和 id。同样地，按照相似方法把从 imgcook
对应模块的 Scheme 做减法处理：

```
{
    "color": [
        {
            "componentName": "Text",
            "id": "052e9331-386a-11ec-9fd8-0f974f929cce",
            "props": {
```

```
            "style": {
                "color": "#bd957c"
            },
            "className": "sony"
        },
        "selfId": "68995FAB-EF6E-4B70-914A-F087A414AE320"
    },  //略去代码细节
    ]
}
```

在 Page Scheme 中保留带有 color 属性节点，并且保留了对应节点上的 componentName、id、className 和 selfId 等属性。按照设计令牌规范，将保留的信息手动排版。其中保留 Sketch 图层中的 selfId 以及将 selfId 中的 color 赋值给对应 id 的 value。

设计令牌中颜色的样例：

```
{
    "color": {
        "name": {
            "value": "#ffd59e",
            "type": "color"
        }
    }
}
```

颜色可以用于 UI 设计稿中的不同地方，主要有**文本（前景色）**、**背景**、**边框**和**阴影**等，示例中只抽取的 text（文本），并且把 imgcook 输出的 selfId 相同层级的 id 命名成 color.name。

```
{
    "color": {
        "text": {
            "Text_1": {
                "value": "rgba(34, 34, 34, 1)",
                "type": "color",
                "selfId": "FA500F33-DEC6-4627-B76D-647DE5245D880"
            }, //略去代码细节
            "Text_16": {
                "value": "rgba(176, 143, 156, 1)",
                "type": "color",
                "selfId": "A00CE4E2-0BBE-46A3-9C76-C9402B9785260"
            }
        }
    }
}
```

如果把 imgcook 的 Page Scheme 中对应的 selfId 的 className 命名成 color.
name，那么提取之后的颜色令牌如下：

```
{
    "color": {
        "text": {
            //略去代码细节
            "time": {
                "value": "rgba(255,255,255,0.70)",
                "type": "color",
                "id": "052e4514-386a-11ec-9fd8-0f974f929cce",
                "selfId": "3C34AEE8-F744-4B41-8F15-F9BDFE399B030"
            },
            "buy": {
                "value": "#ffffff",
                "type": "color",
                "id": "052e4513-386a-11ec-9fd8-0f974f929cce",
                "selfId": "8D02C817-3DEF-413F-A700-AF384422A1510"
            }
        }
    }
}
```

对这两份 JSON 进行 Diff 操作，借此分析一下需要处理的内容及处理前后的
不同，如图 5-68 所示。

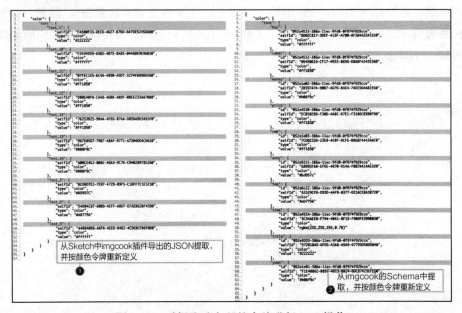

图 5-68 对提取重定义的令牌进行 Diff 操作

（2）全局令牌（由 DSM 生成）

如果已经完成第 4 章中设计系统管理平台（DSM）的学习，就会知道在 DSM 中已有该业务的相关设计规范，可以找到或生成类似图 5-69 这样的颜色面板。

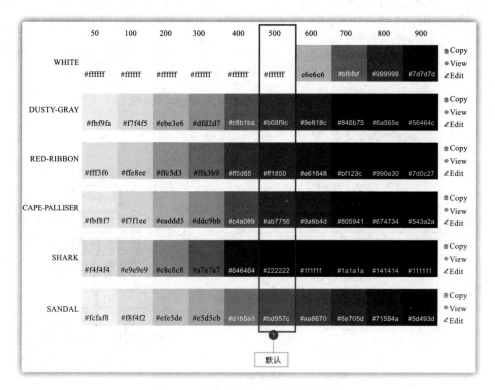

图 5-69　根据 DSM 生成的颜色面板

图 5-70 是使用 TailwindColorsShades 自动生成的（https://javisperez.github.io/ tailwindcolorshades），也可以把这个开源项目包含进自己的 DSM 系统中。

对应的配置代码如下：

```
'white': {
    '50': '#ffffff',
    '100': '#ffffff',
    '200': '#ffffff',
    '300': '#ffffff',
    '400': '#ffffff',
    '500': '#ffffff',
    '600': '#e6e6e6',
    '700': '#bfbfbf',
    '800': '#999999',
```

```
            '900': '#7d7d7d'
    },
    //略去代码细节
'sandal': {
        '50': '#fcfaf8',
        '100': '#f8f4f2',
        '200': '#efe5de',
        '300': '#e5d5cb',
        '400': '#d1b5a3',
        '500': '#bd957c',
        '600': '#aa8670',
        '700': '#8e705d',
        '800': '#71594a',
        '900': '#5d493d'
}
```

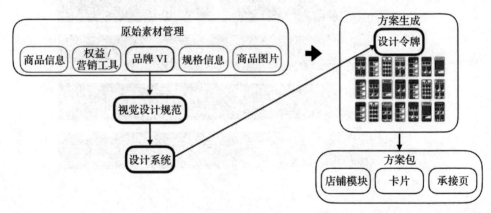

图 5-70   DSM 架构和设计令牌的关系

DSM 可以获得类似下面这样的颜色全局令牌:

```
{
    "color": {
        "white": {
            "50": {
                "value": "#ffffff"
            },
            "100": {
                "value": "#ffffff"
            },
            "200": {
                "value": "#ffffff"
            },
            "300": {
                "value": "#ffffff"
```

```
        },
    "400": {
        "value": "#ffffff"
    },      //略去代码细节
    }
}
```

（3）将设计令牌转换成变量

根据智能 UI 方案生成对可变性管理的需要，可以将设计令牌转换成所需的变量，回顾一下图 5-70 中设计生产一体化对 DSM 的介绍。

比如生成标准样式文件的 CSS 变量：

```
:root {
    --color-white-50: #ffffff;
    --color-white-100: #ffffff;
    --color-white-200: #ffffff;
    --color-white-300: #ffffff;
    //略去代码细节
}
```

也可以转换出所需的 .ts，比如 color.ts：

```
export const ColorWhite50 = "#ffffff";
export const ColorWhite100 = "#ffffff";
export const ColorWhite200 = "#ffffff";
export const ColorWhite300 = "#ffffff";
//略去代码细节
```

或者类似下面这样：

```
export const colors = {
white: {
"50": "#ffffff",
"100": "#ffffff",
"200": "#ffffff",
"300": "#ffffff",
//略去代码细节
};
```

（4）设计令牌转换成 Atomic CSS

DSM 输出的设计令牌还可以转换成相应的 Atomic CSS（又称 Functional CSS 或 CSS utilities）：

```
.white-50 {
    color: "#ffffff";
}
.white-100 {
```

```
    color: "#ffffff";
}
.white-200 {
    color: "#ffffff";
}
.white-300 {
    color: "#ffffff";
}
//略去代码细节
```

有关于 Atomic CSS 的介绍可参考 5.1.6 节内容。

（5）设计令牌的使用

通过相应的技术工程手段将设计令牌转换成智能 UI 所需的产物（比如 CSS 自定义属性或 Atmoic CSS）。回到目标模块，其用 imgcook 输出的 CSS：

```
.mod {
    display: flex;
    align-items: center;
    flex-direction: row;
}
.layer {
    margin-right: 18rpx;
    width: 250rpx;
    height: 250rpx;
}
.primary {
    display: flex;
    align-items: flex-start;
    flex-direction: column;
}
 //略去代码细节
.buy {
    position: relative;
    margin-top: 2rpx;
    max-width: 156rpx;
    height: 36rpx;
    overflow: hidden;
    text-overflow: ellipsis;
    line-height: 36rpx;
    color: #ffffff;
    font-family: PingFang SC;
    font-size: 28rpx;
    font-weight: 500;
}
```

剔除与 color 无关的 CSS：

```
//略去代码细节
.buy {
       color: #ffffff;
    }
```

将生成的 CSS 自定义属性结合起来使用：

```
:root {
       --color-sandal-50: #fcfaf8;
       --color-sandal-100: #f8f4f2;
       --color-sandal-200: #efe5de;
       --color-sandal-300: #e5d5cb;
       //略去代码细节
}
.title {
       color: var(--color-shark-500); /* #222222 */
}
.tag {
       color: var(--color-cape-palliser-500); /* #ab7756 */
}
//略去代码细节
.buy {
       color:var(--color-white-500); /* #ffffff */
}
```

在这个过程中，自动生成的 CSS 自定义属性并没有全部被运用于模块中，需要对 CSS 自定义属性按需加载，只需要在工程中使用 PostCSS 的插件 postcss-jit-props 等 CSS 按需加载的技术即可。

```
//postcss.config.js
const postcssjitprops = require('postcss-jit-props');
const MyProps = {
    '--color-sandal-50': '#fcfaf8',
    '--color-sandal-100': '#f8f4f2',
    '--color-sandal-200': '#efe5de',
    '--color-sandal-300': '#e5d5cb',
//略去代码细节
};
module.exports = {
    plugins: [postcssjitprops(MyProps)],
};
//mod.css
//略去代码细节
.buy {
```

```
        color:var(--color-white-500); /* #ffffff */
}
<!-- mod.html或mod.jsx或mod.tsx -->
<!DOCTYPE html>
<html lang="en" dir="ltr">
    <head>
        <title>JitProps + Vite Sandbox</title>
        <meta charset="utf-8" />
        <meta name="viewport" content="width=device-width, initial-
            scale=1" />
        <meta name="mobile-web-app-capable" content="yes" />
        <link rel="stylesheet" href="/index.css" />
    </head>
    <body>
//略去代码细节
    <div class="buy">buy</div>
        <script type="module" src="/index.js"></script>
    </body>
</html>
```

下面看一下通过样式字典工具构建之后的 CSS。

```
:root {
    --color-sandal-500: #bd957c;
    --color-shark-500: #222222;
    --color-cape-palliser-500: #ab7756;
    --color-red-ribbon-500: #ff1850;
    --color-dusty-gray-500: #b08f9c;
    --color-white-500: #ffffff;
}
//略去代码细节
.buy {
    color: var(--color-white-500);
}
```

也可以将设计令牌输出一个 JavaScript 脚本或 Typescript 脚本，比如创建一个 var.css.js：

```
module.exports = {
//略去代码细节
    '--color-sandal-50': '#fcfaf8',
    '--color-sandal-100': '#f8f4f2',
    '--color-sandal-200': '#efe5de',
    '--color-sandal-300': '#e5d5cb',
    '--color-sandal-400': '#d1b5a3',
    '--color-sandal-500': '#bd957c',
    '--color-sandal-600': '#aa8670',
    '--color-sandal-700': '#8e705d',
```

```
        '--color-sandal-800': '#71594a',
        '--color-sandal-900': '#5d493d',
};
```

相应的 postcss.config.js 调整为：

```
const postcssjitprops = require('postcss-jit-props');
const colors = require('./var.css.js');

module.exports = {
    plugins: [postcssjitprops(colors)],
};
```

如果采用 Atomic CSS，设计令牌输出相应的类之后，可以直接使用输出的类：

```
//atomic.css
.white-50 {
    color: "#ffffff";
}
.white-100 {
    color: "#ffffff";
}
.white-200 {
    color: "#ffffff";
}
.white-300 {
    color: "#ffffff";
}
//略去代码细节
.sandal-800 {
    color: "#71594a";
}
.sandal-900 {
    color: "#5d493d";
}
```

将它们组合在一起，代码示例如下：

```
<!-- mod.js -->
import { createElement } from 'rax';
import View from 'rax-view';
import Text from 'rax-text';
import './atomic.css';

export default function Mod(props) {
    const { data: state = {} } = props;
```

```
    return (
        <View>
            <Text className="sandal-500" lines={1}> SONY</Text>
            <Text className="shark-500" lines={1}>索尼新品65寸电视</Text>
            <Text className="cape-palliser-500" lines={1}>距结束仅剩
                00:59:59</Text>
            <Text className="red-ribbon-500" lines={1}>补贴券1000元</
                Text>
            <Text className="red-ribbon-500" lines={1}>¥</Text>
            <Text className="red-ribbon-500" lines={1}>3999</Text>
            <Text className="dusty-gray-500" lines={1}>¥ </Text>
            <Text className="dusty-gray-500" lines={1}>4999</Text>
            <Text className="time" lines={1}>已抢2000件</Text>
            <Text className="white-500" lines={1}>去抢购</Text>
        </View>
    );
}
```

同样地，记得要对 Atomic CSS 中的类做按需加载。

至此，通过一个示例全面介绍了如何利用 D2C 代码生成链路应用设计令牌的方法，以及如何在这些环节中进行适当处理，便于配合 DSM 将样式用设计令牌管理起来。当然，这个过程是手动的，还有一些工程上的串联和定制细节，需要配合前面对自定义设计稿协议、自定义 DSL、自定义插件形成一个完整的解决方案。设计和实现这个完整的解决方案，其实就是把上述 5 个步骤用 CLI 去完成。

第 6 章 *Chapter 6*

智能 UI 消费链路

方案的生成怎么没介绍？读者可能会发出这样的疑问。是的，不看智能 UI 的消费链路是如何进行"消费"的话，确实应该把方案的生成归入供给链路。但是，智能 UI 的"消费"是围绕着对 UI 的可变性进行调控展开的，把不同的可变性呈现给不同场景下的不同用户群体是智能 UI 实现个性化的核心。因此，方案在投放之前、投放之中乃至投放之后都没有一个真实的实体或代码存在，存在的只有在 DSM 设计规范约束下对可变性的选择、组合形成的一系列规则，这是智能 UI 区别于传统搭建用模块组装界面最本质的部分。

既然智能 UI 消费链路是 DSM 设计规范约束下可变性的选择、组合形成的一系列规则，就涉及规则是如何产生的问题。一般来说产品经理、运营人员能够在自己的专业度上良好设计这些规则，但是，必须考虑到个体之间的差异，有时一个优秀的个体在丰富经验和灵动思维驱使下设计的优秀规则，其质量是一个普通的个体难以企及的。一旦规则的质量较低，很可能断送了智能 UI 供给链路的大量工作成果，并给消费者带来"自作聪明"的负体验。因此，在开始设计智能 UI 消费链路之初，就应当考虑这些因素并准备应对的方案——AI 辅助规则生成。

当解决了个体差异给规则质量带来波动的问题后，首要考虑的是如何合理地设计并实现整个消费链路。消费链路的技术体系包括 AI 规则生成、人工干预能力、方案特征提取、用户偏好特征提取、基于方案和用户偏好匹配的先验投放算法、基于用户行为的后验归因算法、AI 规则生成的算法迭代。消费链路的工程体系包括用户分桶、在线算法、方案下发、A/B 能力、日志采集、数据清洗、离线算法。

既然有 A/B 能力，自然会想到直接以用户行为数据分析 UI 偏好，再根据偏好来决定方案的投放。初期的实践确实如此，智能 UI 消费链路的所有算法模型、算法工程都是由搜索团队的某一个人完成的，具体技术工程方案是：随机让每个智能 UI 方案投放到不同人群，再根据 A/B 结果决定人群投放的方案。

首先，这样做看似合理但事实上有致命的缺陷——无法规模化。之所以无法规模化，是因为这个过程中投放的方案数很少，初期的方案是设计外包人工设计的，每个用户群只有 10～20 个方案。方案数少的时候可以把方案随机到人群看效果，这样无效计算和用户端的影响都较小且可控，但真正依据 UI 可变性生成海量方案的时候就不能再这样简单粗暴地解决了。

其次，这个过程缺少了一个核心思想或者说是笔者所追求的理想：理解 UI 和用户之间的关系并个性化供给。个性化供给方案固然重要，但理解 UI 和用户之间的关系更加重要，因为这种底层原理认知的精进能够反向传导至运营、产品和设计端，减少失败设计给用户体验带来的损伤，同时减少前端无效工作的频率。因此，2020 年 7 月，笔者带着两个没有算法背景的前端工程师把整个算法工程要过来，经过努力在 2020 年 9 月上线了第一个智能 UI 推荐算法，2020 年双十一上线了更加成熟的技术工程方案的同时，初步建成了智能 UI 的数据和归因体系，帮助前端团队更好地理解 UI 和用户的关系，以及度量智能 UI 个性化的有效性和业务价值，如图 6-1 所示。

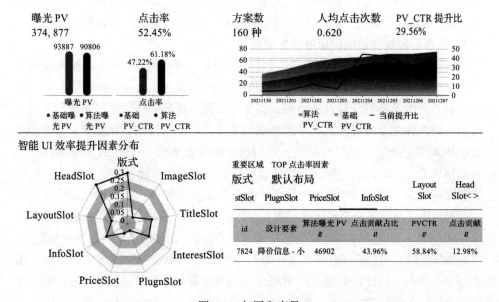

图 6-1 归因和度量

6.1　方案：AI 辅助规则生成

　　方案是在 DSM 设计规范约束下对可变性的选择、组合形成的一系列规则。所谓可变性的选择和组合规则，其本质是选择设计令牌来控制元素的呈现方式，同时在设计规范约束下用组合来控制布局，分别在局部和整体上控制 UI 的样式。既然有局部和整体两种调控方式，应该从何入手呢？建议按从整体到局部的顺序层层约束，这样才能体现出设计系统供给的设计规范对 UI 的约束和影响，同时也能够降低实现的复杂度。

　　整体的设计规范输入能够约束布局和主题，这种约束就圈定了一个设计令牌 Token 可选的范围。比如主题是双十一，那么在选择设计令牌的时候对颜色的选择就只能是双十一主题限定的颜色了，因此，设计令牌的选择不必用到所有的 UI 可变性，这将大幅度降低规则生成的复杂度。

　　在一个闭域空间内做选择题恰恰是 AI 的强项，不必去审视每一个可变性的选择背后的理由以及具体的范围，只要把之前外包设计的方案分类到不同的整体约束所对应的业务类别标签中，然后把这些当作训练样本丢给模型去学习隐藏的模式，未来只需要选定一个业务类别所对应的整体设计规范约束，模型就可以帮助前端工程师去自动地选择合适的设计令牌和具体的范围。

　　如何在 AI 辅助规则生成中用先验和后验的方法进一步提升效果？先验方面使用了美学质量打分、方案人群个性化指数（UPI）方法，在生成的规则中进行 AI 辅助的筛选和过滤，把一些不符合智能 UI 要求的方案进行剔除。后验的方法主要是把归因分析的结论和先验预测相结合，判断美学质量和 UPI 在不同人群的表现差异，从而优化和校准先验的算法模型，让未来的 AI 辅助筛选和过滤更加精准。

　　不论是人工还是 AI 生成，一致性都是整体规则生成的基础要求。这里的一致性不仅包含内部一致性，还包含外部一致性。内部一致性是指在自身的场景内布局结构要一致，同时保证 UI 承载的信息顺序、密度和显著性一致。外部一致性是指局部的 UI 投放到不同的媒体、场景中使用时要一致。一致性不仅是为了维持自身的辨识，还要符合业务的用户心智要求，最重要是降低用户识别和理解的成本。如果某个模块中的主要行动按钮"购买"或"加购"的位置在其右下角，就不应该在其他模块中将主要行动按钮的位置变动到右上角，即便在单行内容中也尽量左右排布来维持一致性。这样做的好处是一个新用户对 UI 识别和理解一次就够了，而不需要不断地识别和理解来学习如何使用。还有更高级的一致性就是隐含的一致性，比如大部分常用软件的设计一致性的部分，应当被继承到整体的规则中，非必要切勿轻易挑战用户的习惯，减少用户使用的摩擦力。

类似"一致性"的原则还有很多，这些原则是规则的灯塔，指引前端工程师做出更加合理的取舍。除了"一致性"等基础用户体验原则外，在实现智能 UI 的过程中，笔者更关注"信息表达的有效性"这个原则，笔者认为 UI 首先是信息的载体，只有在信息有效表达的基础上，用户才能更好地识别和理解 UI 的意图并与之互动。这就像 0 和 1 的关系，无论做了多少功能，即有一堆的 0，没有信息有效表达这个 1，一切都没有意义。下面就从信息有效表达的角度看看如何教 AI 进行规则生成。

6.1.1　整体规则生成

整体规则生成的过程是把 DSM 设定的设计规范中主题和布局相关的内容进行索引，由产品经理或设计师根据 AI 的推荐选择应用到当前业务场景的部分。或者，当智能 UI 供给链路足够强大时，也可以让 AI 推荐一些评分（AI 辅助的筛选和过滤部分详述）低的，让产品经理或设计师用排除法进行选择。在整个体系迭代初期选择前一种方法，经过一定的迭代和优化后再选择后一种方法。

为何先选择主题后选择布局？其实也可以根据自己的业务性质调整，如果是重内容的业务建议先选择主题，这样在生成布局可变性候选方案的时候可以照顾到字体、容器形状、图标等内容，让布局去适应内容。如果是工具型产品，重功能而内容不多，则可以先选择布局来排除那些不适应布局的主题样式。

知道了主题和布局的关系，就可以把主题和布局用不同的算法模型实现。对比使用单一算法模型、端到端地实现布局识别等，用多个模型的优点是白盒化的调试能力，可以通过组织合适的训练样本及选择不同的模型来分别进行调试和优化，这和前端软件工程里把一个大函数拆成两个小函数的重构并无不同。

主题和布局选择在初期并不是问题，因为在产品经理、设计师的投入不够多、不够久的情况下，可能只有固定的设计语言、设计风格以及少数布局（一排二、一排三等），在男性、女性、适幼、适青、适老等方面有几个可供选择的选项。这个阶段，只要用一个可视化编辑器让产品经理或设计师在其中选择，借此形成主题和布局应用的规则即可。但是，随着人群、场景的逐步精细化，这些规则就不够用了。

可以想见，人群、场景是无法枚举的，如上班时间在地铁上的男性、下班时间在公交上的女性等。可以简单地用时间、地点、人、环境作为输入，让分类算法模型来预测当前的情境。有了情境再结合信息表达有效性要求，由于电商用户从本质上逛到收藏、加购、下单始终是围绕信息输入做决策，因此可以围绕用户点击、收藏、加购、下单时一定范围内信息输入的信息量、信息密度、信息显著性等特征对决策的正向影响来定义问题。最后，用 LSTM 或者简单的回归模型，就能够学习到用户在不同情境下的决策偏好，以及这些决策偏好对信息量、信息密度、信息显著性等特征的敏感度和响应变化特征。最后，在主题里选择合适的字体、字号、颜色数量、颜色值等范围，在布局里选择尺寸、位置、间距等范围，就能够生成整体规则。

　　不论是决策偏好还是具体主题、布局里的范围，最终都是由算法模型通过数据样本学习总结出来的，而不是人为定义的。这点很重要，这就是第 2 章中提到的，在使用算法模型智能化解决问题的时候，核心要做的是问题定义、组织训练数据描述问题、算法模型选择、模型训练与验证。下面看一个具体的例子，了解如何用条件生成对抗网络解决整体布局问题。

（1）问题定义

输入一组信息量、信息密度、信息显著性约束条件，生成一些合理的 UI 布局。

（2）组织训练数据描述问题

对同一情境且点击率、收藏、架构和下单数据高于阈值的 UI 进行风格转换，去掉 UI 上内容的细节，只保留布局，用白色或纯色替代形成训练数据，对应的标签是情境。把 UI 按照情境分类进行训练数据组织，就能够描述在不同的情境下哪种布局对用户决策有正向帮助，如图 6-2 所示。

图 6-2　消除训练数据中不必要的细节

（3）算法模型选择

谷歌科学家 Ian Goodfellow 在 2014 年提出了重量级的深度学习模型——生成对抗网络（Generative Adversarial Network，GAN），GAN 作为一种优秀的图像生成算法，是当前无监督学习中最具前景方法之一。GAN 中有两个组件：生成器 G（Generator）和判别器 D（Discriminator），生成器负责生成符合真实数据分布的合成数据，判别器负责判别数据的真假，二者互相博弈，互相提升各自的能力。

随机噪声 z 作为生成器 G 的输入，生成器输出合成数据 $G(z)$，判别器判别输入数据是否为真，输入数据为真实数据 x 时输出为 $D(x)$，输入数据为生成器生成的合成数据时输出为 $D(G(z))$，如图 6-3 所示。

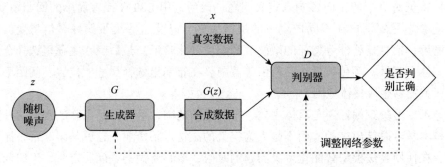

图 6-3　GAN 基础结构

GAN 的损失函数数学建模公式如下，GAN 一方面要增强判别器的判别能力，另一方面要增强生成器生成逼真数据能力，在 GAN 的训练过程中两者不断进行对抗，进而提升各自的能力，最终两者处于一种动态均衡状态：生成器能够生成逼真的合成数据，同时判别器无法将生成器生成的合成数据和真实数据区分开来，即对输入数据判别为真的概率基本为 50%。在软件工程师要解决的问题里，可以把"真实"用"合理"进行替换，也就是说，生成器能够生成合理的布局，同时判别器无法将生成器生成的布局和真实的布局区分开。

$$\min_G \max_D V(D,G) = E_{x \sim p_{\text{data}}(x)}[\log D(x)] + E_{z \sim p_z(z)}[\log(1 - D(G(z)))]$$

条件生成对抗网络（Conditional Generative Adversarial Network，CGAN）技术是 GAN 技术的一个进化版本，能够根据输入条件生成符合真实数据分布的合成数据，它在原有 GAN 基础上加入了监督信息。具体为：传统 GAN 从随机向量 z（噪声）中学习到图像 y：$G(z)$->y，与传统 GAN 不同的是 CGAN 直接从条件图像中学习到一种映射，即 s：$G(y,z)$->s，式中 y 为条件图，s 为生成器生成的合成图。

具体的代码可以在 GitHub 搜索 Conditional Generative Adversarial Network，只要根据 README 的介绍，把训练数据换成实际项目的数据就可以训练与验证了。关于算法模型的选择，建议从 Stateoftheart AI 官方网站上选择 SOTA 的算法模型，因为这些算法模型都已经被反复验证能有效解决问题，并经过大量数据验证可稳定重现。前端工程师并不需要自己去设计算法，现有的 SOTA 算法模型已经足够解决前端智能化的大部分问题了。

（4）模型训练与验证

启动训练过程，生成器和判别器的损失变化如图 6-4 所示，可知两个网络损失均已收敛，也就是说生成器和判别器达到一种均衡状态，训练完成。

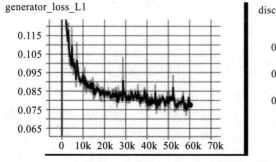
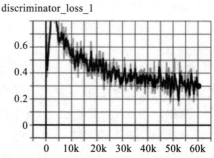

图 6-4　CGAN 训练过程

（5）效果展示

随机从测试集中选取图片进行测试，测试结果证明了模型有效，如图 6-5 所示。

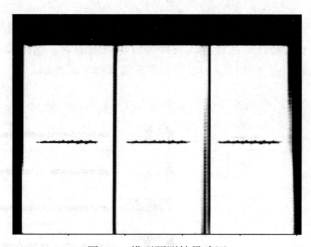

图 6-5　模型预测结果验证

完成布局生成后，需要使用 OpenCV 对涉及主题、布局的样式进行测量，这里只要遍历在 DSM 里和主题、布局样式相关的设计令牌，然后把测量的尺寸、位置、间距等数值放在一个数组里，这个数组就是主题、布局的具体规则。

6.1.2　局部规则生成

由于 6.1.1 节中已经基于情境通过 GAN 生成的方式把可变性范围约束在一个较小的范围内，不同情境里的局部规则不需要一开始就找 AI 帮忙，可以通过枚举的方式生成局部规则。这个枚举的过程分为 3 层，第一层是每个布局容器内部可以放下哪些元素，第二层是元素设计令牌的 Key，也就是元素的选择，第三层是元素设计令牌的 Value，也就是元素样式的选择。从布局容器开始逐个递归遍历，形成一份方案规则清单，叫做生成"方案包"。在这份清单里包含布局容器，也就是以页面中的区块 / 模块为节点的容器，每个容器下包含所有元素，以及设计令牌清单及其对应的阈值。最后，把这些方案包用方案名、方案编码、CDN 资源组合成一份配置文件，方便后续的智能 UI 推荐下发链路使用。

当然，图 6-6 只是在智能 UI 上的实践方法，读者可以按照自己的技术工程情况优化调整，不论最终如何实现，只要能够保证后续在 UI 方案下发、归因分析和数据闭环能跑通即可。这里需要注意的是另一个问题——区块 / 模块、组件内的局部布局规则如何处理？ 6.1.1 节中研究的主要是整体的布局，整体的布局相当于划分了一些地块，但并没有规则约束每个地块上如何种植。图 6-6 的一些方案中包含某个元素如评价字段、划线价等，评价字段又可能包含头像、评价摘要、评价数等，这些元素有没有？元素的尺寸、位置、间距如何？元素是一起出现还是独立出现？显然，面对海量的方案无法让产品和设计手工去一个个约束和调整，推荐的方式是让产品经理或设计师针对当前的业务场景和可能服务的用户，对智能 UI 设计模板中供给的所有元素配置两类基础规则。

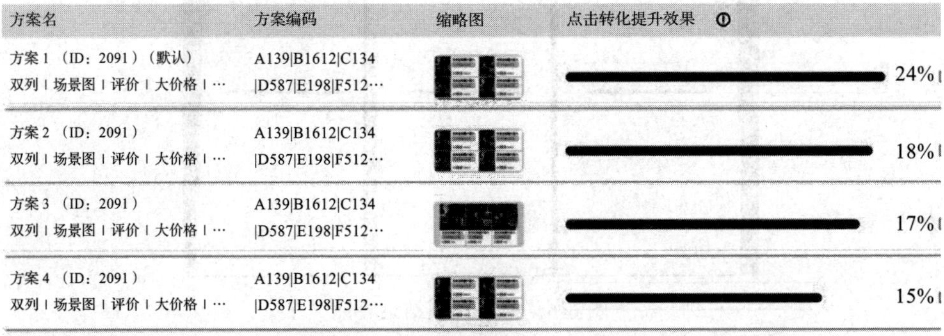

方案名	方案编码	缩略图	点击转化提升效果 ①
方案 1（ID：2091）（默认） 双列｜场景图｜评价｜大价格｜…	A139|B1612|C134 |D587|E198|F512…		▬▬▬▬▬▬▬▬▬▬▬▬ 24%
方案 2（ID：2091） 双列｜场景图｜评价｜大价格｜…	A139|B1612|C134 |D587|E198|F512…		▬▬▬▬▬▬▬▬▬▬ 18%
方案 3（ID：2091） 双列｜场景图｜评价｜大价格｜…	A139|B1612|C134 |D587|E198|F512…		▬▬▬▬▬▬▬▬▬▬ 17%
方案 4（ID：2091） 双列｜场景图｜评价｜大价格｜…	A139|B1612|C134 |D587|E198|F512…		▬▬▬▬▬▬▬▬ 15%
方案 5（ID：2091） 双列｜场景图｜评价｜大价格｜…	A139|B1612|C134 |D587|E198|F512…		▬▬▬▬▬▬▬▬ 14%
方案 6（ID：2091） 双列｜场景图｜评价｜大价格｜…	A139|B1612|C134 |D587|E198|F512…		▬▬▬▬▬▬▬ 13%
方案 7（ID：2091） 双列｜场景图｜评价｜大价格｜…	A139|B1612|C134 |D587|E198|F512…		▬▬▬▬▬ 10%
方案 8（ID：2091） 双列｜场景图｜评价｜大价格｜…	A139|B1612|C134 |D587|E198|F512…		▬▬▬ 8%

图 6-6 智能 UI 方案包示例

第一类规则是必须包含的元素。以实际业务举例，在"有好货"里可以没有价格，因为好货的心智是种草，更多的是帮助用户理解和发现商品、品牌，但是，在营销产品如百亿补贴中就必须有价格，因为这是一个营销场，价格和优惠是帮助用户决策的重要信息。

　　第二类规则是元素优先级。和第一类规则一样，元素优先级比必须包含的元素约束要弱些，这就像程序员在设计接口协议时把一些字段定义为 Required、另一些定义为 Optional 一样。在生成局部规则的时候，先找到必须包含的元素确定他们的尺寸、位置及间距要求，剩下的空间再根据元素优先级进行排序来确定其尺寸、位置和间距。

　　把这些约束配置加入之前逐个容器递归遍历的过程中，作为区块 / 模块或组件的布局约束，再生成局部规则，以一个智能 UI 算法推荐服务返回的数据为例，每个元素中的 key 就对应了一条具体的局部规则，而场景 ID 则对应了整体规则，这些在渲染的时候会根据设计令牌生成 Atomic CSS 来提供样式描述。

```
{
    "result": [
//场景1数据
        {
            "scene": "122_4411",
            "algoName": "RANDOM",
            "abType": "random",
//场景1中每个元素的数据
            "items":[
                {
                    "id":"1",
                    "key":"A^331|B^997|C^5124|D^5110|E^5125|F^988|G^980
                        |H^2518",
                    "trackInfo": "/jingmi.module.explyg=122_4411.lyg_
                        jmui_183458",
                    "content": {},
                },
                {
                    "id":"2",
                    "key":"A^331|B^997|C^5124|D^5110|E^5125|F^988|G^980
                        |H^2518",
                    "trackInfo": "/jingmi.module.explyg=122_4411.lyg_
                        jmui_183458",
                    "content": {}
                }
            ]
        }
    ]
}
```

从整体到局部的智能 UI 供给使用的规则生成后，至此就完成了智能 UI 消费的第一步——方案生成，因为方案是在 DSM 设计规范约束下对可变性的选择、组合形成的一系列规则。但是，即便在 DSM 设计规范和产品同设计配置的必要元素、元素优先级的共同约束下，也能够在余下的可变性范围内生成海量的方案。颜色自不必说，只要是主流色彩显示能力和人眼辨识能力支持的粒度，就可以一级一级地生成方案，还有尺寸、位置和间距都可以逐像素调整。在对用户理解、场景理解、UI 理解的能力不足时，即便有更丰富的方案也无法取得好的效果。在 2020 年双十一的时候做过一个测试，当方案增加到一定阈值的时候，用户和场景细分能力不足就会凸显，整体数据不但不会提升反而逐渐降低。因此，如何从海量的方案中利用 AI 来辅助产品经理和设计师筛选与过滤成为非常重要的环节，也是提升方案生成合理性、可用性的重要手段。

6.1.3　AI 辅助的筛选和过滤

即便一再强调智能 UI 的目的是个性化，也不为过。撇开技术不谈，日常生活中人们经常会被细节引诱而迷失，忘了最初追寻的理想和目标是什么。从本书开篇至此，UI 作为信息的载体和服务用户的桥梁，不论是智能化、UI 可变性、设计生产一体化、智能 UI 供给还是消费，都是为了能够给不同场景下的每个用户带来最好的体验，把所有人看到一样的 UI 变成个性化 UI 。所以，对 UI 个性化程度如何判断、如何度量是首要解决的问题。因此，对于 UI 方案的筛选和过滤来说，如果这些方案的个性化程度不够，就无法服务于 UI 个性化的目标，那么这些方案会优先被过滤掉，如果方案的个性化程度很高，则会优先被筛选出来。为此，在智能 UI 项目中提出人群个性化指数（UI Personalize Index，UPI）以及相应的度量方法。

在 UPI 之外，还尝试了美学质量打分，试图用大众广泛接受的"美"来度量智能 UI 方案的优劣。有了这种度量能力，就可以从海量方案中找到一些明显有美学问题的方案进行过滤，同时，还能把美学筛选预测和线上不同场景下用户实际反馈的数据进行对照，找到不同场景下用户的审美需求，从而把个性化 UI 推荐做得更好。

不论是 UPI 还是美学质量打分，面对海量方案，人工是无法完成的，这就需要利用 AI 来辅助人工完成筛选和过滤工作，而 AI 的技术主要使用的是机器学习。说到机器学习，顾名思义就是机器去学习，然后用机器学到的知识辅助人完成一些烦琐的工作。既然学习就要有对象，通常机器学习的对象是数据。如果凭借人的经验给数据打上标签的话，就称为标注数据，用这些标注数据喂给机器的算法模型就称为监督学习，人通过标签告诉机器学到了什么，从而把自己的知识传授给机器。学习完成后通常会用考试来检验对知识的掌握情况，对机器进行考试就是用一些机器没训练过的数据让机器判断，如果机器死记硬背没有理解数据背后的模式，就不能做出准确的判断，一般称这种情况为过拟合；如果机器理解了数据背后的模式，对未曾训练过的数据举一反三，则称这种算法模型通过学习具备了泛化能力，要尽量让机器学习出泛化能力。

　　毕竟数据标注的成本很高，在机器学习借助并行计算能力再次兴起的大数据时代，催生了数据标注工程师这个职业。人生中大量的知识是通过自习获得，因此，聪明的科学家设想不标注数据就能让机器学习的方法。其中一种方法是让机器像人一样按照自己的理解给数据打上标签，这种方法通常以聚类、降维和生成为主。聚类可以把一些有关联的数据聚起来区别于其他类别，降维则像对繁杂信息的提炼和概括，生成就像模仿，通过这些方式，机器就能自己琢磨出一些有趣的知识，甚至能突破人的某些局限性。

　　还有一种更像人类的学习方法，也不需要标注数据，这种方法模仿人类"实践出真知"，通过一些 Agent 和周围的环境进行交互，算法模型在交互中通过得到的奖励和惩罚来训练自己，像极了涉世未深的孩子被社会毒打后变得圆滑世故。

　　机器学习后具备了知识成为了 AI，然后在 AI 还很稚嫩的时候可以让它们辅助工作，而不是贸然把所有事情推过去。在 imgcook 生成代码的同时，还设计了一套可视化干预的能力，在 AI 生成的代码有问题时由程序员进行人工修缮，这些生成的代码和人工修改的代码一起做 diff 操作就能够得到新的训练样本，让 AI 根据这些训练样本进一步学习和训练自己，这就是 AI 辅助的意义——提升效率的同时向人学习，最终从 AI 辅助到 AI 独立完成工作。

1. 快速理解 OpenCV

　　因为规则生成用到了机器视觉领域知名的 OpenCV 库进行数值测量或提取工作，最基础的筛选和过滤手段就是对这些测量和提取的数值设置一些约束规则，比如可以设置普通组件的大小不能大于固定大小的容器组件，这样就能够在方案中快速进行一些筛选和过滤，而不用走 AI 的复杂决策过程，这会极大提高决策速度、降低决策成本，从而提高筛选和过滤效率。

　　人的视觉系统很复杂，有大约一亿三千七百万个感光细胞分布在视网膜，其中只有约七百万个视锥细胞分布在中央凹，约一亿三千万个视杆细胞分散在中央凹外围。光线本质上是电磁波，人眼的视锥细胞能够感受电磁波的波长，能感受的频率范围为 400～800 nm（也叫做可见光范围），像电流一样定义了波长短的一端为紫色，而波长长的一端为红色，托视锥细胞和颜色的概念之福，人类的世界才有了"色彩"。

视杆细胞只感应电磁波的强弱，因此它能够快速响应和处理电磁波信号，并借助视神经传送到大脑。因为视锥细胞的感受过程更复杂，所以响应和处理电磁波信号的速度会慢一点，晚于电磁波的强弱信号送达大脑。所以，普遍认为人类视觉系统是先看到物体轮廓再看到细节。当然，这里还有很多的处理和计算过程，比如根据电磁波激活了哪些视杆细胞，大脑就能根据电磁波的强弱理解物体的距离，再综合双眼的信息差异判断物体位置等。但有一点可以肯定的是，这一切都是大脑计算出来的想象，因而可以通过一些特殊的视觉刺激来欺骗大脑产生错觉。

这些人的视觉系统可以很好地类比到机器视觉领域，下面就用 OpenCV 来模仿一下人的视觉系统，做一些图像的数值测量和提取工作。

（1）模仿视杆细胞感知电磁波强弱

```
%matplotlib inline #在Notebook里显示图像
import matplotlib.pyplot as plt
import cv2
import numpy as np
#实验环境为Python3和OpenCV 4，代码可直接在Jupyter中运行
#自适应阈值的二值化
img = cv2.imread('test.jpg')
b, g, r = cv2.split(img) #读取每个通道的数据
imgOrig = cv2.merge([r, g, b]) #合并数据
img = cv2.imread('test.jpg', 0)
ret, th1 = cv2.threshold(img, 127, 255, cv2.THRESH_BINARY) #普通二值化
ret, th2 = cv2.threshold(img, 0, 255, cv2.THRESH_BINARY+cv2.THRESH_
OTSU) # OTSU阈值二值化
#自适应阈值的二值化，11为block 2为C值
th3 = cv2.adaptiveThreshold(img, 255, cv2.ADAPTIVE_THRESH_MEAN_C, cv2.
THRESH_BINARY, 11, 2)
th4 = cv2.adaptiveThreshold(img, 255, cv2.ADAPTIVE_THRESH_GAUSSIAN_C,
cv2.THRESH_BINARY, 11 , 2)
titles1 = ['original', 'global v=127', 'otus', 'adaptive mean',
'adaptive gaussian']
images = [img, th1, th2, th3, th4]
for i in range(5):
    plt.subplot(2, 3, i+1)
    plt.imshow(images[i], 'gray')
    plt.title(titles[i])
    plt.xticks([]),plt.yticks([])
plt.show()
```

通过 OpenCV 提供的能力对图像进行二值化处理，效果如图 6-7 所示。

图 6-7　二值化图像效果

（2）模仿视锥细胞处理各种颜色

```
# RGB、HSV等色彩空间转换的参数
flags = [i for i in dir(cv2) if i.startswith('COLOR_')]
print(flags)
#常用COLOR_RGB2BGR COLOR_RGB2HSV等色彩空间转换
bgr = cv2.imread('test.jpg', 1)
bgr2gray = cv2.cvtColor(bgr, cv2.COLOR_BGR2GRAY)
bgr2hsv = cv2.cvtColor(bgr, cv2.COLOR_BGR2HSV)
# bgr[:,:,::-1]是对单个颜色通道逆排序来显示原图，省去cv2.merge通道的麻烦
plt.subplot(1, 3, 1), plt.imshow(bgr[:,:,::-1]), plt.title('input')
plt.subplot(1, 3, 2), plt.imshow(bgr2gray,'gray'), plt.title('output
    gray')
plt.subplot(1, 3, 3), plt.imshow(bgr2hsv), plt.title('output hsv')
plt.show()
```

借助 OpenCV 进行色彩空间转换，如图 6-8 所示。

（3）模仿视觉系统先看到高光和图像边缘

```
#检测图像边缘
imgblur = cv2.GaussianBlur(bgr2gray, (3,3), 0)
canny = cv2.Canny(imgblur, 50, 150)
plt.subplot(1, 2, 1), plt.imshow(bgr[:,:,::-1]), plt.title('input')
plt.subplot(1, 2, 2), plt.imshow(canny,'gray'), plt.title('output')
plt.show()
```

a）输入   b）输出（gray）   c）输出（hsv）

图 6-8 色彩空间转换

查找边缘除了做简单抠图，提取局部图片做训练样本，还可以得到图 6-9 所示的特殊的训练样本，尤其对 UI 图片处理的时候，可以极大降低样本生成难度。

a）输入   b）输出

图 6-9 查找边缘

（4）实现轮廓、形状、位置、面积、周长、颜色的提取

```python
shapeImg = cv2.imread('shape.jpg')
#二值化图像
gray = cv2.cvtColor(shapeImg, cv2.COLOR_BGR2GRAY)
ret, binary = cv2.threshold(gray, 0, 255, cv2.THRESH_BINARY_INV | cv2.
    THRESH_OTSU)
#轮廓检测
contours, hier = cv2.findContours(binary, cv2.RETR_EXTERNAL, cv2.CHAIN_
    APPROX_SIMPLE)
#用绿色绘制检测出的轮廓
shapeImg = cv2.drawContours(shapeImg, contours, -1, (0,255,0), 5)
plt.imshow(shapeImg), plt.title('shapeImg')
plt.show()
```

```
for cnt in range(len(contours)):
    #轮廓逼近
    epsilon = 0.01 * cv2.arcLength(contours[cnt], True)
    approx = cv2.approxPolyDP(contours[cnt], epsilon, True)
    #分析几何形状
    corners = len(approx)
    shape_type = ""
    if corners == 3:
        shape_type = "三角形"
    if corners == 4:
        shape_type = "矩形"
    if corners >= 10:
        shape_type = "圆形"
    if 4 < corners < 10:
        shape_type = "多边形"
    #求解中心位置
    mm = cv2.moments(contours[cnt])
    cx = int(mm['m10'] / mm['m00'])
    cy = int(mm['m01'] / mm['m00'])
    cv2.circle(shapeImg, (cx, cy), 3, (0, 0, 255), -1)
    #计算面积与周长
    p = cv2.arcLength(contours[cnt], True)
    area = cv2.contourArea(contours[cnt])
    #颜色分析
    color = frame[cy][cx]
    color_str = "(" + str(color[0]) + ", " + str(color[1]) + ", " +
        str(color[2]) + ")"
    print(shape_type + '颜色: ' + color_str)
    print('周长: %d |位置: X %d Y %d |面积: %.2f' % (p, cx, cy, area))
```

　　OpenCV 的轮廓检测可以对 UI 装饰性元素和布局元素进行识别和标注，相较于 AI 的语义分割和对象检测效果较弱，但可以作为辅助人工标注 UI 训练样本的途径，用于未来训练 AI 对象检测和语义分割等模型算法，如图 6-10 所示。

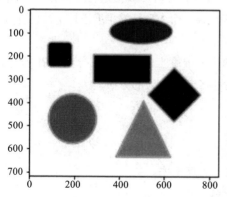

三角形颜色：（67，215，101）
周长：821 | 位置：X508 Y553 | 面积：28920.00
圆形颜色：（42，173，252）
周长：705 | 位置：X191 Y470 | 面积：35304.50
矩形颜色：（99，240，255）
周长：652 | 位置：X643 Y366 | 面积：26680.00
矩形颜色：（30，38，235）
周长：746 | 位置：X411 Y255 | 面积：30360.00
多边形颜色：（0，0，0）
周长：399 | 位置：X133 Y194 | 面积：10735.00
圆形颜色：（161，72，252）
周长：659 | 位置：X494 Y92 | 面积：22579.50

图 6-10　提取方案中的视觉信息

图 6-10 只列举了比较重要的一些视觉信息提取，根据这些信息可以方便地计算出方案中元素的尺寸、位置和间距，还能够判断元素之间的关系，如相互包含、并列等。可以利用 Headless 浏览器的命令行工具（如 Puppeteer）对方案进行截图，然后再用 OpenCV 对这些截图中的视觉元素进行计算，从而判断其是否符合筛选和过滤的规则。

（5）用 JavaScript 实现的方法

```
//在https://github.com/lovell/sharp查看教程
const image = sharp(inputJpg);
image
    .metadata()
    .then(function(metadata) {
return image
        .resize(Math.round(metadata.width / 2))
        .webp()
        .toBuffer();
})
    .then(function(data) {
        ...
});
```

类似 Sharp.js 这样的工具还有很多，在 OpenCV 的基础上用 JavaScript 封装了常用的数据类型和接口，能够帮助前端工程师低成本地利用计算机视觉的能力。在本节中对 OpenCV 的调用，基本都能够在这些前端计算机视觉库里找到对应的 API 和类似的调用方式，可以很方便地用它们来提取方案里的数值。

2. 人群个性化指数

UI 人群个性化指数是对 UI 方案包在不同人群分类中个性化程度的衡量标准和方法。UPI 可以分为综合 UPI 和分解 UPI 两部分，综合 UPI 对进行方案包的个性化程度进行综合打分，分解 UPI 则基于某一组或某一个人群特性维度进行个性化打分。

（1）分解 UPI

分解 UPI 是计算拆解到某一个（或两个）维度上的 UPI，在分解 UPI 的计算方法中，参考了在列联表中对行列相关性进行卡方检验的方法。

首先进行定义。

❑ $\{L_1, \cdots, L_J\}$：UI 方案包。

❑ $\{P_1, \cdots, P_I\}$：人群分类。

❑ p_{ij}：第 i 个人群分类在第 j 个方案上的点击率。

❑ n_{ij}：第 i 个人群分类包含的总曝光数。

然后以人群分类为行、方案包为列建立列联表，如图 6-11 所示。

	方案1	方案2
人群1	p_11	p_12
人群2	p_21	p_22

图 6-11　人群方案联表

在列联表中进行卡方检验的时候，通常会采用以下计算公式：

$$\chi^2 = \sum_i \sum_j \frac{(p_{ij} - p_{i.}p_{.j} / p_{..})^2}{p_{i.}p_{.j} / p_{..}}$$

当行列无关假设成立时：

$$\chi^2 \sim \chi^2((I-1)*(J-1))$$

当自由度逐渐变大时，根据中心极限定理，χ^2 分布的形态会渐进于正态分布（一般来讲，当 $n \geqslant 20$ 时形态基本已经和正态分布很相似），此时：

$$\chi^2(n) \sim N(n, 2n)$$

因此，为了去除自由度不同所带来的差异，使得不同方案之间的个性化程度可以比较，在这里可以对卡方统计量进行归一化：

$$f = \frac{\chi^2 - n}{\sqrt{2n}}$$

式中，f 表示现有统计量标准化之后与原点相比的偏差，偏差越大说明个性化程度越高，这个归一化一定程度上解决了方案数、人群分类数增多而导致统计量变大不容易比较的困难。

因此在这里 UPI 可以定义为：

$$\text{UPI} = \frac{\chi^2 - (I-1)(J-1)}{\sqrt{2(I-1)(J-1)}}$$

至于 UPI 的低、中、高怎么界定的问题，按照统计检验得出的 p 值来定或许不太合理，最好结合具体的数据分析得到更确切的一个划分标准。

（2）综合 UPI

分解 UPI 的方法不太适用于计算综合 UPI，因为标签的增多意味着人群分类的指数增加，可能到某个细分人群上是没有曝光或点击的，所以综合 UPI 可以采用加权的方式来计算：

$$UPI = \sum_i w_i UPI^{(i)}$$

但这里需要注意的是，平均设置权重的方法是不可取的，比如年龄和适老化之间可能存在较强的相关性，如果平均加权的话可能就会导致最后计算出来的结果偏向于某类一因素，在这里权重的设计就需要考虑不同因素之间的关系，可以采用建立回归模型的方式确定这个系数的大小：

$$w_i = 1 - \rho_i$$

式中，ρ_i 是使用前 $i-1$ 个因子对第 i 个因素进行回归的回归系数，$\rho_i = 0$。

虽然个性化指数打分可以帮助智能 UI 筛选和过滤个性化程度高的方案，但是这需要有一定的数据积累，通过不同人群在不同方案的数据表现建立方案和人群个性化之间的关系。在这一层关系之上，只要把方案的规则和分解 UPI 一样进一步分解，也就是除了在用户人群侧做分解，还要在方案侧分解到规则，才能和设计令牌选择关联起来。这样做的目的是在后续的设计令牌选择时能够应用这些指数来衡量选择的正确性，便于优化和迭代方案生成质量。

在优化和迭代方案生成质量的时候，规则生成是基于前端工程师、产品经理和设计师对方案个性化程度的理解和经验，进行智能化筛选和过滤，但除了个性化程度之外，还有很多的维度需要不断建立、实验、迭代和优化。下面再介绍一个应用中效果不错的 AI 筛选过滤方法——美学质量打分。

3. 美学质量打分

美学质量打分源自于计算美学带来的灵感，一般前端工程师对计算美学可能比较陌生，但对于计算美学的应用场景之一"计算摄影"还是比较熟悉的，因为手机或多或少在硬件（集成在感光元件的数字信号处理单元中）和软件层面使用计算美学来提升拍摄效果。例如计算摄影，就是把摄像头捕获的图像放大后进行裁剪，然后再进行插值、锐化甚至 AI 的超分辨率等计算过程加强放大后图像的质量，避免放大带来的模糊、毛刺等问题。

计算美学如何帮助智能 UI 对生成的海量方案进行打分和筛选呢？从图像质量美学为切入点，通过机器学习的方法训练模型根据美学质量对方案打分。图像美学质量是视觉感知美的一种度量，衡量了在人类眼中一幅图像的视觉吸引力。视觉美学的主观属性涉及情感和个人品位，恰好符合对个性化的追求。虽然深度模型训练需要比较客观的判断作为训练样本，但不可忽视的现象有二：

❑ 人们往往会达成一种共识，即一些图像在视觉上比其他图像更有吸引力，这是新兴研究领域——计算美学的原理之一。

❑ 通常大多数人的判断在多数情况下会优于极少部分人，即"少数服从多数"。

如何结合这两点去设计更为合理的评价指标和函数损失，让美学质量的评估问题解决得更加优雅、更加符合人们的预期，是智能 UI 研究的重点。下面依旧按照之前的数据集、算法模型选择、模型训练和验证的流程进行介绍。

（1）数据集

1）the Photo.Net（PN）数据集。它包含 20 278 张图片，每张图片至少有 10 个评分。评分范围为 0～7，7 为最美观的图片。

2）the CUHK-Photo Quality（CUHK-PQ）数据集。它包含从 DPChallenge.com 上收集的 17 690 张图片。所有图片被赋予二元审美标签，并被分组成 7 个场景类别，即动物、植物、静物、建筑、风景、人物和夜景。

3）the Aesthetic Visual Analysis（AVA）数据集。它大约包含 250 000 张图片，这些图片是 DPChallenge.com 上获取的。每张图片由 78～549 名评分者评分，分数范围为 1～10。平均分作为每张图片的真值标签。数据集作者根据每张图片的本文信息为每张图片都标注了 1 至 2 个语义标签。整个数据集总共有 66 种文本形式的语义标签。出现频率较高的语义标签有 Nature、Black and White、Landscape、still-life 等。AVA 数据集中的图片还做了摄影属性标注，一共有 14 个摄影属性，下面列出了部分属性以及包含该属性的图片数量：Complementary Colors(949)、Duotones(1301)、High Dynamic Range(396)、Image Grain(840)、Light on White(1199)、Long Exposure(845)。

（2）算法模型选择

1）PAPID。Lu 等提出的 PAPID 模型，可以被认为是用美学数据训练卷积神经网络（CNN）的第一次尝试。他们使用类似 AlexNet 的架构，其中最后一个全连接层输出二维概率进行审美二元分类。

2）DMA-Net。DMA-Net 的作者认为，之前的深度卷积神经网络大多是从每幅图像中提取出一个补丁（patch）作为训练样本。然而，一个 patch 并不能很好地代表整个图像，这可能会导致在训练过程中的歧义。他们提出一个深度多补丁聚合网络训练方法，它允许使用从一个图像生成的多个补丁来训练模型。它包含两个主要部分：一组 CNN，用于从多个输入补丁中提取特征；一个无序的聚合结构，它组合来自 CNN 的输出特征。为了组合来自一个输入图像的采样图像块的多个特征输出，设计了统计聚集结构（最小、最大、中值和平均）从无序采样图像块中聚集特征。

3）AADB。Kong 等提出通过图像对排序以及图像属性和内容信息来学习美学特征。作者认为，自动生成图像美学排序对实际应用程序是很有帮助的。然而，以前的图像美学分析方法主要集中在粗糙、二元地将图像分类为高或低审美类别。他建议用深度卷积神经网络来对图像美学进行排序，图像美学的相对排名可以直接在损失函数中建模。

4）MNA。神经网络一般采用固定尺寸输入，为了适应这种需求，输入图像需要通过裁剪、缩放或填充进行转换，这往往会损坏图像的构图，降低图像分辨率或导致图像失真，从而损害原始图像的美感。MNA 提出了一个成分保存（composition-preserving）的方法，它直接从原始输入图像中学习美学特征，而不需要任何图像转换。

5）A-Lamp CNN。A-Lamp CNN 架构能同时学习细粒度和整体布局，其中自适应选择的图像块来保留图像的细粒度，属性图用来保留图像的整体布局。与 DMA-Net 相比，这个方案有两个主要的创新：首先，提出了一个自适应的多补丁选择策略，而不是随机的修剪，自适应多 patch 选择的核心思想是更有效地最大化输入信息，通过专门挑选对图像美学影响较大的 patch 来实现这一目标；其次，与只专注于细粒度细节的 DMA-Net 不同，A-Lamp CNN 通过属性图的构建整合了整体布局。使用图形节点来表示图像中的对象和全局场景。每个对象都使用对象特定的局部属性来描述，而整个场景则用全局属性来表示刚好契合智能 UI 方案的整体和局部规则。

6）NIMA。NIMA 是谷歌的研究团队提出的一种深度 CNN，能够从直接观感（技术角度）与吸引程度（美学角度）预测人类对图像评估意见的分布。之前的方法都是将图像美学质量进行二分类或者对美学评分进行回归，但忽略了一个事实，即训练数据中的每个图像都与人类评分的直方图相关联，而非简单的分类。人们认为直方图是评价图像整体质量的指标。NIMA 模型不是简单地将图像分为高或低质量，或者进行回归得到平均分，而是对任意给定图像产出分数从 1 到 10 的评级分布，NIMA 计算出各个分数的可能性。

最终参考了 NIMA 模型，以分数分布作为标签进行模型训练，在尊重大数定律的基础上兼容个性化差异：大多数人的直观感受是均值重于评价，可以有效发现中等及以上的图片，整体流程如图 6-12 所示。

方差的好处在于评价个体主观性，越大的方差越有助于锁定特定人群，针对他们的后续推荐会更加自然精准。模型的价值也由此延伸，不局限于评分，也可以作为推荐的基础，发现特定人群喜好，如图 6-13 所示。

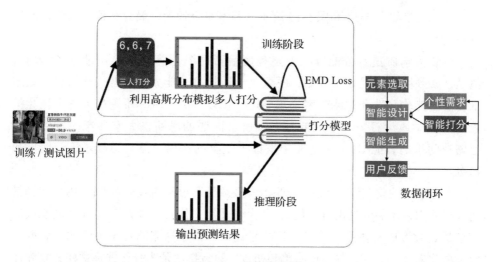

图 6-12 整体流程图

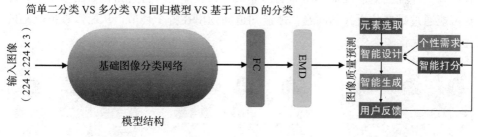

$$\mathrm{EMD}(p, \hat{p}) = \left(\frac{1}{N} \sum_{k=1}^{N} | \mathrm{CDF}_p(k) - \mathrm{CDF}_{\hat{p}}(k) |^r \right)^{\frac{1}{r}} \qquad H(p, q) = -\sum_i p(x_i) \log q(x_i)$$

累积分布函数 VS 交叉熵

1. 交叉熵适用于类别相互独立，而打分的相近代表美学质量的相似
2. 当交叉熵相同时，累积分布函数可能完全不同的分布

图 6-13 网络结构图

（3）模型训练和验证

❑ 针对每一张图片，随机从程序员和设计师中选 3 个人对一张图片进行
1～10 分打分，计算均值。

❑ 高斯分布模拟：以上一步结果为均值，超参数方差设定为 2，生成 200 个
打分分数，并生成 200 个人对一张图片打分的分数分布模拟。

❑ 图片特征提取网络选择残差网络。

❑ 损失（loss）选择：EMD loss。

实验结果如图 6-14 和图 6-15 所示，基本符合预期，设计师评价和模型评价偏差不大。

虽然美学质量打分能够在一定程度上帮助模型算法筛选和过滤 UI 方案，但是，必须明确这只是个开始，不仅美学质量打分能力需要迭代和修缮，更多维度的智能化筛选和过滤方案也需要进一步设计和实现。不论是人群个性化指数还是美学质量打分，呈现的是一种解决问题的思路供大家参考，虽然这些思路在阿里的智能 UI 消费链路中发挥了重要的作用，但一切都还比较简单和初级。

在追求个性化 UI 体验提升的路上，必须要通过不断提升对 UI、用户和场景的理解能力，才能创造出有价值的 UI 个性化用户体验。说到底，UI 及其承载的信息最终会形成一些用户路径，目的是让用户沿着这条路径解决问题、获取价值，由此来看，这些方案还很简单和初级。只有搞清楚为什么选择这些元素和样式构成方案的整体和局部规则，搞清楚每个方案在什么场景下对什么类型的用户有提升，并且把整体规则和局部规则都映射到线上用户行为路径数据采集中，才有可能通过数据分析找到问题，才能知道问题出在哪个环节，从而以数据驱动的方式不断优化和迭代。

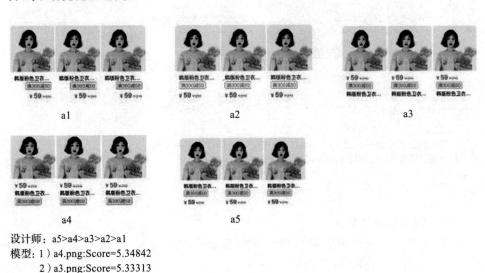

设计师：a5>a4>a3>a2>a1
模型：1）a4.png:Score=5.34842
　　　2）a3.png:Score=5.33313
　　　3）a5.png:Score=5.31991
　　　4）a1.png:Score=5.29905
　　　5）a2.png:Score=5.25240

图 6-14　实验一

Bgood1

Bgood2

Bgood3

Bgood4

Bbad1

Bbad2

Bbad3

Bbad4

模型：1）bgood4.png：Score=4.64097

2）bgood3.png：Score=4.63891

3）bbad4.png：Score=4.63299

4）bbad1.png：Score=4.62348

5）bgood2.png：Score=4.60142

6）bgood1.png：Score=4.59263

7）bbad2.png：Score=4.54390

8）bbad3.png：Score=4.40618

图 6-15　实验二

6.2 架构：技术工程体系

用 AI 辅助供给链路消费，通过规则生成智能 UI 方案后，需要对方案的特征和业务场景、人群进行理解和推荐，从而使用户看到并使用个性化 UI。因此，笔者团队设计了一个贯穿算法和传统前端技术工程体系的架构，这个架构包含算法模型层、算法服务层、构建层、UI 渲染层四层。

如图 6-16 所示，除了相对独立的构建层外，其他部分都是智能 UI 的核心链路。UI 渲染层与传统的渲染能力类似，需注意的是，"算法结果解析""端智能""多方案渲染"这三部分是基于智能 UI 消费链路特点的针对性设计。之所以设计构建层，是因为在 D2C 的自定义 DSL 能力下，输出的代码是针对技术架构做适配的，比如适配 React、Vue、Flutter 等，并没有针对业务容器做适配，因此构建层更多的是业务容器适配，以及数据采集埋点和部分代码优化、性能优化。算法服务包括将方案规则下发到 UI 渲染层的数据投放服务，从日志、数据库等源获取信息的数据同步服务，清洗和格式化、规范化等数据加工服务，在线和离线算法模型服务。算法模型供给在线和离线算法服务使用，以 UI 和用户场景理解模型为基础（如人群个性化指数、美学质量打分等），AI 辅助规则生成方案相关算法模型为核心，完成 UI 和用户场景到 UI 方案之间的关系建模，这部分在架构中供给到离线算法服务，以降低在线算法模型的数量和工作链路复杂性。UI 方案推荐模型则主要供给在线算法服务，实时针对用户群体个性化诉求和不断变换的用户场景进行 UI 方案推荐。

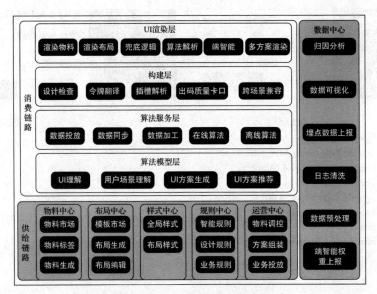

图 6-16　消费链路总体架构

6.2.1　拥抱云原生

开篇介绍过前端机器学习框架 Pipcook，可以用前端熟悉的 JavaScript、TypeScript 语言进行机器学习开发工作，但事实上阿里的前端智能化小组一直在研究和实现 CDML 相关的技术，随即推出了 PipCook Cloud 云原生机器学习 CDML 流水线。PipCook Cloud 能够实现对云技术 PaaS（Platform as a Service）的充分利用，降低企业级应用中 IaaS（Infra structure as a Service）的成本，云技术能够为机器学习带来如图 6-17 所示的技术栈。

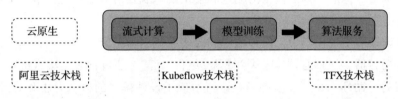

图 6-17　常见云原生机器学习技术体系

不论是 Google 的 TFX 或开源的 Kubeflow，还是前端智能化的 PipCook Cloud，其实都可以简化成 3 个核心部分：流式计算、模型训练、离线 / 在线算法服务。流式计算是面对海量数据为机器学习准备、分析和转换数据的过程，模型训练则是将流式计算转换后的训练样本送入选择和配置好的模型，让模型从数据中学到数据的特征及特征的意义和规律，训练、评估和调优后的模型被部署为离线 / 在线算法服务。

6.2.2　算法模型层

算法模型层的目的是把算法模型解耦出来。解耦是应对复杂性的常用手段，系统随着环境和需求不断进化会愈加复杂，需要对系统进行子系统、模块、组件这样形式的划分，然后将复杂度高内聚、低耦合地分而治之。好像刚开始写的代码，逻辑都在一个函数里，随着代码逐渐复杂，就需要进行重构，从代码里提取函数、对象、数据结构等，算法模型也在重复该过程。

回顾一下对 imgcook 的设计稿生成代码算法模型介绍，开始只用 Pixel2Code、Sketch2Code 一个模型端到端的完成图像特征到 UI 代码的任务，对于简单的 UI 设计稿有 60% 左右的准确率可以生成靠谱的代码，但是，这显然不符合对准确率的要求。为什么一个模型不能解决设计稿生成代码的问题？因为这个问题太复杂，不像从图片里分辨物体类别或从图片里语义化分割提取物体，可以把问题定义为直接的特征和模式，例如组成狗狗图像特征的模式、组成猫猫图像特征的模式等。而设计稿是一种设计的表达而不是最终结果的直接产出物，更像是一种对直接产出物 UI 的一种描述和声明，所以设计稿到 HTML 并不能直接定义为特征和模式的关系，设计稿到图片或视频演示动画才是直接的特征和模式的关系。

对图片里的物体进行识别和分类，看到图片里的物体是狗狗或猫猫，算法模型对特征背后模式的学习也是狗狗或猫猫。对图片进行语义分割，看到图片里的哪些像素属于某个物体，算法模型对这些像素的特征和某个物体的语义关系的模式提取也是一样的。算法模型的输入和输出的概念是对等的，这种情况下更适合端到端的算法模型来学习。

在设计稿生成代码中，设计稿里的元素在代码里可能是图片、文本等，也可能是布局容器、组件容器（区块 / 模块 / 组件），甚至还有很多无法直接对应的概念如布局、循环、交互、多态等。这就造成了设计稿中的概念无法和 UI 代码的概念对齐，设计稿还缺失很多生成代码必要的信息，因此，必须对问题进行拆分和重新定义。拆分问题后重新定义设计稿元素识别分类模型，把设计稿概念翻译到 UI 概念，再对 UI 概念和 UI 代码进行识别和分类，这就是设计稿生成代码算法模型白盒化过程，对比端到端的模型，新方案可以在每个环节上进行优化，在整个链路上定位生成代码的问题，区别是设计稿元素分类不准确，还是 UI 概念生成的 UI 代码有问题。

回到智能 UI 消费链路，UI 的理解、用户场景理解、方案生成、方案推荐是算法模型层里定义的主要问题，下面分别对这 4 个问题展开详细介绍，在实现自己的智能 UI 消费链路时，知道如何定义问题、如何选择和使用算法模型。

（1）UI 的理解

不论是设计规范的供给还是设计稿中设计元素的供给，仅能理解为 UI 的设计而不能直接理解为 UI 全部，因为用户不会对着设计稿进行点击、滑动和拖拽等交互。因此，对智能 UI 供给内容的理解，是智能 UI 提供个性化用户体验的基础。

人在理解一些事物的时候会直接将其与概念连接，然后把概念放在具体应用场景中使用。既然设计规范和设计稿都是在描述 UI 的定义，首先要在设计领域内找到对应的概念。在设计中寻找对应的概念有一个简单的方法，只要在设计工具 Photoshop、Sketch 中收集菜单栏和各种面板中的信息，就能找到设计师用哪些概念来描述设计元素。在设计稿生成代码的过程中，曾谈到对设计稿信息的提取和解析，这个过程获取的信息都是与设计概念相关的。

图 6-18 中的一些基础概念是与各种设计工具相同的，如形状、蒙版、图层

等，但有一些设计工具特有的概念，如辅助原型设计的画布（Artboard）、物料清单（Storybook）等，还有一些和 UI 实现的 HTML、CSS 对等的概念，如位置、宽度、高度、字体、字间距等。从设计稿中提取这些概念相对简单和直接，不需要算法模型辅助，通过对设计稿进行解析就能做到。关于设计稿解析可以查阅 Sketch、Photoshop 的开发文档，了解 Sketch、Photoshop 的结构，知道在哪里提取信息即可。

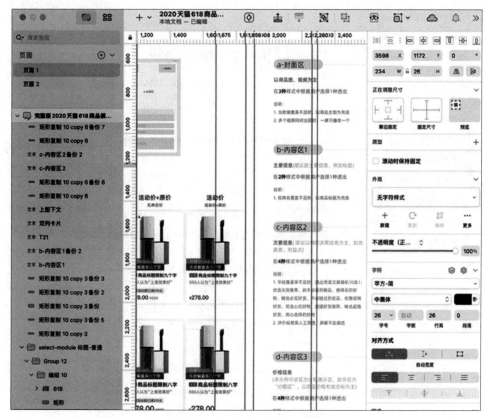

图 6-18　设计工具中描述 UI 的设计概念

在 Sketch 官网查阅 JavaScript 的 API 可获取设计稿中元素的信息。首先根据官网的介绍掌握如何开发一个插件，然后按照层（Layer）、组（Group）、页面（Page）、画布（Artboard）、形状（Shape）、图像（Image）、文本（Text）、符号（Symbol）、主结构（Master）、符号实例（Symbol Instance）、热点（HotSpot）的结构进行逐层解析，提取 UI 设计中的概念所对应的元素及其信息，如图 6-19 所示。下面介绍一些重要的概念和方法。

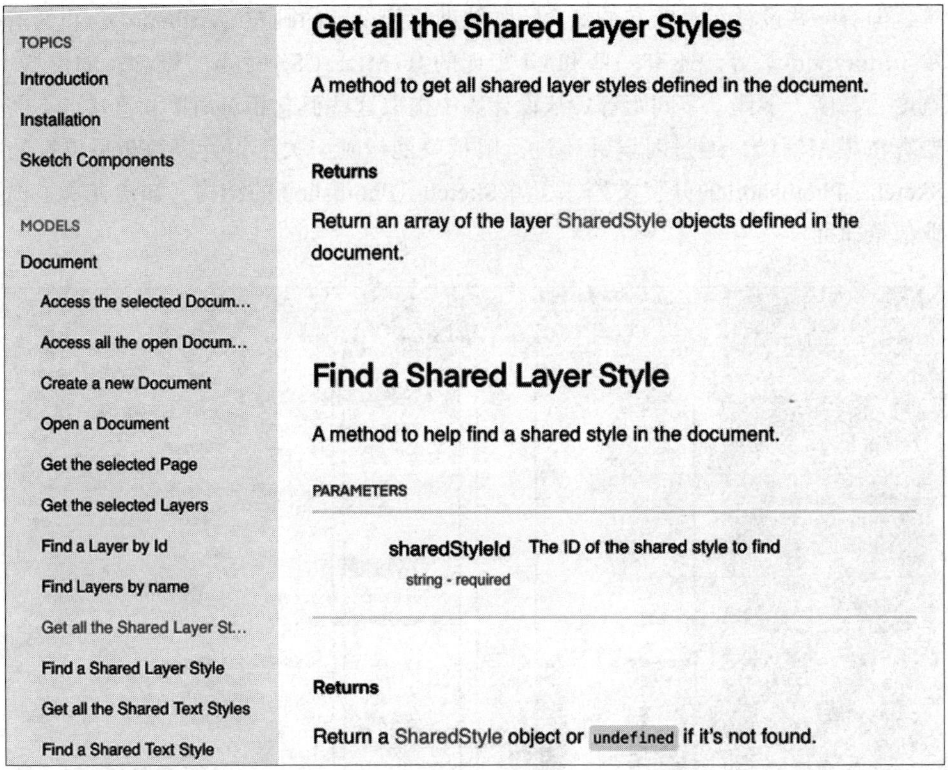

图 6-19 设计稿图层解析（源自 Sketch 官网）

在 Sketch 中获取图层坐标、宽度和高度的方式有 3 种，且坐标、宽度和高度表示的含义不同，例如宽度和高度是否包含旋转、边框、阴影等。

❑ 通过 layer.frame 获取图层框架尺寸。

❑ 通过 layer.sketchObject.absoluteRect 获取图层区域和绝对位置。

❑ 通过 require('sketch/dom').export(layer, options) 获取实际导出图像的尺寸。

图 6-20 的中间区域是图层框架，浅灰区域是图层区域，外部小方块的左上角坐标与 layer.frame 获取的坐标位置相同，内部小方块的左上角坐标与 layer.sketchObject.absoluteRect 获取的坐标位置相同。

图层框架 layer.frame 用于描述一个矩形框，此矩形框的宽度和高度不包含阴影、边框、旋转等样式在内，仅表示图层的框架尺寸。原始坐标 x、y 为矩形框左上角坐标，坐标是相对于父级图层的。

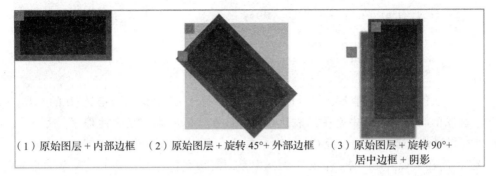

（1）原始图层 + 内部边框 （2）原始图层 + 旋转 45°+ 外部边框 （3）原始图层 + 旋转 90°+
居中边框 + 阴影

图 6-20 Sketch 文件的关键信息示意

```
const frame = layer.frame;
frame = {
    x: 40,          //矩形左上角的x坐标
    y: 55,          //矩形左上角的y坐标
    width: 216,     //矩形的宽度
    height: 126     //矩形的高度
};
```

图层区域 layer.sketchObject.absoluteRect 用于描述一个矩形框，此矩形框的
宽度和高度不包含阴影、边框等样式在内，但矩形框会包含旋转之后的部分，表
示图层所占区域。原始坐标 x、y 为矩形框左上角坐标，坐标是绝对位置坐标。

```
const rect = {
    x: layer.sketchObject.absoluteRect.x(),
    y: layer.sketchObject.absoluteRect.y(),
    width: layer.sketchObject.absoluteRect.width(),
    height: layer.sketchObject.absoluteRect.height()
};
```

导出图像包含阴影、边框、旋转等所有样式，但不包含图像周围的透明空
间。通过 export API 导出的图像默认包含阴影、边框、旋转等所有样式，以及图
像周围的透明空间。可以通过 layer.sketchObject.style() 禁用或移除阴影等样式后
再导出，这样导出的图像就不包含阴影等样式，图像周围的透明空间可以通过设
置参数 trimmed 为 true 裁剪。

```
const dom = require('sketch/dom')
const buf = dom.export(layer, {
    formats: imgFormat,
    output: false,
    trimmed: shouldTrimmed,
    scales: IMAGE_SCALE
});
```

```
const dimensions = sizeOf(buffer);
const actualSize = {
    width: dimensions.width,
    height: dimensions.height
};
```

这里有个模糊的地带，设计的基本概念不等于 UI 而是用来定义 UI 的工具。这就像单词放在对话中是用来表达心意，放在代码中则用来表达程序，上下文就显得异常重要。例如在说 Order 时，在对话的上下文中可能被理解为"我要什么"，而在 JavaScript 的上下文中大概率是要对数组排序，这是上下文不同带来的差异。但是，Try 在对话和编程里都是"试试"的意思，不同的上下文却没有带来差异。有意思的正是这里，排版的概念如字间距、X-Ray 等不会因为从平面设计的上下文切换到 UI 设计的上下文就发生改变，组成 UI 的前端技术基础概念"排版"也不会因为 Input、TextBox、TextArea 等上下文不同带来差异。更有意思的是，设计和前端组成 UI 的基础概念是对等的，比如例子中的排版概念，当然还有色彩、坐标、间距等概念。由此，可以导出一个理解 UI 的解决方案——找出对等的基础概念后把它们组成的设计和前端 UI 概念进行关联。下面以"边框"为例，看看如何找出对等的基础概念以及如何进行设计和前端 UI 概念的关联。

"边框"设计的基础概念在 Sketch 中的设置项如图 6-21 所示，表示的是对一个矩形边框进行 Sketch 面板设置。

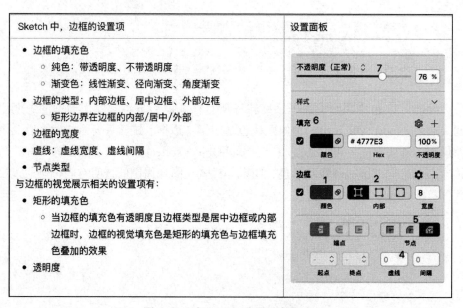

图 6-21　在 Sketch 中的边框设置

用 Sketch 绘制一些矩形，效果如图 6-22 所示。

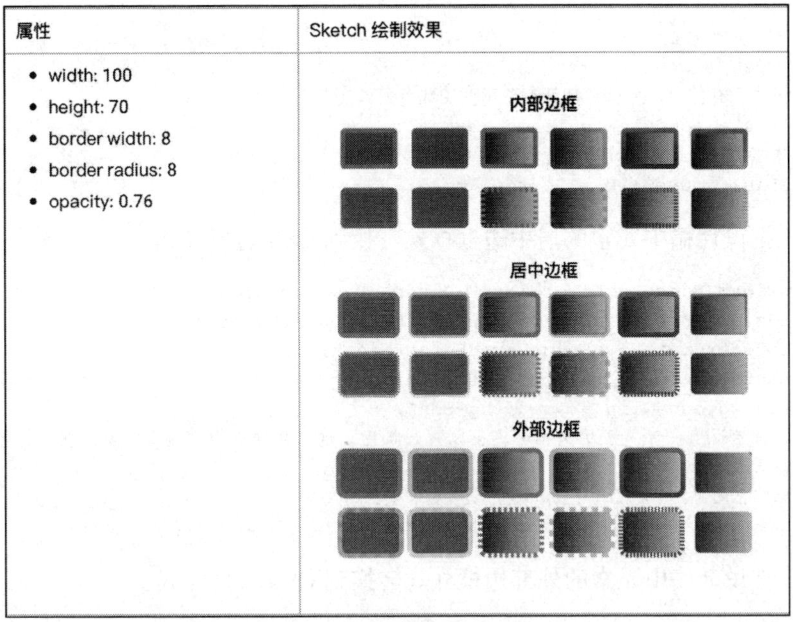

属性	Sketch 绘制效果

- width: 100
- height: 70
- border width: 8
- border radius: 8
- opacity: 0.76

图 6-22　Sketch 绘制矩形

在 CSS 中，boxSizing 属性值决定了元素宽度、高度的计算方式：

❑ 当 boxSizing = 'content-box' 时，宽度（width）和高度（height）的计算值
都不包含内容的边框（border）和内边距（padding）。

❑ 当 boxSizing = 'border-box' 时，宽度和高度的计算值包括内容的内边距和
边框，但不包括外边距。

○ width = border + padding + 内容的宽度

○ height = border + padding + 内容的高度

boxSizing 的默认值是 content-box，即元素的尺寸不包含边框宽度。在 imgcook
中，这会让布局的计算变得复杂。所以，在将 Sketch 图层的样式转换成 CSS 样
式时，统一将 boxSizing 属性定义为 border-box，并将 Sketch 中的内部、居中和
外部 3 种边框类型转换为 CSS 中的 border-box。

```
boxSizing = 'border-box';
```

1）把设计稿中元素的内部边框样式转换到 CSS 边框样式：

```
cssWidth = sketchLayerWidth;
cssHeight = sketchLayerHeight;
```

```
cssborderWidth =sketchLayerBorderWidth;
//当边框有虚线，导出图像。因为在Sketch中可以设置虚线的宽度和间隔，但CSS中没有对应的
   属性
//当边框有背景
cssborderColor = sketchborderColor;
//当元素有背景，且边框色没有透明度（纯色或渐变色）
cssBackgroundClip = 'padding-box';
//当元素有背景，且边框色有透明度（纯色或渐变色）
cssBackgroundClip = 'border-box';
```

2）把设计稿中元素的居中边框样式转换到 CSS 边框样式：

```
cssWidth = sketchLayerWidth + sketchLayerBorderWidth;
cssHeight = sketchLayerHeight + sketchLayerBorderWidth;
cssborderWidth = sketchLayerBorderWidth;
cssborderColor = sketchborderColor;
cssBackgroundClip = 'padding-box';
//实际情况有一半宽度的边框会透出元素背景色，这里处理成假设边框没有透明度，不会透出
   背景
//当边框越宽，Sketch中与CSS中视觉效果相差越大
cssBackgroundClip = 'padding-box';
```

3）把设计稿中元素的外部边框样式转换到 CSS 边框样式：

```
cssWidth = sketchLayerWidth + sketchLayerBorderWidth * 2;
cssHeight = sketchLayerHeight + sketchLayerBorderWidth * 2;
cssborderWidth = sketchLayerBorderWidth;
cssborderColor = sketchborderColor;
cssBackgroundClip = 'padding-box';
cssBackgroundClip = 'padding-box';
```

下面是将设计稿通过 D2C 设计稿生成代码能力识别并转换成 CSS 样式定义的示例。

```
boxSizing = 'border-box';

//内部边框
cssWidth = sketchWidth;
cssHeight = sketchHeight;
cssborderWidth = sketchborderWidth;
//内部边框-纯色
cssborderColor = sketchborderColor
//内部边框-渐变色（border-radius对border-image不生效）
border-radius: 8px;
width: 100px;
height: 70px;
border: 26px solid transparent;
border-image-source: linear-gradient(360deg, rgba(208,2,27,1.00) 0%,
   rgba(247,107,28,1.00) 100%);
```

```
border-image-width: 26px;
border-image-repeat: stretch;
border-image-slice: 26;
```

有些设计稿比较容易进行 UI 的智能化理解，可以直接把设计稿中的元素（Symbol）直接转换成前端的组件。但是，在设计开始之前，设计师要和软件工程师一起约定好元素的命名等规范，这样做不论是产品设计中的线框图，还是设计师对设计稿进行具体细节的设计表达，都能够保持统一的 UI 概念，从而降低 UI 智能化理解的成本。

至此，智能 UI 就剩下了设计概念和前端概念不对等的部分。针对这部分做 UI 的理解需要借助算法模型能力，一方面根据从业务中梳理的 UI 组件包含的基础元素概念组织训练样本，另一方面根据智能 UI 供给链路的组件库组织训练样本，然后借助算法模型学习这些基础元素概念的特征，以组件名称为标签进行分类识别，智能 UI 里称这部分为组件识别（6.2.3 节会详细介绍过程和示例代码）。

（2）用户场景理解

由于智能 UI 的核心任务是提供个性化的 UI 和交互体验，因此仅仅能够理解 UI 本身是不够的，还需要把 UI 带入用户场景中进行深层次理解。这里的深层次理解，就是要找出 UI 和用户偏好之间的关系，如前文所述的适老化及特殊场景下对 UI 的要求。有了用户场景理解的能力，智能 UI 就能够在 UI 和人群偏好的匹配之上，再构建一套用户场景的偏好，例如光线暗的情况下 UI 风格也随之进入深色模式等，从而用智能 UI 优化用户体验。

由于之前已经多次介绍了机器学习相关内容，这里就不再赘述具体的算法模型，在具体实践中可根据文中的问题定义和解题思路找到对应 SOTA 的算法模型，然后在 GitHub 上找到对应的实现进行实验即可。还可以用前端机器学习框架 Pipcook，上面自带常用的算法模型可以快速进行实验。

首先，针对用户场景理解可以分解为 who、where、what、why、when、how 六个维度的特征，来共同决定当前的场景。who 就是用户的特征，包括年龄、性别、职业等。where 就是地理位置特征，主要指用户所处的场所，例如餐厅、办公室、地铁站等。what 是指 UI 展示给用户的内容，例如优惠券、商品信息等。why 是用户需求，例如获得优惠、购买商品等。when 是指时机，这个时机不仅指几点、上下午、傍晚等具体的时间，还包括"××之后""××之前"等相对时间。how 是指用户行为，例如加入购物车、领取优惠券、关注店铺等。根据这六个维度的特征来组织数据，其实就是对这六个维度的特征进行排列组合，再根据产品经理和设计师的定义或根据实际情况的标签对组织好的数据进行标注。

其次，收集实际业务中用到的 UI 元素和用户场景的定义，针对 UI 的理解结合标注好的用户场景数据，找到每个场景都用到了哪些 UI 元素，为用户场景和 UI 元素之间的关系组织数据，并根据用户场景的标签把对应用到的 UI 元素聚合到一个标签下。

最后，分别在用户场景理解和实际业务中用到的 UI 元素数据集上做分类，由于两边的标签都是同一套标签，就可以把 UI 和用户场景之间的关系建立起来。当然，如果业务场景并不十分复杂，也可以用规则匹配的方式和动态渲染能力来快速实现 UI 和场景的匹配。

（3）方案生成

在建立用户场景和 UI 之间的关系中，并没有涉及更细节的 UI 样式，这就是方案生成模型需要做的部分：用算法模型在 UI 的可变性范围内做选择，这些选择最终会供给到规则生成的方案中。方案生成算法模型与人群个性化指数、美学质量打分的作用不同，前者是基于算法模型智能生成方案，后者是基于算法模型进行方案筛选过滤。

由于用户场景标签将用户场景和 UI 元素之间的关系建立起来，UI 元素又在设计规范和设计令牌约束下提供了属性的可变性，因此，对这些可变性的取值是前端工程师关注的重点。实践中我们先随机测试一些可变性取值范围（布局等可变性范围小的可以枚举，颜色、位置、大小等难以枚举的可变性取值才随机），再根据 bandit 流量调控算法，以线上用户点击、停留时长和转化率等用户场景的核心指标为依据找到用户偏好的可变性取值范围。这种随机加用户行为偏好的探测方式能够在短时间内找到最合适的可变性取值范围，但缺点也很明显，即启动速度慢。每次都要经过随机的过程，造成每次方案上线都是一个冷启动的过程。其次，在 bandit 流量调控的过程中会有一些不符合用户偏好的方案，降低了用户体验。

鉴于随机生成方案的弊端，智能 UI 更加希望算法模型可以预测不同用户场景下 UI 可变性最优的取值范围。核心思想就是回溯，把随机生成方案的"果"当做算法模型预测 UI 可变性范围的因。首先给"好的方案"下个定义，即线上用户场景核心指标提升 10% 以上的方案，然后把那些"好的方案"整理出来。接着回溯一下这些"好的方案"所涉及的 UI 可变性取值，用回归模型就能把每个 UI 可变性取值背后的模式以每个可变性维度为权重记住，未来再输入 UI 元素的可变性范围的时候，这些 UI 元素组合在一起，每个 UI 元素可变性取值应该是多少就能通过回归模型预测出来。具体的算法模型可以在开源的 https://imgcook. github.io/datacook/en/models/ 里找到。

（4）方案推荐

细心的读者可能已经发现，前面故意忽略了"人"的因素，因为和用户相关的特征将在方案推荐算法模型中大放异彩。基于智能 UI 用个性化提升用户体验的目标，在预先准备好各种 UI 方案后，还需要针对用户打开应用这一刻决定用户看到的 UI，可变性范围在方案中的具体取值也是在这一刻确定的，背后的决策者就是方案推荐算法模型。

"这一刻"的实时性要求迫使方案推荐算法模型拆分成离线和在线的计算过程，它们分别隶属于离线和在线算法模型。借助"空间换时间"的基本优化思想，可以用离线计算预先做一些粗略的决策，再针对实时性要求高的部分用在线算法模型输出即时运算结果。

方案推荐包含大量在线计算，这些在线计算除了预测服务外还有部分训练服务，这就引出了有关离线学习、在线学习的概念。了解它们的概念和区别，才能理解在离线 / 在线运算之外的离线 / 在线机器学习服务的设计目的和设计方法。

机器学习是通过输入训练样本再通过算法模型针对样本进行训练，从而通过模型参数记住训练的结果，便于未来输入预测目标的时候根据这些参数在模型上产生预测结果。由此可见，训练样本对于机器学习非常重要，通常会耗费大量时间去采集数据、分析数据、清洗数据、提取特征、数据标注，最后把样本特征和一个标签关联起来。这个过程就像学习文学时看到文章的文体类别，然后去体会文章内容和类别的关系，当未来再看到一些文章内容时就能分辨文体究竟是诗、词、歌还是赋了。然而，有一天看完一篇新的文章始终无法下定论，于是捧着文章找到老师，老师说是"记"，主要有碑记、游记、杂记等，明白后未来就能不断强化"记"这种文体的特征和识别能力。如图 6-23 所示的在线学习流程，当模型预测的准确率低于阈值就会触发"捧着文章找老师"的过程，"老师"根据不同的在线学习，方法有所不同，如果设计得好可以让用户来决策，"算法白盒化"的反馈按钮就是这类型的设计，如信息流产品上的"减少此类内容""不喜欢"等，如果设计得不好就需要人工干预这些错误样本，教给模型这个反馈数据的 Label 应该是什么。

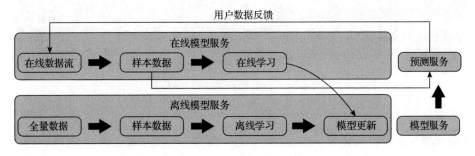

图 6-23　在线学习流程

按照维基百科的解释，一般把从头开始的模型训练过程叫做离线机器学习，训练模型的算力和时间成本都很高。受成本问题制约，离线机器学习的更新迭代频率较低，而在线学习流程又有自动化的能力，算法工程师被称为"炼丹师"的原因跃然纸上，他们大多是在阅读论文、复现并研究算法，然后结合自己面对的问题进行算法的改造和应用。算法的改造和应用结果就是更新算法模型，并组织训练样本重新训练模型并发布成在线服务。

在方案推荐算法模型链路（见图 6-24）里会用到之前介绍过的 UI、用户场景、方案相关算法模型，这些算法模型包括识别和理解两种类型。识别算法模型核心是分类，先通过对控件、组件、模块、时间、空间和场景等数据进行分析，利用 sklearn、spicy 等提供的聚类、降维和显著性检验等方法找到数据之间的区别和联系，将同一类型的数据标注上对应的类别标签。然后，借助分类算法模型用监督学习的方法训练，让模型能够记住特征和类别之间的联系，从而帮助智能 UI 预测类别。

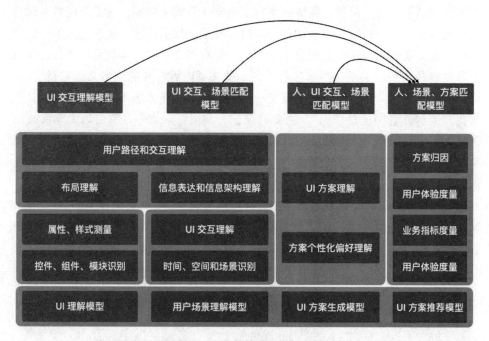

图 6-24 方案推荐算法模型链路

理解算法模型则不同于分类的侧重于"是什么"，它更多用来解释"为什么"。以布局理解来说，为什么一些元素要靠近，而另一些元素要远离？为什么一些元素只能在某些元素后面或下面？为什么分辨率缩小的时候要缩小输入框而不是按钮？对于前端程序员则熟稔于心，可要教会模型理解"为什么"并非易事，笔者喜欢以终为始地看：从"为什么"的结果去反推。"为什么"的结果或者说理解的结果就是"演绎"，而反推过去理解就可以类比为"归纳"，从数据中找出背后的模式和原理。在 Tensorflow.org 官网教程的"回归"小节中介绍了如何借助回归模型理解气缸数、排量、马力以及重量构成的燃油效率模型，从而归纳出这 4 个维度组成的模式，未来通过输入这 4 个维度数据就能演绎（预测）出汽车的燃油效率。放在前述的例子中分辨率、行宽、元素宽度、元素缩放限制（例如移动端太小难以点击的按钮）共同构成了单行行内横向布局模型，通过输入这些维度的信息模型就能预测出元素的布局属性。当然，还有很多算法模型可以代替程序员进行布局时的取舍和判断，例如之前介绍的生成对抗神经网络和强化学习等，但原理上都是要找出"为什么"背后的模式和原理让模型学会并用参数记住。

与理解"为什么"替代程序员做决策类似，方案推荐算法模型替代产品决策：在什么场景下给特定用户群体哪个方案。但是，这里的输入是更高阶的抽象，自下而上愈加抽象：从识别到理解、从指标分析到归因分析再到人和场景、方案的匹配，用更多的维度提高推荐方案的精度和 UI 交互的个性化程度，迭代流程如图 6-25 所示。

最后，根据图 6-25 的流程借助云原生能力把这些算法模型和应用、日志流、数据管理、数据计算串联起来，就完成了整个方案推荐的工程体系。下面以组件识别算法模型服务为例，介绍一下如何使用阿里云原生能力和前端机器学习框架 PipCook 实现算法服务层。

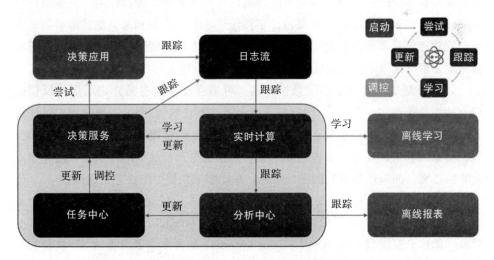

图 6-25　智能 UI 基于算法决策的流程

6.2.3 算法服务层

为了让模型能够形成图 6-25 的流程，还需要针对数据、模型和服务做一些额外的工作，来保证流程能够形成有效的服务。首先，数据板块介绍过数据分析、数据处理和数据标注等内容，针对算法服务存在的在线学习场景介绍一下如何做数据增强，来保证线上产生的样本可以更有效地驱动模型更新迭代。其次，在模型训练中介绍模型是如何存储以及如何与云基础设施相互配合的。最后介绍模型部署，除了云端部署外，还将介绍如何本地部署和验证服务。

（1）数据增强

在之前介绍的离线学习模型训练中，对数据做增强的目的是提高标注数据规模从而提升模型准确率，或者提高数据的多样性防止模型过拟合。模型准确率因数据增强能力把一个样本扩展成 N 个样本，在做离线学习的时候可以通过组织更加丰富的训练样本来替代数据增强，这样做的好处是真实数据带来真实使用场景中的准确率提升。数据增强毕竟是随机扩展，增强的数据命中未来模型预测输入的情况并不稳定，因此需要在离线学习时尽量使用真实数据训练模型。

在线学习则不同，因为线上产生的数据样本通常比较稀疏，少量线上产生的样本数据输入对在线学习的影响太大就会造成模型过于敏感。浏览淘宝商品的时候经常出现点击一个商品不断推荐同类别商品的情况，这就是对商品类别过于敏感，可能用户点击某个商品只是因为其有巨大的优惠而不见得就非常需要在某个类别内对商品进行筛选，这就会降低模型的有效性。当然，还有更加复杂的情况，需要在多个维度上综合判断才能帮助用户有效筛选和推荐商品，这些维度可以类比为人类观察事物的多种视角，多视角下才能更全面和深刻地理解事物。多视角就意味着从不同的角度、不同维度用不同的方法审视，那就要求事物能够在多角度、多维度以不同方式展示自己，这就是数据增强的核心。

如果模型是用来做文本信息推荐的，可以在文本信息简介之后提供反馈按钮，让用户选择"不喜欢"，用户一旦点击了"不喜欢"，则可以通过用户反馈得到一条在线样本。当这条文本信息打上"不喜欢"的标签并被送入在线学习的流程，模型就会根据这个样本进行非常微弱的权重更新，这样的模型迭代进化速度将非常缓慢。如果适当对数据进行增强，则能够加快模型迭代进化速度。

把一条文本信息样本变成 N 条文本信息样本，就是所谓的自然语言处理（NLP）的数据增强。常用的方法有同义词替换、Word2Vec 的词向量余弦相似度替换、遮罩语言模型（Masked Language Model）的文本遮罩功能用上下文预测被遮罩的词语、注入噪声、替换上下文、随机删除等。这里举一个遮罩的例子：

```
from transformers import pipeline
nlp = pipeline('fill-mask')
nlp('This is <mask> cool')

output:
[{'score': 0.515411913394928,
  'sequence': '<s> This is pretty cool</s>',
  'token': 1256},
{'score': 0.1166248694062233,
 'sequence': '<s> This is really cool</s>',
 'token': 269},
{'score': 0.07387523353099823,
 'sequence': '<s> This is super cool</s>',
 'token': 2422},
{'score': 0.04272908344864845,
 'sequence': '<s> This is kinda cool</s>',
 'token': 24282},
{'score': 0.034715913236141205,
 'sequence': '<s> This is very cool</s>',
 'token': 182}]
```

在智能 UI 的技术体系中除了 NLP 还有大量图片，比如组件识别的数据样本是组件的图片、布局识别的样本是 UI 布局的图片等，这些图片经过推荐算法模型链路后，在线上会产生用户使用的沉浸度指标上升或下降，这对应的方案 ID 背后的方案可以被解构到对应的布局图片、组件图片等当前 UI 截图。与 NLP 增强数据的目的一样，对用户反馈产生的截图和局部图片进行数据增强来增加样本数量，驱动模型更快地迭代进化。

图片的数据增强类似文本信息数据增强，一样是遮罩、注入噪声、局部删除、内容替换等，都可以用 OpenCV 提供的强大图片数据处理能力来快速完成。下面就用实际的 Python 代码来了解一下数据增强的过程。

1）翻转。

```
def flip(pic):
    img = []
    h_pic = cv2.flip(pic, 1)      #水平翻转
    v_pic = cv2.flip(pic, 0)      #垂直翻转
    hv_pic = cv2.flip(pic, -1)    #水平垂直翻转
    img.append(h_pic)
    img.append(v_pic)
    img.append(hv_pic)
    return img
```

2）旋转。

```
def rotate(pic):
```

```
    scale = 1.0
    rows, cols = pic.shape[:2]
    img = []
    angle = [45, 90, 135, 180, 225, 275, 320]
    center = (cols / 2, rows / 2)                          #取图像的中点
    for a in angle:
        M = cv2.getRotationMatrix2D(center, a, scale)    #获得图像绕着某一点
                                                              的旋转矩阵
        pic = cv2.warpAffine(pic, M, (cols, rows), borderValue=(255,
            255, 255))
        # cv2.warpAffine()的第二个参数是变换矩阵,第三个参数是输出图像的大小
        img.append(pic)
    return img
```

3）添加噪声。

```
def noise(pic):
    for i in range(1500):
        pic[random.randint(0, pic.shape[0] - 1)][random.randint(0, pic.
            shape[1] - 1)][:] = 255
    return pic
        # random.randint(a, b)
        # 用于生成一个指定范围内的整数。其中参数a是下限,参数b是上限,生成随机数n(a≤n≤b)
```

4）模糊。

```
def gussian(pic):
    img = []
    temp = cv2.GaussianBlur(pic, (9, 9), 1.5)    #高斯模糊
    dst = cv2.blur(pic, (11, 11), (-1, -1))      #均值滤波
    # cv2.GaussianBlur(图像,卷积核,标准差)
    img.append(temp)
    img.append(dst)
    return img
```

5）光照。

```
def light(pic):
    img = []
    contrast = 1              #对比度
    brightness = 100          #亮度
    pic_turn1 = cv2.addWeighted(pic,contrast,pic,0,brightness)
    pic_turn2 = cv2.addWeighted(pic, 1.5, pic, 0, 50)
    img.append(pic_turn1)
    img.append(pic_turn2)
    #cv2.addWeighted(对象,对比度,对象,对比度)
    #cv2.addWeighted()实现的是图像透明度的改变与图像的叠加
    return img
```

6）放射变换。

```
def fangshe(pic):
    rows, cols = pic.shape[:2]
    point1 = np.float32([[50, 50], [300, 50], [50, 200]])
    point2 = np.float32([[10, 100], [300, 50], [100, 250]])
    M = cv2.getAffineTransform(point1, point2)
    dst = cv2.warpAffine(pic, M, (cols, rows), borderValue=(255, 255, 255))
    #对图像进行变换（三点得到一个变换矩阵）
    #已知三点确定一个平面，也可以通过确定三个点的关系来得到转换矩阵
    #然后再通过warpAffine来进行变换
    return dst
```

根据在线产生的数据样本数量多少，针对数据样本较多的情况采用随机单独应用某个增强方法，针对数据样本较少的情况采用组合多个增强方法。当然，还必须考虑到模型的任务和特征的分布情况，避免弄巧成拙。以人脸识别来说，如果模型主要针对的是人脸的关键点识别，在数据增强的时候更多采用变换、光照、模糊、噪点等方法，而不会使用替换人脸关键点区域图像的方法，这样做不仅没有意义还会对模型造成负面影响。

（2）模型训练

模型训练之前要配置好环境，主要是集群和 PipCook 环境两个部分，首先看一下集群的部分。

1）安装并配置 kubectl。

```
brew install kubectl
```

2）在 $(HOME)/.kube/ 目录下放置一个 config 文件，config 文件内容如下：

```
apiVersion: v1
clusters:
- cluster:
      insecure-skip-tls-verify: true
      server:      #服务器IP地址和端口号
  name: smart
contexts:
- context:
      cluster: smart
      namespace: default
      user: <your name>
  name: <your name>@smart
current-context: <your name>@smart
kind: Config
preferences: {}
users:
- name: <your name>
```

```
    user:
        client-certificate-data: #！！填写自己的凭证数据
        client-key-data: #！！填写自己的凭证数据
```

3）给 config 文件加上权限。

```
chown $(id -u):$(id -g) $HOME/.kube/config
```

4）尝试是否能连接上集群。

```
kubectl get pod
```

5）配置 pod 环境，新建文件 pod.yaml，内容如下：

```
apiVersion: v1
kind: Pod
metadata:
    name: tf-pod-suchuan
spec:
    dnsPolicy: Default
    containers:
        - name: tf-container
            image: reg.docker.alibaba-inc.com/pipcook/pipcook:1.0.0
            # docker镜像名
            securityContext:
                runAsUser: 0
            command: ["tail","-f","/dev/null"]
            ports:
            - containerPort: 6927          # pod内部端口
                hostPort: 30080            #暴露到外部的接口，目前防火墙打开了
                                              30000～32767端口
            resources:
                requests:
                    ephemeral-storage: "10Gi"
                limits:
                    ephemeral-storage: "20Gi"
                    nvidia.com/gpu: 1      #需要的GPU数量，目前gtx-1060最大支
                                              持1个GPU，rtx-2070最大支持2个GPU
    nodeSelector:
        accelerator: rtx-2070            #目前有两类节点，一个是gtx-1060，
                                              另一个是rtx-2070。1060是6GB显存，
                                              8GB内存。2070是8GB显存，32GB内存
```

6）根据以上配置申请 pod 环境：

```
kubectl apply -f pod.yaml
```

7）进入 pod 环境：

```
kubectl get pod
#如果显示pod是running，则配置成功
```

```
kubectl exec -it tf-pod-suchuan bash
```

8）配置 PipCook，首先在 pod 环境里更新 node 到最新版本：

```
npm install -g n

n latest
```

9）安装并配置 PipCook：

```
npm install -g @pipcook/pipcook-cli
pipcook init如果太慢了就加清华镜像：pipcook init --tuna
#成功之后
pipcook daemon start
```

10）使用 PipCook 开始训练：

```
#创建pipeline文件
touch myConfig.json
vim myConfig.json
#将pipeline过程写入PipCook中
#与之前一样，如果更换了数据集则更换url即可
{
    "plugins": {
        "dataCollect": {
            "package": "@pipcook/plugins-image-classification-data-
                collect",
            "params": {
                "url": "http://ai-sample.oss-cn-hangzhou.aliyuncs.com/
                    dataset_control/ui_element_classify/fundus_data_
                    enhanced_0707.zip"
            }
        },
        "dataAccess": {
            "package": "@pipcook/plugins-pascalvoc-data-access"
        },
        "dataProcess": {
            "package": "@pipcook/plugins-image-data-process",
            "params": {
                "resize": [256, 256]
            }
        },
        "modelDefine": {
            "package": "@pipcook/plugins-tensorflow-resnet-model-define",
            "params": {
                "batchSize": 8,
                "freeze": true
            }
        },
```

```
        "modelTrain": {
            "package":  "@pipcook/plugins-image-classification-tensorflow-
                model-train",
            "params": {
                "epochs": 15
            }
        },
        "modelEvaluate": {
            "package":  "@pipcook/plugins-image-classification-tensorflow-
                model-evaluate"
        }
    }
}
#配置完成用":x"写入并退出
#运行训练pipeline
pipcook run myConfig.json
```

最后，在训练完成之后会有一个 output 文件夹，里面有训练好的模型和各层的权重，只需要将 model.h5 文件下载下来即可：

```
sudo  kubectl  cp  tf-pod-xxx:/pipcook/pipcook-output/xxx/model/model.h5
    ./model.h5
```

这里的"xxx"应替换成自己的路径参数。

（3）模型部署

云端部署首先要配置模型需要的环境，这里使用之前的环境下载 http://ai-sample.oss-cn-hangzhou.aliyuncs.com/dataset_control/ui_element_classify/element_classification_0707.tar.gz 模型文件后，将 label.json 文件的 ENV 修改成实际项目的模型参数，与训练模型时的参数一致。

```
{
    "bottom-navbar": 0,
    "button": 1,
    "keyboard": 2,
    "navbar": 3,
    "searchbar": 4,
    "slider":5,
    "statusbar": 6,
    "stepper": 7,
    "switch": 8,
    "tabbar": 9,
    "video":10
}
```

在当前路径将本地的整个项目文件打包成 tar.gz 压缩包：

```
tar zcvf ./pack.tar.gz ./ENV ./app.py ./model.h5 ./label.json
```

然后，将打包好的文件上传到 OSS 并获得文件访问地址。

如图 6-26 所示，将上一步的压缩包在 OSS 的地址粘贴到本地 app.json 文件中的 processor_path。

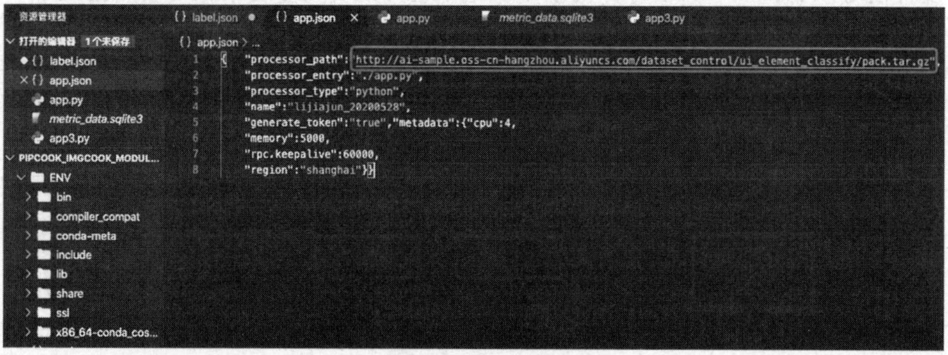

图 6-26　配置 OSS 地址

使用 eascmd 部署参考 eas 使用文档 https://www.aliyun.com/activity/bigdata/pai/eas，要注意，登录 id 和 key 正确配置才能部署模型：

```
eascmd config -i <AccessKeyId> -k <AccessKeySecret>
```

然后，使用如下命令创建线上服务：

```
#eascmd -c [config] create [service_desc_json]
eascmd create app.json
```

部署好模型服务获得访问地址后，可以使用 postman 来测试：

```
| Internet Endpoint | http://eas-shanghai.alibaba-inc.com/api/predict/
    imgcook_element_classification_0629          |
| Intranet Endpoint | http://eas-shanghai-intranet.alibaba-inc.com/api/
    predict/imgcook_element_classification_0629 |
|          Token | #！！自己的Token
```

为了避免来回折腾，可以借助 Docker 在本地部署模型服务进行验证，如果测试通过且模型服务正常、流程功能完整再推到云端：

```
sudo docker run -ti -v模型文件所在目录:/home -p 8080:8080 registry.cn-
    shanghai.aliyuncs.com/eas/eas-python-base-image:py3.6-allspark-0.8
(例如: sudo docker run -ti -v /Users/laola/CodeProject/imgcook/element_
    classification_0707:/home -p 8080:8080 registry.cn-shanghai.
    aliyuncs.com/eas/eas-python-base-image:py3.6-allspark-0.8 )
cd /home/
./ENV/bin/python app.py
```

这里省略了一些事件路由、消息队列、数据存储、数据处理等与算法服务层不直接相关的部分，参考云服务商提供的开发文档完成即可，通常都是配置和接口调用，只需注意在分布式系统的开发中常见的延迟、重试、数据一致性、并发性能等问题，以今天云计算的基础设施来说并没有太多复杂性可言，这里不再赘述。

算法模型通过服务暴露出来，再通过各种云原生基础设施形成完整的流程后，还需要针对方案、D2C Schema、设计令牌的输入产出最终交付物，这就是构建层的任务，接下来将会详细介绍一下构建层的设计实现过程。

6.2.4 构建层

在开始构建层的设计实现之前，先回答一个问题：构建的目的是什么？在以往的 Webpack、Gulp、Vite、WMR、Snowpack 等前端构建工具中，往往从研发态和用户态两个领域内组织自己的功能。研发态构建的目的是让研发更容易，不需要考虑语法支持、浏览器兼容性、样式、资源打包等问题。用户态构建的目的是让运行时性能和效果更好，包括体积压缩、兼容处理、分包优化、首屏优化、动态加载等。但是，当智能 UI 的技术工程体系把输入收敛到 D2C Schema、设计令牌、UI 方案后，前述构建的两个目的都有了本质变化。智能 UI 整体是基于代码生成的技术，研发态让研发更容易的目的不再重要，人工研发更多是去纠错和兜底，只需要在 imgcook 的自定义 DSL 做好约束，输入是非常标准和规范的，这极大降低了设计构建层的难度。第二个目的的用户态性能和效果优化也有所不同，智能 UI 的 DSM 和设计令牌大幅度简化了保证下限高可用的能力，方案生成和个性化则大幅度保证了上限，用生成 UI 交互的方式来提升用户体验。因此，构建层的目的就是利用 DSM 和设计令牌生成多样和个性化的 UI 交互。

为了实现利用 DSM 和设计令牌生成多样和个性化 UI 交互的构建层，首先要了解浏览器的渲染过程，从而知道影响渲染性能的因素，只有这样，才知道在设计构建层的时候应该关注什么及如何进行代码生成。

1. 硬件视角

从广义上看，性能的本质是在体验、处理能力和功耗三个方向上找到平衡点。这样定义的灵感来自于硬件芯片设计，芯片设计从硬件工程视角要求在面积、性能、功耗三个方向上找到平衡点。在使用 FPGA、CPLD 进行芯片设计和验证的时候，逻辑门数量受到芯片生产工艺和面积的限制而产生一个总体的面积约束，这时候要使用一些逻辑门组合成专用电路（所谓 IP），从而提升性能并降低功耗（专用电路功耗小于软件加通用电路），否则只能设计成通用电路如寄存器操作、通用处理指令等。因此，可以看出，在条件允许的情况下，专用电路能够提供更好的面积、性能、功耗比。

有读者会问：那这些专用电路使用率小于通用电路的时候怎么办？确实，如此一来性能就会很差，这就是 M1 可以帮 Apple 做到行业第一的原因，因为 Apple 从软件生态到操作系统、从底层系统 API 到硬件驱动、从驱动到硬件电子电路设计是全局规划的，这种全局规划保证了软件调用最频繁的系统程序硬件化，在提高性能功耗比的同时也保证了专用电路的使用率，这就是所谓的硬件视角。

又有读者会问：Apple 的体系 Android 不是不能用吗？确实，Android 作为一个开源生态系统不如 Apple 的封闭系统那么精练、简洁、一致，但是只要有心，还是可以从 Android 的开源生态系统里找到蛛丝马迹，把这些开源生态系统的能力按照从软件生态到操作系统内、从底层系统 API 到硬件驱动、从驱动到硬件提供的专业电子电路的路径梳理出来，再根据这个路径对应到软件工程上，从硬件视角全局性地看待性能优化问题，充分利用底层硬件的能力。

当初在负责国际浏览器的时候，因为东南亚等的基础设施建设落后，移动网络条件非常差，多媒体时代的移动互联网充斥着图片和视频，前端和算法工程师便一起研究超分辨率（一种用机器学习算法模型预测图像的技术实现传统插值无法达到的 240p～720p 超分辨率转换），希望能够给两印和东南亚的 UC 浏览器用户带来更好的体验。

模型和算法在团队的努力下很快就有了突破，已经解决了大部分模型预测带来的图像显示错误问题，但整个模型所要求的算力是东南亚国家的移动端设备所无法支撑的，即便用了降低精度、模型压缩剪枝、知识蒸馏等手段，在中低端机型（低端机型定义为 1GB 内存的 ARM v7 架构处理器）上仍然只有几帧每秒的速度，根本不可用。

于是，团队把目光投向了 ARM NEON 指令优化：一种并行浮点计算和向量运算的加速指令集。由于使用的是开源的 XNN 框架，有能力对 OP 进行 NEON 的定向优化，从而提升算法模型的前向运算速度，降低对内存和 CPU 的压力，经过近一年的努力，终于做到了每秒 24 帧的 240p～720p 超分辨率能力，部署在 UC 浏览器上服务网友。

虽然，之前在软件工程里也经常接触汇编指令优化，但这次从软件（算法模型）到系统 API、从驱动到硬件电子电路的全局优化经历，让笔者真正感受到硬件视角的重要性。

那么,这和前端有什么关系?这里尝试举个例子来诠释它们之间的相似性。首先,前端包含渲染和计算两个部分。渲染部分由 HTML 和 CSS 共同定义,之后交由浏览器进行渲染,因此,浏览器确实屏蔽了大部分连接到底层能力的部分,造成前端缺乏抓手。但是,随着 WebGL、WebGPU 等全新 API 暴露,前端还是有一些抓手的。计算部分由 JavaScript 定义,之后,交由脚本引擎执行,因此,脚本引擎屏蔽了大部分连接到底层能力的部分,造成前端缺乏抓手,同时,脚本引擎基本都用虚拟机屏蔽底层指令集和硬件差异,因此,又多了一层屏蔽。但是,随着 Node.js 和 WASM 等技术让部分程序本地化执行,随着 V8 引擎用一些特殊策略让部分 JavaScript 被 Sparkplug 编译成本地代码执行,图 6-27 中所示的情况也会有所改变。

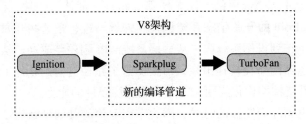

图 6-27 V8 引擎包含 Sparkplug 的新架构(源自 V8 官网)

因此,前端已经在很多场景中穿透浏览器 /WebView 更直接地与底层硬件打交道,硬件视角将成为在体验、处理能力和功耗三个方向上找到平衡点的关键,接下来将针对渲染、计算这两个渲染性能优化的核心场景分别进行介绍。

2. 渲染视角

其实,在上文中 HTML 和 CSS 定义渲染的说法过于粗糙,精确的表述应该是:HTML 和 CSS 定义了渲染的内容,而 JavaScript 可以干预内容和渲染过程。没有 JavaScript 的干预,HTML 和 CSS 定义的渲染就是静态 HTML 页面的渲染(动画和视频等比较特殊,不在本书讨论范围),在 DHTML 和 XSLT 销声匿迹后,动态渲染更多是由 JavaScript 完成的,这体现了解耦后各司其职的优势,同时,把动态渲染能力从简单的 API 调用提升到编程语言的复杂逻辑控制,释放无限的可能性。综上所述,把渲染视角拆分为渲染内容、渲染过程、JavaScript 干预三个部分,分别进行阐释。

(1)渲染内容

首先,互联网的出现将人类从信息孤岛推向了互联互通的万维网时代,而信息的载体就是 Web 上的 HTML(超文本标记语言),彼时,将 HTML 渲染出来的核心是排版引擎，Web 标准也是围绕着排版展开的。随着技术发展，人们对于排版出来的静态内容逐渐疲劳，DHTML 和 XHTML（XML+XSLT）等技术和高级的 API（如 HTTPWebRequest）带来了动态能力，Flash、Silverlight、JavaAplate 等技术带来了富客户端能力，随着 Web 2.0 去中心化打破门户的垄断，整个互联网产业迎来了空前的繁荣。

随着行业的发展和技术的进步，渲染内容从最初的"文档排版"承载简单信息，到"富媒体"承载多媒体信息，再到今天的增强现实技术 WebXR 承载复杂的数字和现实混合信息，渲染内容对渲染引擎、显示能力、硬件加速能力都提出了不同的要求。最简单地说，任何一个引擎都会把 Animation 相关 API 单独拎出来，从而区分这种高负载的渲染工作，在框架和底层引擎上进行特殊优化。

此外，在显示能力上，渲染内容的不同也会产生差异，最常见是分辨率、HDR 等内容对显示能力有特殊的要求。硬件加速则更容易理解，针对不同负载的渲染工作，首先降低 CPU、内存、磁盘 I/O 的压力，其次是更多用 GPU、DSP 等专业电子电路进行替代，从而达到更高的性能 / 功耗比。

软件工程里构建内容的选择对渲染性能有决定性的影响，这种差异又受限于底层的硬件如 CPU、GPU、DSP、专业加速电路等，因此，从内容解析开始，到底层硬件加速能力，软件和硬件电路浑然一体且密切相关的。即便在浏览器引擎的屏蔽下缺少直接控制的能力，对于选择何种内容的表达方式（端应用里 UI 控件和 Draw API 的选择、Web 里 HTML 标记和 CSS 样式的选择对渲染的影响等）都需要有穿透到底层的视角和理解力，才能在全部能力的基础上描绘一条更接近问题本质的优化路径。

以端应用里 UI 控件和 Draw API 选择来说，内容对 API 选择有很大的限制。2016 年刚带浏览器团队的时候，笔者研读了 Servo 的源码，这是一个 Mozilla 和三星共同开发的下一代浏览器引擎，Servo 的开源项目里提供的 Demo 是使用 Android 的 SurfaceView 来保证浏览器渲染性能的。不使用 View 的原因是 View 通过系统发出 VSYNC 信号进行重绘，刷新时间间隔是 16ms，如果不能在 16ms 内完成绘制就会造成界面的卡顿，因此，Servo 选择了 SurfaceView 来解决这一问题。更深层次去看，View 不合适本质上是 HTML 复杂和动态的内容决定的，可以想见，用 View 不断局部刷新将给页面带来闪烁，而 SurfaceView 的双缓冲技术可以把要处理的图片在内存里处理好后，再将其显示在屏幕上，这样就解决了 Servo 显示 HTML 内容的问题。

OpenGL 里 GPU 有两种渲染方式：当前屏幕渲染和离屏渲染。光栅化、遮罩、圆角、阴影会触发离屏渲染，而离屏渲染需要创建独立的缓冲区、多次切换上下文环境（从 On-Screen 到 Off-Screen 的转换），最后再把上下文从离屏切换到当前屏幕以显示离屏缓冲区的渲染结果。所有这些只是 API 能力，而内容的选择决定了光栅化、遮罩、圆角、阴影的触发和性能的耗散，这背后就体现了渲染内容对底层和硬件的影响。

前端和端应用的原理是一样的，不同的地方在于前端的路径更长，视角穿透到底层和硬件的难度更大，因为前端的宿主环境浏览器 / 浏览器内核 / 渲染引擎是在系统的 UI 引擎和渲染引擎之上又包裹了一层。同时，这一层包裹还涉及不同浏览器厂商在不同平台上的不同实现。但是，随着 WebGL 和 WebGPU 等技术在前端领域的应用，穿透到底层和硬件的难度被这种平行技术能力所简化和降低了，前端甚至在视角穿透到底层和硬件的同时，对底层和硬件具备了一定的干预能力，尤其是内容渲染的硬件加速能力，让渲染内容的设计和实现具备了更宽松的环境。

具备了渲染内容的把控力，实现上就不赘述了，简单地一远一近两步即可。所谓"一远"是指根据业务需求和产品设计，把视角穿透到底层和硬件审查技术能力可以带来什么新的、有意思的东西。所谓"一近"就是收回视角，选择合适的 UI 控件和 Draw API、HTML 标记和 CSS 去构建要渲染的内容，剩下的就是中间的渲染过程。

（2）渲染过程

从成像原理上说，渲染过程包括 CPU 计算（UI 引擎或浏览器引擎、渲染引擎的工作）、图形渲染 API（OpenGL/Metal）、GPU 驱动、GPU 渲染、VSync 信号发射、HSync 信号发射的过程。常见的渲染问题有卡顿、撕裂、掉帧等，卡顿、撕裂、掉帧通常都是渲染时间过长造成的，渲染时间大多数情况下是耗费在 CPU 计算上，部分情况下是耗费在图形渲染上，怎么理解呢？其实很简单，把一个渲染性能很差的复杂页面用高端机流畅渲染的过程录屏，再用低端机播放录屏的视频，然后打开页面让浏览器进行渲染，在图像复杂度没有差异的情况下，视频播放速度要比页面渲染速度快很多，这就是 CPU（页面解析、脚本执行等）、GPU图形渲染的耗时差别，因为视频的解码和渲染比浏览器引擎更加简单（特殊编解码格式和高码率的视频除外）。

因此，从渲染过程来看，如图 6-28 所示，性能优化的本质在首先于降低CPU、GPU 计算负载。其次，如果有条件（实现差异对业务有影响需要说服业务方）通过不同的渲染内容构建方法去影响渲染过程的话，优先选择有 CPU、GPU优化指令和专用电子电路加速的底层 API 来构建渲染内容。例如在 H.264 硬件加速普及的今天，是否应该用 X.265/H.265 就值得商榷。

在探讨渲染过程的时候，流畅性指标是首先需要关注的，根据 60Hz 刷新率下 16.6ms 的帧渲染速度，可以从时间角度定义 16.6ms × 2（双缓冲）、16.6ms × 3（三缓冲）的 CPU 和 GPU 处理时间，压缩渲染过程来保证流畅度。

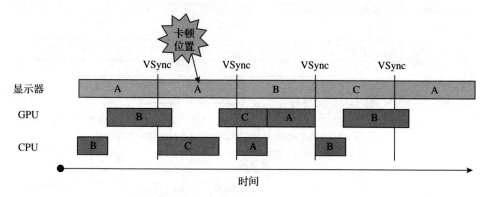

图 6-28　渲染中卡顿的产生原理

　　OOPD（Out of Process Display Compositor，进程外显示合成器）的主要目的是将显示合成器从浏览器进程迁移到视觉引擎进程（也就是原来的 GPU 进程），浏览器则变成了视觉引擎的一个客户端，渲染引擎与视觉引擎建立链接 CFS（Compositor Frame Sink，合成帧槽位）虽然还是要通过浏览器，但是建立链接后提交合成帧就是直接提交给视觉引擎了。浏览器同样也是提交合成帧给视觉引擎，最后在视觉引擎生成最终的合成帧，通过显示引擎交由渲染引擎合成输出。

　　OOPR（Out of Process Rasterization，进程外光栅化）与目前的 GPU 光栅化机制的主要区别如下：

- ❑ 在当前的 GPU 光栅化机制中，Worker 线程在执行光栅化任务时，会调用 Skia 将 2D 绘图指令转换成 GPU 指令，Skia 发出的 GPU 指令通过命令缓存传送到视觉引擎进程的 GPU 线程中执行。
- ❑ 在 OOPR 中，Worker 线程在执行光栅化任务时，它直接将 2D 绘图指令（DisplayItemList）序列化到命令缓存传送到 GPU 线程，运行在 GPU 线程的部分再调用 Skia 生成对应的 GPU 指令，并交由 GPU 直接执行。

　　简而言之，就是将 Skia 光栅化的部分从渲染进程转移到了视觉引擎进程。当 OOPD、OOPR 和 SkiaRenderer 都开启后：

- ❑ 光栅化和合成都迁到了视觉引擎进程。
- ❑ 光栅化和合成都使用 Skia 做 2D 绘制，实际上 Chromium 所有的 2D 绘制最终都交由 Skia 来做，由 Skia 生成对应的 GPU 指令。
- ❑ 光栅化和合成时，Skia 最终输出 GPU 指令都在 GPU 线程，并且使用同一个 Skia GrContext（Skia 内部的 GPU 绘图上下文如图 6-29 所示）。

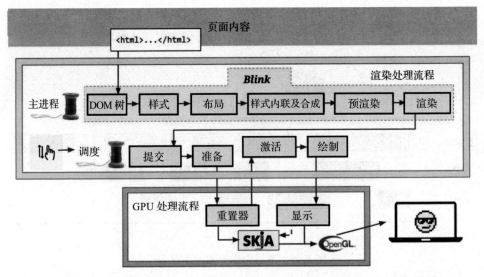

图 6-29 浏览器渲染和 Skia 内部 GPU 渲染流程（源自 Chromium 官方文档）

这意味着，当 Skia 对 Vulkan、Metal、DX12 等其他 3D API 的支持完善后，Chromium 就可以根据不同的平台和设备，来决定 Skia 使用哪个 GPU API 来做光栅化和合成。而 Vulkan、Metal、DX12 这些更底层的 API 对比 GL API，可以带来更低的 CPU 开销和更好的性能。

纵观渲染过程，不同的底层 API 受到光栅化过程的影响，光栅化过程受到合成器工作过程的影响，合成器工作过程受到 Blink 对渲染内容处理的影响，如图 6-30所示。

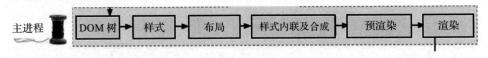

图 6-30 合成器流程（源自 Chromium 官方文档）

对于渲染过程的学习和理解，可以了解渲染内容的不同选择对于性能的影响过程，对于性能影响过程的分析可以精确定位性能问题，同时，了解渲染过程会产生很多优化手段去对抗白屏、掉坑、闪烁、卡顿等性能和用户体验问题。

上述相对较多地介绍静态渲染内容，但是，今天的软件工程面对着复杂的、动态的场景，比如数据动态加载和动态渲染、条件渲染、动效动画等，因此，JavaScript 的干预也会导致渲染内容的变化，从而影响渲染的过程，下面介绍一下 JavaScript 干预的相关问题。

（3）JavaScript 干预

如图 6-31 所示，从原理上说 Blink 暴露 DOM 的 API 给 JavaScript 调用（其实，还有一部分 CSSOM API 的暴露，用于干预 CSS，这里就不赘述了，因为现代前端开发框架大多会直接将这部分干预结果内联到 HTML 里，借此降低浏览器引擎的计算量），图 6-31 中用 createElement API 创建一个 HTML 标记，用 append 挂载到 document.body.firstChild 的 childNodes[1] 上，也就是图 6-31 中的变量 p2，DOM 树会发生变化导致整个渲染过程发生变化，如图 6-30 所示。

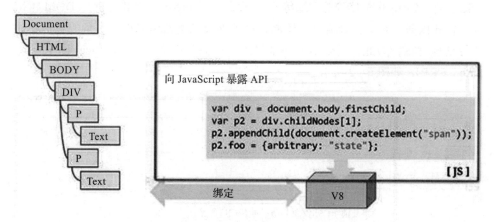

图 6-31　JavaScript 干预过程（源自 Chromium 官方文档）

这也就是 Virtual-Tree（虚拟 DOM 树）技术能够提高浏览器渲染性能的原理：合并 DOM 树的变更进行批量绑定，从而降低重入渲染过程的概率和频次。

简单说，从 Blink 的视角看 V8 其实是一个局外人，浏览器引擎良好地解耦了 V8 对 DOM 的干预，让这种干预局限在针对 HTML 标记本身上，但是，由于 JavaScript 的干预会导致 DOM 的变化，同样会导致后续的渲染过程产生变化，因此，有时候合并 DOM 树的变更可能带来渲染结果的错误，在不了解渲染过程的前提下，使用 Virtual-Tree 出现一些渲染的问题可能更加难以定位和解决。

其次，在条件渲染或 SPA 应用的一些路由逻辑上，也会因为渲染内容的选择和改变对渲染过程产生负面的影响，这种影响可能会超出 16.7ms 的限制而造成卡顿等问题，条件和判断逻辑的优化很可能能够缓解部分渲染性能问题（由于这属于 JavaScript 的范畴，就不在此展开了），用一句话来概括，即 JavaScript 应尽快执行和返回。下面将从解析器、布局器、合成器的计算视角去分析计算复杂度对渲染性能的影响。

3.计算视角

简单来说，计算视角就是看 DOM 树、样式、布局、样式内联及合成、预渲染、渲染这个过程中计算的部分，因为，这些计算的耗时会直接影响渲染性能。关于这个过程行业里有一个 CRP 的概念，下面就从 CRP 开始看看计算视角下渲染性能优化的问题和手段。

（1）CRP

通过网络 I/O 或磁盘 I/O（缓存）加载 HTML CSS 之后的链路——解码 HTML、CSS 文件（GZip 文本传输前压缩等）、处理过程（HTML、CSS 解析）、DOM 树构建、样式内联、布局、合成器、绘制，这里涉及浏览器引擎进行大量的解析和计算等处理过程，为此，需要引入一个概念——关键渲染路径（Critical Rendering Path，CRP），如图 6-32 所示。

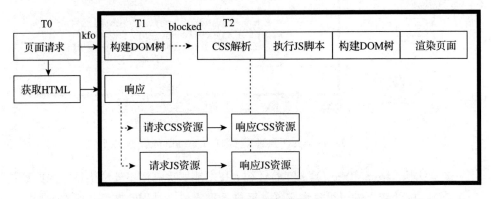

图 6-32　关键渲染路径

首先，一旦浏览器得到响应，内核就开始解析页面。当遇到依赖关系时，就会尝试下载。如果是一个样式文件（CSS 文件），浏览器就必须在渲染页面之前完全解析它（这就是为什么 CSS 阻塞渲染）。如果是一个脚本文件，浏览器必须停止解析，下载脚本，并运行它。只有在这之后才能继续解析，因为 JavaScript 脚本可以改变页面内容，特别是 HTML（这就是为什么说 JavaScript 阻塞解析）。一旦所有的解析工作完成，浏览器就建立了 DOM 树和 CSSOM 树，将它们结合在一起就得到了渲染树。然后，将渲染树转换为布局，这个阶段也被称为**重排**。最后一步是绘制，将前几个阶段计算出来的数据通过渲染引擎绘制。

把这几步放到渲染引擎渲染页面的过程中就能更清晰地认识到，CRP 会经过下面几个过程，如图 6-33 所示。

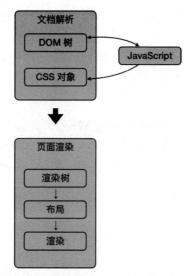

图 6-33　CRP 步骤

CRP 的步骤如下：

❑ 处理 HTML 标记并构建 DOM 树。

❑ 处理 CSS 标记并构建 CSSOM 树。

❑ 将 DOM 树和 CSSOM 树合并成一个渲染树。

❑ 根据渲染树来布局。

❑ 将各个节点绘制到屏幕上。

注意：当 DOM 树或 CSSOM 树发生变化的时候（JavaScript 可以通过 DOM API 和 CSSOM API 对它们进行操作，从而改变页面视觉效果或内容），浏览器就需要再次执行上面的步骤，前文介绍的 Virtual-Tree 渲染优化就源自于此。

在优化页面的 CRP 时，最关注如下三件事。

❑ 减少关键资源请求数：减小使用阻塞的资源（CSS 和 JS）。注意，并非所有资源都是关键资源，尤其是 CSS 和 JS（比如使用媒体查询的 CSS、使用异步的 JS 就不关键了）。

❑ 减少关键资源大小：使用各种手段，比如减少、压缩和缓存关键资源，数据量越小，引擎计算复杂度越小。

❑ 缩短 CRP 长度。

在具体优化 CRP 时，可以按下面的步骤进行。

❑ 对 CRP 进行分析和特性描述，记录关键资源数量、关键资源大小和 CRP 长度。

- ❏ 最大限度减少关键资源的数量：如删除它们、延迟它们的下载、将它们标记为异步等。
- ❏ 优化关键资源字节数以缩短下载时间（往返次数），减少 CRP 长度。
- ❏ 优化其余关键资源的加载顺序，需要尽早下载所有关键资源，以缩短 CRP 长度。

使用 Lighthouse 或 Navigatio Timing API 检测关键请求链：需要一些工具帮助前端工程师检测 CRP 中的一些重要指标，如关键资源数量、关键资源大小、CRP 长度等。在 Chrome 中使用 Lighthouse 插件（Node 版本）：

```
//安装Lighthouse
» npm i -g lighthouse
» lighthouse https://jhs.m.taobao.com/ --locale=zh-CN --preset=desktop
    --disable-network-throttling=true --disable-storage-reset=true
    --view
```

可以得到如图 6-34 所示的详细报告，在这份报告中可以看到"关键请求"相关的信息。

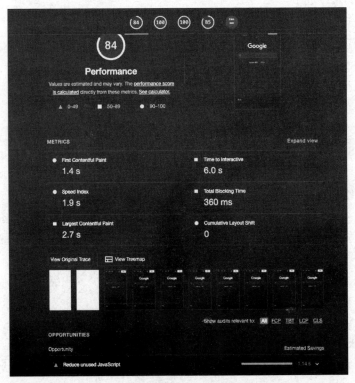

图 6-34　Lighthouse 产生的报告

除了使用 Lightouse 检测工具之外，还可以使用 Navigation Timing API 来捕获并记录任何页面的真实 CRP 性能，如图 6-35 所示。

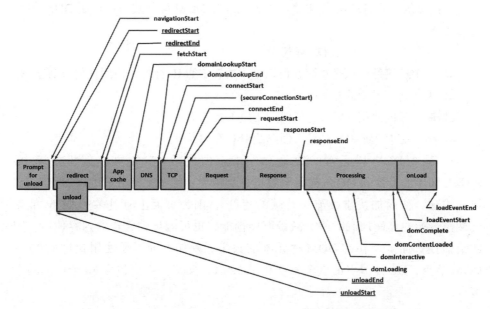

图 6-35　用 Navigation Timing API 捕获 CRP（源自 W3C 标准）

可以使用性能监控规范中相关 API 来进行页面真实用户场景的性能监控，如图 6-36 所示。

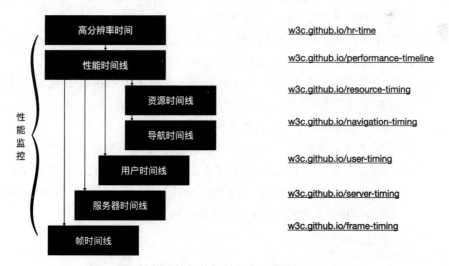

图 6-36　性能监控规范提供的 API（源自 W3C 标准）

通过相应工具或技术手段获得 CRP 分析结果之后，就可以针对性地进行优化。

（2）CRP 优化策略

计算视角下的 HTML 优化手段主要是编写 DOM 树的技巧和控制 DOM 树结构两部分。

1）编写有效、可读的 DOM 树。

❑ 每个标签都应该是小写，所以请不要在 HTML 标签中使用任何大写字母。

❑ 关闭自我封闭的标签。

❑ 避免过度使用注释（建议使用相应工具清除注释）。

❑ 组织好 DOM 树，尽量只创建绝对必要的元素。

2）减少 DOM 树元素的数量（在 Blink 内核的 HTML 文档解析处理中，HTML 标签的个数和 DOM 树元素数量息息相关，减少标签数量可以加快 DOM 树的构建，从而加快排版渲染首帧的速度），因为页面上有过多的 DOM 节点会减慢最初的页面加载时间、减慢渲染性能，也可能导致大量的内存使用。因此请监控页面上存在的 DOM 树元素的数量，确保页面不要使用超过 1500 个 DOM 节点，DOM 节点的嵌套不要超过 32 级，父节点不要包含 60 个以上的子节点。

（3）CSS 的渲染性能优化

❑ CSS 类的长度：类名的长度会对 HTML 和 CSS 文件产生轻微的影响。

❑ 关键 CSS：将页面 CSS 分为关键 CSS（Critical CSS）和非关键 CSS（No-Critical CSS），关键 CSS 通过 <style> 方式内联到页面中（尽可能压缩后引用），可以使用 Critical 工具来完成。

❑ 使用媒体查询：符合媒体查询的样式才会阻塞页面的渲染，当然所有样式的下载不会被阻塞，只是优先级会调低。

❑ 避免使用 @import 引入 CSS：被 @import 引入的 CSS 需要依赖包含的 CSS 被下载与解析完毕才能被发现，增加了关键路径中的往返次数，意味着浏览器引擎的计算负载加重。

❑ 分析样式表的复杂性：分析样式表有助于发现有问题的、冗余和重复的 CSS 选择器。分析出 CSS 中冗余和重复 CSS 选择器，可以删除这些代码，加速 CSS 文件读取和加载。可以使用 TestMyCSS、analyze-css、Project Wallace 和 CSS Stats 来帮助分析和更正 CSS 代码。

```
//如果节点有id属性
if (element.hasID())
  collectMatchingRulesForList(
```

```
                matchRequest.ruleSet->idRules(element.idForStyleResolution()),
                cascadeOrder, matchRequest);
    //如果节点有class属性
    if (element.isStyledElement() && element.hasClass()) {
        for (size_t i = 0; i < element.classNames().size(); ++i)
            collectMatchingRulesForList(
                matchRequest.ruleSet->classRules(element.classNames()[i]),
                cascadeOrder, matchRequest);
    }
    //伪类的处理
    ...
    //标签选择器处理
    collectMatchingRulesForList(
        matchRequest.ruleSet->tagRules(element.localNameForSelectorMatching()),
        cascadeOrder, matchRequest);
    //最后是通配符
    ...
```

通过代码可以直观地感受不同 CSS 选择器带来的计算开销差异，从而对优化计算性能提供指导。

（4）CSS 的计算性能优化

浏览器引擎本身也是软件，在了解了渲染过程后，其实就了解了渲染的软件细节。那么，软件工程角度优化计算的方法其实是比较丰富的，如果把编程对象理解为"算法 + 数据结构"这个理论相信大家都熟悉，笔者要特别指出的是，"算法 + 数据结构"从性能优化视角下可以看做"时间 + 空间"。由此，可以引入一个比较常用的性能优化策略——时间换空间或空间换时间。当空间压力大的时候（也就是存储压力大），可以用时间来换空间，典型的案例是文件压缩。当时间压力大的时候（也就是计算压力大），可以用空间来换时间，典型案例是前文说到的缓冲区（缓存），利用把长进程运算密集型任务分割成一系列可并发的子任务，并行计算后存储起来（缓冲区 / 缓存），再由 GPU 输出到显示器上。

下面通过布局器和合成器的实例，分析一下计算视角下渲染性能的问题。

1）布局器实例。除了前文所述的 CRP 的 HTML、CSS 的部分优化思路外（解决图 6-30 的 DOM 树、样式部分），渲染流水线包括从布局到渲染的全过程。

核心思路：减少渲染流水线计算负载（见图 6-37）。

不同的 HTML 标记和 CSS 样式选择，以及在其中使用的布局方法，会在不经意间对布局引擎产生计算负载。要避免这种负载的产生，就是让布局引擎尽可能少地计算，可以用前文所述的空间换时间的方法，用确定性的数值去避免布局引擎的估计或计算。

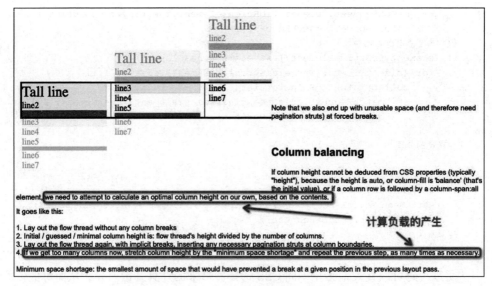

图 6-37   计算负载产生的原理

　　注意，这里提供的不是具体的渲染性能优化方法，而是思路。因此，在具体项目中使用这个思路还需要额外的工作，包括调试能力、统计分析能力等，最常用的就是对 Chromium 内核进行调试，找到计算负载的根源。以打开一个页面为例，把断点打在 Blink 中，源码为 third_party/blink/renderer/core/dom/document_init.cc 中的 DocumentInit::Type DocumentInit::ComputeDocumentType，然后，根据当前断点提供的 CPU、GPU、Memory 等调试信息对当前负载性能问题进行定位。

　　在 Chrome 官方文档"Style Invalidation in Blink"里对负载性能有这样的描述："Blink 项目的性能目标是能够在手机上以 60fps 的速度运行 Web 内容，这意味着每帧有 16ms 的时间来处理输入、执行脚本，并通过样式重新计算对脚本所做的更改执行渲染，渲染树的构建、布局、合成、绘画，以及将更改推送到图形硬件，最终由 GPU 渲染上屏只有 16ms 的实践。因此样式重新计算只能使用这 16ms 的一小部分。为了达到这个目标，必须小心谨慎地处理各种负载。可以通过存储一组选择器来最小化重新计算其样式的元素的数量，内核将评估这些选择器每个可能的属性和状态更改，针对后代和兄弟集合的选择器，重新计算与其中至少一个匹配的元素的计算样式。在 HTML 样式计算的过程中，一半的时间用于匹配 HTML 元素选择器，另一半时间用于从匹配的规则构造渲染样式（计算样式表示）。由于需要匹配选择器才能确定哪些元素需要重新计算样式，因此，进行完全匹配太昂贵。"

　　而文中空间换时间部分的表述是："我们使用一个集合来存储有关选择器的元数

据，并在成为样式失效的过程中使用这些集合来确定哪些元素需要重新计算样式。"

读者可以从中了解到样式的计算性能消耗和优化方法。

2）合成器实例。

核心思路：找到渲染引擎设计者努力优化的问题并避免之。

简单来说，在阅读 Chromium 等浏览器内核设计文档或博客的时候，经常看到一些设计方案在阐述 Blink 内核团队遇到的问题及他们解决问题的思路与设想，那么，如果换个思路来看，避免了引发这些渲染性能问题的因素，并在自己的项目中避免这些情况的发生，就能够良好地进行优化。

参考 Chrome 官方文档 "Multithreaded Rasterization" 中的问题，如图 6-38 所示。

Texture Upload
One key challenge on lowend devcies is that uploading a single 256x256 texture can take many milliseconds, sometimes as crazy as 3-5ms. Because of this, we have to carefully throttle our texture uploads so that we dont drop a frame. To do this, we are adopting a new approach of async texture uploads. Instad of issuing standard glTexImage calls, we instead place textures into shared memory and then instruct the GPU process to do the upload when-convenient. This enables the GPU process to do the upload during idle times, or even on another thread. The compositor then polls the GPU process via the query infrastructure to determine if the upload is complete. Only when the upload is complete will we draw with it.

图 6-38　合成器中纹理渲染对性能的影响

如图 6-38 中画线部分所示，可能前端平常对个位数毫秒级影响不太注重，但在渲染管线内部和 GPU 的底层计算中，都是以并行方式运行海量计算，1ms 的延迟带来的后果都是很严重的。

可以用 www.textures4photoshop.com 提供的示例在自己的 CSS 里测试一下，用前文介绍的 Profiling 工具看看纹理渲染对性能带来的影响，如图 6-39 所示。

```
background: url(//www.textures4photoshop.com/tex/thumbs/watercolor-
    paint-background-free-thumb32.jpg) repeat center center;
background-size: 20%;
```

图 6-39　纹理渲染示例

此外，研读 "Compositor Thread Architecture" 之类的文档，了解在合成过程中 CPU、GPU、内存（空间大小、换入换出、内存对齐等阻滞计算过程的内存问题也会产生计算负载，因为这会拉长计算时间）都在发生什么、什么情况或条件会产生线程间切换、什么问题会引发资源竞争。从这些问题入手，反思交给合成器可能并不是最合适的。用这种逆向思维的方式发现计算瓶颈并针对性地优化。同时，这些思想的根源都是很朴素的软件工程能力和编程能力，在无法觉察和理解这些问题的时候，不妨把这些基础软件工程能力和编程能力补一补，例如看看《UNIX 网络编程》这样的著作。

4. 设计和实现构建层

构建层核心实现了构建过程，是对于各种构建工具的使用，这对于前端工程师来说并不是什么难事，Webpack、Gulp、Vit 等都熟稔于心，写插件也是常事。由于智能 UI 的运行时额外引入了个性化 UI 交互的复杂度，因此，对性能的要求也更多。所以，这里想介绍的是两部分内容，一部分是智能 UI 的构建和常规工程构建有何不同，另一部分是针对愈加复杂的 JavaScript，除前文介绍的三点优化视角外，JavaScript 程序代码分析优化还有什么方法。

智能 UI 与常规工程构建的不同主要在于输入。首先是应用场景不同，如小程序、H5、混合 App 等；其次是框架、脚手架不同，例如运行时不同或是工程体系的不同等；最后是团队规模不同，例如小团队和大团队在构建上的诉求不同。这些都让构建工具和构建工程体系百花齐放、争奇斗艳。智能 UI 则不同，输入只有 D2C Schema、设计令牌、JavaScript 三部分，而 imgcook 的自定义 CLI 可以方便地调用各种构建工具和脚手架，设计实现构建层时只需要对接 imgcook 的 DSL（D2C Schema）和 CLI 并按照 5.4.3 节介绍的方法进行解析处理，此外就是处理好 JavaScript 部分。

就像在学习之前先要识字，在介绍处理 JavaScript 的部分之前，先介绍一下笔者对编程语言的理解。故事要从一只叫做 Theseus 的机械鼠和其发明人克劳德·香农（Claude Shannon）说起。在传记"A Mind at Play：How Claude Shannon Invented the Information Age"中，作者 Jimmy Soni 和 Rob Goodman 强烈希望将香农的作品 Theseus 展示给广大读者。面对复杂的迷宫，Theseus 仅用一堆继电器、ROM 存储等简单而古老的电子元器件，就完成了对复杂迷宫的探索和成功线路的记忆，第二次沿着正确道路走出迷宫。大多数人认为这不过是骗人的把戏和小玩意儿，弃之如敝履。在少数聪明人眼里，Theseus 蕴含的惊人智慧简直可以和牛顿、爱因斯坦媲美，香农凭借一己之力将布尔代数引入电子电路设计，启发了后世数字电路乃至计算机的发明。

图 6-40 就是在香农启发下产生的一个数字电路，Theseus 中古老的电子元器件已经变成了右侧的集成电路。通过将两个电容和一个晶振组成的振荡电路，给集成电路提供时钟。集成电路上有数模转换电路，把高低电平代表的布尔代数运算电路计算结果转换成模拟信号输出，可调光调色的 LED 模组上就产生了功率输出的不同（颜色）、频率输出的不同（亮度）。在香农的启发和帮助下，图 6-40

的电路实现了一个完整的程序功能——随时钟变化不断改变 LED 的颜色和亮度。

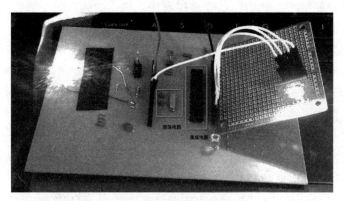

图 6-40　智能调光调色电路

图 6-40 的完整程序如果直接翻查集成电路手册，可按照图 6-41 对照引脚定义和手册里对寄存器操作的地址写入对应的指令和数据。

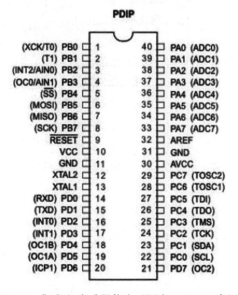

图 6-41　集成电路手册信息（源自 ATMEL 官网）

从这个例子中可以看到，在香农的启发和帮助下，数字电路最大的好处就是将电路进行了抽象，让程序逻辑和数字电路在抽象层面上统一起来。在这个新的统一抽象层面上，程序逻辑的控制可以类比为逻辑电路中的控制，程序的输入输出可以类比为数字电路中的存储（ROM、RAM）。时钟电路给数字电路中的信号传输提供标尺，中央处理器根据这些标尺来控制数字电路中信号的传输和流转，这种传输和流转则把点状的控制变成控制流，把点状的存储变成数据流。因此，在程序中最重要的是控制流和数据流。

为了不必每次都查手册用引脚去烧写 ROM 为数字电路注入控制指令和数据，前辈们发明了一套烧写系统，用汇编或 C 语言来定义和描述控制流和数据流，再由编译器翻译成图 6-42 对应的寄存器地址和指令、数据，然后通过烧写器变成数字信号通过集成电路引脚传输到集成电路内部完成程序的烧写。这套系统让程序员摆脱手册（当然不是完全摆脱，有时候还是要查，但频率大幅降低）直接用编程语言去描述程序，再通过模拟器（类似于前端 MOCK 数据）完成调试和模拟测试，让程序员对数字电路编程变得异常简单。

图 6-42 这种以编程方式控制数字电路就容易多了，可以在淘宝买一个 Arduino 开发板，然后按照下面的代码自己试试，从本质上理解程序是什么、数字电路是什么、计算的本质是什么及程序和数字电路之间的映射关系是什么。

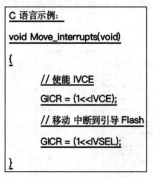

```
C 语言示例：
void Move_interrupts(void)
{

    // 使能 IVCE
    GICR = (1<<IVCE);
    // 移动 中断到引导 Flash
    GICR = (1<<IVSEL);

}
```

图 6-42 对数字电路进行编程（源自 ATMEL 官网）

以如下代码为例：

```
unsigned long colorT[] = {  0xff3300,0xff3800,0xff4500,0xff4700,0xff5200,0xff5300,0xff5d00,0xff5d00,0xff6600,0xff6500, 0xff6f00,0xff6d00,0xff7600,0xff7300,0xff7c00,0xff7900,0xff8200,0xff7e00,0xff8700,0xff8300,可以自己继续添加:
}
int R_Pin = 11;
int G_Pin = 10;
int B_Pin = 9;
//手册中集成电路输出信号的引脚与LED模块连接方式对应
int red,green,blue = 0;
int i = 0;
int l = sizeof(colorT);
void setup(){
    pinMode(12, OUTPUT);
```

```
    pinMode(R_Pin, OUTPUT);
    pinMode(G_Pin, OUTPUT);
    pinMode(B_Pin, OUTPUT);
    digitalWrite(12, LOW);
}
void setColor(int redValue, int greenValue, int blueValue){
    analogWrite(R_Pin, redValue);
    analogWrite(G_Pin, greenValue);
    analogWrite(B_Pin, blueValue);
}
void  loop(){
    red = (colorT[i] >> 16) & 0xff;
    green = (colorT[i] >> 8) & 0xff;
    blue = (colorT[i] >> 0) & 0xff;
    setColor(red, green, blue);
    i++;
    if(i >= 1){
        i = 0;
    }
    delay(200); //控制时钟信号
}
```

接下来看看如何观察 JavaScript 的控制流和数据流。前面提到要用解析处理模块对原始的代码文本（字符串）进行处理，最常见的处理方法是生成"抽象语法树"（AST）。当然，对于 D2C Schema 和设计令牌的解析过程是为了输出正确的、内联 CSS 的完整 HTML 文档。

之所以要把 JavaScript 代码文本转换成 AST，是因为编译器无法对字符串构成的程序文本进行直接操作，只有把程序文本从"1+2"变成 new BinaryExpression(ADD, new Number(1), new Number(2)) 这种形式，才能被编译器理解。是不是和 ATMEL 集成电路的编程很像？操作 ADD（逻辑与）和数据 new Number(1)（寄存器操作）。因此，从程序文本到 AST 的过程可以类比成解析过程，用于解析的那段代码就叫做解析处理模块。知道了这些，就可以借助 AST 的可读性和易于分析观察的特点，对程序文本也就是"代码"反复推敲是否可以进一步优化。程序文本生成 AST 推荐 esprima 工具，遍历 AST 节点并进行合理的修改和优化，最后把修改过的 AST 转换回程序文本，则可以用 escodegen 工具实现。

```
//生成AST
const esprima = require('esprima');
const AST = esprima.parseScript(jsCode);
//遍历和修改AST
const estraverse = require('estraverse');
const escodegen = require('escodegen');
function toEqual(node){
```

```
        if(node.operator === '=='){
            node.operator = '===';
        }
    }
    function walkIn(ast){
        estraverse.traverse(ast, {
            enter: (node) => {
                toEqual(node);
            }
        });
    }
    //从AST进行代码生成
    const escodegen = require('escodegen');
    const code = escodegen.generate(ast);
```

具备上面的技能后，用真实的代码来练练手：

```
acc = 0;
i = 0;
len = loadArrayLength(arr);
loop {
    if (i >= tmp)
        break;

    acc += load(arr, i);
    i += 1;
}
```

用 esprima 工具提供的解析处理模块把这段代码转换成 AST 后，借助 GraphViz 工具把 AST 从 JSON 格式转换成 digraph 格式的 .gv 文件，然后生成图 6-43。

图 6-43 是一棵树，所以能很方便地进行遍历，当访问 AST 节点时生成对应的机器代码。这个方法的问题在于，关于变量的信息非常稀少，并分散在不同的树节点上。为了优化安全地将长度查找移出循环，需要知道数组长度不会在循环迭代之间变化。人们只需查看源代码即可轻松完成，但编译器需要做大量工作，才能从 AST 中提取这些事实。与许多其他编译器问题一样，通过将数据提升到更合适的抽象层，即中间表示（IR）来解决。在这个特定情况下，IR 的选择被称为数据流图（DFG）。与其谈论语法实体（如 for loop、expressions 等），不如谈论数据本身（读取、变量值），以及它如何在程序中变化。

在示例中，程序员关心的数据是变量 arr 的值。优化过程希望能轻松观察 arr 的所有使用，以验证没有越界访问或任何其他更改来修改数组的长度，这是优化的前提。数据值之间的"使用"（定义和使用）关系是进行数据流图分析的关键。具体而言，这意味着该值已声明一次（图 6-43 中的节点），并且它已用于创建新值（图 6-43 的边）。显然，将不同的值连接在一起将形成如图 6-44 所示的数据流图。

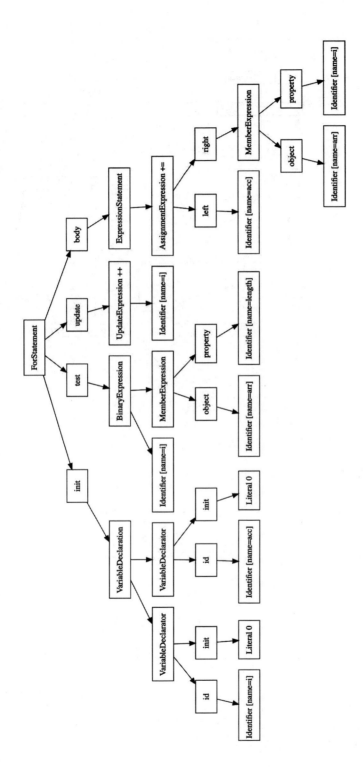

图 6-43　对 AST 进行可视化

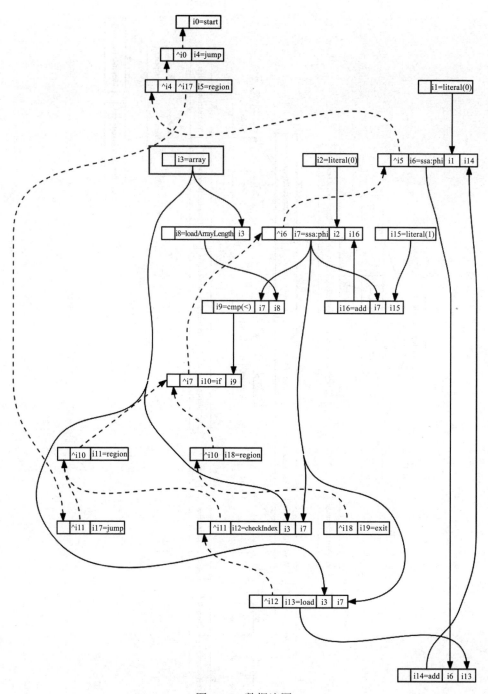

图 6-44　数据流图

注意图 6-44 方框柱注的 i3= 中 array，实心箭头表示 i3 的用法。通过在这些边上迭代，编译器可以导出 i3 的值用于 loadArrayLength、checkIndex、Load。

如果以破坏性方式访问数组节点的值（即存储、长度大小），则此类图的构造方式是显式"克隆"数组节点。每当看到 array 节点并观察其用途时，总是确定它的值不会改变。这听起来可能很复杂但很容易实现，该数据流图遵循单一静态分配（SSA）规则。简而言之，要将任何程序转换为 SSA，编译器需要重命名变量的所有赋值和后续使用，以确保每个变量只分配一次。

例如，在 SSA 之前：

```
var a = 1;
console.log(a);
a = 2;
console.log(a);
```

SSA 之后：

```
var a0 = 1;
console.log(a0);
var a1 = 2;
console.log(a1);
```

通过 SSA 后可以确定，当谈论 a0 时实际上是在谈论它的单个任务。

使用数据流分析来从程序中提取信息，使程序员能够就如何优化数据流做出安全假设。这种数据流表示在许多情况下非常有用，唯一的问题是通过将代码转换为数据流图，在表示链（从源代码到机器代码）中与 AST 相比，这种中间表示更不适合生成机器代码。由于程序逻辑是一个顺序排列的指令列表，CPU 一个接一个地执行它，数据流图似乎没有传达这一点。通常，通过将图节点分组到块中解决这个问题，这种表示形式称为控制流程图（CFG）。

```
b0 {
    i0 = literal 0
    i1 = literal 0

    i3 = array
    i4 = jump ^b0
}
b0 -> b1

b1 {
    i5 = ssa:phi ^b1 i0, i12
```

```
    i6 = ssa:phi ^i5, i1, i14

    i7 = loadArrayLength i3
    i8 = cmp "<", i6, i7
    i9 = if ^i6, i8
}
b1 -> b2, b3
b2 {
    i10 = checkIndex ^b2, i3, i6
    i11 = load ^i10, i3, i6
    i12 = add i5, i11
    i13 = literal 1
    i14 = add i6, i13
    i15 = jump ^b2
}
b2 -> b1

b3 {
    i16 = exit ^b3
}
```

如图 6-45 所示，可以按照之前的方法把它变成一张控制流图。

结合前文的示例代码可以看到：代码块节点 b0 中的循环前有代码，节点 b1 中包含循环头，节点 b2 中有循环测试，节点 b3 中定义了循环主体，节点 b4 中为退出代码。从这个例子翻译成机器代码非常容易，将 i×× 替换为 CPU 寄存器名称（就像前文在 ATMEL 手册上查到的寄存器地址），并为每个指令逐行生成机器代码。

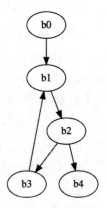

图 6-45 控制流图

CFG 具有数据流关系和顺序，因此能够将其用于数据流分析和机器代码生成。然而，试图通过操纵其中包含的块及其内容来优化 CFG，会变得复杂且容易出错。相反，Clifford Click 和 Keith D Cooper 提议使用一种叫做"节点海"的方法，来消除 CFG 和复杂的数据流图带来的麻烦。

还记得带有虚线的数据流图吗？这些虚线实际上是使该图成为节点海图的原因。选择将控制依赖项声明为图中的虚线边缘，而不是将节点分组并对其进行排序。如果删除所有未破线的部分，并分组，将得到如图 6-46 所示的节点海图。

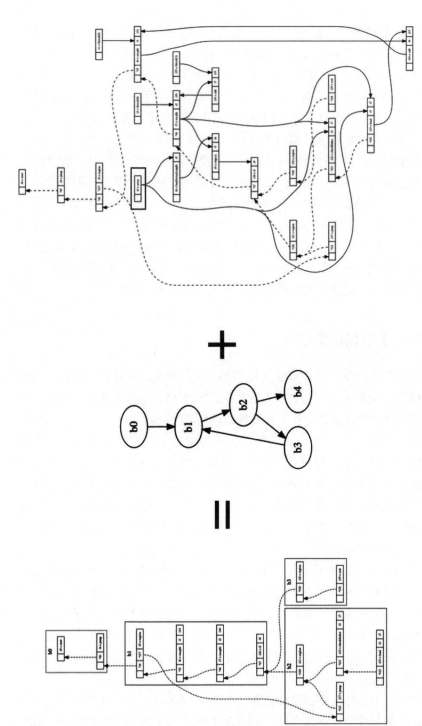

图 6-46　节点海的产生原理（示意图）

图 6-46 是查看代码非常强大的方式，它具有一般数据流图的所有信息，无须不断删除或替换块中的节点即可轻松更改以实现优化。节点海图通常用"图约简"方法进行修改，只需将图表中的所有节点排队，为队列中的每个节点调用分析处理函数，此函数涉及的所有内容（更改、替换）都将放入另一个队列，稍后将传递给优化函数。如果有许多优化点，如合并/减少网络请求、合并/减少 JSBridge 调用、合并/减少本地存储 API 调用等，可以将它们堆叠在一起，并在队列中的每个节点上应用它们，如果它们依赖于彼此的最终状态，也可以逐一应用它们。

至此，我们完成了设计和实现 Builder 层所需所有知识的学习，可以根据自己的情况来选择具体的实现方法。如果想锻炼自己，可以按照前述内容设计自己的构建器，分析 UI 和交互代码的控制流和数据流并进行优化。如果想要快速实现智能 UI 并在业务中取得产出，可以利用 Webpack、Vite 等熟悉的工具实现。通过归因和度量才能把整个智能 UI 的生产和消费链路形成一个数据驱动的闭环，从而以数据和指标为依据进行有效的迭代，下面进行具体介绍。

6.3 迭代：归因和度量

由于本节涉及统计学、诸多算法及较多的公式，因此，在开始阅读前，笔者想简单做个阅读方法概述。起初，在看算法公式的时候，笔者也是一头雾水。但是，随着转换阅读理解公式的方法，看不懂的问题就会迎刃而解。

笔者看公式的方法是：把公式当作逻辑演绎看待。其实，公式难懂的关键是对符号不熟悉，熟悉了各种积分、对数、累加等符号的含义后，这些公式其实就是一串逻辑演绎，讲述对某个问题所涉及的关键变量以何种逻辑关系组织在一起，从而揭示问题的本质。在看公式的时候，上网查一下这些符号的含义，久而久之就能对眼前的公式有所理解了。下面进入正题：如何用归因和度量让智能 UI 体系变得可以迭代和优化？

通过归因和度量才能把整个智能 UI 的生产和消费链路形成一个数据驱动的闭环，从而以数据和指标为依据进行有效的迭代。此外，从归因分析的名字就可以看出，归因分析寻求的是一种因果关系。因果关系在业界都是一个很难解决的问题，好在智能 UI 体系的供给和消费链路形成的自动化、数据化闭环，能够在很大程度上降低归因分析的难度。但是，要做到具有洞察力，就必须科学、全面且深入地通过数据和算法找出 UI 方案中哪些因素影响了用户。

因此，在实践中会把这个数据闭环的底层分为三个环节，第一个环节是要素分析，对产生指标进行度量，第二个环节是融合分析，对结合场景进行归因和洞察，

第三个环节是以实验的方式检验前两个环节的准确性和有效性并提出改进目标。

如图 6-47 所示，本节会从 A/B 测试实验、要素和指标分析、场景融合分析的方法和能力建设，以及实验设计和检验过程，来详细介绍在归因和度量方面应该怎么做，以及如何驱动智能 UI 的体系进行迭代。

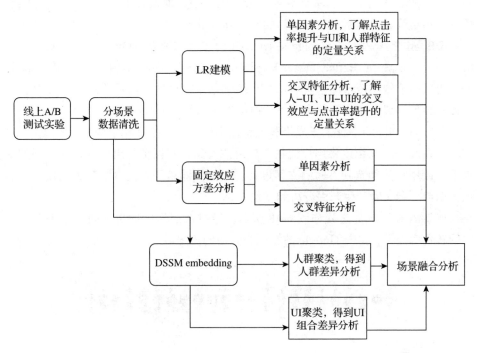

图 6-47　归因分析算法工程链路

6.3.1　A/B 测试实验能力建设

A/B 测试的概念来源于生物医学的双盲测试，全称是随机双盲对照实验。双盲测试中病人被随机分成两组，在不知情的情况下分别给予安慰剂和测试用药，经过一段时间的实验后再来比较这两组病人的表现是否具有显著的差异，从而决定测试用药是否有效。

参考生物学的双盲测试，为了更好地支撑归因分析，需要满足以下几个条件。

- ❑ **对照**：有其他对照组作为对比，才能真正看出来效果。不同组要能够涵盖和表征智能 UI 的要素因子和指标。
- ❑ **随机**：为了排除实验条件以外的干扰因素，需要确保两个组的用户是随机选取的，避免用户差异对实验结果造成影响。

❑ **大样本**：这里的样本量是指数据量，包括用户、行为和时间跨度，样本量越大，越容易排除个体差异的影响、幸存者偏差，也更容易验证统计上的显著性。

A/B 测试强调的是同一时间维度对相似属性分组用户的测试，时间的统一性有效地规避了因为时间、季节等因素带来的影响；而属性的相似性则使得地域、性别、年龄等其他因素对效果统计的影响降至最低。

A/B 测试的奠基石是 Goolge 在 KDD 2010 发表的论文 " Overlapping Experiment Infrastructure More, Better, Faster Experimentation"，Google 的工程师第一次将 A/B 测试用于测试搜索结果页展示多少搜索结果更合适，虽然那次的 A/B 测试因为搜索结果加载速度的问题失败了，但可以认为是 Google 的第一次 A/B 测试。

借鉴 Google 的卓越工作成果和理论，为优化某个指标制定两个（或以上）方案时，在同一时间维度将用户流量对应分成几组，在保证每组用户特征相同的前提下，让用户分别看到不同的方案设计，根据不同组用户的真实数据反馈，科学地根据数据和实验产生归因分析和度量结果。

典型 A/B 测试的过程如图 6-48 所示，通过对照实验度量不同分组下两种方案的转化率差异，这与 Google 的测试有异曲同工之妙。

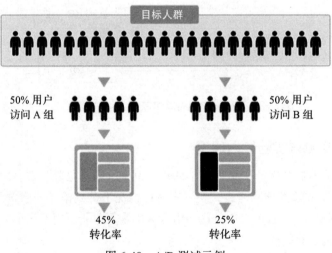

图 6-48　A/B 测试示例

在实际使用中可能并不局限于只有 A、B 两个版本，可能会有 ABC 测试、ABCD 测试，甚至是 ABCDE 测试。某些情况下可能会出现比较特殊的 A/B 测试，比如说 AAB，为了验证整个 A/B 实验平台自身的准确度，需要设置额外的对照组，所以叫 AAB 测试。不管同时运行几个实验，都可以将它们统称为 A/B

测试。下面从流量模型、分流规则、分层实验、实验系统设计、实验技巧 5 个方面展开介绍建设 A/B 测试的方法。

1. 流量模型

理解流量模型是设计好 A/B 测试的前提，而掌握一些基础概念是理解流量模型的前提。A/B 测试涉及的主要概念有：

- ❑ 域（Domain）：域对应一部分特定的业务流量，比如主搜 + 店铺内、主搜、店铺内三个域，可以在主搜 + 店铺内一个域内，用三个域进行分层实验。
- ❑ 层（Layer）：层就是域分层中的"层"，实验所属层归属于域，域可以根据条件选择流量去到哪个层。
- ❑ 流量（Traffic）：在 A/B 测试中 Traffic 代表流量比例，即桶的数量。智能 UI 算法实验桶数量较少，通常一个实验对应一个桶，归因分析和度量所用的桶数量比较多，最多可以有 1000 个，通常一个实验会对应两个或多个桶。
- ❑ 参数（Parameter）：参数指实验命中后，需要给哪些系统增加什么参数及参数值。
- ❑ 服务（Service）：服务指一个域内涉及的系统或模块，每个服务可以定义自己的一组参数，该域内的所有分层可以选择这些参数进行实验。子域会继承父域的所有服务。
- ❑ 触发器（Trigger）：只有满足触发器条件的流量，实验配置的参数才会生效。

分层流量模型示例如图 6-49 所示，可以根据实际的实验环境和实验目的对流量通过分域和分层的方式进行合理的设计。

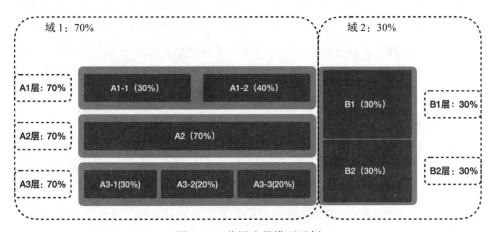

图 6-49　分层流量模型示例

2. 分流规则

统一视角下分桶（Bucket）是对同一层中流量的切分，一个场景可以有多个桶进行实验，分流方式是流量在桶间的分流规则。常用的分流方式如下。

❑ 用户 ID 分流：根据 MD5(userId, appid) % 100 进行分流，按分桶流量比例，判断每一个预先设定的用户分层何时落入哪个流量分桶。用户未登录（userId=0）随机分流，概率与实验设置的流量相关。

❑ 按 CNA（Computing Node Agent，计算节点代理）分流：根据 MD5(cookie Cna,appid)%100 进行分流，按分桶流量比例，判断每一个预先设定的用户分层何时落入哪个流量分桶。

❑ 随机分流：随机选择分流，概率与 A/B 设置的流量模型和分桶规则相关。

❑ 自定义分流：根据自定义参数的参数来分流，可以设置多个分流参数，多个参数按优先级之间用 "," 分割，比如 deviceId,payId，当参数中包括 deviceId 时，hash 种子为 MD5(deviceId,appId)，否则 hash 为 MD5(payId,appId)。如果 payId 为空，则采用随机分流。

服务视角下，分流规则的核心在于如何识别服务对象，并按照规则控制流量的分配。通常来说，网络服务可以分为有状态的服务和无状态的服务，区别就在于是否要在服务端保存服务状态。有状态的服务可以跟踪、识别服务对象，无状态的服务（如文件上传、静态资源服务）除非需要鉴权，一般不需要跟踪、识别服务对象。对于服务进行 A/B 测试的时候，针对有状态的服务可以根据服务对象识别结果进行分流，针对无状态服务大多是进行随机分流。

客户端 / 前端视角下，分流规则的核心在于如何识别用户、App、设备，用户、App 和设备识别都是为了对用户流量进行有效地切分。但是，为了能够支撑更加细致的实验，往往还需要在设备识别之上对设备类型不同的流量进一步切分，对用户 IP 地址所在区域进一步切分等。分流规则背后的分流能力建设是围绕着实验可能面临的问题构建的，同时还要考虑自身的实验环境问题，如独立 App 还是 Web App、小程序环境、网关环境、域名环境等。

3. 分层实验

假设只有一个层，把流量按一定规则划分为 N 个桶，可以同时做 N 个实验。N 取值太大，每个桶样本太少，结果波动较大。N 取值太小，同时可进行的实验个数受限，其他实验只能等着前面的实验结束，流量桶释放才能进行。在多层的情况下，层之间流量是正交的，每层可以把流量重新打散划分 N 份，从而同时并发多个实验。

分层的原则如下。

❑ 正交：每个独立实验为一层，层与层之间流量是正交的，一份流量穿越每层实验时，都会再次随机打散来保证流量的离散性。

❑ 互斥：实验在同一层拆分流量，且不论如何拆分，不同组的流量不能重叠。

有相关性的实验，比如涉及同个实验参数的赋值必须放到同一层进行，处理得不好不同层的实验会受到污染，因此要保证域、层、桶之间是互斥的。

4. 实验系统设计

实际情况中 A/B 测试系统架构如图 6-50 所示，详情可关注阿里技术有关 A/B 测试实验平台的介绍。

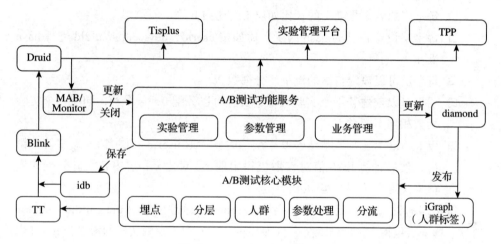

图 6-50 A/B 测试系统架构

❑ Tisplus、实验管理平台、TPP：分别是业务、搜索和算法的实验中后台 UI 层，作为用户操作和配置实验的入口。

❑ A/B 测试服务器：提供后台实验相关各种操作 API，供 UI 层调用，同时负责将实验信息分业务按固定格式序列化后推送到 diamond（配置系统，详见阿里云相关产品）供 A/B 测试客户端订阅。

❑ A/B 测试客户端：从后台同步相关的实验，每次业务请求调用客户端提供的 API 获取本次查询所需要的实验参数。同时客户端会将本次查询的信息及实验信息自动做埋点，也支持提供 API 由业务方自定义埋点。

❑ diamond：通过 diamond 将实验数据分发到客户端。

❑ iGraph：用于存储人群标签，客户端会根据用户 ID 查询 iGraph 获取人群标签，再判断该用户所属人群是否匹配实验选中的人群。

❑ idb：用于持久化实验数据。

❑ Blink：流式计算引擎，用于实验的效果计算（包括全量报表和实时报表，实时报表分钟级延迟，全量报表每天产出）。

❑ Druid：实时和日常的效果数据存储到 Druid，提供检索接口供报表展示和 MAB 查询。

❑ MAB：实时查询 Druid 获取实验 metric 数据，通过 bandit 流量调控算法调整实验参数值，然后调用 A/B 测试服务器 API 更新实验参数值，也可以通过 MAB 监控 Metric 波动情况，发出报警或者自动下线实验。

实际情况下，对流量打散的方法如下：

❑ 每个层的名字是唯一的，比如层 La、层 Lb 等。

❑ 每个层设定自己的 hash 因子，比如按 userid、deviceid 或 utdid 进行 hash 操作。

❑ 每个层可以设定自己的流量切分桶数 N。

❑ 层里可以创建若干个实验，每个实验可以分配 $0\sim m$ 个桶，同层各个实验桶数相加不超过 N。

❑ 以 userid 为例，流量流经某个层的时候，取 userid 和层名 Lx 做字符串拼接，然后计算 hash 值对 N 取模得出值 x，对比 x 和层内各实验分配的模值来决定命中哪个实验。

每个层有其对应的流量划分算法 diversion，通常按用户 uid、utdid、cookie 划分。每一层包括 100% 的流量，分为 used（已分配正在做实验的流量）、free（未分配的流量）、biased（不能参与实验的流量，比如没有 cookie 的流量），这三部分流量在埋点里需要进行区分，层在定义时可以根据自己的业务需求将 biased 流量随机切分到各个桶参与实验。

如图 6-51 所示，触发器用于控制参数只在部分流量下生效。比如希望在默认排序下走算法模型 A，即在排序时增加参数 model=A。这里的条件是 sort=default，排序条件就是触发器。所有对应桶的流量都会命中该实验，但是只有带了 sort=default 的流量才会带 model=A 参数，其他流量模型为默认值或者不带模型参数，同时需要将触发器的 k/v 记录到埋点里。注意触发器与条件的区别，条件是只有匹配条件的流量才会命中实验。可根据实际情况设计触发器的控制粒度，是整个实验的所有参数对应一个触发器，还是可以有多个触发器，不同触发器对应一组不同的参数。

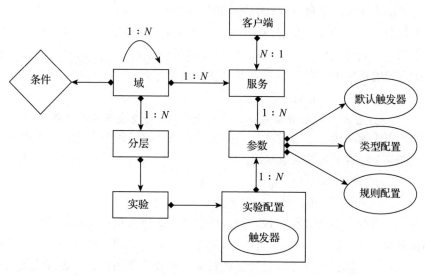

图 6-51　参数控制流程

5. 实验技巧

除了好的技术工程能力作为基础，还需要一些技巧来保证 A/B 测试的有效性。下面把归因和度量中使用 A/B 测试的一些方法技巧呈现出来，帮助读者在归因和度量中少走弯路。

（1）优化评估指标

通常情况下 A/B 测试只能获得直接指标，而在归因和度量的时候总是期望用一个指标来衡量问题的对错、好坏和程度。因此，在开始 A/B 测试前必须从具体的问题出发，定义并层层逻辑严谨地推导出各直接指标，才能保证指标选择的准确性和最终结果的置信度。例如在智能 UI 解决用户在浏览过程中点击率持续走低的问题中，提出了"用户沉浸度"这个指标，用于度量随时间推移用户继续沉浸与否的问题。随着这个指标的提出，立即有长尾流量上的停留时长、点击率指标浮出水面。通过对用户行为数据的深入分析，发现用户在滑动过程中会产生一个操作区域，这个区域随用户的手机分辨率大小有所不同，大屏手机的操作区域靠下而小屏则靠中上。知道了操作区域，就能够测试用户滑动到操作区域的停留时长、回退聚焦的概率等指标，由这些指标把之前粗糙、宽泛的指标逐步拉回到具体问题上去支撑"用户沉浸度"指标的归因和度量。

常用指标的说明如下。

1）点击率（Click Through Rate，CTR）。

$$点击率 = 入口点击次数 / 入口展示次数$$

点击率体现该入口对看到它的用户的吸引力。

要注意的一个误区是，点击率不体现流量占比，它高度受到入口位置的影响。例如，点击率为 30%，不等于有 30% 的用户点击了这个入口，而只是**看到了这个入口的用户**中，有 30% 的用户产生了点击行为。

2）点击占比（Click Mix）。

$$点击占比 = 某频道入口的总点击次数 / 首页全部点击次数$$

相比点击率来说，点击占比更能体现进入该栏目的用户占比，通常用这个指标来判断某个栏目的流量获取情况。

3）成交占比（GMV Mix）。

$$成交占比 = 频道销售额 / 全站总销售$$

电商的营收有多种计算口径，如订单金额、成交金额、确认收货金额，主要区别是否统计取消订单、退货、供应商返点等。它们之间一般有一个大致的比例关系，计算中要确保用统一口径计算栏目销售额和全站销售额，建议使用成交额口径——商品交易总额（GMV）。

考虑到不同品类的单品均价差异较大，这里也可以使用单位占比（Unit Mix，即销售商品件数），以消除品类单品均价的差异。没有一个绝对公平算法，数码家电这种均价高的品类用成交占比计算占便宜；超市品这种均价低、销售件数大、复购频率高的品类用单位占比计算占优势。

4）转化效率。

$$转化效率 = 成交占比 / 点击占比$$

例如，一个频道获得了 10% 的点击，贡献了 15% 的营收，则该比值为 1.5，体现了该频道的转化效率是全站水平的 1.5 倍。同样也可以把成交占比改为单位占比，从销售件数上看转化效率。

5）归因 GMV（Attribute GMV）。

$$归因 GMV = GMV / 访问路径深度$$

假设消费者访问了频道 A、B、C，都看见了某商品，最终在 C 加车了该商品，完成了购买，从归因模型的角度可以采用**线性归因**，用 A、B、C 均分贡献度实现本指标的算法，更复杂合理的做法是引入时间衰减模型或马尔科夫归因模型。

6）人均浏览量（Page View，PV）。

$$人均浏览量 = 频道内浏览总量 / 频道总访客数$$

该指标体现了用户能否在频道内进行测量。

7）频道访问频度。

$$频道访问频度 = 频道不去重访问次数 / 频道去重访问次数$$

该指标体现了一个频道对用户的黏性，也体现访问了该频道用户是否愿意再次访问。

8）频道跳失率。

频道跳失率 = 在该频道内页面中离开人数 / 该频道访问总人数

通过横向对比，可以看到哪些频道用户更频繁地离开，这在某种程度上也体现了该频道内是否存在重大缺陷（如外链、卡死、闪退）或者体验问题，同时也确定了优化的目标。

（2）保证最佳样本量

如果流量（样本量）配置少了，随机程度会偏高，从而得不到可信的结论，或者需要很长的时间才能得到可信的结论；如果流量（样本量）配置多了，浪费流量和计算资源，也可能会对用户带来一些负面的影响。计算最小样本量的推荐策略是取一个最重要的核心指标，以核心指标的最小样本量为准，或者从各核心指标对应的最小样本量中取最大值。

（3）覆盖完整实验周期

在保证最佳样本量的前提下，根据最佳样本量或不同场景下每天的流量，大致估算完整的实验周期所需时间。但是考虑到用户在工作日、周末的行为表现有差异，实验周期至少要完整的 1 天，条件允许时还要测试 1~2 周，覆盖完整的周期，并且将要比较的版本方案同时上线实验，降低不同时间周期用户行为差别带来的影响。

（4）加入统计显著性检验

在分析结论时不能只关注实验分组之间的差异性，还要**关注置信度和置信区间等统计指标**来检测差异的真实性及可信度。A/B 测试分析可以直接显示两个版本之间是否存在统计性显著差异，推荐的计算公式可以方便地进行统计显著性计算，如图 6-52 所示。

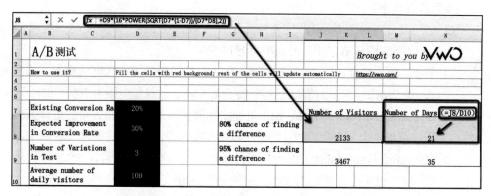

图 6-52　统计显著性校验公式（源自 VWO 官网）

（5）每个分组保证只有一个变量

定向实验：为 A/B 测试针对某定向人群设置 2 个或多个方案，得到针对该人群哪个方案更优，先圈人再分流，保证 A/B 两个桶的人群严格一致，均对某定向人群投放，仅方案不同。

随机实验：不针对定向人群全量流量随机分流，得到整体上哪个方案更优，流量将按照 50%：50% 的比例均等随机展示新、旧方案。

在进行系统设计之前通常会进行系统分析，在分析复杂系统中常用的方法就是固定变量。例如在进行前端的性能调优分析时，页面、网络、数据都同时在变化就无法准确定位是 DOM 结构太过复杂还是网络延迟，又或者是数据接口处理速度太慢，也就无法确定性能是在哪个环节出问题了。

"我的聚划算"是面向所有人群的个性化货品展示场景，由于每天的货品池固定，通常不会有运营进行流量干预，因此可以把货品和人群固定下来，只针对 UI 变化作为变量进行实验。此外，由于 A/B 测试正交互斥的分层原则，能够保障实验相对独立不受影响。流入实验场景的流量无论怎样变化，只要保证分组之间的流量是随机分配的，并且是同一时间维度，实验结果就是科学的。

总体来说，如果是针对不同的消费人群测试不同的智能 UI 元素展示，可以进行定向投放实验，如果看整体上哪个方案更优，可以进行随机实验。

（6）如何计算最小样本量

最小样本量可以直接使用 https://www.evanmiller.org/ab-testing/sample-size.html 提供的工具来进行计算。这个工具的具体公式算法如下：首先，第一类错误 α 不超过 5%，Statistical Significance $=1-\alpha=95\%$；其次，二类错误 β 不超过 20%，Statistical Power $=1-\beta=80\%$；最后，得出最小样本量为 16218。因此，每个分组需要大致需要 16218 个用户样本才能得到可信的结论，如图 6-53 所示。

参数解释如下：

- α：Significance Level，显著性水平，一般选择 5%，即保证第一类错误（无区别判断成有区别）的概率不超过 5%。
- $1-\beta$：Statistical Power，判断正确（有区别且能判断为有区别的概率）的概率，β 为第二类错误（有区别判断成了无区别），建议值范围为 70%～95%。
- Baseline conversion rate：指标近期实际值。旧方案中的指标由历史数据决定，可以输入一个常态的稳定值（如 7 天或 30 天的日均），通常设定为 5%。
- Minimum Detectable Effect：指标最小相对变化。比如输入 5%，待优化的 "PV 点击率" 指标为 28%，意味着绝对值变化在（27.5%，28.5%）之间的变动没有意义。

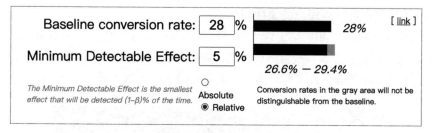

图 6-53 最小样本量计算工具（源自 www.evanmiller.org）

（7）如何保证同一时间维度

不同时间周期中的用户行为是不同的，用户行为所反映出的数据也会不同。从以往的实验数据来看，工作日、周末，甚至早中晚时间段，用户的浏览点击分布都是不同的。这背后其实也印证了基于时间、空间的场景化智能 UI 方案推荐是有意义的，它符合用户在不同场景中对 UI 交互的偏好是不同的。这很容易理解，一个赶着上班、挤在地铁人群中的用户本就可能比较烦躁，如果 UI 方案是"一排二""一排三"这种密集的布局，再配上一些容易让人烦躁的鲜艳色彩，就容易让用户产生负面情绪。

正确做法是不同版本方案并行（同时）上线试验，尽可能地降低所有版本的测试环境差别，如图 6-54 所示。

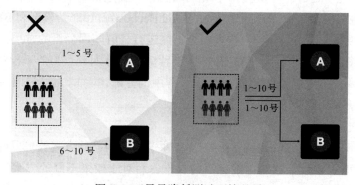

图 6-54 尽量降低测试环境差异

（8）如何保证分组用户的属性相似

如图 6-55 所示，如果某定向人群投放版本 A，其他人群投放版本 B，就违背了 A/B 测试只能有"单一变量"的原则，必须确保每次只测一个变量，则需要 A/B 两个桶的人群严格一致，均对某定向人群投放，仅方案不同。

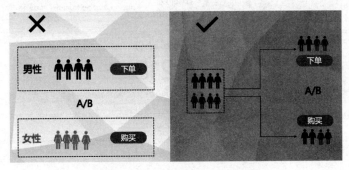

图 6-55　保证分组用户属性相似

6.3.2　智能 UI 归因和度量方法

本节开始介绍如何借助 A/B 测试能力进行实际的智能 UI 归因和度量。这里主要介绍 3 种在实践中常使用的方法，但并不代表只有这 3 种方法才能良好地进行归因分析和度量，其实，很多统计学理论和方法都能够结合具体业务中应用智能 UI 时面对的归因和度量问题进行应用。另外，由于本书主要介绍如何做好智能 UI，因此，对于归因和度量方法中的很多概念和理论不会过多赘述，只是抽取精要和核心公式，以及介绍这些公式应用的方法。

1. 分解归因分析法

所谓"他山之石，可以攻玉"，是将目光投向金融领域找到一些归因和度量方法。在金融分析领域中，BHB（Brinson Hood Beebower，1986）模型和 BF（Brinson Fachler，1985）模型是两种对投资组合策略进行分解归因分析的常用方法，在智能 UI 的归因和度量中，由于对 UI 方案推荐策略的分配有点类似于投资组合（收益为点击率，投资方案的配比即 UI 在人群中的分配比例），也可以同时借鉴这两种方案进行分解归因分析。

分解归因分析包含以下两个维度：

❑ 分配影响（Allocation Effect）。如果分析表明某些方案效果更好，分析师可能想要赋给这些方案更高的权重，而对于效果不好的方案，可能会选择降低其权重。这些高配和低配的决定都是分配决定，分配影响用于量化分配决定带来的影响。在智能 UI 中可以理解为对某个方案投放比例的差异。

❏ 选择影响（Selection Effect）。选择影响用于量化在分配之后策略选择的差异所带来的影响，比如在投资组合中可以理解为个股的选择，在智能 UI 中可以理解为：对某个方案组合的选择或投放人群的选择的差异。

围绕这两个分解归因分析的维度，再来看一下 BHB 模型和 BF 模型的应用方法。

（1）BHB 模型

BHB 模型会计算 3 个影响，变量表示如下：

❏ w_P：待评估策略中某方案配比权重。

❏ w_B：benchmark 策略中对应方案的配比权重。

❏ r_B：benchmark 策略中对应方案的收益。

❏ r_P：待评估策略中对应方案的收益。

BHB 模型的 3 个影响计算公式如下：

❏ 分配影响：$\text{Allocation}_{BHB} = (w_P - w_B) * r_B$。

❏ 选择影响：$\text{Selection}_{BHB} = (r_P - r_B) * w_B$。

❏ 交叉影响：$\text{Interaction}_{BHB} = (w_P - w_B) * (r_P - r_B)$。

其中，除了分配影响和选择影响之外，BHB 还定义了另外一个影响，BHB 的作者将其命名为"其他影响"，但是工业界通常称之为"交叉影响"，如图 6-56 所示。

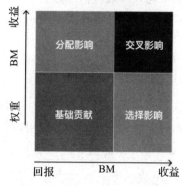

图 6-56　可视化的 3 种影响

（2）BF 模型

在 BF 模型中，它将交叉项和分配影响两部分合并，与 BHB 模型的区别在于分配影响的计算，选择影响和交叉影响的计算方式是一致的，如图 6-57 所示。

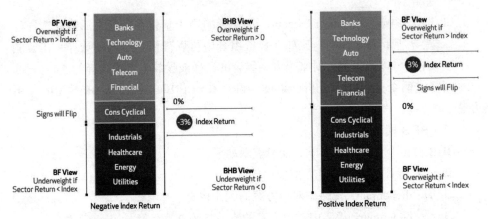

图 6-57 BHB 和 BF 的整体收益对比（源自论文 "Modern protfolio management theory:BHB vs BF"）

BF 模型的分配影响计算公式如下：

$$\text{Allocation}_{BF} = (w_P - w_B) * (r_B - R_B)$$

2. 智能 UI 方案效应估计方法

在智能 UI 的实践中经常需要对比或者分析某个 UI 元素的影响，但只统计浏览点击率（PV CTR）的话无法避免一些混淆因子或者其他用户、货品差异因素的干扰，得到的结论也往往由于数据量少或扰动太多缺乏置信度，基于此设计了一套更准确和具有参考意义的平均处理效应估计方法：

❑ 用倾向得分匹配（Propensity Score Matching，PSM）对数据纠偏，利用更多数据得到偏差更小的效应估计。

❑ 基于点击率预估结果对效应差异进行统计检验。

问题一：什么是效应估计方法？

将某个实验或某个操作带来的效果称为处理效应（Treatment Effect）。当样本被分为实验组和控制组两组时，想要获得处理效应可以被定义为：

$$\text{平均处理效应} = E(Y_{i,1}) - E(Y_{i,0})$$

令 $D_i = 1$ 表示干预，$D_i = 0$ 表示无干预：

$$\text{处理后的平均处理效应(ATT)} = E(Y_{i,1} \mid D_i = 1) - E(Y_{i,0} \mid D_i = 0)$$

但在现实观测中，$E(Y_{i,1} \mid D_i = 0)$ 这种反事实观测是拿不到的，这里就需要实验的完全随机性，也就是所有个体的特征在控制组和实验组中的分布是相同的，这样才能保证估计的无偏性。在实验不完全随机的情况下，就需要找到一系列相似个体进行实验组和控制组的比较，倾向得分匹配就是一种有效的匹配方法。

问题二：倾向得分的意义是什么？

如果 X_i 是多维的，那么不太容易找到相同或相近的 X_i，因此，倾向得分本质上是一种降维方法，以 $e(X_i)$ 代表每一个样本点的倾向得分值，即被分入实验组的概率值，作为一个标量更加容易找到相同或相近的 X_i，倾向得分通过调整实验组和控制组的 $e(X_i)$ 分布一致，使得干扰变量分布一致。

问题三：倾向得分怎么计算？

倾向得分的计算是以 X_i 为自变量，对 D_i 进行预测，即 $e(X_i) = \hat{p}(D=1 \mid X_i)$，在这里可以用逻辑回归、神经网络、数结构或其他的一些二分类机器学习模型对 $e(X_i)$ 进行预测，在智能 UI 中，由于在随机桶投放时采用了对用户无差别投放的完全随机策略，只需要考虑方案组合不独立存在的混淆因子情况，因此使用了决策树模型进行预估，如果以后需要加入算法桶模型扩充样本数量或者减少随机桶的分流，可以采用神经网络训练的方式得到更好的预估结果。

问题四：如何基于倾向得分计算平均处理效应？

基于倾向得分对平均处理效应的计算有以下几种不同的策略。

1）倾向得分匹配（PSM）：对于实验组中的每一个样本，在控制组中选择合适的样本进行匹配，在匹配之后可以实现实验组与控制组分布一致，PSM 的缺点是如果两组 propensity score 的分布差异比较大，会导致匹配之后只有很少的样本。

2）逆概率加权（Inverse Propensity Score Weighting，IPSW）：IPSW 使用加权方法来平衡实验组和对照组中的数据分布 $\mathrm{ATT} = \sum_{i \in \mathrm{test}} \dfrac{1}{e(X_i)} Y_{i,1} - \sum_{i \in \mathrm{control}} \dfrac{1}{1-e(X_i)} Y_{j,0}$。当 $e(X_i)$ 过于接近 0 或 1 时，分母过小会导致 ATT 值的计算有较大的误差，可以用稳定权重（Stabilized Weight）或截断权重（Truncation Weight）的方法对权重进行修正。

3）倾向得分分层（Propensity Score Stratification，PSS）：传统的分层方法依据 X_i 进行分层，假设 X_i 的维度是 n，那么需要分的层次是 2^n，分到每一层的数据就会比较少，使用 $e(X_i)$ 就可以很好地解决这个问题，在更合理的情况下进行更少的分层：

$$\mathrm{ATT}_g = E(Y_{i,1} \mid i \in G_g, D_i = 1, e(X_i)) - E(Y_{i,0} \mid i \in G_g, D_i = 1, e(X_i))$$

$$\mathrm{ATT} = \sum_g \mathrm{ATT}_g * \frac{n_g}{n}$$

在智能 UI 中，数据具有数量多、点击事件稀疏的特点，使用 PSS 作为 ATE 的预估方法。

3. 智能 UI 的统计检验方法

基于倾向得分，可以得到某个 ATE 的预估，但如果要评估所带来的处理效应是否显著，还需要建立一套假设检验方法，这里假设第 i 个分组中第 j 个样本的点击事件 y_{ij} 服从概率为 p_{ij} 的二项 Bernoulii 分布：

$$y_{ij} \sim \text{Bernoulii}(1, p_{ij})$$

p_{ij} 无法通过观测得到，但可以通过点击率预估的结果 $f(X_{ij})$ 作为 p_{ij} 的估计：

$$\hat{p}_{ij} = f(X_{ij})$$

可以对 y_{ij} 的方差进行估计：

$$S_{ij} = \hat{p}_{ij}(1 - \hat{p}_{ij})$$

第 i 组中测试组和控制组的点击率预估可以表示为：

$$\bar{y}_i^{(\text{test})} = \frac{\sum_j y_{ij} I(D_{ij} = 1)}{\sum_j I(D_{ij} = 1)}, \bar{y}_i^{(\text{control})} = \frac{\sum_j y_{ij} I(D_{ij} = 0)}{\sum_j I(D_{ij} = 0)}$$

$y_i^{(\text{test})}$ 和 $y_i^{(\text{control})}$ 的方差估计可以表示为：

$$S_i^{(\text{test})} = \frac{\sum_j S_{ij} I(X_{ij} = 1)}{\left(\sum_j I(X_{ij} = 1) \right)^2}, S_i^{(\text{control})} = \frac{\sum_j S_{ij} I(X_{ij} = 0)}{\left(\sum_j I(X_{ij} = 0) \right)^2}$$

由于 y_{ij} 独立分布且方差有限，根据中心极限定理，$y_i^{(\text{test})}$ 和 $y_i^{(\text{control})}$ 可以近似为正态分布：

$$y_i^{(\text{test})} \sim N(\bar{y}_i^{(\text{test})}, S_i^{(\text{test})}), y_i^{(\text{control})} \sim N(\bar{y}_i^{(\text{control})}, S_i^{(\text{control})})$$

第 i 组中，实验组相对测试组的平均效应 λ_i 可以估计为：

$$\bar{\lambda}_i = \bar{y}_i^{(\text{test})} - \bar{y}_i^{(\text{control})}$$

$$\lambda_i \sim N(\bar{\lambda}_i, S_i^{(\text{test})} + S_i^{(\text{control})})$$

总体的效应可以估计为：

$$\bar{\lambda} = 1 / n \sum_i n_i \bar{\lambda}_i$$

$$\lambda \sim N\left(\lambda, \frac{\sum_i n_i^2 (S_i^{(\text{test})} + S_i^{(\text{control})})}{n^2} \right)$$

取 95% 的置信区间，可以得到 λ 的取值区间：

$$(\bar{\lambda} - z_{0.05}\sqrt{S_\lambda}, \bar{\lambda} + z_{0.05}\sqrt{S_\lambda})$$

接下来，用实际的例子介绍如何把这些分析、估计、校验方法应用到实际的业务场景中，分析智能 UI 的归因和度量。

6.3.3　智能 UI 归因和度量实战

（1）智能 UI 调控与基线的对比

PVCTR 整体效果评估如图 6-58 所示，通过统计算法桶和基准桶的点击转化率，能够快速、直观地看到该场景下近两周的 PVCTR 整体表现。横向看基线，PVCTR 如果相比前一天下降，说明商品个性化推荐效果相比前一天下降。横向看智能 UI 效果，PVCTR 如果相比前一天下降，说明 UI 个性化推荐效果相比前一天下降。从柱形图看，智能 UI 相对于基线的提升百分比，0 以上为正向效果，0 以下为负向效果。

1）分析指标：基准桶 PVCTR、算法桶 PVCTR、算法桶相对基准桶的提升百分比。

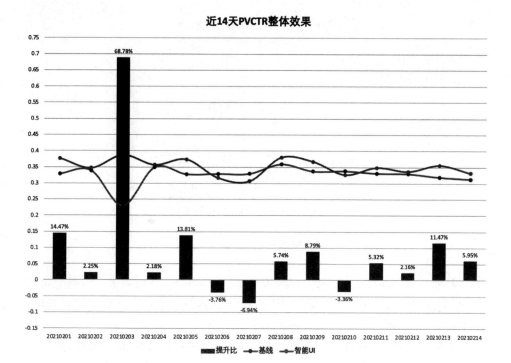

图 6-58　PVCTR 整体数据可视化示例

统计显著性评估是用于检测实验组与对照组之间是否有差异以及差异是否显著的办法。**统计显著性**是指在假设检验中，如果样本数据拒绝原假设，则认为检验的结果是显著的，反之则是不显著的。假设检验中的参数检验是先对总体的参数提出某种假设，然后利用样本数据判断假设是否成立的过程。逻辑上运用反证法，统计上依据小概率思想。

如图 6-59 所示，在对比试验中对比算法和基准数据，假设检验的原假设是：算法桶的点击转化率指标的总体均值等于基准桶的点击转化率指标的总体均值。也就是说，如果应用采用算法桶策略，所有用户的点击转化率指标的均值与没有采用算法的均值没有差异。如果原假设不成立，说明算法桶和基准桶这两个样本不是来自同一个总体，换句话说，采用算法的表现和采用原策略的表现是有本质区别的。

	pv	pv_clk	pv_ctr	standard_err	Z_score	P_value	95% 置信水平
算法	2000	134	0.067	0.00559	1.722	0.957	YES
基准	3000	165	0.055	0.00416			

图 6-59　实验数据的计算示例

2）计算方法。

❑ 点击转化率。

$$pv\_ctr = pv - clk / pv$$

❑ 标准差。

$$standard\_err = \sqrt{pv\_ctr \times (1 - pv\_ctr)/pv}$$

$$Z\_score = \frac{(pv\_ctr_{基准} - pv\_ctr_{算法})}{\sqrt{standard\_err^2_{基准} + standard\_err^2_{算法}}}$$

$$P\_value = \frac{1}{\sqrt{2\pi}} \times e^{\frac{-z\_score^2}{2}}$$

❑ 95% 置信水平：如果 p_value<0.01 或 p_value>0.95 时显著，否则不显著。

根据置信区间（取 1.96）用 Excel 函数 IF 计算得出结果（YES、NO）：IF(pv_ctr−1.96 × standard_err<pv_ctr−1.96 × standard_err)。

❑ 90% 置信水平：如果 p_value<0.1 或 p_value>0.9 时显著，否则不显著。

根据置信区间（取 1.65）用 Excel 函数 IF 计算得出结果（YES、NO）：IF(pv_ctr−1.65 × standard_err<pv_ctr−1.65 × standard_err)。

为了使总体的指标可读性更好，还需要用图 6-60 的数据指标呈现方式来优化数据的可读性，让整体智能 UI 的 PVCTR 指标变化更清晰、客观地呈现出来。

	基准桶	算法桶	相对变化值	置信区间
当日点击转化率	5.5%	6.7%	↑21.8% 显著	[5.60%, 7.80%]

图 6-60　数据指标呈现方式

（2）智能 UI 提效的因素分布

算法桶数据归因分析能力是通过统计 UI 要素的 PVCTR 提升比来进行归因分析的，这样做能够定性比较各区域 UI 要素对 PVCTR 的贡献度，衡量当前场景下，不同智能 UI 要素的设计特征维度对业务指标的影响程度，为设计师在评估设计 UI 要素的优先级上提供决策依据。

1）分析指标：UI 设计要素对 PVCTR 的提升比由包含各设计要素的方案点击提升比加权曝光得到。比如单个设计要素 a，包含 a 的 UI 方案集合为 {$U1$, $U3$, …, Ui}，各 UI 方案的 PVCTR 提升比 $PVctr_{提升比} = \dfrac{PVctr_{算法} - PVctr_{基准}}{PVctr_{基准}} \times 100\%$，分别为 $PVctr_{U1}$、$PVctr_{U3}$、…、$PVctr_{Ui}$，PV 分别为 PV_{U1}、PV_{U3}、…、PV_{Ui}，则要素 a 的提升比为：

$$PVctr_{提升比} = \frac{PV_{U1} \times PVctr_{U1}}{SUM(PV_{U1}, PV_{U3}, \cdots, PV_{Ui})} + \frac{PV_{U3} \times PVctr_{U3}}{SUM(PV_{U1}, PV_{U3}, \cdots, PV_{Ui})} + \frac{PV_{Ui} \times PVctr_{Ui}}{SUM(PV_{U1}, PV_{U3}, \cdots, PV_{Ui})}$$

2）计算示例。以单个设计要素 a 为例，UI 方案总集合为 {$U1$, $U2$, $U3$, $U4$, $U5$}，包含 a 的方案集合为 {$U1$, $U2$, $U3$}，各方案的 PVCTR 提升比分别为 {2%, 3%, 4%}，PV 分别为 {100, 200, 200}，那么 a 的提升比为 $100/500 \times 2\% + 200/500 \times 3\% + 200/500 \times 4\% = 6.8\%$。

由于对智能 UI 方案效果提升的贡献是多维度的，因此用图 6-61 这种雷达图的方式进行数据可视化，能够更加清晰、直观地呈现各维度的贡献。

除算法桶外，目前基于随机桶的数据样本进行建模，其数据可以反映统计上的无偏估计。通过定性比较分析随机桶的数据，可以得到对于全体用户，哪个 UI 元素对 PVCTR 的影响最大，用于辅助分析智能 UI 的提效作用。

如果智能 UI 算法 PVCTR 相比于基线有提升，则说明智能 UI 对于人群的个性化推荐有效；如果下降，则需要观察随机桶的数据分布，看对于全体用户，哪个 UI 元素的 PVCTR 提升比有显著差异。如果不同元素的提效作用不显著，很可能当前场景下的人群整体上对 UI 方案包不敏感，算法赋能作用有限，应该重点改进设计方案。如果个别元素的提效作用显著，但是算法表现不好（不如随机桶），则很可能是算法没有找出人群的差异性，应该重点改进算法模型。

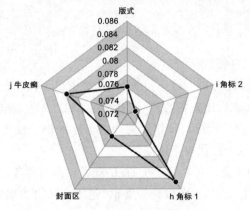

图 6-61 各维度贡献可视化示例

3）优化示例。

为了分析 UI 设计元素在业务效果提升中占比情况，以便后续针对效果好的部分扩大投入，对效果不好的部分持续优化，笔者团队设计了一个实验。首先，把智能 UI 方案的布局固定为一排二，借此消除布局对实验数据的影响。其次，固定价格权益这种内容大于设计的元素，避免产生实验噪声。最后，对智能 UI 方案所包含的其余设计元素进行可变性调控，在不同人群和流量场景投放，参照无智能 UI 的基准桶，得到图 6-62 所示的实际优化数据。

布局	一排二（固定）			
封面	场景图 70.83%		白底图 29.17%	
标题	算法生成标题 47.73%		商品标题 52.84%	
权益展示	利益点 47.16%		大字强调利益点 52.84%	
商品描述	附加条件 22.54%	评价 24.05%	评价+标题 25.19%	商品属性 28.22%
价格	山谷样式（固定）			
权益领取	领券（固定）			

图 6-62 UI 设计元素提效占比归因示例

（3）人群对 UI 的偏好度

算法桶数据通过统计 UI 要素的 PVCTR 提升比，能够定性比较各区域 UI 要素对 PVCTR 的贡献度，衡量当前场景下，不同智能 UI 设计特征维度对业务指标的影响程度，还可以反映人群对 UI 要素的敏感度，为设计师根据人群选择 UI 元素提供决策依据。

1）分析指标：UI 设计要素对 PVCTR 的贡献度（提升比），以及各人群特征维度下的 TGI 指数。计算设计要素的 PVCTR 贡献度同上元素的 PVCTR 贡献度。人群特征维度包括年龄、性别、购买力、城市等级、淘气值、折扣敏感度、设备分辨率等，计算各人群特征维度下的 TGI 指数计算公式为：TGI 指数 = 目标群体中具有某一特征的群体所占比例 / 总体中具有相同特征的群体所占比例 × 标准数 100。TGI 指数大于 100，代表某类用户更具有相应的倾向或者偏好，数值越大则倾向和偏好越强。

计算公式如下：

$$PVctr_{贡献度(element)}=\frac{\sum_{e\in Ui}(PVctr_{贡献度（Ui)}*PV_{加权系数})}{\sum PVctr_{贡献度(Ui)}}$$

2）计算示例。数据可视化如图 6-63 所示。Rank 代表该场景下，对人群的关注度优先级。从横向看，该场景下纵向人群按对 UI 方案的偏好（敏感度）进行排序；从纵向看，各人群维度按对 UI 设计要素的偏好（敏感度）进行排序。

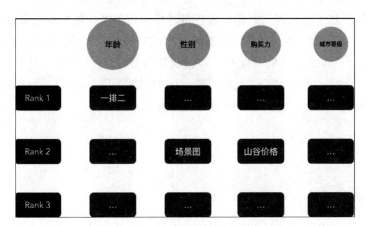

图 6-63　人群偏好数据可视化示例

人群下钻：从人的维度看设计要素，包括人群特征细分；从人群特征维度看特定人群对 UI 设计要素的偏好，大于 100 代表有偏好，数值越大，偏好越强，如图 6-64 所示。

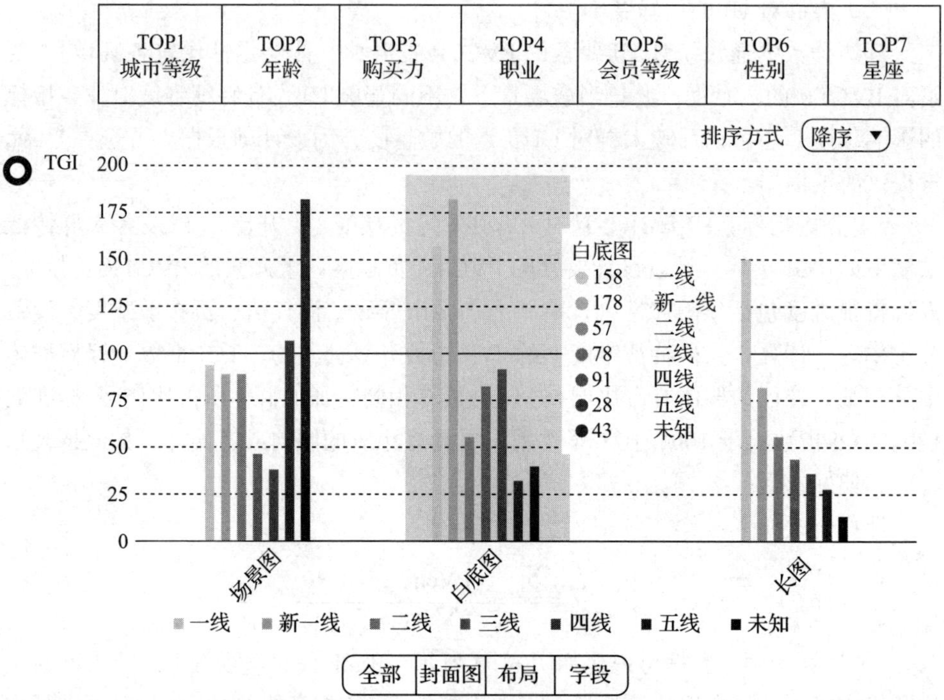

TOP1 城市等级	TOP2 年龄	TOP3 购买力	TOP4 职业	TOP5 会员等级	TOP6 性别	TOP7 星座

排序方式 〔降序 ▼〕

图 6-64 人群下钻示例

目前算法基于随机桶的数据样本进行建模，可以根据随机桶的数据进行人群下钻，为用户特征挖掘，以及算法的改进方向提供辅助信息。如果智能 UI 算法 PVCTR 相比于基线的效果有提升，则说明智能 UI 对于人群的个性化推荐有效，可以对比算法桶，看下对哪类人群有效。如果效果下降，也可以通过观察随机桶的数据分布，看算法对哪类用户的特征没有有效利用。

第 7 章 *Chapter 7*

智能 UI 与端智能

与前文介绍的服务端智能不同，端智能（On-Device Machine Learning）在客户端上进行机器学习的推理和训练。前端技术也紧随端智能步伐推出 WebCL、TensorFlow.js、WASM 等技术，W3C 也在 2022 年推出了 Web Neural Network API。这些都为进一步拓宽前端技术应用场景奠定了坚实的基础。

"地球模拟器"是日本研发的矢量型超级计算机，于 2002 年开始运作，由 640 台用来进行演算处理的"计算节点"和 65 台用于连接计算节点的网络设备构成。每个计算节点上配有 8 个最大为 8 GFLOPS（1 GFLOPS 相当于每秒进行 10 亿次的浮点运算）的 NEC 生产的处理器和 16GB 的共享内存。计算节点和网络设备由通信速度为 12.3Gbit/s 的网络连接，使用的电缆总长度达 2800km，整套设备共占用空间达 3200m^2。"地球模拟器"的开发始于 1998 年，开发费用总计达 1600 亿日元。

2002 年 4 月，"地球模拟器"在接受超级计算机的世界标准 Linpack 的基准测试时，运算性能达到了 35.86 TFLOPS（1 TFLOPS 相当于每秒进行 1 万亿次的浮点运算），一度是世界上性能最高的超级计算机，如图 7-1 所示。

1997年	美国	Intel ASCI Red/9152	1.338 TFLOPS	美国山迪亚国家实验室
1999年	美国	Intel ASCI Red/9632	2.3796 TFLOPS	
2000年	美国	IBM ASCI White	7.226 TFLOPS	美国加州罗兰士利物摩亚国家实验室
2002年	日本	NEC地球模拟器	35.86 TFLOPS	日本地球模拟器中心
2004年	美国	IBM Blue Gene/L	70.72 TFLOPS	美国能源部；IBM

图 7-1　2002 年 4 月的超级计算机算力

而今天，前端工程师已经手捧 M1 处理器，坐拥 18.6 TOPS 算力，相当于拥有 2002 年的超级计算机。在机器视觉领域，ResNet152 计算 224 × 224 分辨率的图像需要 22.6 GOPS（1GOPS = 1/1000 TOPS，TOPS 是 Tera Operations Per Second 的缩写，1 TOPS 代表处理每秒可进行 1 万亿次运算），同时处理 1000 张 224 × 224 分辨率的图像才能把 M1 处理器跑到接近峰值。Android 用户也无须担心，骁龙 888 和 M1 处理器在神经网络加速和 AI 引擎算力上不分伯仲。

除算力外，实时性也是端智能的独特优势。模型放在服务端就需要网络传输，网络传输就会受到网络抖动等因素影响产生延迟。假设用户的场景是实时识别用户的面部特征并渲染口红的手机淘宝 AR 试装，用户每次切换口红都要经历建立网络连接、传输数据、服务端推理运算、返回响应数据、渲染等过程，体验肯定无法让用户满意。借助阿里巴巴开源的 MNN 框架在客户端上进行实时推理运算，就能够避免网络传输等延迟，提供良好的体验。

如果说算力和实时性是"万事俱备"，那么隐私保护就是"东风"。2018 年 5 月 25 日，《通用数据保护条例》（GDPR）在欧盟生效，而中国与之相应的数据保护标准《信息安全技术　个人信息安全规范》在 2018 年 5 月 1 日就已生效。肆意攫取用户隐私信息已成为过去，规范地获取和使用个人信息将使每个互联网企业和 App 在个性化推荐和内容个性化分发等领域步履维艰，智能 UI 也面临这种问题和风险。当智能 UI 消费链路走进深水区，需要更加精准地根据用户场景、用户特征、UI 特征为用户提供个性化的 UI 和信息展示方式时，势必会有触碰个人信息安全的风险。

7.1 端智能技术工程基础

在开始端智能技术工程基础的介绍前，有一个无法绕过的问题——端上的计算能力到底如何？虽然过去对神经网络运算加速有所耳闻，也知道不同的移动设备有着不同的加速方案，但没有一个定量的分析，很难让读者有一个清晰、客观的认识。于是，针对机器学习的入门级项目 MNIST 手写数字识别，笔者做了一个小实验，分别在笔者的 MacBook Pro 和 iPhone 手机上运行同样的算法模型，把两侧的训练样本、模型结构、模型参数、训练参数等对齐，最终得出图 7-2 的结果：面对 60 000 个训练样本、10 个 Epoch，在 i7 CPU 的 MacBook Pro 上需要 128s，而在 iPhone 13 Pro Max 上只需要 86s。这足以证明端上的计算能力能够满足智能 UI 使用模型进行预测乃至训练模型的计算能力要求。

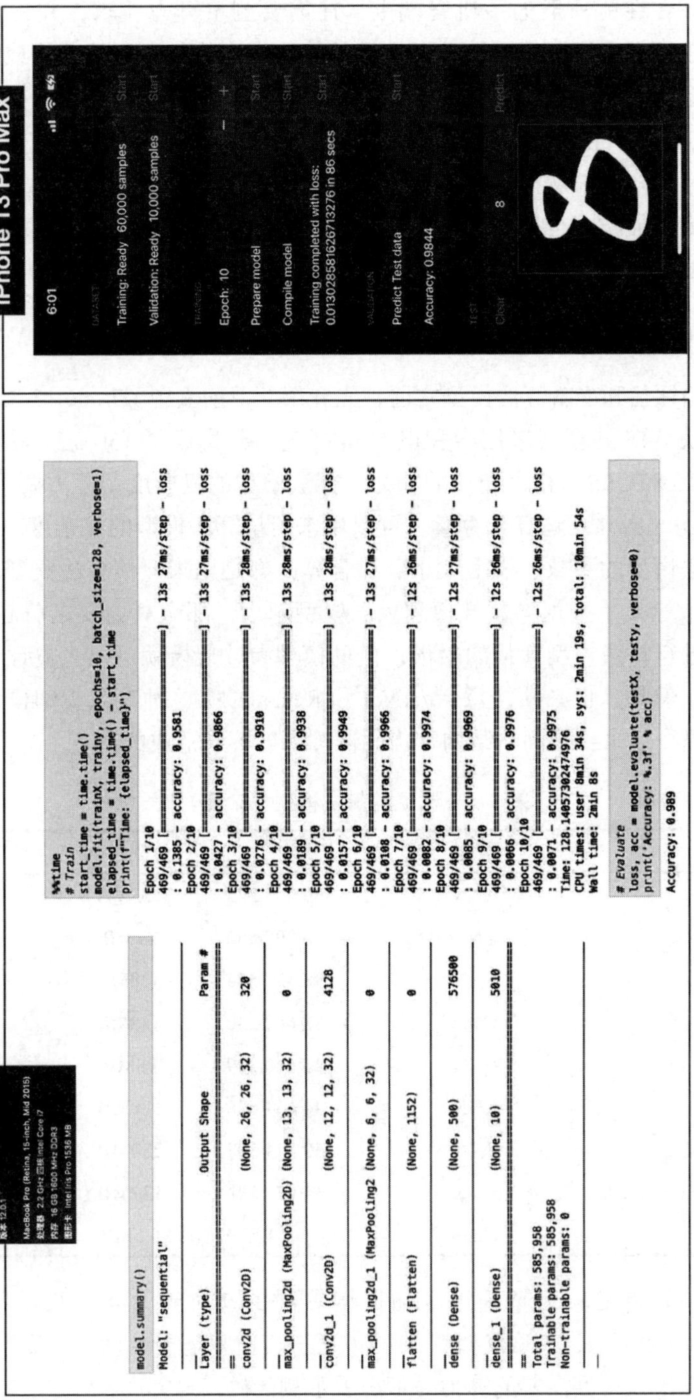

macOS Monterey
版本 12.0.1
MacBook Pro (Retina, 15-inch, Mid 2015)
处理器 2.2 GHz 四核 Intel Core i7
内存 16 GB 1600 MHz DDR3
图形卡 Intel Iris Pro 1536 MB

```
model.summary()
Model: "sequential"

Layer (type)                 Output Shape              Param #
=================================================================
conv2d (Conv2D)              (None, 26, 26, 32)        320

max_pooling2d (MaxPooling2D) (None, 13, 13, 32)        0

conv2d_1 (Conv2D)            (None, 12, 12, 32)        4128

max_pooling2d_1 (MaxPooling2 (None, 6, 6, 32)          0

flatten (Flatten)            (None, 1152)              0

dense (Dense)                (None, 500)               576500

dense_1 (Dense)              (None, 10)                5010

=================================================================
Total params: 585,958
Trainable params: 585,958
Non-trainable params: 0
```

```
%%time
# Train
start_time = time.time()
model.fit(trainX, trainy, epochs=10, batch_size=128, verbose=1)
elapsed_time = time.time() - start_time
print(f"Time: {elapsed_time}")

Epoch 1/10
469/469 [==============================] - 13s 27ms/step - loss: 0.1385 - accuracy: 0.9581
Epoch 2/10
469/469 [==============================] - 13s 27ms/step - loss: 0.0427 - accuracy: 0.9866
Epoch 3/10
469/469 [==============================] - 13s 28ms/step - loss: 0.0276 - accuracy: 0.9910
Epoch 4/10
469/469 [==============================] - 13s 28ms/step - loss: 0.0189 - accuracy: 0.9938
Epoch 5/10
469/469 [==============================] - 13s 28ms/step - loss: 0.0157 - accuracy: 0.9949
Epoch 6/10
469/469 [==============================] - 13s 28ms/step - loss: 0.0108 - accuracy: 0.9966
Epoch 7/10
469/469 [==============================] - 13s 27ms/step - loss: 0.0082 - accuracy: 0.9974
Epoch 8/10
469/469 [==============================] - 12s 26ms/step - loss: 0.0085 - accuracy: 0.9969
Epoch 9/10
469/469 [==============================] - 12s 27ms/step - loss: 0.0066 - accuracy: 0.9976
Epoch 10/10
469/469 [==============================] - 12s 26ms/step - loss: 0.0071 - accuracy: 0.9975
Time: 128.1405730247974976
CPU times: user 8min 34s, sys: 2min 19s, total: 10min 54s
Wall time: 2min 8s

# Evaluate
loss, acc = model.evaluate(testX, testy, verbose=0)
print('Accuracy: %.3f' % acc)

Accuracy: 0.989
```

iPhone 13 Pro Max

```
6:01

DATASET
Training: Ready   60,000 samples
Validation: Ready   10,000 samples                    Start   Start

TRAINING
Epoch: 10                                              −   +   Start
Prepare model                                                 Step
Compile model                                                 Step
Training completed with loss:                                 Start
0.013028581626713276 in 86 secs

VALIDATION
Predict Test data                                             Start
Accuracy: 0.9844

TEST
Clear            8            Predict
```

图 7-2　iOS 和 MacOS 推理训练性能对比

但是，在性能一般的手机终端上，还需要测量算力要求，并针对框架和平台优化算法模型来保证用户体验。这里的算法模型优化由两部分构成，一部分源于算法模型本身的压缩、剪枝、量化、知识蒸馏等，另一部分源于框架自带的工具或 JAX、TVM 第三方工具，它们把算法模型针对性转换成不同平台上优化的模型。第一部分可以从机器学习相关著作里学习，下面着重介绍第二部分。围绕TensorFlow 机器学习框架提供的工具及 iOS 机器学习技术，分别介绍端智能的技术工程基础。

7.1.1 评估和准备算法模型

在开始评估和准备算法模型之前，先介绍一下前文中 iPhone 13 Pro Max 的处理器。这块 A15 处理器采用台积电 5nm 工艺，共集成了 150 亿个晶体管，NPU性能达到 15.8TOPS。相对硬件的算力，算法模型的复杂度用算力要求 FLOPS 来评估。FLOPS 指浮点运算计算量，可以用来衡量算法模型的复杂度。从表 7-1 中可知，算法模型的参数、模型大小、综合算力都是用来评估算法模型的指标。由于这几个指标几乎呈现参数规模越大、模型越大，那么算力要求就越高的规律，因此，在进行算法模型评估的时候，借助模型参数规模就可以大概评估出模型的算力要求。但是，也必须注意 AlexNet 和 ResNet152 这种参数少却模型大、算力更高的情况，这主要是网络结构、优化器等因素不同造成的。

表 7-1　常见的算法模型复杂度对比

名称	类型	参数	模型大小	综合算力
AlexNet	CNN	60 965 225	233MB	0.7
GoogleNet	CNN	6 998 552	27MB	1.6
VGG-16	CNN	138 357 544	528MB	15.5
VGG-19	CNN	143 667 240	548MB	19.6
ResNet50	CNN	25 610 269	98MB	3.9
ResNet101	CNN	44 654 608	170MB	7.6
ResNet152	CNN	60 344 387	230MB	11.3
Eng Acoustic Model	CNN	34 678 784	132MB	0.035
TextCNN	CNN	151 690	0.6MB	0.009

当然，如果要较为精确地评估模型参数少却对算力要求高的情况，只看表 7-1 中的算力要求，模型仅拥有 58 万参数进行估算是不够的，可以用 TensorFlow的 API 计算出该模型需要的算力。下面看示例代码。

```
# TensorFlow推荐计算方法
from tensorflow.python.framework.convert_to_constants import  convert_
    variables_to_constants_v2_as_graph

def get_flops(model):
    concrete = tf.function(lambda inputs: model(inputs))
    concrete_func = concrete.get_concrete_function(
        [tf.TensorSpec([1, *inputs.shape[1:]]) for inputs in model.
            inputs])
    frozen_func, graph_def = convert_variables_to_constants_v2_as_
        graph(concrete_func)
    with tf.Graph().as_default() as graph:
        tf.graph_util.import_graph_def(graph_def, name='')
        run_meta = tf.compat.v1.RunMetadata()
        opts = tf.compat.v1.profiler.ProfileOptionBuilder.float_
            operation()
        flops = tf.compat.v1.profiler.profile(graph=graph, run_meta=run_
            meta, cmd="op", options=opts)
        return flops.total_float_ops
print("The FLOPs is:{}".format(get_flops(model)) ,flush=True )
```

当然，如果使用 PyTorch 算法框架，则需要对应的工具来帮助智能 UI 评估算力要求。

```
#推荐开源工具pytorch-OpCounter
from thop import profile
input = torch.randn(1, 1, 28, 28)
macs, params = profile(model, inputs=(input, ))
print('Total macc:{}, Total params: {}'.format(macs, params))
#输出: Total macc:2307720.0, Total params: 431080.0
```

再回到硬件的算力，苹果的 A15 处理器中，仅 NPU 就具备 15.8 TOPS 的算力，而高通骁龙 855 处理器中的 CPU+GPU+DSP 叠加的算力仅有 7 TOPS。可见，要想让算法模型流畅地在移动端运行，还需要对算法模型进行一些处理，让算法模型可以适配 Android 或 iOS 的硬件加速能力。

转换算法模型到移动端有很多种方法，大体上可以分为框架提供的转换功能和第三方转换工具两种。框架提供的转换功能的优点是比较简单，可以直接通过 API 将模型进行转换；缺点是运行时需要依赖于框架提供，而这些运行时之间往往是不兼容的。第三方转换工具相对麻烦，为了能够转换不同的工具对模型输入有特殊的要求，输出方面也有一定的限制。下面先看一下框架提供的转换功能。

全面介绍所有框架的转换方法超出了本书的范围，这里仅以 TensorFlow 提供的转换功能为例，介绍通常情况下转换模型的方法。这些方法在不同框架下大同小异，只需要查找文档中相似功能的 API 即可。

在 TensorFlow 中对模型进行转换主要分两种情况，一种是在调试、训练模型的过程中进行转换，另一种是在框架保存模型后进行转换。这两种情况的区别在于，在调试、训练模型过程中转换更简单和直观，有算子的兼容性等问题可以随时调整，保存后的模型文件转换则不能随时调整模型定义和算子等。但是，保存后的模型文件转换更容易做好工程链路，因为文件作为输入可以把模型训练和模型转换解耦。建议在端智能项目初期，先用框架能力在调试、模型训练过程中转换，然后部署到移动设备上进行测试。

```
import tensorflow as tf
#用tf.keras.* API创建模型
model = tf.keras.models.Sequential([
    tf.keras.layers.Dense(units=1, input_shape=[1]),
    tf.keras.layers.Dense(units=16, activation='relu'),
    tf.keras.layers.Dense(units=1)
])
model.compile(optimizer='sgd', loss='mean_squared_error') #编译
model.fit(x=[-1, 0, 1], y=[-3, -1, 1], epochs=5) #训练
#保存模型
tf.saved_model.save(model, "saved_model_keras_dir")
#转换模型
converter = tf.lite.TFLiteConverter.from_keras_model(model)
tflite_model = converter.convert()
#输出模型
with open('model.tflite', 'wb') as f:
    f.write(tflite_model)
```

通过上面的代码，借助 tf.keras 的 API 定义了一个简单的模型，再借助 tf.lite. TFLiteConverter 将 Keras 模型转换成 TFLite 模型，最终保存为 .tflite 的模型文件，模型准备工作就初步完成了。

如果要把算法模型文件转换成 TFLite 模型，用 TensorFlow 提供的命令行工具即可。

```
#转换SaveModel文件
python -m tflite_convert \
    --saved_model_dir=/tmp/mobilenet_saved_model \
    --output_file=/tmp/mobilenet.tflite
#转换H5格式模型文件
python -m tflite_convert \
    --keras_model_file=/tmp/mobilenet_keras_model.h5 \
    --output_file=/tmp/mobilenet.tflite
```

第一个参数是原模型文件的输入路径，第二个参数是转换后 TFLite 模型的输出路径。

　　由于 TensorFlow 框架在转换过程中做了一定的优化，因此，模型的算力也从
2.8 MFLOPS 降低到 1.8 MFLOPS。这里对 TFLite 模型算力评估使用了开源工具
tflite_flops，按照下面的示例安装和使用即可。

```
#安装
pip3 install git+https://github.com/lisosia/tflite-flops
#使用
python -m tflite_flops model.tflite
#结果
OP_NAME              | MFLOPS
------------------------------------------
CONV_2D              | 0.4
MAX_POOL_2D          | <IGNORED>
CONV_2D              | 1.2
MAX_POOL_2D          | <IGNORED>
RESHAPE              | <IGNORED>
FULLY_CONNECTED      | <IGNORED>
FULLY_CONNECTED      | <IGNORED>
SOFTMAX              | <IGNORED>
------------------------------------------
Total: 1.6 M FLOPS
```

　　本质上端智能用到的模型是从台式机、服务器上训练的模型转换过来的，
这种转换在不同的移动端和边缘设备上是不同的，这就造成了转换的复杂性。
ONNX 作为开放神经网络交换标准，对不同框架和不同的移动端、边缘设备运
行时进行了标准化，从而降低了模型在不同框架和不同运行时之间进行转换的成
本。现在主流的框架和设备都支持 ONNX。

```
#安装并转换ONNX模型的命令行工具
pip install -U tf2onnx
python -m tf2onnx.convert \
        --saved-model ./output/saved_model \
        --output ./output/mnist1.onnx \
        --opset 7
```

　　上面是 TensorFlow 命令行工具转换模型到 ONNX 格式的示例，当模型被转
换成 .onnx 格式后，不仅可以在 ONNX 运行时上直接运行，还可以方便地导入不
同设备的运行时中运行。主流的 Android 和 iOS 设备的运行时都支持对 ONNX 格
式模型的导入，比如像下面这样导入 iOS。

```
import coremltools
import onnxmltools
#模型名称替换成实际模型文件名
input_coreml_model = 'model.mlmodel'
```

```
#输出模型文件名
output_onnx_model = 'model.onnx'
#读取CoreML模型
coreml_model = coremltools.utils.load_spec(input_coreml_model)
#转换CoreML模型到ONNX格式
onnx_model = onnxmltools.convert_coreml(coreml_model)
#以protobuf格式保存模型
onnxmltools.utils.save_model(onnx_model, output_onnx_model)
```

还有一种比较重要的方式就是编译，虽然机器学习是在框架的运行时上解释执行的，但是编译过程也会起到至关重要的作用。在编译过程中，撇开兼容性针对不同运行时的算法框架基础要求不谈，仅针对不同硬件的加速能力，都有一大堆需要软件工程师耗费巨大精力的工作。以 UC 国际浏览器上做超分辨率的项目举例，为了能够让网络条件比较差的地方的用户可以享受更高清晰度的图片和视频，工程师训练了一个超分辨率算法模型，在中低端机型上经过优化的模型算法，基于 ARM 的 NEON 指令集加速，可以做到以每秒 24 帧的速度把 240p 的视频实时转换成 720p 的。但是，这个项目最大的挑战不是算法模型，在 GitHub 上可以找到很多超分辨率 SOTA 的模型，压缩剪枝、量化、知识蒸馏、降低精度等优化方法也能用，但这些优化并不改变神经网络对算力的基本要求，再加上视频解码、内存和数据传输等性能消耗，想要在中低端机型上把视频超清化算法模型跑起来并非易事。最后，算法工程师不得不先研究 Android 底层开发，基于 NEON 指令集和 Android 开放的底层优化能力，一点点压榨机能，压缩算力消耗，这才把性能从每秒 3～5 帧提升到 24 帧。

7.1.2 基于编译的模型优化

为了降低优化神经网络的复杂度和成本，在机器学习领域有所涉猎的大厂纷纷提出了自己的解决方案，如 PlaidML、TVM、JAX、MLIR 等。Google 的 XLA（Accelerated Linear Algebra，加速线性代数）打破了图优化和算子优化分层优化的思路，采用了和 TVM、MLIR 等类似的 HLO（High Level Optimizer，高级优化器）IR 技术来做后端（如 CUDA、DirectComputing 等）无关优化。这里面既包含神经网络底层计算图相关优化，也包含公共子表达式消除、强度缩减等传统优化技术。好处是可以尽可能地利用 LLVM 编译架构面向多后端的优势，将设备相关代码生成和优化交给 LLVM 来做。类似的，Meta 的 Glow 也包含这两层优化。Glow 更侧重于多后端及新型芯片，XLA 和 Glow 都侧重于 LLVM 的结合，充分利用既有优化手段。

JAX 是科学计算和函数转换的交叉融合，除了训练深度学习模型外，还具备即时编译、自动并行化、自动向量化、自动微分等功能。

下面用一个实际的例子来学习一下如何借助 JAX 准备算法模型。

首先安装依赖。

```
pip install tf-nightly --upgrade
pip install jax --upgrade
pip install jaxlib --upgrade
```

然后打开 Jupyter Notebook 开始实验。先引入必要的 Python 包。

```
import numpy as np
import tensorflow as tf
import functools
import time
import itertools
import numpy.random as npr
# JAX新增部分
import jax.numpy as jnp
from jax import jit, grad, random
from jax.experimental import optimizers
from jax.experimental import stax
```

准备训练样本和验证集相关数据，这里还是以 MNIST 为例。

```
def _one_hot(x, k, dtype=np.float32):
    """Create a one-hot encoding of x of size k."""
    return np.array(x[:, None] == np.arange(k), dtype)
(train_images, train_labels), (test_images, test_labels) = tf.keras.
    datasets.mnist.load_data()
train_images, test_images = train_images / 255.0, test_images / 255.0
train_images = train_images.astype(np.float32)
test_images = test_images.astype(np.float32)
train_labels = _one_hot(train_labels, 10)
test_labels = _one_hot(test_labels, 10)
```

接着，用刚才引入的 JAX 包提供的 API 定义模型。

```
init_random_params, predict = stax.serial(
    stax.Flatten,
    stax.Dense(1024), stax.Relu,
    stax.Dense(1024), stax.Relu,
    stax.Dense(10), stax.LogSoftmax)
```

这里和之前用 Keras 定义模型略有不同，但还是有很多似曾相识的部分，如 Dense、Relu、Softmax。这些神经网络层和优化器定义与传统的机器学习架构提供的能力类似，都是用来定义和训练模型的。训练的具体步骤这里不再赘述。如果决定使用 JAX，可以去 TensorFlow 官网找到完整示例。接下来看一下模型的转换和保存。

```
serving_func = functools.partial(predict, params)
x_input = jnp.zeros((1, 28, 28))
converter = tf.lite.TFLiteConverter.experimental_from_jax(
    [serving_func], [[('input1', x_input)]])
tflite_model = converter.convert()
with open('jax_mnist.tflite', 'wb') as f:
    f.write(tflite_model)
```

依旧使用 TFLite 转换器进行转换，把 JAX 模型转成 TFLite 格式。与之前介绍的模型转换一样，因此，也可以把 JAX 模型定义和训练的过程用 tensorflow.keras 进行替换。使用 JAX 的好处是模型的训练会在 JAX 的 JIT 环境中充分发挥 TPU、GPU、NPU 等硬件的加速能力。（具体的支持情况可以参考 JAX 文档。）

2022 年年初，JAX 仍然是一个实验性框架，而且对模型的编译和加速多集中在定义和训练模型环节，一旦模型转换成 TFLite 部署到手机上，依赖的是 TFLite 的运行时而非 JAX JIT。这点必须有明确认知，避免错误地认为用 JAX 在端智能上会实现性能加速。这里介绍 JAX 的原因在于，如果持续深入机器学习并进行实践，像前述的中低端 Android 手机超分辨率项目一样，在性能优化上遇到诸多瓶颈，就可以利用 JAX 的能力，绕过 Keras 高级 API，进一步优化神经网络的偏底层能力，又不会造成项目复杂度激增。

另一个优化算法模型的工具就是 TVM。这个由 Apache 软件基金会赞助的开源机器学习编译框架，相较于 JAX，更注重面向运行时的优化，尤其是对移动设备的支持能力更好且更易于扩展。除了传统的移动处理器和神经网络加速器，像 ZYNQ 这种 FPGA 的神经网络加速硬件也是支持的，甚至允许开发者用 DSP、CPLD 等定义自己的加速硬件并添加 TVM 的编译支持，TVM 会针对特定硬件自动优化模型。这些能力和日常开发工作的距离并不远，在本书写作过程中，AMD 已经收购了设计 ZYNQ 的赛灵思公司。相信不远的将来，个人电脑或移动处理器将逐步具备这些能力，供开发者试用。

虽然 TensorFlow 和 ONNX 将机器学习引入浏览器，如本书开始部分介绍的基于 TensorFlow 的示例，但 Web 版本和原生版本之间在性能上仍然存在不小的差距。原因之一是缺乏对 Web 上 GPU 的标准和高性能访问，WebGL 缺少高性能深度学习所必需的计算着色器和通用存储缓冲区等重要功能。这些问题正是 WebGPU、WebNN、WebML 等标准制定的目的。

WebGPU 是即将到来的下一代网络图形标准，它有可能极大地改变 Web 生态应用 AI 性能差的情况。与 Vulkan 和 Metal 等最新一代图形 API 一样，WebGPU 提供一流的计算着色器支持。为了探索在浏览器中使用 WebGPU 进行机器学习部署的潜力，TVM 针对 WASM（用于计算启动参数和调用设备启动的主机代码）和 WebGPU（用于设备执行）进行优化编译，保证在 Web 上部署机器学习应用的同时，仍然提供接近 GPU 的原生性能。

通过 TVM 的 WebGPU 后端和使用原生 GPU 运行时（Metal 和 OpenCL）的原生执行完整计算的比较（见图 7-3），在 MobileNet 模型上可以发现，WebGPU 的性能接近 Metal 的性能，假设 Chrome WebGPU 的运行时针对的是 Metal 而不是 MacOS 上的 OpenCL，那么对比 GPU 加速的神经网络几乎没有性能损失。

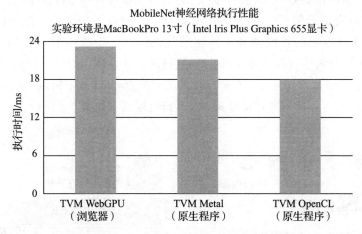

图 7-3　WebGPU、Metal、OpenCL 性能对比（源自 TVM 官网）

此基准测试不包括 CPU 到 GPU 的数据复制成本，仅针对 GPU。目前从 CPU 到 GPU 的数据复制仍然需要 25% 的执行时间，但是，这些成本可以通过连续执行设置中的双缓冲等方法进一步降低。

尝试使用 WebGPU 为深度神经网络（矩阵乘法和卷积）中的原始运算符编写着色器，然后直接优化它们的性能，这是 TensorFlow 等现有框架使用的传统工作流程。TVM 则不同，它采用基于编译的方法来提供接近原生的性能。TVM 能自动从 TensorFlow、Keras、PyTorch、MXNet 和 ONNX 等高级框架中提取模型，并使用**机器学习驱动**（借助机器学习的能力让 AI 来决策如何优化）的方法自动生成性能更好的原生代码。

基于编译的方法的一个重要优点是底层的复用，通过复用底层来优化目标平台（如 CUDA、Metal 和 OpenCL）的 GPU 内核，TVM 能够毫不费力地针对 Web 进行优化。如果 WebGPU API 到原生 API 的映射是有效的，只需要很少的工作 TVM 就可以帮智能 UI 在 Web 上达到类似的性能。更重要的是，AutoTVM 基础架构允许为特定模型提供专门的计算着色器，从而为特定模型生成最佳计算着色器。（这种自定义能力和前面提到的针对自定义硬件加速是一脉相承的。）

为了构建一个针对 Web 且基于 WASM 和 WebGPU 的端智能程序，需要以下部分：

❑ 用于计算着色器的 SPIR-V 生成器。

❑ 主机程序的 WASM 生成器。

❑ 加载和执行生成的程序的运行时。

幸运的是，TVM 已经为 Vulkan 提供了 SPIR-V 生成器，并使用 LLVM 生成主机代码，所以智能 UI 可以重新利用这两者来生成设备和主机程序。

TVM 具有最低限度地基于 C++ 的运行时，构建了一个最小的 Web 运行时库，并将其与生成的着色器和主机驱动代码链接，生成单个 WASM 文件。在 TVM 的 JS 运行时中可以构建 WebGPU 运行时，并在调用 GPU 代码时从 WASM 模块回调这些函数。使用 TVM 运行时系统中的 PackedFunc 机制，将 JavaScript 闭包传递给 WASM 接口来直接暴露高级运行时原语，如图 7-4 所示。

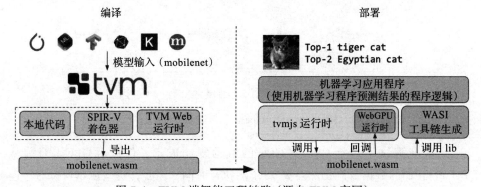

图 7-4 TVM 端智能工程链路（源自 TVM 官网）

在 WASI 和 WASM 的帮助下，TVM 能够很方便地让前端把一些流行的 AI 算法模型编译到 Web 的基础环境中，并且有良好的性能加持。

TVM 的架构更具灵活性，尤其是对端智能领域不同的操作系统、硬件设备加速能力，开发人员不必再手动进行适配和优化，极大提升了端智能工程的效能。下面用一个具体示例演示使用 TVM 的方法，便于评估该方法是否契合技术工程体系，如图 7-5 所示。

在开始之前，先从 GitHub 上下载一个 ONNX 的模型。由于模型地址有可能变化，因此可以在 https://github.com/onnx/models/ 里找到模型 resnet50-v2-7.onnx 文件并下载。

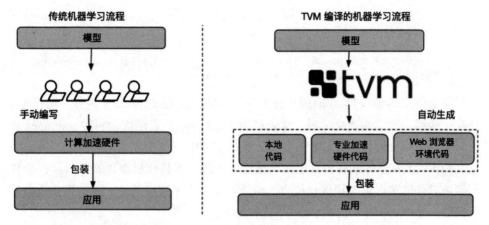

图 7-5　传统机器学习流程与 TVM 编译的机器学习流程的不同（源自 TVM 官网）

接着安装一些必要的软件。这里以 MacOS 为例介绍安装过程，其他系统可以在 TVM 的官网上找到。

```
brew install gcc git cmake
brew install llvm
brew install python@3.8
```

安装完毕后下载源码并生成配置文件。

```
git clone --recursive https://github.com/apache/tvm tvm
cd tvm
mkdir build
cp cmake/config.cmake build
```

这里需要注意的是对编译选项的修改。如果想要在本地测试，要把 set(USE_LLVM ON) 语句中默认 OFF 的开关改成 ON。如果想启用 CUDA 后端，对开关 set(USE_CUDA ON) 进行使能配置即可。要为 TVM 构建其他后端和库（如 OpenCL 和 AMD 的生态为 RCOM，Apple 的生态为 METAL、VULKAN 等），只需要参考 CUDA 后端设置修改对应的参数（如 USE_ROCM）。具体可支持的后端有哪些选项，可以参考 TVM 官方文档。

```
cd build
cmake ..
make -j4
```

开始编译时注意 -j4 这个编译选项，根据自己的线程和 CPU 核数来合理设置，然后等待编译结果即可。笔者用的系统版本是 MacOS 12.2.1。接下来进行 Python 库的安装。

```
pip3 install --user numpy decorator attrs tornado psutil xgboost
    cloudpickle
pip3 install --user onnx onnxoptimizer libomp pillow
export MACOSX_DEPLOYMENT_TARGET=10.9  #这个环境变量用于解决libstdc++冲突问题
cd python; python setup.py install --user; cd ..
```

需要注意的是，TVM 的优化分为三层。第一层是 TVM 直接编译后的模型，会有一些编译层面的优化。第二层是利用 TVM 提供的自动优化利器 autotuner 来针对不同的目标硬件（如 CPU、GPU、NPU、TPU 等）生成优化的代码。第三层是利用 TVM 的分析工具和自定义调整能力来进一步优化模型性能。通常在端智能领域只要能掌握第二层优化能力，就能够应付大多数场景了，还是要把精力平衡到输入处理、CPU、内存、I/O 等优化中去。

在开始之前还需要准备两个 Python 脚本，分别用于生成模型预测的输入和解析模型预测结果，便于对 TVM 的编译和优化结果进行校验。

```python
#!python ./preprocess.py用于生成模型输入
from tvm.contrib.download import download_testdata
from PIL import Image
import numpy as np
img_url = "https://s3.amazonaws.com/model-server/inputs/kitten.jpg"
img_path = download_testdata(img_url, "imagenet_cat.png",
    module="data")
#重新设置图片大小为224x224
resized_image = Image.open(img_path).resize((224, 224))
img_data = np.asarray(resized_image).astype("float32")
# ONNX需要NCHW输入，因此将数组用np.transpose进行转换
img_data = np.transpose(img_data, (2, 0, 1))
#对ImageNet正则化
imagenet_mean = np.array([0.485, 0.456, 0.406])
imagenet_stddev = np.array([0.229, 0.224, 0.225])
norm_img_data = np.zeros(img_data.shape).astype("float32")
for i in range(img_data.shape[0]):
        norm_img_data[i, :, :] = (img_data[i, :, :] / 255 - imagenet_
            mean[i]) / imagenet_stddev[i]
#添加batch维度
img_data = np.expand_dims(norm_img_data, axis=0)
#保存到.npz（输出imagenet_cat.npz）
np.savez("imagenet_cat", data=img_data)
```

用 TVM 运行之前下载的图像分类模型进行预测，还需要对预测结果进行解析。

```python
import os.path
import numpy as np
from scipy.special import softmax
from tvm.contrib.download import download_testdata
```

```
#下载包含标签的标注文件
labels_url = "https://s3.amazonaws.com/onnx-model-zoo/synset.txt"
labels_path = download_testdata(labels_url, "synset.txt", module="data")
with open(labels_path, "r") as f:
    labels = [l.rstrip() for l in f]
output_file = "predictions.npz"
#打开输出并读取tensor张量
if os.path.exists(output_file):
    with np.load(output_file) as data:
        scores = softmax(data["output_0"])
        scores = np.squeeze(scores)
        ranks = np.argsort(scores)[::-1]
        for rank in ranks[0:5]:
            print("class='%s' with probability=%f" % (labels[rank],
                scores[rank]))
```

下面就进入前述的第一层，用 TVM 的工具进行模型的编译。

```
python -m tvm.driver.tvmc compile \
--target "llvm" \
--output resnet50-v2-7-tvm.tar \
resnet50-v2-7.onnx
```

接着，通过以下命令检查一下 tvmc compile API 编译输出的模型文件是否正确。

```
mkdir model
tar -xvf resnet50-v2-7-tvm.tar -C model
ls model
```

从标准输出中会看到下列 3 个文件。

❑ mod.so，模型，为 C++ 库，可由 TVM 运行时加载。

❑ mod.json，TVM 计算图的文本表示。

❑ mod.params，一个包含预训练模型参数的文件。

有了模型和输入数据，现在可以运行 TVMC 工具进行预测了：

```
python -m tvm.driver.tvmc run \
--inputs imagenet_cat.npz \
--output predictions.npz \
resnet50-v2-7-tvm.tar
```

回想一下，.tar 模型文件包括一个 C++ 库、对 Relay 模型的计算图文本表示以及模型的参数。TVMC 包括 TVM 运行时，它可以加载模型并对输入进行预测。运行上述命令时，TVMC 会输出一个新文件 predictions.npz，其中包含 NumPy 格式的模型输出张量。

在此示例中，在用于编译的同一台机器上运行模型。在某些情况下，可能希望通过 RPC Tracker 远程运行它。要了解 RPC Tracker 等更多功能信息，可通过以下命令查看。

```
python -m tvm.driver.tvmc run --help
```

下面用后处理预测结果，以图 7-6 作为输入，检查一下模型的分类预测准确性。

图 7-6 小猫

```
python postprocess.py
# class='n02123045 tabby, tabby cat' with probability=0.610553
# class='n02123159 tiger cat' with probability=0.367179
# class='n02124075 Egyptian cat' with probability=0.019365
# class='n02129604 tiger, Panthera tigris' with probability=0.001273
# class='n04040759 radiator' with probability=0.000261
```

TVMC 将针对模型的参数空间执行搜索，尝试不同的配置并在指定的目标硬件上生成加速最快的模型参数。虽然这是基于 CPU 和模型的引导式搜索，但仍可能需要很长时间才能完成。此搜索的输出将保存到 resnet50-v2-7-autotuner_records.json 文件中，稍后将用于编译优化模型。

```
python -m tvm.driver.tvmc tune \
--target "llvm" \
--output resnet50-v2-7-autotuner_records.json \
resnet50-v2-7.onnx
```

如果为标志指定更具体的优化目标硬件，将得到更好的结果。例如 --target llvm -mcpu=skylake，其中 -mcpu 参数在 Intel 处理器上可以使用，llvm 指定 CPU 架构的编译进行调优。在 MacOS 上可以用命令 sysctl machdep.cpu 来查看处理器的详细信息，再根据信息去处理器官网查询架构代号。

经过漫长等待后得到如下信息，并得到 .json 文件所包含的调整数据。

```
[Task 25/25]  Current/Best:    29.87/   29.87 GFLOPS | Progress: (40/40)
```

```
                                | 64.33  s Done.
```

　　现在已经收集了模型的调整数据，可以使用优化的运算符重新编译模型以加
快计算速度。

```
python -m tvm.driver.tvmc compile \
--target "llvm" \
--tuning-records resnet50-v2-7-autotuner_records.json  \
--output resnet50-v2-7-tvm_autotuned.tar \
resnet50-v2-7.onnx
```

验证优化模型是否运行并产生相同的结果：

```
python -m tvm.driver.tvmc run \
--inputs imagenet_cat.npz \
--output predictions.npz \
resnet50-v2-7-tvm_autotuned.tar

python postprocess.py
```

验证预测是否和之前的结果相同：

```
# class='n02123045 tabby, tabby cat' with probability=0.610550
# class='n02123159 tiger cat' with probability=0.367181
# class='n02124075 Egyptian cat' with probability=0.019365
# class='n02129604 tiger, Panthera tigris' with probability=0.001273
# class='n04040759 radiator' with probability=0.000261
```

　　TVMC 提供模型之间的基本性能基准测试工具，并且报告模型运行时间。我
们可以大致了解调优对模型性能的提升程度。例如，在笔者的 Intel 处理器的本地
测试中，调整后的模型比未调整的模型运行速度快 30% 以上。

```
#优化后的模型
python -m tvm.driver.tvmc run \
--inputs imagenet_cat.npz \
--output predictions.npz  \
--print-time \
--repeat 100 \
resnet50-v2-7-tvm_autotuned.tar
# Execution time summary:
# mean (ms)    median (ms)     max (ms)      min (ms)     std (ms)
# 108.9112      106.0590      172.0100      103.3303     10.4451
#未优化模型
python -m tvm.driver.tvmc run \
--inputs imagenet_cat.npz \
--output predictions.npz  \
--print-time \
--repeat 100 \
```

```
resnet50-v2-7-tvm.tar
# Execution time summary:
# mean (ms)    median (ms)    max (ms)    min (ms)    std (ms)
# 135.0077     131.8776       202.7213    124.4521    11.0818
```

这些数据可能和本地测试有一定的偏差，TVM 官网示例的优化结果有 47% 左右的提升。因此，根据目标硬件不同和模型不同，优化的结果可能会有差异。但综合来看，提升效果还是非常明显的，所以不必花费精力在第三层上做更深入的优化。同时，必须要注意在编译和构建 TVM 的时候，编译选项会直接影响可使用的目标硬件选项，所以在最初编译安装的时候，需要对未来移动端目标硬件有一个预估。

至此就完整介绍了将一个算法模型转换成端智能模型的过程，并且扩展到 JAX 和 TVM 两个典型的模型编译优化工具，用示例学习并掌握了优化模型性能的方法。接下来将用 Android 和 iOS 两个实例来介绍一下端智能在移动 App 上的应用。

7.1.3 TensorFlow Lite 的 Android 应用

Android 上 Google 官方推荐的应用生成方式有两种，分别是基于 Android Studio 项目模板和基于 TensorFlow Lite 代码生成器，都可以方便、快速地将上一节中准备好的模型运行起来。

1. 基于 Android Studio 项目模板生成端智能应用

对于使用 TensorFlow Lite（TFLite）模型创建端智能应用，可以使用 Android Studio（需要 4.1 或以上版本）机器学习模型绑定来自动配置项目设置，并基于模型元数据生成封装好的容器类。容器类代码消除了直接与 ByteBuffer 交互的需要，同时，开发者可以使用 Bitmap 和 Rect 等类型化对象与 TFLite 模型进行交互。

在 Android Studio 中导入 TFLite 模型，具体方法为：右击要使用 TFLite 模型的模块，或者单击文件，然后依次单击 New → Other → TensorFlow Lite Model，如图 7-7 所示。

选择刚才用 TensorFlow 框架转换的 TFLite 文件，要注意该过程将机器学习绑定到工程配置，形成模块的依赖关系，且所有依赖关系会自动插入 Android 模块的 build.gradle 文件。

如果要使用 GPU 加速，选择导入 TensorFlow GPU 的第二个复选框，如图 7-8 所示。

图 7-7　在 Android Studio 中新建 TFLite 项目

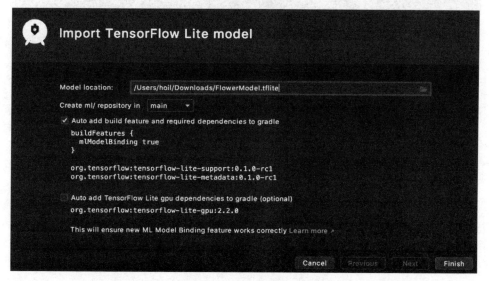

图 7-8　GPU 加速选项

单击 Finish 按钮导入成功后，出现图 7-9 所示的界面。使用模型需要选择 Kotlin 或 Java 作为开发语言，复制并粘贴 Sample Code 部分的代码，在 Android Studio 中双击 ml 目录下的 TFLite 模型，可以随时返回此界面。

图 7-9　示例代码

机器学习模型为开发者提供了一种通过使用委托和增加线程数量借助并行化加速模型执行的方法，即加速模型推断。需要注意 TFLite 解释器必须在其运行时的同一个线程上创建，TfLiteGpuDelegate Invoke: GpuDelegate 必须在初始化它的同一线程上运行，否则可能会发生错误。

1）检查模块 build.gradle 文件是否包含以下依赖关系。

```
dependencies {
    ...
    //TFLite GPU delegate 应为2.3.0版本以上
    implementation 'org.tensorflow:tensorflow-lite-gpu:2.3.0'
}
```

2）检测设备上运行的 GPU 是否兼容 TensorFlow GPU 委托，如不兼容，则使用多个 CPU 线程运行模型。

```
import org.tensorflow.lite.support.model.Model
import org.tensorflow.lite.gpu.CompatibilityList;
import org.tensorflow.lite.gpu.GpuDelegate;
//用GPU delegate进行初始化
Model.Options options;
CompatibilityList compatList = CompatibilityList();
if(compatList.isDelegateSupportedOnThisDevice()){
    //如果有GPU设备被检测到，则添加GPU delegate
    options = Model.Options.Builder().setDevice(Model.Device.GPU).
        build();
} else {
    //如果未检测到，GPU会并发运行在4个CPU线程上
    options = Model.Options.Builder().setNumThreads(4).build();
}
MyModel myModel = new MyModel.newInstance(context, options);
```

2. 基于 TFLite 代码生成器生成端智能应用

代码生成器是否有用取决于 TFLite 模型的元数据是否完整，请参考 metadata_
schema.fbs 中相关字段下的 <Codegen usage> 部分，查看代码生成器工具如何解
析每个字段，TFLite 封装容器代码生成器目前只支持 Android 系统。

生成封装容器代码需要在终端中安装以下工具：

```
pip install tflite-support
```

完成后，执行以下命令来使用代码生成器：

```
tflite_codegen --model=./model_with_metadata/mnist.tflite \
        --package_name=org.tensorflow.lite.classify \
        --model_class_name=MyClassifierModel \
        --destination=./classify_wrapper
```

生成的代码位于目标目录 ./classify_wrapper 中，接下来就可以使用生成的
代码。

1）导入生成的代码。假设生成的代码的根目录为 SRC_ROOT，打开要
使用 TFLite 模型的 Android Studio 项目，然后通过以下步骤导入生成的模块：
File → New → Import Module → SRC_ROOT。使用上面的示例导入的目录和模块
被称为 classify_wrapper。

2）更新应用的配置，在文件菜单的 build.gradle 选项中选择上一步导出的库
文件，并在算法模块的 Android 配置部分添加以下内容：

```
aaptOptions {
    noCompress "tflite"
}
```

```
implementation project(":classify_wrapper")
```

3）使用模型。

```
//初始化模型
MyClassifierModel myImageClassifier = null;
try {
    myImageClassifier = new MyClassifierModel(this);
} catch (IOException io){
    //模型读取错误时的处理逻辑
}
if(null != myImageClassifier) {
    //将inputBitmap设为输入
    MyClassifierModel.Inputs inputs = myImageClassifier.createInputs();
    inputs.loadImage(inputBitmap));
    //运行模型
    MyClassifierModel.Outputs outputs = myImageClassifier.run(inputs);
    //运行结果
    Map<String, Float> labeledProbability = outputs.getProbability();
}
```

加速模型推理性能的方法与之前类似，也是用硬件设备进行加速委托和多线程并行化，这些选项可以在初始化模型对象时设置。

❑ Context：Android Activity 或 Service 的上下文。

❑（可选）Device：TFLite 加速委托，如 GPUDelegate 或 NNAPIDelegate。

❑（可选）numThreads：用于运行模型的线程数（默认为 1）。

例如，要使用 NNAPI 委托且最多 3 个线程，可以这样初始化模型：

```
try {
    myImageClassifier = new MyClassifierModel(this, Model.Device.NNAPI,
        3);
} catch (IOException io){
    }
```

如果遇到 java.io.FileNotFoundException: This file can not be opened as a file descriptor; it is probably compressed 错误，可在应用模块的 Android 部分插入以下代码：

```
aaptOptions {
    noCompress "tflite"
}
```

除上述介绍的两种方法外，最简单的方法是在 GitHub 上搜索 TFLite 模型应用的示例，以这些示例为基础开发自己的 Android 端智能应用。

7.1.4　Core ML 的 iOS 应用

为了展示 iOS 设备强大的性能，本例将展示端上训练模型的方法，可以直接跳过模型评估、准备、编译和优化，用 Apple 提供的强大工具直接定义神经网络模型，并在移动端应用中借助设备能力加速训练过程。

为了方便起见，这里使用开源的 Swift Core ML Tools 项目作为基础，并且在笔者的 MacOS 和 iPhone 13 Pro Max 上进行完整的测试，以过程中除了需要对项目的开发者签名进行更新以便部署到手机外，没有遇到任何 BUG 和编译构建问题。

Swift Core ML Tools 项目公开了一个（基于函数构建器的）DSL 和一个编程 API（参见下面的示例），还实现了 Codable 协议，允许以 JSON 格式打印和编辑 CoreML 模型。该项目不是"官方的"，它不是 Apple Core ML 的一部分，也没有维护。该项目使用 Apple Swift Protocol Buffer 包并编译和导入 Swift 从 GitHub Apple CoreML Tools 存储库定义的 Core ML ProtoBuf 数据结构：https://github. com/apple/coremltools/tree/master/mlmodel/format。与直接使用 Swift 编译的 Core ML ProtoBuf 数据结构相比，此包可用于导出 Swift For TensorFlow 模型或从头开始生成新的 Core ML 模型，提供更快捷的接口。使用该项目生成的 CoreML 模型可能会部分或完全使用 Core ML 运行时进行训练，这也是笔者选择这个项目的重要原因。

下面介绍如何使用标准 MNIST 数据集实现图像分类模型。我们可以直接在 iOS 设备上训练 Core ML 模型，无须事先在其他 ML 框架上进行训练。MNIST 提供了 6 万个培训和 1 万个测试样本，以及尺寸为 28×28 像素的黑白图像。图 7-10 为 0～9 的手写数字。

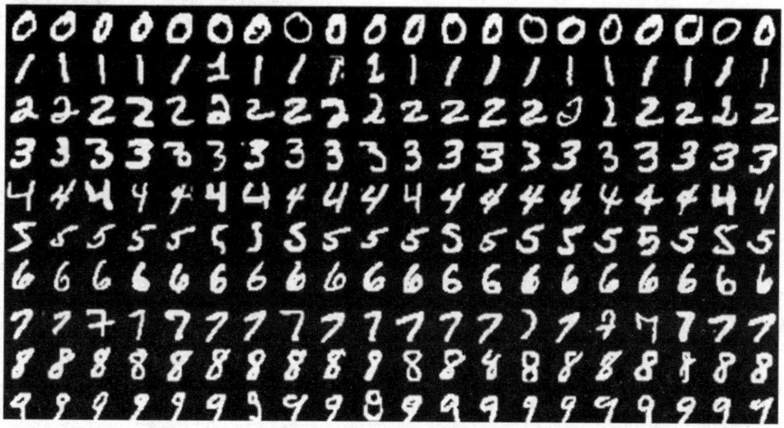

图 7-10　MNIST 数据集

笔者创建了一个用纯 Swift 编写的 iOS/macOS SwiftUI 应用程序，如图 7-11 所示，该应用程序解析数据集，直接在应用程序中创建 CNN 模型（使用上述的 Swift Core ML Tools 库）并进行训练。

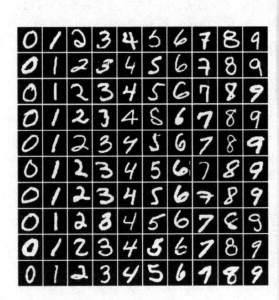

图 7-11　使用 Core ML 在 iOS 设备上训练 MNIST CNN

本示例使用 LeNet CNN，网络结构如图 7-12 所示，这个网络是了解卷积神经网络（CNN）细节的绝佳起点。LeNet CNN 与 MNIST 数据集的结合是机器学习启蒙的良好示例，通常被认为是深度学习图像分类的入门项目。LeNet 由两组卷积层组成（ReLu 激活层和 max pooling 层），紧接着是完全连接的隐藏层，然后通常是 ReLu 激活层，最后是另一层完全连接的密集层，其具有 softmax 激活功能，用于输出分类结果。

在讨论如何在 Core ML 中创建和训练 LeNet CNN 之前，首先准备 MNIST 训练数据，以便将其正确批处理到 Core ML 运行时中。在下面的 Swift 代码段中，专门为 MNIST 数据集准备了一批训练数据，只须将每个图像的像素值从 0 到 255 的原始范围归一化为 0 到 1 之间的深度神经网络"可理解"的范围。

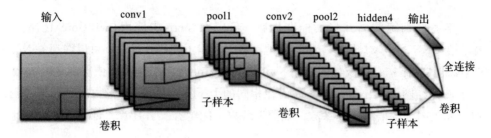

图 7-12　LeNet CNN 结构

```swift
func prepareBatchProvider() -> MLBatchProvider {
    var featureProviders = [MLFeatureProvider]()
    var count = 0
    errno = 0
    let trainFilePath = extractTrainFile()
    if freopen(trainFilePath, "r", stdin) == nil {
        print("error opening file")
    }
    while let line = readLine()?.split(separator: ",") {
        count += 1
        DispatchQueue.main.async {
            self.trainingBatchStatus = .preparing(count: count)
        }
        let imageMultiArr = try! MLMultiArray(shape: [1, 28, 28],
            dataType: .float32)
        let outputMultiArr = try! MLMultiArray(shape: [1],
            dataType: .int32)
        for r in 0..<28 {
            for c in 0..<28 {
                let i = (r*28)+c
                imageMultiArr[i] = NSNumber(value:
                    Float(String(line[i + 1]))! / Float(255.0))
            }
        }
        outputMultiArr[0] = NSNumber(value: Int(String(line[0]))!)
        let imageValue = MLFeatureValue(multiArray: imageMultiArr)
        let outputValue = MLFeatureValue(multiArray: outputMultiArr)
        let dataPointFeatures: [String: MLFeatureValue] = ["image":
            imageValue,"output_true": outputValue]
        if let provider = try? MLDictionaryFeatureProvider(dictionary:
            dataPointFeatures) {
            featureProviders.append(provider)
```

```
            }
        }
        return MLArrayBatchProvider(array: featureProviders)
    }
```

准备好训练数据并将其标准化后，可以在 Swift 中使用 SwiftCoreMLTools 库，在 CNN CoreML 模型中进行本地准备。在以下代码片段中，可以看到 LeNet CNN 的体系结构，以及如何使用 SwiftCoreMLTools DSL 构建器依次定义图 7-12 所示的神经网络，还可以查看如何在相同的上下文中传递数据到 CoreML 模型，以及基本的训练信息和超参数，如损失函数、优化器、学习率、周期、批处理大小等。

```
public func prepareModel() {
    let coremlModel = Model(version: 4,
                            shortDescription: "MNIST-Trainable",
                            author: "Jacopo Mangiavacchi",
                            license: "MIT",
                            userDefined: ["SwiftCoremltoolsVersion" :"0
                                .0.12"]) {
        Input(name: "image", shape: [1, 28, 28])
        Output(name: "output", shape: [10], featureType: .float)
        TrainingInput(name: "image", shape: [1, 28, 28])
        TrainingInput(name: "output_true", shape: [1], featureType: .int)
        NeuralNetwork(losses: [CategoricalCrossEntropy(name: "lossLayer",
                                    input: "output",
                                    target: "output_true")],
                        optimizer: Adam(learningRateDefault: 0.0001,
                                learningRateMax: 0.3,
                                miniBatchSizeDefault: 128,
                                miniBatchSizeRange: [128],
                                beta1Default: 0.9,
                                beta1Max: 1.0,
                                beta2Default: 0.999,
                                beta2Max: 1.0,
                                epsDefault: 0.00000001,
                                epsMax: 0.00000001),
                        epochDefault: UInt(self.epoch),
                        epochSet: [UInt(self.epoch)],
                        shuffle: true) {
            Convolution(name: "conv1",
                    input: ["image"],
                    output: ["outConv1"],
                    outputChannels: 32,
                    kernelChannels: 1,
                    nGroups: 1,
```

```
                    kernelSize: [3, 3],
                    stride: [1, 1],
                    dilationFactor: [1, 1],
                    paddingType: .valid(borderAmounts:
[EdgeSizes(startEdgeSize: 0, endEdgeSize: 0),
EdgeSizes(startEdgeSize: 0, endEdgeSize: 0)]),
                    outputShape: [],
                    deconvolution: false,
                    updatable: true)
            ReLu(name: "relu1",
                input: ["outConv1"],
                output: ["outRelu1"])
            Pooling(name: "pooling1",
                    input: ["outRelu1"],
                    output: ["outPooling1"],
                    poolingType: .max,
                    kernelSize: [2, 2],
                    stride: [2, 2],
                    paddingType: .valid(borderAmounts:
[EdgeSizes(startEdgeSize: 0, endEdgeSize: 0),
EdgeSizes(startEdgeSize: 0, endEdgeSize: 0)]),
                    avgPoolExcludePadding: true,
                    globalPooling: false)
            Convolution(name: "conv2",
                    input: ["outPooling1"],
                    output: ["outConv2"],
                    outputChannels: 32,
                    kernelChannels: 32,
                    nGroups: 1,
                    kernelSize: [2, 2],
                    stride: [1, 1],
                    dilationFactor: [1, 1],
                    paddingType: .valid(borderAmounts:
[EdgeSizes(startEdgeSize: 0, endEdgeSize: 0),
EdgeSizes(startEdgeSize: 0, endEdgeSize: 0)]),
                    outputShape: [],
                    deconvolution: false,
                    updatable: true)
            ReLu(name: "relu2",
                input: ["outConv2"],
                output: ["outRelu2"])
            Pooling(name: "pooling2",
                    input: ["outRelu2"],
                    output: ["outPooling2"],
                    poolingType: .max,
                    kernelSize: [2, 2],
                    stride: [2, 2],
```

```
                              paddingType: .valid(borderAmounts:
[EdgeSizes(startEdgeSize: 0, endEdgeSize: 0),
 EdgeSizes(startEdgeSize: 0, endEdgeSize: 0)]),
                              avgPoolExcludePadding: true,
                              globalPooling: false)
              Flatten(name: "flatten1",
                      input: ["outPooling2"],
                      output: ["outFlatten1"],
                      mode: .last)
              InnerProduct(name: "hidden1",
                           input: ["outFlatten1"],
                           output: ["outHidden1"],
                           inputChannels: 1152,
                           outputChannels: 500,
                           updatable: true)
              ReLu(name: "relu3",
                   input: ["outHidden1"],
                   output: ["outRelu3"])
              InnerProduct(name: "hidden2",
                           input: ["outRelu3"],
                           output: ["outHidden2"],
                           inputChannels: 500,
                           outputChannels: 10,
                           updatable: true)
              Softmax(name: "softmax",
                      input: ["outHidden2"],
                      output: ["output"])
        }
    }

    let coreMLData = coremlModel.coreMLData
    print(coreMLModelUrl)
    try! coreMLData!.write(to: coreMLModelUrl)
    modelPrepared = true
}
```

这段代码非常关键，未来想使用其他 ML 框架的模型时，了解这段代码后就可以轻松地使用不同的关键字和 API 移植过来化为己用。当使用一些 GitHub 上的开源项目进行快速实验的时候，注意用 XCode 打开项目并更新签名，如图 7-13 所示。

在点亮屏幕并解锁的状态下将手机和 MacOS 连接并在手机端信任电脑，然后把部署目标替换成自己的手机，编译构建后 XCode 会自动将应用部署到手机上。最后，根据图 7-14 依次单击按钮开始训练，并进行模型的验证和预测。

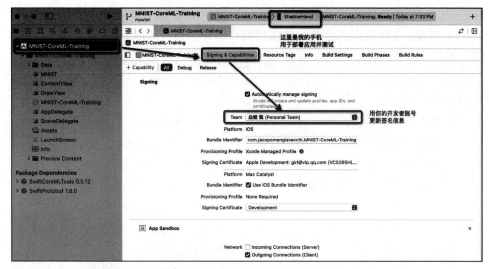

图 7-13　对示例项目进行配置

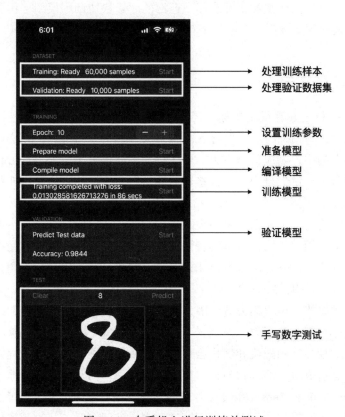

图 7-14　在手机上进行训练并测试

从 Android 和 iOS 的示例中可以看出，在移动端部署模型并调用模型进行预测乃至训练，在机器学习框架、模型转换、编译工具的帮助下都不复杂。可以快速地把本地、服务端模型转换并部署到端上，也可以在端上定义一些模型从零开始训练。这种能力解决了 UI 需要快速响应时的网络延迟问题，还较好地保护了用户的隐私。

以手机淘宝为例，用户打开淘宝从一个信息流点击进入一个商品详情页，在浏览了商品详情后并没有产生购买决策返回信息流。针对价格敏感型用户，智能 UI 会在信息流当前位置插入一张详情页商品对应品类的优惠券，因为用户可能并不知道该品类或商品有优惠券可以领用，智能 UI 提供的优惠券可能会帮助用户更容易进行决策。由于用户从详情页返回信息流再进入滑动浏览，是一个连续的行为（因为当前信息不会重新渲染），如果用户单击"返回"按钮后发送商品 ID 到服务端，再由服务端算法模型预测用户和优惠券匹配程度，之后返回对应的优惠券，用户早都滑动到两三屏开外了。因此，必须用端智能来加速整个过程，提前在本地缓存可用的优惠券，并在用户返回的时候快速调用模型，预测是否送出优惠券。下面将用实际案例介绍一下智能 UI 在端智能上的实践。

7.2 实时性实践

虽然产品和业务有很多指标，但作为前端更关注的是前端交付物相关的指标。在前端交付物相关的指标视角下，UI 和交互作为前端交付的核心内容，在这些核心内容上的用户响应就是行为。这些行为可能包括无行为、点击行为、滚动行为、返回行为、跳失行为等，这些行为都是用户直接的行为，比如跳失行为定义为退出应用、无点击返回、无滚动返回等，退出、返回则是跳失行为的开始，在用户跳失之前的上下文信息是用户跳失行为的线索。但是，必须指出这种线索极为模糊，有些用户是因为找不到有用的信息而跳失的，有些可能是误点击或被广告骗进来的，这时候算法模型的能力就得以发挥，通过用户行为和当前上下文之间的关系来找到用户跳失的原因。

算法模型要找到用户跳失的原因，需要对当前上下文进行大量的计算，甚至在用户所处不同场景进行深入的计算，即便有智能 UI 把计算结果应用到实际用户场景去，这种算法的迭代和优化也是极其复杂和缓慢的，预测过程因为涉及太多的特征也会造成极大的算力消耗，很难在某个用户浏览内容时立即做出跳失预测。鉴于 PipCook 和 TensorFlow.js 合作的基础，在业务中试图用端智能解决对用户意图预测的实时性问题，在用户浏览过程中遇到问题时，及时调整信息以解决用户的问题。这些解决问题的手段可能包括浏览兴趣下降插入跨品类、跨场景发现能力供给探索型信息、插入优惠券降低用户决策难度等。

这些基于端智能用户意图预测的模型,在有好货、美妆频道都带来了用户体验的提升,借助端智能让 UI 更智能,用户也会肯定产品的价值和易用性。下面详细介绍一下在实现用户意图预测的端智能技术体系。

7.2.1 技术体系

为了更好地发挥端上数据的实时性,并更好地捕捉用户的实时意图,需要一个包含数据、算法模型、模型容器、触达通道、算法研发平台的端智能体系。其中,数据是根源,是端智能执行计算的基本要素,触达通道是用户和产品之间的桥梁,算法模型决定了最终 UI 智能化的效果,算法研发平台与模型迭代更新速度息息相关,模型容器则给模型的运行提供了保障。

在上述端智能的 5 个核心要素中,前端重点专注在数据、模型容器、触达通道这 3 个要素,并围绕这 3 个要素为核心打造了一套完整的技术体系,从而降低业务方接入和使用成本,并减少算法人员调试、运行、测试模型的时间,具体技术体系结构如图 7-15 所示。

图 7-15 中深色部分是淘系技术端智能团队客户端人员提供的,可以针对自己的业务和技术工程体系重新定义上述内容,用 TensorFLow 替代算法容器、模型推理、实施训练等原始能力。

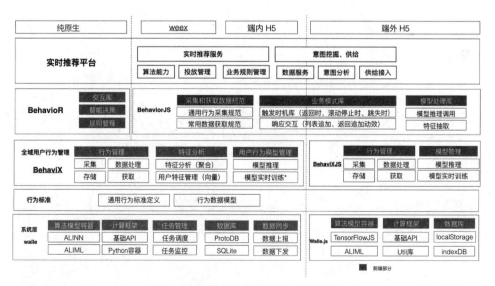

图 7-15 端智能体系结构及前端部分

7.2.2　运行态：数据能力

对于各前端业务来说，这一层主要由 BehavioR 和 BehaviX 两部分构成，负责将用户的实时行为按照一定的数据格式存储起来，且抽象出用户行为特征和意图，这样可以做到对上层（业务方）提供清晰友好的读取接口，便于业务捕获和使用用户的离线特征和当下的实时意图。

为了达成上述目的，在技术方案中拆分出 BehaviorJS 和 BehaviXJS 两个包，以承担不同的职责，并定义一套用户行为数据规范。其中 BehaviorJS 专注于对业务提供简洁、清晰和友好的 API 以及在实际业务中验证过的组件（可基于用户意图动态调控 UI 的智能化组件）。BehaviXJS 则专注于处理数据、监控 SDK 运行情况，以及针对不同环境（H5、Weex 和小程序等）做特殊的适配和优化处理。

以小程序为例，基于用户行为数据规范，用 localStorage 实现了一套完整的存储方案，将用户在页面上的行为分为页面进入（PV）、页面离开（Leave）、点击（Tap）、曝光（Expose）、滚动（Scroll）、请求（Request）等，并以单次冷启动作为 1 次会话，生成对应的 sessionId，从而将不同类型的用户行为数据关联起来，形成一张有向图，如图 7-16 所示。这样做的好处是让业务方能获取到用户的完整行为路径，更好地捕捉用户当下和之前的心智行为，便于算法模型挖掘出更多有用的用户行为特征。

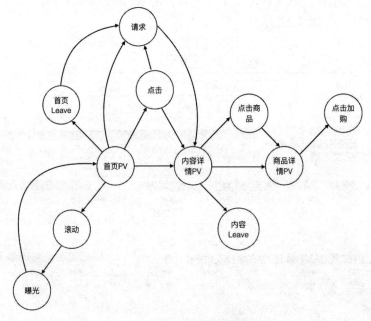

图 7-16　用户行为路径

在有了职责清晰、灵活可用的工具包且定义了完整的数据格式规范后，在此基础上针对实际业务使用和接入情况进一步优化，让端上的数据能更好、更快地发挥作用，同时降低业务方的使用成本和调试时间。

7.2.3　无入侵数据采集

端智能采集数据时，需要对业务代码做很多的入侵，如 onAppear、onScroll、onViewAppear、onViewDisappear 等，因此，对 BehaviorJS 进行了优化，封装了 init 方法，只需要调用 init 方法且结合业务自身已有的滑动、页面进入、页面离开事件，就可以直接采集到用户在页面上的滑动、页面进入和页面离开事件相关数据。

```
import BehaviorJS from '@ali/pcom-behavior-js'
...
BehaviorJS.init({});
```

注意：如果使用 window 监听并处理事件进行无入侵数据采集，会增加事件捕获和冒泡及处理的性能消耗。此外，在很多产品开发的过程中，一些自定义组件的事件会被合并做特殊处理，比如拦截 A、Link 标签的跳转行为，转而调用 JS Bridge 触发 View 的 Native 导航，来实现 Hybrid App 的应用内导航等。

7.2.4　运行态：模型能力

这一层为模型的运行提供稳定、高性能的运行环境，最大化地发挥算法模型的能力，同时封装常用的数据处理能力。为了满足这些要求，选择了 TensorFlow 来为模型的运行提供支持，同时利用 TFData 中对于数据处理能力的封装，简化数据处理接口的设计。

TensorFlow 现在支持的算子相对于 TensorFlow 来说还是存在一些不足的，但是基本的算子都已满足，例如常用的 conv2d、gradients、dropout、in_top_k 等算子都已经完美支持。具体算子情况可以在 TensorFlow 官网一探究竟。

这一层对性能有较高的要求，由于模型运行在客户端上，模型的运行时间又与模型大小息息相关，对于部分深度学习算法模型，它的大小可能会有几十兆甚至几百兆，因此在设计之初要把性能问题给考虑进去。

在 H5 和小程序中，通过开启 worker，异步执行模型并通过固定名称和格式的回调函数把执行结果传递给主线程，从而避免预测模型时阻塞主线程，而对于 weex 环境，客户端通过 JSBridge 进行通信，将模型的名称、页面名称和初始数据传入，然后用回调函数获取模型执行结果。

在实际开发中，对于同样的输入，TensorFlow.js 在运行机制上需要在第一次预测时将 CPU 上的模型搬运至 GPU 运算环境，这样第一次和第二次的预测时间可能相差十倍以上，所以推荐在使用模型前传入一组 Tensor 对模型进行预热。

7.2.5 端智能研发态

端智能研发链路如图 7-17 所示，它的目的是训练模型、调优模型效果，同时针对不同运行环境（H5、小程序）做性能优化。

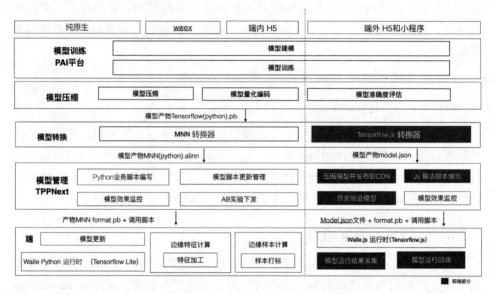

图 7-17 端智能研发链路

算法模型在大量样本训练后才能发挥出效果，且在后期的迭代过程中需要依据新的样本做出调整，为了能方便、快捷地部署、下发、更新模型，智能 UI 针对端智能的研发态提供了解决方案。从开发算法模型到落地，需要经历开发、调试、测试、转换、验证、发布、监控等一系列环节，从模型的调用、训练再到转换和部署，都需要工程能力来降低研发成本。

首先，在模型调用、训练中，因为撰写模型脚本时有自己的风格，为了便于研发、调试、维护、发布和监控等过程更加易用和统一，MNN.js 提供了基类，所有的模型调用和训练脚本时都需要继承这个基类，并在其中实现 constructor、run、finish 及 output 方法。

其次，模型的转换以深度模型的发布为例，在训练好模型后，需要借助工具来将其转换成 TensorFlow.js 支持的模型，使用 TensorFlow 框架提供的工具即可。

对于客户端支持 WebGPU 的环境，更加推荐 TVM 基于 WASM 的模型编译加速方案（具体方法参考 4.1 节）。

```
#转换SaveModel文件
python -m tflite_convert \
    --saved_model_dir=/tmp/mobilenet_saved_model \
    --output_file=/tmp/mobilenet.tflite
#转换H5格式模型文件
python -m tflite_convert \
    --keras_model_file=/tmp/mobilenet_keras_model.h5 \
    --output_file=/tmp/mobilenet.tflite
```

若想要把模型发布到端上，在 Tppnext 上可以直接通过 Jarvis 平台进行下发，若希望模型在端外跑起来，则需要把转换后的模型文件（.json）和对应的 JS 执行文件通过 @ali/builder-jarvis-js 进行发布，这个构建器会将算法 JS 文件编译和压缩，并把压缩后的算法文件和模型文件一起发布到线上 CDN 地址，那么在 H5 下就可以直接通过 URL 进行访问。智能 UI 在 Jarvis 平台做了很多额外工作，最重要的是对模型进行版本管理和加密。版本管理可以保证模型在不同版本上针对不同设备做出特殊优化，加密则能够保证自己的核心算法模型不外泄，最大限度保护公司的知识产权，只要研究一下 TVM 的工程能力，就可定制一个自己的 Jarvis，在模型编译过程中自定义就可以实现大部分功能。

7.2.6　产品落地

借助端智能在产品中实时分析和计算用户浏览行为特征，针对消费者浏览行为偏好和实时兴趣偏好，对服务器下发的内容做过滤和精排，从而提升信息表达的有效性，如图 7-18 所示。

智能 UI 在实际业务中已完成端智能从 0 到 1 的过程，数据、算法模型、模型容器、触达通道、算法研发平台等能力围绕端智能进行了体系化的重塑和针对性的设计优化，尤其是在跳失点模型、端侧重排模型上取得的用户体验优化成果及产品核心指标提升效果，是产品和业务方一致认可的。但是，也必须看到端智能的实施难度和局限性，更多的算法模型仍处于研究探索中。

从实施难度上说，端智能对前端工程师提出了全新的能力素质模型要求，不仅要有扎实的前端技术工程能力，还要对数据处理、算法模型乃至浏览器加速能力、机器学习框架和模型编译等知识，有比较深入的理解和充分的实践。

从局限性上说，端智能并不能解决太复杂的问题，否则，模型预测的时间过长就失去了实时性的优势。但是，作为一个合格的程序员，以时间换空间大家都懂的，就像前面在浏览器上用张量预热机器学习算法模型那样，随着对机器学习框架底层原理的深入和硬件及系统加速能力运用的纯熟，辅之以扎实的浏览器底层原理和编程能力，这些局限性也会逐步被解决。

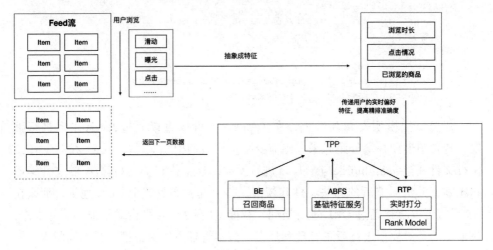

图 7-18　基于用户实时浏览行为的信息精排

7.3　个人信息安全实战

对于个人信息来说，怎样才算是安全？要搞清楚这个问题，先要看看是什么原因造成个人信息不安全。这里不会把网上的资料如 GDPR、个人信息安全保障法律、法规等概念照搬过来，而是从背后去探究：为什么保护？又保护了什么？沿着这些思考去检查在使用用户个人信息时的技术方案，将更加容易发现问题、发现解决方案。

首先，从社会公平正义的角度出发，审查个人信息使用的安全性及合理性。个人信息安全只是以政府为代表的公权力、以企业为代表的资本利益和普罗大众的人民私权利之间博弈的其中一个战场。企业无疑是推动时代进步的核心驱动力，在创造产品和服务的同时，还创造着工作机会。工作机会让人们能够获得收入，从而弥补生活的消费支出。由于个人和企业相比是弱势群体，政府制定劳动法律、法规来保障个人在就业和工作过程中不被歧视、压迫和不公正对待。这是三者在工作领域的博弈，在个人信息安全领域的博弈也是类似的。企业获取个人信息并向客户提供个性化服务，从而改善和提升客户体验，同时，企业也在用个人信息来提升服务效率，基于数据把服务供给和客户需求进行精准匹配。个性化的服务和服务效率的提升，理论上应该降低客户获取服务的成本，但实际上不仅没有降低客户的服务成本，反而利用大数据杀熟、价格歧视等手段进一步放大利益。政府为了保障弱势群体不受侵害，替个人发声，制定各种法律、法规对企业和资本进行监管，从而保护了社会的公平正义。因此，在使用个人信息时关注社会的公平正义是基础要求，这个要求从根本上符合个人信息安全保护的要求。

其次，知情权是个人信息安全的关键。比较常见的情况是：先把个人信息搜集上来再说，既不告诉用户收集了哪些信息，又不告诉用户这些信息用来做什么。这种情况在互联网发展初期大量存在，主要是因为当时的技术还不成熟，推荐算法对数据的要求并没有达成共识。今天，在机器学习、深度神经网络的加持下，基于个人信息进行推荐所必要的信息，对数据的要求是比较明确的，应当以最小必要性为原则约束信息收集的范围。如果个人信息收集的范围以最小必要性为原则，就能够透明化、简单直接地向用户公示，让用户对自己被收集的信息及其用途知情。

最后，选择权是个人信息安全保障的核心手段。以国家取缔学区房、校外培训为例，今天的人民如果因为没钱被固化在当前阶层，失去了改变人生和命运的机会，就相当于失去了对人生的选择权。优质的企业对校招生学历的要求，会以好的中学教育、好的小学教育甚至学前教育一层层传导，在任何层级上无法获得充分的教育资源，从而无法进入更高概率成功的层级。但是，为了保障人民选择权，政府可以取缔学区房和校外培训，在义务教育阶段保证教育资源的公平性，降低钱多、钱少带来的影响，给所有人一个机会，实际上就是给人民选择权。

综上所述，这三点是环环相扣的，以公平正义为出发点设计个人信息收集和使用的方案，就可以大大方方地公示收集信息的内容和目的，当然也可以给用户自由选择的权力。

掌握上述的原则，在技术选型、方案设计中发挥了关键作用，但必须指出的是这些方法有失效的风险。尤其在智能 UI 消费链路中，深入基于场景的个性化方案推荐时，想要识别场景就需要更多用户个人信息来判断用户当前所处的场景，这本身就有侵犯用户隐私的风险，下面就来介绍一种新的解决方案——安全多方计算（Secure Muti-party Computation）。

7.3.1　零知识证明简介

1985 年，Shafi Goldwasser、Silvio Micali 和 Charles Rackoff 在论文《互动式

证明系统的知识复杂性》（*The Knowledge Complexity of Interactive Proof Systems*）中首次提出交互式协议。四年后，他们三人在同名论文中首次对"零知识证明"（Zero-Knowledge Proof，ZKP）进行了定义："证明者"有可能在不透露具体数据的情况下让"验证者"相信数据的真实性。"零知识证明"可以是交互式的，即"证明者"面对每个"验证者"都要证明一次数据的真实性。"零知识证明"也可以是非交互式的，即"证明者"创建一份证明，任何使用这份证明的人都可以进行验证。"零知识证明"目前有多种实现方式，如 zk-SNARKS、zk-STARKS、PLONK、Bulletproofs 等，每种方式在证明大小、证明时间以及验证时间上各有优缺点。

有两个经典的例子介绍"零知识证明"，第一个例子是阿里巴巴与四十大盗的故事，第二个例子是数独。

在阿里巴巴与四十大盗的故事里，四十大盗让阿里巴巴说出打开宝库的口令，阿里巴巴想：如果说出口令，大盗肯定会杀死自己，但如果不说出口令，又怎么让大盗相信自己知道口令呢？如图 7-19 所示，阿里巴巴随机藏在 A 或 B 山洞内，然后大盗在观察点要求阿里巴巴从 A 或 B 山洞走出来，如果每次阿里巴巴都能走出来，就能证明阿里巴巴知道打开门锁的方法。那么，大盗让阿里巴巴从 A 进入从 B 出来是另一种方案，但这种方案暴露了山洞、门锁等知识，因此不是"零知识证明"问题。

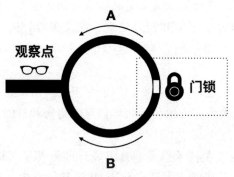

图 7-19　阿里巴巴和四十大盗问题

在第二个例子中，怎样才能在不暴露正确答案的情况下，证明自己能够正确完成数独游戏呢？假设 A 要向 B 证明自己能完成数独，如图 7-20 所示，A 可以把数字填好但反过来不让 B 看到答案，然后让 B 任意挑选行、列、块，挑好后将行、列、块内的卡片装进袋子，通过摇晃来随机打乱卡片顺序避免暴露答案，最后将袋子交给 B 验证，B 发现每个袋子都是 1～9，确信 A 能够完成数独。

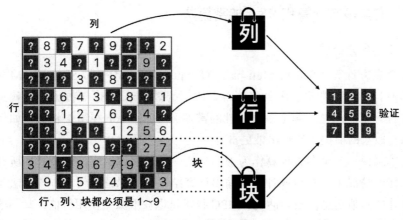

行、列、块都必须是 1～9

图 7-20　数独问题

从上面两个例子可以总结出"零知识证明"的性质。

❑ 完整性：如果证明者是诚实的，那么他最终会说服验证者。

❑ 可靠性：证明者只能说服验证者该陈述是否属实。

❑ 零知识性：除了知道陈述是真实的，验证者不知道任何额外的信息。

总而言之，要创建"零知识证明"，验证者需要让证明者执行一系列操作，而证明者只有在得知底层信息的情况下才能正确执行。如果证明者乱蒙一个结果，那么验证者总能在验证中发现并证明他的错误。

想象有这么一种电路，传入数据并输出某一抛物线上的值。如果用户能够对抛物线上的某一点连续给出正确答案，那么就可以确信他知道这条抛物线函数是什么，因为每一轮成功猜出正确答案的概率会越来越低。可以把电路理解为阿里巴巴和四十大盗的山洞，如果阿里巴巴每次都能顺利通过电路，那么说明他极有可能知道穿过电路的"密码"（抛物线函数）。在不透露任何具体信息的情况下证明自己拥有数据，间接带来许多关键价值，尤其在保护个人信息安全的领域，可以最大限度避免用户暴露隐私。

回到智能 UI 的例子，了解用户处在什么场景下，从而可以给用户提供一个针对该场景优化的 UI 方案。但是，出于个人信息安全考虑，不收集用户个人信息，"零知识证明"就成了解决问题的有效手段。技术实现可以参考区块链，正是"零知识证明"让区块链在不泄露接收方、发送方、交易额等交易细节的情况下，证明区块链上的资产转移是有效的，智能 UI 也可以在不泄露用户个人隐私的情况下，利用"零知识证明"来检查和更新模型算法。

"零知识证明"的最大缺点就是需要交互过程及大量的算力。在"零知识证明"的启发下，安全多方计算就此诞生。

7.3.2 安全多方计算和 RSA 加密算法

1. 安全多方计算

安全多方计算（Secure Muti-party Computation，MPC 或 SMC 或 SMPC）问题由华裔计算机科学家、图灵奖获得者姚期智教授于 1982 年提出，也就是为人熟知的百万富翁问题：两个争强好胜的富翁 Alice 和 Bob 在街头相遇，如何在不暴露各自财富的前提下比较出谁更富有？

简单来说，安全多方计算作为密码学的一个子领域，允许多个数据所有者在互不信任的情况下进行协同计算，输出计算结果，并保证任何一方均无法得到计算结果外的其他信息。换句话说，MPC 技术可以获取数据使用价值，却不泄露原始数据内容。MPC 技术主要研究协同计算及隐私保护问题，其特点如下。

❏ 输入隐私性：在安全多方计算过程中保证各方隐私输入独立，计算式不泄露任何本地数据。

❏ 计算正确性：多方计算参与各方就某计算任务通过约定 MPC 协议进行协同计算，计算结束后各方得到正确结果数据反馈。

❏ 去中心化：传统的分布式计算由中心节点协调计算过程，收集各方输入信息，而安全多方计算中各参与方地位平等，不存在任何特权方获取和干预他方信息的情况，从而提供去中心化计算。

2. RSA 加密算法

要解决百万富翁问题，必须先了解数据是如何加密传输的，这里简单介绍一下 RSA 算法。

1）寻找两个不相同的质数 p 和 q，令 $p!=q$，计算 $N=p \times q$。这里顺便说一下，质数是只能被 1 和自身整除的数，如 2、3、5、7、11 等都是质数。

2）根据欧拉函数计算 $r=\varphi(N)=\varphi(p)\varphi(q)=(p-1)(q-1)$。欧拉函数 $\varphi(N)$ 是小于或等于 N 的正整数中与 N 互质的数的数目，所谓互质是指两个或两个以上的整数如果最大公约数是 1，则称它们互质，例如 $\varphi(8)=4$，因为 1、3、5、7 均和 8 互质。

❏ 如果 $n=1$，则 $\varphi(1)=1$，因为小于等于 1 的正整数中唯一和 1 互质的数就是 1 本身。

❏ 如果 n 为质数，则 $\varphi(n)=n-1$，因为质数和每一个比它小的数字都互质。比如 5，比它小的正整数 1、2、3、4 都和它互质。

❏ 如果 $n=a^k$，则 $\varphi(n)=\varphi(a^k)=a^k-a^{k-1}=(a-1)a^{k-1}$。

❏ 如果 m、n 互质，则 $\varphi(mn)=\varphi(m)\varphi(n)$。

证明：设 A、B、C 是与 m、n、mn 互质的数的集，根据中国剩余定理（又叫韩信点兵，也叫孙子定理），$A*B$ 和 C 可建立双设一一对应的关系。或者也可以从初等代数角度给出欧拉函数可积性的简单证明，因此 $\varphi(n)$ 值使用算术基本定理即可证明。

3）选择一个与 r 互质的整数 e，令 $e<r$，然后求 e 关于 r 的模反元素 d，令 $ed=1(\mathrm{mod}\ r)$。所谓模反元素，是指如果两个正整数 a 和 n 互质，那么一定可以找到整数 b，令 $ab-1$ 能被 n 整除。比如 3 和 5 互质，3 关于 5 的模反元素可能是 2，因为 $3\times2-1=5$ 可以被 5 整除，可以看出，2 加 5 或减 5 的整数倍都是 3 关于 5 的模反元素 {……，-3，2，7，12，……} 也就是 $3\times2=1(\mathrm{mod}\ 5)$。如果不看模运算，这类似于 $ab=1$，那么 a 和 b 互为倒数，所以也叫模倒数。对于模 12 来说，5 和 5 互为模 12 的逆元，因为 $5\times5=25\ \mathrm{mod}\ 12=1$，所以也叫模逆元。当听到模反元素、模倒数和模逆元时，不要疑惑，它们是同一个概念。

如果两个正整数 a 和 n 互质，则 n 的欧拉函数 $\varphi(n)$ 可以让下面的等式成立：

$$a^{\varphi}(n)=1(\mathrm{mod}(n))$$

由此可得，a 的 $\varphi(n-1)$ 次方肯定是 a 关于 n 的模反元素。

这时，欧拉定理就可以用来证明模反元素必然存在。由模反元素的定义和欧拉定理可知，a 的 $\varphi(n)$ 次方减去 1，可以被 n 整除。比如 3 和 5 互质，而 5 的欧拉函数 $\varphi(5)$ 等于 4，所以 3^4 为 81 减去 1 可以被 5 整除 80/5 = 16。

小费马定理：假设正整数 a 与质数 p 互质，因为质数 p 的 $\varphi(p)$ 等于 $p-1$，则欧拉定理可以写成

$$a^{(p-1)}=1(\mathrm{mod}(p))$$

这其实是欧拉定理的一个特例。

4）以 (N,e) 为公钥、(N,d) 为私钥，把公钥发送给对方，自己保存私钥，让对方用公钥加密数据发给自己，再用私钥对接收到的数据进行解密，就完成了 RSA 加密数据传输。接下来，笔者会用代码来实现自定义的简单 RSA 加密传输，并以此来实现百万富翁问题安全多方计算的方案。

7.3.3　安全多方计算实战

首先，根据上一节介绍的 RSA 加密原理准备一些工具。

```
import math
import random
#获取小于等于指定数的素数数组
def get_prime_arr(max):
```

```
    prime_array = []
    for i in range(2, max):
        if is_prime(i):
            prime_array.append(i)
    return prime_array
#判断是否为素数
def is_prime(num):
    if num == 1:
        raise Exception('1既不是素数也不是合数')
    for i in range(2, math.floor(math.sqrt(num)) + 1):
        if num % i == 0:
            # print("当前数%s为非素数,其有因子%s" % (str(num), str(i)))
            return False
    return True
#找出一个指定范围内与n互质的整数e
def find_pub_key(n, max_num):
#返回65537
    while True:
        #随机获取保证随机性
        e = random.randint(1, max_num)
        if gcd(e, n) == 1:
            break
    return e
#求两个数的最大公约数
def gcd(a, b):
    if b == 0:
        return a
    else:
        return gcd(b, a % b)
#根据e*d mod s = 1找出d
def find_pri_key(e, s):
    for d in range(100000000):   #按顺序找到d，range里的数字随意
        x = (e * d) % s
        if x == 1:
            return d
```

有了上述工具函数，接下来定义生成公钥和私钥的过程。

```
def build_key():
    prime_arr = get_prime_arr(1000)
    p = random.choice(prime_arr)
    #保证p和q不为同一个数
    while True:
        q = random.choice(prime_arr)
        if p != q:
            break
    print("随机生成两个素数p和q. p=", p, " q=", q)
    n = p * q
```

```
    s = (p - 1) * (q - 1)
    e = find_pub_key(s, 100)
    print("根据e和(p-1)*(q-1))互质得到: e=", e)
    d = find_pri_key(e, s)
    print("根据(e*d)模((p-1)*(q-1))等于1得到d=", d)
    print("公钥:   n=", n, " e=", e)
    print("私钥:   n=", n, "  d=", d)
    return n, e, d
```

然后，定义加密和解密函数。

```
#加密
def rsa_encrypt(content, ned):
    #密文B =明文A的e次方模n，ned为公钥
    #content就是明文A，ned【1】是e，ned【0】是n
    B = pow(content, ned[1]) % ned[0]
    return B
#解密
def rsa_decrypt(encrypt_result, ned):
    #明文C =密文B的d次方模n，ned为私钥匙
    #encrypt_result就是密文，ned【1】是d，ned【0】是n
    C = pow(encrypt_result, ned[1]) % ned[0]
    return C
```

简单试一下加密和解密是否有效。

```
pbvk = build_key()
pbk = (pbvk[0], pbvk[1])  #公钥
pvk = (pbvk[0], pbvk[2])  #私钥

test_n = random.randint(0,1000)
test_e = rsa_encrypt(test_n, pbk)
test_d = rsa_decrypt(test_e, pvk)
print("原数字: %s加密后: %s解密后: %s" % (test_n, test_e, test_d))
```

输出结果如下。

```
随机生成两个素数p和q, p=563, q=127
根据e和(p-1)*(q-1))互质得到: e=13
根据(e*d)模((p-1)*(q-1))等于1得到d=65365
公钥: n=71501    e=13
私钥: n=71501    d=65365
```

随机生成一个数字 104，用公钥（n=71501，e=13）加密后为 10273，用私钥（n=71501，d=65365）解密后为 104，可见，加密和解密算法是有效的，接下来解决百万富翁问题，如图 7-21 所示。

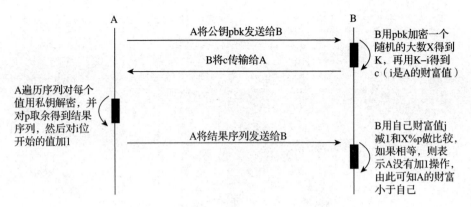

图 7-21 百万富翁问题中财富安全比较过程

从生成 RSA 公钥和私钥开始，随机生成两个亿万富翁的财富值 i 和 j，分别为 5 亿和 3 亿。

```
pbvk = build_key()
pbk = (pbvk[0], pbvk[1])    #公钥
pvk = (pbvk[0], pbvk[2])    #私钥
#生成两个亿万富翁
i = random.randint(1, 9)
j = random.randint(1, 9)
print("A有%s亿, B有%s亿" % (i, j))
```

输出结果如下：

```
随机生成两个素数p和q. p=563   q=127
根据e和((p-1)*(q-1))互质得到: e=13
根据(e*d)模((p-1)*(q-1))等于1得到d=65365
公钥: n=71501  e=13
私钥: n=71501  d=65365
A有5亿, B有3亿
```

B 接收到公钥 pbk 同时生成一个合适的随机数 X，利用公钥 pbk 加密 X 得到 K，同时 K 减去自己的财富 j 得到 c 传给 A，为了方便实验，这里并没有发生实际的传输，直接用变量代替，实际使用可以参考下一节提供的方案。

```
x = random.randint(1, 1000)
print("随机选取的大整数x: %s" % (x))
K = rsa_encrypt(x, pbk)
print("大整数加密后的密文K: %s" % (K))
c = K - j
print("B发送给A的数字c: %s" % (c))
```

输出结果如下：

```
随机选取的大整数x: 750
大整数加密后的密文K: 39601
B发送给A的数字c: 39598
```

A 尝试遍历序列 (c + m, c + m + 1, c + m + 2, …, c + n)，对每个值使用私钥 pvk 进行解密，并将结果对 p 取余数（即 mod），得到结果序列 (dm, dm+1, dm+2, …, dn)。

```
c_list = []
for k in range(1, 11):
    t = rsa_decrypt(c + k, pvk)
    c_list.append(t)
print("对c+1到c+10进行解密: %s" % c_list)
#选取合适大小的p,这里简单选择100以内的随机数,生成的序列的值也要求小于100
#p是该算法的精华,在实际中选取p要考虑到安全性和性能的因素
d_list = []
p = 0
while True:
    #每次选取p重置列表
    d_list = []
    p = random.randint(1, 100)
    for k in range(0, 10):
        if c_list[k] % p <= 100:
            d_list.append(c_list[k] % p)
        else:
            break
    if len(d_list) >= 10:
        break
print("p的值为: %s" % p)
print("除以p后的余数为: %s" % d_list)
```

输出结果如下：

```
对c+1到c+10进行解密: [8078, 15085, 750, 3519, 36051, 60305, 38970, 8948,
    70651, 37584]
p的值为: 58
除以p后的余数为: [16, 5, 54, 39, 33, 43, 52, 16, 7, 0]
```

可以发现，B 的 3 亿资产（所代表数字是 750）借助 X 正确出现在序列第 3 位，证明加密解密过程是正确的。接下来，A 将结果序列中自己财富值位置 i 开始的数字执行加 1 操作，将自己财富值隐藏在序列中。

```
for k in range(i, 10):
    d_list[k] = d_list[k] + 1
print("前i位不动后面数字加1后: %s" % d_list)
```

输出结果如下：

```
前i位不动后面数字加1后: [16, 5, 54, 39, 33, 44, 53, 17, 8, 1]
```

以上输出结果就是 A 加工后的结果序列，B 接收到结果序列后，查找序列第 j−1 位的值，也就是自己嵌入财富值的位置，如果该值等于 x mod p 的余数，则说明 A 未对该值加 1，这将证明 a<b，因为 A 的财富在序列之前且小于自己所在的位置，反之，则 b ≤ a，自己的财富所在位置被 A 加 1 了，证明 A 的财富位置在 B 位置之后。

```python
print("B接收到第j个数字为: %s" % d_list[j - 1])
print("j-1: %s;x mod p: %s"%(d_list[j - 1],x % p))
if d_list[j - 1] == x % p:
    print("i >= j, A财富< B财富")
    if i >= j:
        print("验证成功")
    else:
        print("代码存在错误")
else:
    print("i < j, A财富>= B财富")
    print("i: %s;j: %s"%(i,j))
    if i < j:
        print("验证成功")
    else:
        print("代码存在错误")
```

输出结果如下：

```
B接收到第j个数字为: 54
j-1: 54;x mod p: 54
i >= j, A财富< B财富
验证成功
```

至此，A 和 B 两个富翁在不暴露自己财富值的情况下成功完成了财富多寡的比较。由于是上帝视角，所以总有种错觉：位置不就暴露了财富值吗？在实际操作中，A 和 B 其实都不知道对方财富值在序列的什么位置，B 只知道自己的位置是否被 A 改动了，所以，B 只能得到自己财富比对方多还是少的结果。

7.3.4　MP-SPDZ 简介

为了简化示例，上节并没有实际对秘钥和加密数据进行传输，本节将以开源项目 MP-SPDZ 为例介绍一下安全多方计算的实践方法。MP-SPDZ 是用于对各种安全多方计算协议进行基准测试的开源软件，例如 SPDZ、SPDZ2k、MASCOT、

Overdrive、BMR 混淆电路、Yao 混淆电路（这个 Yao 就是前文介绍的姚期智老师），以及基于三方复制秘密共享和 Shamir 秘密共享的计算。之所以选择 MP-SPDZ，是因为它对机器学习提供直接的模块级支持，能够方便地在智能 UI 领域以及端智能场景快速进行原型验证。

这个开源软件的使用方法非常简单，根据 README 安装必要的编译环境和依赖包，执行 make 编译即可使用。以下在本地测试 shamir-bmr-party 尝试多方共同计算结果却不暴露自己的数据。

首先，对 shamir-bmr-party 进行编译。

```
git clone --recursive https://github.com/data61/MP-SPDZ.git
cd MP-SPDZ
make -j 8 shamir-bmr-party.x
```

根据 MP-SPDZ 官方文档，实验需要在 Programs/Source 文件夹下创建程序文件 testgp.mpc。

```
vi Programs/Source/testgp.mpc
```

在程序文件里输入如下内容：

```
a = sint.get_input_from(0)
b = sint.get_input_from(1)
c = sint.get_input_from(2)
sum = a + b + c
print_ln('Results =%s',sum.reveal())
```

保存退出并回车后，用 MP-SPDZ 提供的脚本编译一下，接着生成用于测试的证书，由于这里有三方进行安全计算，因此命令行参数为 3。

```
#编译
./compile.py -B 32 testgp
#打开OpenSSL加密传输能力必须要生成证书和秘钥
Scripts/setup-ssl.sh 3
```

接着，写入一些测试数据到每个 Player 下。

```
# Player 0数据11
echo 11 > Player-Data/Input-P0-0
# Player 1数据12
echo 12 > Player-Data/Input-p1-0
# Player 2数据13
echo 13 > Player-Data/Input-p2-0
```

至此完成了所有准备工作，下面分别打开 3 个终端执行命令进行测试。

终端 1：

```
./shamir-bmr-party.x -N 3 0 testgp -pn 8188
Results =36
Significant amount of unused bits of Shamir gf2n_long. For more accurate
    benchmarks, consider reducing the batch size with -b.
Data sent = 0.572128 MB
Data sent: 0.530496 MB
```

终端 2：

```
./shamir-bmr-party.x -N 3 1 testgp -pn 8188
Results =36
Significant amount of unused bits of Shamir gf2n_long. For more accurate
    benchmarks, consider reducing the batch size with -b.
Data sent = 0.532064 MB
Data sent: 0.57056 MB
Time = 0.017402 seconds
```

终端 3：

```
./shamir-bmr-party.x -N 3 2 testgp -pn 8188
Results =36
Significant amount of unused bits of Shamir gf2n_long. For more
    accurate benchmarks, consider reducing the batch size with -b.
Data sent = 0.172 MB
Data sent: 0.210496 MB
Time = 0.017261 seconds
```

通过终端输出的信息可以看到，在相互不暴露数据的情况下，Shamir-bmr-party 成功完成了加和的安全多方计算，得到 36=11+12+13，结果是正确的。当然，在 README 中可以看到诸多安全多方计算方法、协议，可以参考上述实践过程本地测试一下，这里就不展开了，只对 MP-SPDZ 的 Compiler.ml 模块进行简单介绍，因为这和智能 UI 及端智能息息相关。

MP-SPDZ 支持使用选定的 TensorFlow 图进行推理，特别是 CrypTFlow 中使用的 DenseNet、ResNet 和 SqueezeNet。例如可以为 ImageNet 运行 SqueezeNet 推理，如下所示：

```
git clone https://github.com/mkskeller/EzPC
cd EzPC/Athos/Networks/SqueezeNetImgNet
axel -a -n 5 -c --output ./PreTrainedModel https://github.com/
    avoroshilov/tf-squeezenet/raw/master/sqz_full.mat
pip3 install scipy==1.1.0
python3 squeezenet_main.py --in ./SampleImages/n02109961_36.JPEG
    --saveTFMetadata True
python3 squeezenet_main.py --in ./SampleImages/n02109961_36.JPEG
```

```
      --scalingFac 12 --saveImgAndWtData True
cd ../../../..
Scripts/fixed-rep-to-float.py EzPC/Athos/Networks/SqueezeNetImgNet/
      SqNetImgNet_img_input.inp
./compile.py -R 64 tf EzPC/Athos/Networks/SqueezeNetImgNet/graphDef.bin
      1 trunc_pr split
Scripts/ring.sh tf-EzPC_Athos_Networks_SqueezeNetImgNet_graphDef.bin-1-
      trunc_pr-split
```

这里需要安装 TensorFlow 和 axel，它使用三方、半诚实计算进行推理，类似于 CrypTFlow 的 Porthos。将上述命令行参数中的 1 替换为所需的线程数，以提高执行效率。如果使用其他协议运行，则需要删除 trunc_pr 和 split。另外，正确的运行可能需要使用 https://github.com/mkskeller/EzPC/commit/2021be90d21dc 26894be98f33cd10dd26769f479 中提供的补丁。

MP-SPDZ 的 Compiler.ml 模块包含机器学习功能，这是 MP-SPDZ 的实验功能，经过测试的训练功能仅包括逻辑回归，它可以按如下方式运行：

```
sgd = ml.SGD([ml.Dense(n_examples, n_features, 1),
              ml.Output(n_examples, approx=True)], n_epochs,
              report_loss=True)
sgd.layers[0].X.input_from(0)
sgd.layers[1].Y.input_from(1)
sgd.reset()
sgd.run()
```

上述代码执行后，会加载来自用户 0 方的测量值和来自用户 1 方的标签 (0/1)，运行后，模型存储在 sgd.layers[0].W 和 sgd.layers[0].b 中，该 approx 参数决定是否使用近似 sigmoid 函数。

使用两个密集层的 MNIST 简单网络可以按如下方式训练：

```
sgd = ml.SGD([ml.Dense(60000, 784, 128, activation='relu'),
              ml.Dense(60000, 128, 10),
              ml.MultiOutput(60000, 10)], n_epochs,
              report_loss=True)
sgd.layers[0].X.input_from(0)
sgd.layers[1].Y.input_from(1)
sgd.reset()
sgd.run()
```

推理示例代码如下：

```
data = sfix.Matrix(n_test, n_features)
data.input_from(0)
res = sgd.eval(data)
print_ln('Results: %s', [x.reveal() for x in res])
```

对于推理 / 分类，该模块提供了 DenseNet、ResNet 和 SqueezeNet 等神经网络所需的层，使用用户 0 的输入和用户 1 的模型的最小示例如下：

```
graph = Optimizer()
graph.layers = layers
layers[0].X.input_from(0)
for layer in layers:
    layer.input_from(1)
graph.forward(1)
res = layers[-1].Y
```

细心的人可能在上述例子中已经发现，安全多方计算对模型算法是有侵入性的，这就意味着在安全多方计算保护下，个人信息安全的智能 UI 和端智能的实现非常复杂，好在机器学习领域提出了一个联邦学习的概念，并且在很多流行的机器学习框架上获得支持，下面就介绍一下 Google 的 TensorFlow 提供的联邦学习能力。

7.3.5　TensorFlow Federated：没有集中训练数据的协作机器学习

标准机器学习方法需要将训练数据集中在一台机器或数据中心中。现在，对于通过用户与移动设备交互训练的模型，TensorFlow Federated（以下简称 TFF）引入了一种额外的方法——联邦学习。联邦学习使手机能够协作学习共享预测模型，同时将所有训练数据保留在设备上，从而将机器学习的能力与将数据存储在云中的需求分离。这超出了本章开始介绍的在移动设备上进行预测的范围，将模型训练带到移动设备上的同时，还能够保证让用户隐私留在移动设备上。

TFF 的工作原理是：设备下载当前模型，通过学习移动设备上的数据来改进它，然后将这些变化总结为一个小的权重点更新。此更新通过加密通信发送到云端，并立即与其他用户更新进行平均，以改进共享模型。所有训练数据都保留在用户的移动设备上，并没有任何隐私数据被发送并存储在云端。

接下来用一个实际的例子介绍联邦学习算法的一般结构、探索 TFF 的联邦学习内核（Federated Core，FC）和使用 FC 直接实现联合平均（Federated Averaging）。

（1）准备输入数据

首先加载和预处理 TFF 中包含的 EMNIST 数据集。

```
emnist_train, emnist_test = tff.simulation.datasets.emnist.load_data()
```

为了将数据集反馈到模型中，需要将数据展平，并将每个示例转换为形式的元组 (flattened_image_vector, label)。

```
NUM_CLIENTS = 10
BATCH_SIZE = 20
def preprocess(dataset):
def batch_format_fn(element):
    return (tf.reshape(element['pixels'], [-1, 784]),
            tf.reshape(element['label'], [-1, 1]))
return dataset.batch(BATCH_SIZE).map(batch_format_fn)
```

选择少量客户端，并将上述预处理应用于它们各自的数据集。

```
client_ids = sorted(emnist_train.client_ids)[:NUM_CLIENTS]
federated_train_data = [preprocess(emnist_train.create_tf_dataset_for_
    client(x))
    for x in client_ids
]
```

（2）准备模型

准备一个简单的示例模型，它有一个隐藏层和一个 softmax 层。

```
def create_keras_model():
    initializer = tf.keras.initializers.GlorotNormal(seed=0)
    return tf.keras.models.Sequential([
        tf.keras.layers.Input(shape=(784,)),
        tf.keras.layers.Dense(10, kernel_initializer=initializer),
        tf.keras.layers.Softmax(),
    ])
```

为了在 TFF 中使用这个模型，将 Keras 模型包装为 tff.learning.Model。这允许程序在 TFF 中执行模型的前向传递，并提取模型输出。

```
def model_fn():
    keras_model = create_keras_model()
    return tff.learning.from_keras_model(
        keras_model,
        input_spec=federated_train_data[0].element_spec,
        loss=tf.keras.losses.SparseCategoricalCrossentropy(),
        metrics=[tf.keras.metrics.SparseCategoricalAccuracy()])
```

TFF 支持通用的模型，这些模型具有以下捕获模型权重的相关属性：

❑ trainable_variables：对应于可训练层的张量的迭代。

❑ non_trainable_variables：对应于不可训练层的张量的可迭代。

本示例只使用 trainable_variables。

（3）构建自己的联邦学习算法

虽然 tff.learning API 允许创建许多联合平均的变体，但还有其他联合算法不完全适合该框架，如正则化、剪枝或更复杂的算法。对于更高级的算法，将不得不使用 TFF 编写自定义算法。大多情况下，TFF 的联合算法有 4 个主要组成部分：服务器到客户端的广播、本地客户端更新、客户端到服务器的上传和服务器更新。

在 TFF 中，通常将联合算法表示为 tff.templates.IterativeProcess。这是一个包含 initialize 和 next 函数的类。initialize 用于初始化服务器，next 用于执行一轮联合算法。

首先，有一个初始化函数，它简单地创建一个 tff.learning.Model，并返回其可训练的权重。

```
def initialize_fn():
    model = model_fn()
    return model.trainable_variables
```

稍后会需要对代码做一个小的修改，使其成为"TFF 计算"。

接着来定义 next_fn：

```
def next_fn(server_weights, federated_dataset):
    server_weights_at_client = broadcast(server_weights)
    client_weights = client_update(federated_dataset, server_weights_
        at_client)
    mean_client_weights = mean(client_weights)
    server_weights = server_update(mean_client_weights)
    return server_weights
```

使用 tff.learning.Model 的方法进行客户端训练，其方式与训练 TensorFlow 模型的方式基本相同。使用 tf.GradientTape 计算批量数据的梯度，然后使用 client_optimizer 只关注可训练的权重。

```
@tf.function
def client_update(model, dataset, server_weights, client_optimizer):
    client_weights = model.trainable_variables
    tf.nest.map_structure(lambda x, y: x.assign(y),
                          client_weights, server_weights)
    for batch in dataset:
        with tf.GradientTape() as tape:
            outputs = model.forward_pass(batch)
        grads = tape.gradient(outputs.loss, client_weights)
        grads_and_vars = zip(grads, client_weights)
        client_optimizer.apply_gradients(grads_and_vars)
    return client_weights
```

FedAvg 的服务器更新比客户端更新更简单，只需将服务器模型权重替换为客户端模型权重的平均值。同样，只关注可训练的权重。

```
@tf.function
def server_update(model, mean_client_weights):
    model_weights = model.trainable_variables
    tf.nest.map_structure(lambda x, y: x.assign(y),
                          model_weights, mean_client_weights)
    return model_weights
```

虽然可以方便地返回 mean_client_weights，然而，更高级的联合平均实现需要使用 mean_client_weights 更复杂的技术。到目前为止，只编写了纯 TensorFlow 代码，因为 TFF 可以简单地复用大部分 TensorFlow 代码。但是，现在必须规定服务器向客户端广播什么和客户端向服务器上传什么，这将需要用到 TFF 的 FC。

FC 拥有一组较低级别的接口，是 tff.learning API 的底层。事实上，这些接口并不局限于学习，它们可用于分布式数据的分析等场景。作为开发环境，FC 使紧凑表达的程序逻辑能够将 TensorFlow 代码与分布式通信和运算（例如分布式求和）结合起来。TFF 是为保护隐私而设计的，因此，它可以明确控制数据存放和通信的位置，防止隐私数据泄露。

（4）联合数据

联合数据是指跨分布式系统中的一组设备托管的数据项的集合（例如，客户端数据集或服务器模型权重），TFF 将所有设备上的数据项集合建模为一个联合值。

假设有一些客户端设备，每个设备都有一个表示传感器温度的浮点数，在程序中可以将其表示为联合浮点数。

```
federated_float_on_clients = tff.FederatedType(tf.float32, tff.CLIENTS)
```

联合类型 T 由其成员组成的类型（如 tf.float32）和一组设备 G 指定，G 是 tff.CLIENTS 或 tff.SERVER，这种联合类型表示为 {T}@G ，如下所示。

```
str(federated_float_on_clients)
#输出'{float32}@CLIENTS'
```

TFF 能够简化分布式系统计算和通信的开发，哪些设备子集执行哪些代码？不同的数据位于何处？这些问题是至关重要的。TFF 专注于 3 件事：数据、数据的位置及数据的转换方式。前两个封装在联邦类型中，而最后一个封装在联邦计算中。

（5）联邦计算

TFF 是一种强类型的函数式编程环境，它的基本单元是联邦计算：接受联合值作为输入并返回联合值作为输出的逻辑片段。假设想要客户端传感器上的平均温度，可以使用联合浮点数定义以下内容：

```
@tff.federated_computation(tff.FederatedType(tf.float32, tff.CLIENTS))
def get_average_temperature(client_temperatures):
    return tff.federated_mean(client_temperatures)
```

tff.federated_computation 与 tf.function 有一些不同之处。生成的代码 tff. federated_computation 既不是 TensorFlow 也不是 Python 代码，它是一种分布式系统的规范，采用内部平台无关的 DSL 定义来实现。虽然听起来很复杂，但可以将 TFF 计算视为具有明确定义的类型签名的函数，可以直接查询这些类型签名。

```
str(get_average_temperature.type_signature)
#输出'({float32}@CLIENTS -> float32@SERVER)'
```

tff.federated_computation 接受联合类型的参数 {float32}@CLIENTS 并返回联合类型值 {float32}@SERVER。联邦计算可以从服务器到客户端、从客户端到客户端或从服务器到服务器，也可以像普通函数一样组合，只要它们的类型签名匹配即可。

TFF 允许把 tff.federated_computation 当作普通 Python 函数调用，例如：

```
get_average_temperature([68.5, 70.3, 69.8])
    #输出69.53334
```

有两个关键限制需要注意：

❑ 当 Python 解释器遇到 tff.federated_computation 装饰器时，该函数被跟踪一次并序列化以备将来使用。由于联邦学习的去中心化性质，因此未来可能会发生在分布式系统的任意部分。因此，TFF 计算通常是 Non-eager 模式，必须序列化后使用，不像 TensorFlow 默认的 eager 模式就可以直接运行。

❑ 联邦计算只能包含联邦算子如 tff.federated_mean，不能直接进行 TensorFlow 操作。TensorFlow 代码必须限制在用 @tff.tf_computation 装饰的情况下，大多数普通的 TensorFlow 代码都可以直接装饰执行，例如下面的函数，它接受一个数字并加上 0.5。

```
@tff.tf_computation(tf.float32)
def add_half(x):
    return tf.add(x, 0.5)
    str(add_half.type_signature)
#输出'(float32 -> float32)'
```

tff.federated_computation 和 tff.tf_computation 的重要区别是：前者有明确的放置位置而后者没有，可以通过 tff.tf_computation 指定放置在联邦计算中的位置，从而将两者配合起来使用。对于创建 add_half 的函数，可以使用 tff.

federated_map 仅将联合浮点数添加到客户端。

```
@tff.federated_computation(tff.FederatedType(tf.float32, tff.CLIENTS))
def add_half_on_clients(x):
    return tff.federated_map(add_half, x)
```

此函数几乎与 add_half 相同，区别是新函数只接收位置为 tff.CLIENTS 的值，并返回具有相同位置的值。可以在它的类型签名中验证：

```
str(add_half_on_clients.type_signature)
#输出: '({float32}@CLIENTS -> {float32}@CLIENTS)'
```

总结如下：

❑ TFF 对联合值进行操作。

❑ 每个联合值都有一个联合类型，由一个类型 tf.float32 和一个位置 tff.CLIENTS 共同构成。

❑ 可以用联邦计算转换联合值，该计算必须使用 tff.federated_computation 联合类型签名进行装饰。

❑ TensorFlow 代码必须包含在有 tff.tf_computation 装饰器的代码块，然后将这些块合并到联邦计算中。

（6）重构自己的联邦学习算法

前文为算法定义了 initialize_fn 和 next_fn，其中 next_fn 使用 TensorFlow 代码定义了 client_update 和 server_update。然而，为了使算法成为一个合格的联邦计算，需要 next_fn 和 initialize_fn 都成为 tff.federated_computation。

首先要使用 model_fn 创建初始化函数，但必须使用 tff.tf_computation 装饰器修饰代码块。

```
@tff.tf_computation
def server_init():
    model = model_fn()
    return model.trainable_variables
```

然后，可以使用 tff.federated_value 将其直接传递到联邦计算中。

```
@tff.federated_computation
def initialize_fn():
    return tff.federated_value(server_init(), tff.SERVER)
```

然后使用客户端和服务器更新代码来编写 next_fn，将 client_update 变成一个 tff.tf_computation 接收客户端数据集和服务器权重，并输出更新的客户端权重张量。这需要相应的类型来正确定义函数，服务器权重的类型可以直接从模型中提取。

```
whimsy_model = model_fn()
    tf_dataset_type = tff.SequenceType(whimsy_model.input_spec)
```

接下来是数据集类型签名，模型的输入是 $28 \times 28px$ 的图像展平之后是 784。

```
str(tf_dataset_type)
#输出'<float32[?,784],int32[?,1]>*'
```

最后，使用 server_init 函数提取模型权重类型。

```
model_weights_type = server_init.type_signature.result
```

检查模型权重的类型签名。

```
str(model_weights_type)
#输出'<float32[784,10],float32[10]>'
```

在 tff.tf_computation 装饰器代码块中创建客户端更新函数。

```
@tff.tf_computation(tf_dataset_type, model_weights_type)
def client_update_fn(tf_dataset, server_weights):
    model = model_fn()
    client_optimizer = tf.keras.optimizers.SGD(learning_rate=0.01)
        return client_update(model, tf_dataset, server_weights, client_
            optimizer)
```

tff.tf_computation 使用刚才提取的类型以类似的方式定义服务器更新函数。

```
@tff.tf_computation(model_weights_type)
def server_update_fn(mean_client_weights):
model = model_fn()
re turn server_update(model, mean_client_weights)
```

创建 tff.federated_computation 将所有计算过程结合在一起，该函数将接受两个联合值，一个对应带有位置的服务器权重 tff.SERVER ，另一个对应带有位置的客户端数据集 tff.CLIENTS，这两种类型前文已定义，直接使用 tff.FederatedType 即可。

```
federated_server_type = tff.FederatedType(model_weights_type, tff.
    SERVER)
federated_dataset_type = tff.FederatedType(tf_dataset_type, tff.
    CLIENTS)
```

至此就已完成联合算法的 4 个步骤，每个部分都可以紧凑地表示为一行 TFF 代码。

```
@tff.federated_computation(federated_server_type, federated_dataset_
    type)
def next_fn(server_weights, federated_dataset):
```

```
server_weights_at_client = tff.federated_broadcast(server_weights)
client_weights = tff.federated_map(
    client_update_fn, (federated_dataset, server_weights_at_
        client))
mean_client_weights = tff.federated_mean(client_weights)
server_weights = tff.federated_map(server_update_fn, mean_client_
    weights)
    return server_weights
```

tff.federated_computation 只是算法初始化和运行的一个步骤，为了完成算法，还要将它们传递给 tff.templates.IterativeProcess。

```
federated_algorithm = tff.templates.IterativeProcess(
    initialize_fn=initialize_fn,
    next_fn=next_fn
)
```

检查一下类型签名。

```
str(federated_algorithm.initialize.type_signature)
#输出: '( -> <float32[784,10],float32[10]>@SERVER)'
```

federated_algorithm.initialize 的类型签名反映了模型中具有 784 × 10 权重矩阵和 10 个偏置单元的网络层，接下来对初始化后 next 的类型签名进行检查。

```
str(federated_algorithm.next.type_signature)
#输出: (<server_weights=<float32[784,10],float32[10]>@SERVER,federated_
dataset={<float32[?,784],int32[?,1]>*}@CLIENTS> -> <float32[784,10],
float32[10]>@SERVER)'
```

federated_algorithm.next 接收服务器模型和客户端数据后，返回更新的服务器模型。

下面把联邦学习算法运行几轮，看看模型的损失如何变化。

1）用 centralized 方法定义一个评估函数。先创建一个评估数据集，然后在数据集上应用和训练数据的相同预处理流程。

```
central_emnist_test = emnist_test.create_tf_dataset_from_all_clients()
central_emnist_test = preprocess(central_emnist_test)
```

2）编写一个获取服务器状态的函数，并使用 Keras 对测试数据集执行验证，使用 set_weights 来更新权重。

```
def evaluate(server_state):
    keras_model = create_keras_model()
    keras_model.compile(
        loss=tf.keras.losses.SparseCategoricalCrossentropy(),
        metrics=[tf.keras.metrics.SparseCategoricalAccuracy()]
```

```
    )
keras_model.set_weights(server_state)
keras_model.evaluate(central_emnist_test)
```

3）初始化算法并在测试集上进行评估。

```
server_state = federated_algorithm.initialize()
evaluate(server_state)
#输出: 2042/2042 [==============================] - 2s 767us/step -
    loss: 2.8479 - sparse_categorical_accuracy: 0.1027
```

4）训练几轮检查损失和精度的变化。

```
for round in range(15):
    server_state = federated_algorithm.next(server_state, federated_
        train_data)
        evaluate(server_state)
#输出2042/2042 [==============================] - 2s 738us/step - loss:
    2.5867 - sparse_categorical_accuracy: 0.0980
```

可以看到，虽然变化很小，但经过 15 轮训练后损失确实略有下降，而且这只针对一小部分客户端，为了看到更好的结果，必须进行数百甚至数千轮训练，且要覆盖到更多的客户端进行分布式联邦学习。

本节通过将 TensorFlow 代码与 TFF 的 FC 的联邦计算相结合，实现了联合平均。为了进行更复杂的学习，简单地改变上述示例内容即可。可以把上述示例当做 React 这种框架来使用，通过编写纯 TF 代码的算法逻辑部分，改变客户端执行训练的方式以及服务器如何更新模型。

本篇小结

本篇理论结合实践，以实践为主，系统讲述了如何构建自己的智能 UI 技术工程体系。回顾本篇内容，先是设计系统的设计，之后在设计系统和设计令牌的支撑下建立了供给链路，再以消费链路形成用户端的个性化 UI 交互体验，辅之以度量体系使供给和消费链路在数据支撑下不断迭代优化，最后以面向未来的端智能收尾。

首先，必须要指出的是，虽然尽量详细地把设计思路和实现方法呈现出来，利用 imgcook 也切实降低了智能 UI 体系的设计和实施难度，但仍有很多地方需要结合自己现有的技术工程体系优化设计方法和实施路径，以期达到四两拨千斤的效果。比如，在现有的技术工程体系里，如果不能直接使用 SCSS，需要配合 POSTCSS 等样式管理系统，就需要使用 Style Dictionary 中 Format 的定义能力，将 Figma 等设计工具导出的设计令牌文件转换成符合工程要求的格式。具体内容请参考 GitHub 上 Amazon Style Dictionary 和 Figma 的 Design-Tokens 插件的相关文档。

其次，完成上述工作对迈入交付的智能化——"设计生产一体化承接"打下了坚实基础。设计师对设计系统和设计令牌的维护、工程师重构代码抽象组件、产品经理审查组件应用设计令牌后的样式和交互体验、产品经理或业务人员用组件组装 UI 交互，整个过程可以用 Storybook 很方便地串联起来。第 9 章会对一体化业务端到端交付的思想做详细的分析，工具实现层面请参考 Storybook 的官网教程，这里就不再赘述。

此外，端智能部分并没有智能 UI 实践的具体案例。其实，在端智能实施过程中，需要根据现实的业务场景判断如何拆分、下发服务端的推荐算法模型。由于初期模型算法还不成熟稳定，因此很难掌握对模型进行拆分的技巧。同时，不同个性化程度诉求对端上信息安全的诉求也不同，需要根据实际情况合理设计实施。但是，端智能还有很多用处，比如"UI 的智能化"，这部分内容会在下一篇展开讲解。

最后，不得不说，机器学习领域纷繁复杂、浩如烟海，加之以归因分析中很多统计学知识，可能会让初次接触的人感到压力。确实，从前端迈入机器学习这个新领域，要学习的内容太多以至于无从下手。因此，在本书的最后一章中，会把机器学习最核心的概念"可微编程"，结合最新的编程语言原生支持的情况，以一个前端最基础的弹性阻尼动画为例，辅之以代码，讲解透彻。

智能 UI 编程思想

如果把本书分为现在和未来两部分，那么现在准备好登上驶向未来的列车了吗？这趟列车就是以端上计算为引擎、以设计生产一体化为方法、以可微编程为手段打造的一列兼顾用户体验、交付效率和编程思想的列车。

踏上这趟列车，就意味着和传统前端挥手告别，不必在工程构建的速度、WebComponent 标准是否落地等问题上纠结。踏上这趟列车，就意味着已迈入 AI 驱动的"前端智能化"领域，以 UI 智能化、交付智能化和编程思想智能化武装自己，在未来前端的全新战场中，继续创造前端技术独一无二的价值。

UI 智能化

User Interface 通常被称为用户界面，可以从字面意思"用户接口"来理解。就像在编程领域的 API 中的 I 一样，Interface 可以理解为将内部的某些能力以接口的形式暴露出来。其实，在 UI 里也是一样，System User Interface 是指暴露操作系统的某些能力，让用户可以通过接口约定的形式进行调用，从而让用户完成对操作系统的操作。事实上，本书涉及的 UI 应该称作 Application Graph User Interface，也就是"应用程序图形用户接口"。这里的 Application 可以和之前的 System 做对比，看作用户操作的对象从 System 转移到 Application，但 Interface 和 Graph Interface 之间还是有很大不同的。那么，"接口"和"界面"的区别是什么？图形化和非图形化的区别是什么？图形化之后的接口会是什么？本章将结合笔者的一些观察和思考，呈现一些围绕智能 UI 的理解。

8.1 接口和界面的区别

要搞明白接口和界面的区别，需要回顾一下计算机发展的脉络，了解计算机服务对象从专业人员变成普罗大众、从专业技术变成普惠技术的过程中发生的变化。

8.1.1 什么是操作

"操作"看似简单，但事实上严谨地去看待，操作并不是件容易的事。以物理学举例，在《费曼物理学讲义　第一卷》第 52 章里这样定义"对称"：如果有一样东西，可以对它做某种事情，在做完之后，这个东西看起来依旧和先前一样，那它就是对称的。比如耳熟能详的轴对称图形，经过镜面反射看起来和原来一样，它就是对称的，这里对图形做的就叫"镜像操作"。在物理学中，镜像操作对应宇称守恒（弱相互作用中，宇称不守恒由杨振宁和李政道提出并由华裔女科学家吴健雄实验证明，从根本上纠正了物理学基础理论的错误，从而成为第一个发表论文后立即获得诺贝尔奖的研究）。在对称领域还有三种操作，分别是时间平移对称性（对应能量守恒）、空间平移对称性（对应动量守恒）、空间旋转对称性（对应角动量守恒），物理学的诸多重要理论建立在上述三种操作的对称性及其对应的守恒量上。

上述物理学领域的"操作"之所以重要，是因为操作的是物理定律，时间平移操作就是把过去的物理定律"拿"到另一个时间去验证其是否成立，如果成立则称为"时间平移操作对称"（或者叫时间平移不变性）。这就像在编程领域，System 通常是 Operation System（操作系统）的简称，是用户实现对底层硬件电子电路操作的系统，是操作上层应用的应用，所以系统操作很重要。

为什么计算机的系统操作最初是由一些开关控制的？为什么从机械计算到电子管计算都是如此？因为计算的过程是在模拟信号为载体的基础上完成的，需要这些开关来直接控制计算机上用于计算的机械力和电流。如果是机械计算，开关控制的过程就像开车的时候换挡，离合器把动力切换到不同齿轮比上来控制发动机动力的输出。如果是电子管计算，开关控制的过程就像拿着单反相机去调整镜头位置和光圈，感光元器件因调整而在颜色传感器上产生强弱不同的信号，可能手一抖画面就糊了。模拟信号的弊端就是难以"操作"，就像电影胶片的剪辑和后期处理是非常困难的一样，数字电影无论是加特效、滤镜还是编辑、剪辑都非常方便，晶体管和数字信号很快进入专业人员的视野。

计算机系统"操作"的第一次重大转折是什么？有了数字信号、信息论和通信理论、冯·诺依曼架构，计算机才摆脱了开关控制的尴尬，计算机系统也逐渐从模拟信号、硬件（或者叫物理层面）的层面进入数字信号、软件的层面。这些改革让计算机有了统一的架构和标准，让软件来定义硬件的功能带来了极大的便利性，人们从直接操作硬件进入了通过软件来操作硬件的时代，这是一次"操作"对象的重大变化。下面简要介绍操作对象都发生了哪些变化，以及这些变化对"操作"本身带来的影响。

8.1.2　操作对象变迁史

只谈操作方式，不谈操作对象，这是不全面的。本质上计算机操作的对象是计算。而计算则是数学的一部分，因为计算是用已知数（计）通过数学方法求得未知数（算）的过程。《数学是什么》中提到：有记载的数学起源于东方，从最早的结绳记事开始慢慢发展出计量单位，再到分配产生对算的要求，人类逐渐通过口诀、幻方、洛书河图、计算尺等工具把计算过程从大脑中提取出来，用工具固化下来。这些工具降低了计算的复杂度，而"操作"的对象正是这些计算工具。

随着齿轮的发明，从大脑提取出来的这些计算工具进一步得到改进，聪明的人类用齿轮、离合器或一些精巧的机械结构组成了最早的计算器，小到一些建筑的材料计算，大到占卜的天体运行位置计算，莱布尼茨二进制加法器如图 8-1 所示，计算第一次被人类连续地进行"操作"。人们不需要像操作计算尺那样，算出一个数字记在演算纸上再去查计算尺，而是可以连续输入一系列参数和运算符号，过程的中间结果被离合器隔离起来等待调用，一次就可以连续操作复杂的计算。虽然中国人仅用小小的算盘就完成了这件事，在欧洲那会儿还在用蒸汽机驱动着庞大的齿轮结构才能完成同样复杂的运算。对比计算尺等计算工具，算盘和计算器第一次系统化地提供了物理操作计算的途径。

图 8-1　一种可行的莱布尼茨二进制加法器

电的发现彻底改变了计算，因为开关、电线、电源和灯泡组成的操作对象也可以视为计算，需要计算正确的电路、电流、电压、负载避免灯泡过载烧毁，打开或闭合物理开关的时候开始计算，计算结果是：正确则灯亮，错误则灯不亮或亮一下后烧毁。其实，0 为真非 0 为假的编程约定正是如此，正常亮的状态只有一种，即"0"，而不亮、不够亮、特别亮后短期内烧毁、特别特别亮瞬间烧毁等至少有四种状态，即"非 0"。那么，简单地用灯泡亮或不亮来表示计算就不符合要求，怎么办呢？好在爱迪生发明灯泡的时候发现，即使灯丝和金属板并没有接触，仍然可以从金属板上得到微弱电流，1883 年他把"爱迪生效应"注册专利留给后人。时隔 21 年的 1904 年，弗莱明用"爱迪生效应"原理发明了世界上第一支电子二极管，借助一台 1.8 万只电子管、重 30t、耗电 150kW、占地 170m² 的"计算机"，把人类社会带入电子计算时代，比计算电灯 5 种状态更加复杂的用电计算的能力诞生了。在电子计算的时代，人类终于摆脱物理操作转而用电流、电压操作计算。

1906 年，德弗雷斯特在爱迪生效应的灯丝和铁板间巧妙地加入一个栅板，从而发明了第一支三极管，这个小小的改动不仅让三极管反应灵敏，甚至能够发出音乐这种丰富的振动频率，而且三极管的发明再次改进了电子计算——更简单、可靠的结构和更小的体积。之所以简单、可靠且体积更小，是因为以前的二极管是一个单向导电的元器件，需要额外的电路、元器件和二极管配合才能达到新的三极管同样的效果。有了用电流控制电流的三极管后，用电流模拟信号可以方便地设计各种控制电路的开关，就可以像齿轮计算中的离合器那样，把一部分电路从全局电路中隔离开去计算其他部分，比如在音视频信号中计算其中的音频模拟信号。

为了能够设计这种复杂计算的电路，人们借助基尔霍夫定律、电路图把各种复杂的电子元器件搭建成电路，然后通过测试进行调试。软件工程师只要写好测试用例、保证代码覆盖率，尽可能让测试跑遍所有分支和各种异常情况、边界值，就能保证软件没有 bug。

1938 年就读于麻省理工学院的香农接触到二进制、布尔代数和继电器，他发表了著名的《继电器与开关电路的符号分析》，帮助电子工程师们解决了电路调试的难题。香农认为，开关电路由导通和断开两种状态构成，如图 8-2 所示，用 X、Y 分别表示电路上的两个开关，对开关的串联可以表示逻辑与，并联可以表示逻辑或，如果 X 表示继电器常闭触点所在电路，$\hat{X}$ 则表示常开触点所在电路，由于 X 和 $\hat{X}$ 永远不可能同时导通，因此可以用该继电器电路表示逻辑非。

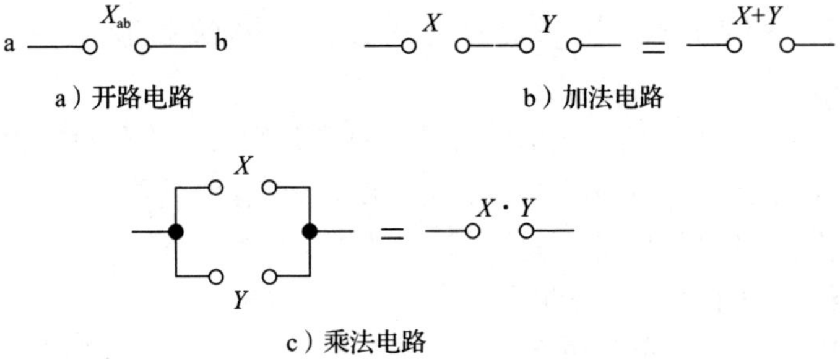

a）开路电路　　　　　　　　b）加法电路

c）乘法电路

图 8-2　香农对继电器与开关电路的符号分析

香农引入布尔代数，用与、非、或三种基本逻辑对电路进行分析，这样复杂的电路就可以通过逻辑分析进行调试，进一步搭建异或等复杂电路，彻底将电路数字化。原先的物理连接都可以用布尔代数来表示，把复杂的物理和电子都等效简化为简单的数学问题。1947 年，美国物理学家肖克利、巴丁和布拉顿的研究小组用点接触锗晶体发明了晶体管，从此，笨重、能耗巨大的电子管被晶体管替代，电子计算变得廉价、小型化从而更加普及。电子工程师通过晶体管组合各种逻辑电路，再借助 IEEE 和 IEC 统一标准，与、或、非、与非、或非、异或、同或门电路，共同构成了现代计算机的加法器、乘法器、锁存器和寄存器等，在晶体管之间像搭积木一样构成了各种运算电路，并以操作指令的方式暴露给上层操作。

时至今日，包括 C 语言在内的很多硬件描述语言（HDL），都是在利用逻辑电路操作手册上提供的引脚定义和高低电平、工作区间定义，对逻辑电路内部的各种门电路进行操作。不论是通过上位机（如 Windows）的串口直接下达指令，还是通过下载程序到下位机寄存器内自主执行，对逻辑电路引脚上高低电平的操作，背后实际是一系列门电路组合而成的"指令"，这些指令对一系列门电路进行操作以实现逻辑和算术运算。1939 年 10 月 10 月，约翰·文森特·阿塔纳索夫（John Vincent Atanasoff）制造了举世闻名的 ABC 计算机，并提出了计算机的三条原则：

❑ 以二进制的逻辑基础来实现数字运算，以保证精度。

❑ 利用电子技术来实现控制，控制逻辑运算和算术运算，以保证计算速度。

❑ 采用把计算功能和二进制数更新存储的功能相分离的结构。

2010 年，为了体验绕过操作系统直接操作物理硬件的感觉，笔者接触了 51 单片机，后来又用一块 Altera Cyclone Ⅱ 的 FPGA 学习芯片设计。体验过自己用硬件实现一些简单算法，面对锁相环、网表和 DHL 一头雾水，转而用 NEOS 片上系统进行一些 DSP 数字信号处理，再到接触专用 DSP 芯片，更方便地用成熟 IPCore 进行数字信号的处理，全部蹚过一遍坑后，深深地为操作系统和背后的通用计算所折服。

从最初的计算尺，到后来的计算器，再到计算机，操作对象由简单变得复杂，因为它们承担了更多的职责，让这些操作员的操作对象从数字、机械、电路到指令，不断地抽象和简化，操作逻辑和算术运算所要掌握的技能要求也变得越来越低，终于在操作系统的帮助下逐渐从指令聚合成了功能，操作系统专门设计并以"接口"的形式把部分功能暴露出来供人操作，下面介绍笔者对接口与界面的一些看法。

8.1.3　接口和界面在操作中的作用

接口是在指令聚合成功能的背景下产生的，犹如操作对象由简单变得复杂一样，操作系统的指令也是从简单到复杂，而人类对复杂的事物非常善于分门别类，就像自然界的门、纲、目、科、属、种那样，把操作系统中的指令也分门别类方便管理。

分类能方便使用吗？答案显然是否定的。为了某个目的而对操作系统进行一系列操作，必须在浩如烟海的指令中寻觅适合自己的部分，虽然分类可以让这个寻觅过程高效一些，仍需耗费很多精力。以按下计算机的电源键开机为例，操作系统首先要对硬件的就绪状态进行检测，然后找到引导系统的磁盘，加载引导程序，进而对中断子系统、I/O 子系统、内核子系统、驱动子系统等进行初始化，并逐步将操作系统操作至启动完成等待下一步操作，这一系列针对指令的操作，被聚合成"启动"这个功能。随系统启动的应用程序配置操作，则是"启动"功能暴露的内部能力，可以通过配置作为"接口"对这个内部能力进行操作，例如把即时通信软件配置为随系统启动，从而第一时间获取好友发送消息的提醒等。

细心观察和思考则不难发现，这里对接口的定义与大多数人理解的编程接口的定义不同。想要区分它们就要对接口进行更宏观和抽象的定义，便于阐释它和界面之间的关系，而不仅仅是狭义地从编程角度去理解如何调用函数、如何通过接口实现面向对象的编程等。

是什么使得软件生态的繁荣以降低普罗大众使用计算机和操作系统的门槛？操作系统不断以接口形式暴露自己的功能，让上层应用程序的开发更加简单，数据库就是一个典型的例子。开发应用永远无法逃脱对数据的存储和使用，但使用操作系统的 I/O 子系统、文件子系统提供的指令实现数据操作非常复杂，不仅要了解内核态、用户态、阻塞式 I/O、非阻塞式 I/O，还要了解操作系统的文件子系统目录深度对性能的影响、文件缓存机制、缓冲区等。数据库以数据操作接口的方式暴露操作数据的功能，避免自己去应付这些复杂的问题，在编程语言里使用数据库客户端提供的接口就可以完成数据的存储和使用。对数据操作变得简单，围绕数据库产生的各种上层应用软件生态就逐渐变得繁荣起来，包括日志、记账、财务记录、财务分析、进销存、ERP 等。

虽然软件生态逐渐繁荣，但这些围绕数据库构建的软件生态为何都是专业应用？因为专业应用的场景更简单，开发这些应用对接口功能的要求也相对单一。2004 年在一家台资软件公司做 ERP，当时驻场实施的时候需要把纸质账本里所有的记账凭证录入系统，因为整个 ERP 的核心就是进销存以及其上的物料需求计划和账目管理，所有功能几乎都可以围绕数据库所提供的接口完成，应用程序中占比最大的工作是数据库设计、表结构、字段、视图、事务等，与笔者在 1990 年学 FoxBase 时干的事情几乎一模一样。和 FoxBase 最大的不同是 Visual Studio 为窗体应用程序提供的一套控件、容器和图形化编程界面，进一步集成和封装了一个个孤立的功能，以图形化易于理解和操作的形式暴露出来。这是笔者继 UCDOS 后第二次感受到界面的强大，很多工厂里从没用过计算机的会计、审计、税务、仓储等人员，只用了不到一个月的时间，就基本掌握了当初笔者在会计电算化专业学习两三年才有的技能。

今天的用户为何很难意识到界面的价值？因为界面已经成为用户生活的一部分，和界面相处太久以至于忘记了它的存在。不论承认与否，如今手柄、键盘、鼠标、触摸板和触摸屏已然成为人类肢体的延伸，在玩游戏或操作计算机的过程中，用户根本意识不到这些输入设备的存在。这就是界面强大的力量，时刻能意识到自己安装或卸载了什么应用，却忘记了界面这个操作的载体。

就像前面回忆操作和操作对象的变迁一样，接下来回忆一下操作的载体——界面，通过对界面的介绍来分析一下其隐藏自己存在感的魔法到底是什么。

8.1.4 界面隐藏自己的魔法

在前端领域说用户界面 UI，实际大部分时间是在说图形界面用户接口 GUI。既然有图形界面用户接口，就有非图形界面用户接口。最常接触的非图形界面是命令行应用程序，如前端经常用来启动脚手架、使用框架的 CLI 命令行工具。可以看到，两者的区别在于的操作方式不同，图形界面是图形化的操作方式，命令行是文本化操作方式。

能忽略命令行的存在吗？有时可以，有时却不能。如果永远不切换命令行应用程序，或使用的命令行应用程序永远不更新（或者主动取消更新），或许可以忽略、忘记命令行非图形界面的存在，因为熟练地用记忆完成了操作，从而反射式地去使用各种命令、拼接各种参数、利用各种管道符等。但是，如果命令行应用切换或更新，就需要去重新记忆这些以字符构成的命令和非默认操作的参数等，这个记忆的难度相较于设计良好的图形界面会高出许多。当然，非图形界面也有它的优势，喜欢全键盘操作的人就非常钟情于这种用户界面。

能忽略图形界面的存在让用户专注于功能本身吗？答案当然是可以。在乔布斯传中记载了比尔·阿特金森让乔布斯关注施乐 PARC 的研究，乔布斯第一次看到 GUI、键盘、鼠标和桌面等先进概念，让他找到了自己一直想创造的产品，正是在乔布斯天才的理解、卓越的工程化能力基础上，这些先进概念让 Lisa 凭借 GUI 启发了个人电脑时代。记得电影《乔布斯》中有一个桥段，乔布斯把计算机摆在小女孩面前，镜头再切回来时，没有任何帮助的小女孩已经用鼠标画了一幅美丽的图画。之所以能够做到这么易于理解和使用，正是因为图形比文字更符合人的直觉，不需要学习、惯性或较多的思考，跟着感觉走就能够轻松操纵驾驭一台晶体管和集成电路构成的复杂机器。

古人的观点是：言传不若身教。其实，从界面的视角去看，言传就像用一大堆文字说明提示用户如何操作，"身教"则更像是一个个图标，看一眼就知道如何操作了。正是这种画面感的直接性突破了文字需要想象的局限，让图形界面从众多接口、界面中脱颖而出，成为普罗大众操作计算并隐藏自己的魔法。

8.2　GUI 给应用程序带来的变化

即便是个爱看书的人，接触到的文字会比图像多吗？答案是否定的。闭上眼回忆一下，从出生时刚发育的感光细胞能够感受周围的明暗开始，图像充斥着人清醒的时间。起初，在刚睡醒还能记得一点儿梦境的时候，脑海中浮现的不是一篇散文或记叙文，而是一幅幅生动的画面。正因为人类被图像、画面萦绕，对图像、画面的辨识、感知和理解能力非常强烈，所以，人类在表达所思所想的时候也是从图画开始的。最早的原始人类壁画就说明了人类之间的交流优先以图画为媒介。

今天，应用程序的本质是什么？其实就是应用程序提供者和使用者之间的一场交流。以手机淘宝上的聚划算业务为例，作为应用程序提供者，借助数据和算法能力帮助用户在数百万货品中寻找用户感觉划算、优质、潮流的商品，然后用 GUI 里的氛围、装饰、卡片、广告等方式向用户诠释这些活动、货品。用户在浏览到心仪的货品，再使用 GUI 里的收藏、加购、下单、权益领取等可交互控件和应用程序产生互动，用来接受、使用和肯定服务和功能。这样一来一回就形成了一场应用程序提供者和使用者之间的交流。

8.2.1　GUI 易用性背后的复杂度

在应用程序提供者和使用者之间的交流中，提供者以 GUI 为媒介，核心实现了两个目标：承载信息和提供交互。承载信息相对于使用者就是获取信息，提供交互相对于使用者就是进行交互，由此可见，交互就是使用者和提供者间借助 GUI 完成的一场交流互动。冯·诺依曼把计算机架构抽象为运算器、控制器、存储器、输入设备、输出设备，以这种统一的抽象为基础，他把程序当作数据来看待，与数据一起放在存储器中，这样计算机就可以调用存储器中的程序来完成计算机的控制。这种设计思想直接导致了硬件和软件的分离，让硬件和软件设计可以分开执行，从而诞生了程序员这个职业。系统程序员负责编写从存储器中读取、翻译、分析程序指令，然后根据指令向运算器和输入、输出发送控制命令，其实他们编写的就是人们所熟知的操作系统、内核模块、设备驱动等。应用程序员则是在前者的基础上，开发各种各样的应用，例如 Linux 用文件来抽象 I/O，提供文件句柄对文件系统进行操作，应用程序员就可以借助这些文件句柄开发一个文件压缩和解压缩的应用。

学习这些 Linux 提供的阻塞式、非阻塞式 I/O 编程接口，并开发一些网络服务如 QQ 拼音词库平台，用户上传词库以便在其他设备上下载，正是对 I/O 的抽象让程序员不必直接和内核、网卡驱动等复杂的系统底层打交道，这种抽象带来的简化促进了整个软件生态的繁荣。随着对 MFC 和 Win32 API 等窗口应用程序的深入接触，慢慢发现自己掉入一个纷繁复杂的世界，光是窗口句柄和各种事件处理就足以让程序员挠头，还要面对一些不规则窗体、透明窗体等产品设计需求，为什么技术越发展使用起来却越复杂？

打开 GitHub 看看最高 Star 数的项目，和 Web GUI 相关的最高 Star 数的项目除框架外，最多的就是各种完整的示例网站或组件库。完整的示例网站可以通过替换素材的方式，快速实现某个场景的 GUI 开发工作。组件库可以帮助前端工程师根据产品需求快速搭建 GUI，而不需要面对那么多复杂的 DOM、BOM 等编程接口。表面上 GUI 给用户带来了极大的便利，却给程序员带来巨大压力，为什么？

因为 GUI 易用性背后隐藏了诸多让人惊叹的复杂度。笔者在腾讯工作期间，很多桌面应用程序开发都会和设计师密切配合，从接到需求那一刻起就与设计师一起探讨甚至一起设计。之所以如此，是因为我意识到了 GUI 易用性背后隐藏的复杂度。以 D2 上分享的 Silverlight QQ 为例，分享一下开发这个应用时面对的复杂度。

Silverlight QQ 是从服务器到 GUI 全链路端到端由笔者独立完成的项目，撇开服务器开发和 Silverlight 这个富媒体技术不谈，单说 GUI 的开发过程。设计是由笔者和一家著名的香港设计事务所协力完成的，从线框到提案的细节都是一点点和设计师敲定的，因此，小到图中的虚拟形象、立体的图标按钮，大到窗口、平台切换好友群组等 UI 和交互细节，对一个人沟通、协调、设计、开发等方面的压力可想而知。

然而，这些压力中最大的问题是还原度，以往 I/O 编程中可读、可写等简单的状态荡然无存，取而代之的是各种以动画的视觉形式呈现时的弹性系数、阻尼系数、关键帧等。由于无法把设计事务所提供的视频直接放在 GUI 里实现各种视觉效果（Apple 官网上有 H5 视频和动效结合的典范可以参考，但局限性很大），必须用编程的方式基于 .NET 提供的 Silverlight 技术实现 GUI，然而在设计领域很多概念又无法和 GUI 编程概念对齐，Silverlight 刚推出缺少资料，因此给开发人员带来了巨大的困难。

关于 Silverlight QQ 具体的细节可以从 GitHub 上找到，这里就不再赘述了，单说 GUI 开发遇到的苦难。对 GUI 易用性背后复杂度的理解是：以往程序的设计和实现都是由程序员自己完成的，所以设计意图和实现手段是统一的，然而在 GUI 领域里设计和实现由产品经理加设计师和程序员分别完成，如图 8-3 所示。

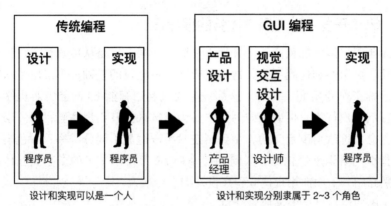

图 8-3　GUI 编程与传统编程的差异

虽然工作角色的增加可以通过多沟通来解决，但是，就像前文笔者在做 Silverlight QQ 时那样，除了充分沟通外，还有很多设计工具可以帮助设计和开发人员在代码层面沟通，比如现在 After Effect 预览并导出特效代码。但是，如果深入探究一下，就会发现一个严重的问题：程序员做的设计可能与产品、视觉和交互设计产生冲突，这个结论是深入到布局、动效、动画的细节后自然而然会显现的。

以布局来说，让产品和设计师针对不同的分辨率设计不同的方案是理想的，面对数量庞大的分辨率和各种挖孔屏带来的安全区域（Safe Area），产品和设计师无法穷举所有情况，这样问题就交到了程序员手里。如何用媒介查询、弹性布局等技术手段去解决？解决过程中的细节如何处理？比如文本的折行、截断等问题。如果拿着所有问题一个个去找产品和设计师确认解决的规则和方案，那前端工程师的价值是什么？只是把需求编写成代码吗？那用 imgcook 的 D2C 就够了，要前端做什么？以国内知名的蚂蚁集团前端为例，面对上述问题，在阿里集团内第一个提出体验工程这个概念，并大刀阔斧地改革，把自己的部门从前端变成"体验技术部"。

笔者认为蚂蚁集团前端的解法是很高明的，这不仅仅是一个部门名称的变化，它变化的精髓在于诠释了前端工程师工作的本质：向用户体验负责。但是，这里有个问题：前端如何向用户体验负责？在非 GUI 程序开发中，程序的设计和开发都是由程序员完成的，因此，程序员可以对这些由自己设计和开发的程序负责。在 GUI 程序开发中，"向用户体验负责"就要求面向用户体验的程序设计，而设计的前提就是对问题的分析、理解和定义，下面分享一下对面向用户体验程序设计的一些理解和感悟。

8.2.2 GUI 开发中面向用户体验的程序设计

把面向用户体验的程序设计分为 3 个层次：第一层是从传统程序设计中继承的精确性、可用性和性能部分，这是完成高质量交付的基础；第二层是从协同产品和设计师工作的角度定义的，这部分主要是利用智能 UI 的能力对程序进行调控进而影响用户行为，借助正向的用户行为影响来提升用户体验；第三层是从技术的独立交付价值角度定义的，小到用技术手段适配不同分辨率、深色模式下各种视觉指引的辨识度优化等，大到 3D、AR/VR 等技术带来的全新交互体验。下面就分别介绍一下面向用户体验程序设计的 3 个层次。

（1）面向用户体验的高质量交付

在日常工作中观察到这样一个事实：GUI 开发在软件工程视角下不完整，它缺失的部分是交付后的调优过程。在开发服务器的时候，除了将服务器部署到线上环境，还会对服务器功能的精确性、可用性和性能优劣进行假设，根据这些假设精心设计一些日志打点和上报。有了对线上服务的观测、测量能力，就可以针对观测到的事实和自己的假设进行比较，从中找到功能、可用性和性能的问题，并针对这些问题发补丁热更新或调整代码重新发布进行冷更新，然后重复上述过程，直到观测事实符合自己假设的预期，调优完成。

调优的过程与监控告警是有本质不同的，监控告警应该在调优完成后，用于防范那些难以假设或预期的线上异常。调优过程则是对功能精确性、可用性和性能是否合格的预期，以及这些预期在线上表现是否合格的检查和调整过程。而笔者观察到，现在的 GUI 开发中团队缺乏调优过程，开发、联调、提测、发布后就直接进入监控告警状态。因此，笔者认为在谈面向用户体验的高质量交付设计前，先要保证面向软件工程的高质量交付。

面向用户体验的高质量交付设计是一个超集而非子集，就像 C++ 和 C 之间的关系一样，要在保证面向软件工程的高质量交付基础上，定义一些并不包含在传统软件工程交付质量中的特殊部分。这些特殊部分到底特殊在哪里？通常谈到

GUI 程序设计，很容易在脑海里浮现出 MVC、MVVM、界面、事件、视觉树、逻辑树、业务逻辑等，下面从用户的角度尝试诠释一下 GUI 程序设计在面向用户体验的设计时有何不同。

以往谈到 GUI 程序设计，大部分是在谈论如何与系统、容器、框架、工具和语言打交道，很少谈论与用户打交道的部分。可能很多人认为和用户打交道是产品经理和设计师的工作，但笔者不这样认为。GUI 程序构建了产品价值和用户价值连接的桥梁，不明白如何与用户打交道，就无法把产品价值精确、可用和高性能地输送到用户产生用户价值。因此，在 GUI 程序设计时需要考虑的特殊部分就是产品价值、用户价值和价值输送这三个因素。用字母 P、U、T 分别代表这三个因素，GUI 程序设计时面临的问题就是 $U=TP$，其含义是用户价值等于以价值输送情况为系数的产品价值。

以 $U=TP$ 来考查的交付质量，可以知道 $T \geq 1$ 时 P 乘以系数 T 后带来的用户价值 U 才是符合产品和设计师预期的，因此，面向用户体验的高质量交付设计的目标就是：P 正确的前提下，$T \geq 1$。对于 $T>1$ 的部分放在后面讨论，这里着重讨论如何设计才能使得 $T=1$。

T 其实是 GUI 交付的部分 G，加上服务 S 和数据 D 这两个 G 承载的内容部分，$T = G(S + D)$ 就意味着 G 和 S 及 D 之间是相乘的关系，因为内容是 G 进行呈现的。G 在呈现 S 和 D 的时候，需要从视觉（Version）和交互（Interactive）两个方面设计（$G = V + 1$），视觉 V 的部分主要由布局、样式等决定 S 和 D 如何呈现，交互 I 的部分主要由交互点和交互路径共同构成对 S 和 D 的使用，V 还包含以视觉指引为目的的装饰性元素和功能性元素，如图标、角标、挂件等。

因为 $U = TP$，而 $T = G(S + D)$，$G = V + I$，所以 $U = [(V + I)(S + D)]P = (VS + IS + VD + ID)P$，最终 T 就相当于（$VS+IS+VD+ID$）。后面主要对这部分考查 $T=1$ 或 $T>1$ 的具体要求，这里先看 $T=1$ 的部分。假设 P 没有问题，其实隐含 $\hat{P}$ 也就是产品设计的产出物（GUI 开发的产品设计输入）PRD、线框图、设计稿、交互稿是没有问题的，那么 V 和 I 的具体要求就需要符合 $\hat{P}$ 的约束，在以往的工作中称为设计走查部分，这部分属于产品设计要求，而标准就是精确性。除此之外，还有一块是工程质量部分，这部分 $\hat{P}$ 是没有约束却和 $\hat{P}$ 实际效果密切相关的部分，用于检查 GUI 程序部署到用户端并运行起来时的效果。部署就是把程序本身和程序相关的静态资源存储在用户端，主要看存储空间和传输、存储速度等指标。运行则是渲染、响应、执行、反馈的过程，主要看 CPU、内存、GPU、显存、I/O 等基础性能指标，还会看容器（如浏览器引擎、脚本引擎、渲染引擎）性能指标。为了让 $T=1$ 精确性的标准是比较直接、清晰的，只要用 $\hat{P}$ 去对照保证设计还原的精确性，而工程质量部分则稍微麻烦一些，要从基础性能和容器性能两部分看，甚至在引入 Hybrid、React Native、Weex 等技术后更复杂。在 Chromium 官方博客上看到，由于浏览器内核和 V8 脚本引擎性能并不能保证用户使用时的性能，因此，Google 的工程师和开源社区探讨构建真实世界的性能（Real World Performance，RWP）。由此可见，V 和 I 的具体约束可以用 $\hat{P}$ 和 R 来表示，R 代表 RWP，可以用真实手机进行录屏分析。

对 I 的部分可以模拟用户的操作，然后录屏对结果进行分析。如果操作是由产品设计的线框图所定义的，应该包含操作的触发点和响应帧，分析的对象正是这些响应帧的渲染效果和性能。还有一类特殊的 I 是应用程序状态变化产生的 UI 变化，包括应用程序根据宿主环境的输入产生的变化，如系统时钟的定时服务、位置传感器的 LBS 输入等。这一类特殊的 I 还包括服务端控制的应用程序变化，如登录状态变化、聊天功能的好友数据同步变化等。总结一下，RWP 总体分为首屏性能和 N 屏性能，N 屏性能又分为用户操作、宿主环境输入、服务端控制 3 种情况，这 4 种情况就是需要去模拟的部分，通过模拟并录屏对这 4 种情况在高端机、终端机、低端机上实际出现的帧进行分析评估。为了更贴近用户，这里的评估又可以针对可视和可交互两个部分独立评估。

对于可视部分的评估在 6.2.4 节里详细介绍过，这里就不再赘述了，只需要根据之前的内容提取对应的指标评估即可。对于可交互部分，必须了解 DOM 树构建、DOM 节点事件监听、BOM 接口、JavaScript 事件处理程序的就绪状态，用就绪过程和耗时来评估可交互性能。有了可视和可交互两个部分的详细数据，就可以得出工程质量部分的 RWP 也就是变量 R 的分数。有了图片相似性检查等手段，就可以得出 $\hat{P}$ 也就是设计走查部分的分数。最后，可以把这两个系数代入（$VS+IS+VD+ID$）中得到 $\hat{P}R(VS+IS+VD+ID)$，因此，$U=TP$ 可以写作：

$$U = [\hat{P}R(VS + IS + VD + ID)]P$$

假设给用户的价值 U 和产品设计 P 是正确的，括号内的部分必须是大于 1 的，则需要以 V 和 I 作为地图，去找到所有 $\hat{P}R$ 的影响，根据前述内容对设计走查部分和工程质量部分进行 RWP 计算即可，但这里还有 S 和 D 两个部分应该如何计算和评估？

如果说视觉 V 和交互 I 是一个应用的骨架，那么服务 S 和数据 D 就是血液和肌肉，不论是工具型还是内容型，它们共同支撑了应用的实际效用。其实，S 和 D 背后都是 $\hat{D}$ 元数据，为什么这么说？因为 S 是在服务端处理 $\hat{D}$ 而 D 是在客户端处理 $\hat{D}$。比如登录 S，将登录凭证送至服务端进行鉴权，事实上就是在服务端对登录凭证 $\hat{D}$ 和存储凭证 $\hat{D}$ 进行比对，一致则返回鉴权成功，不一致则返回失败。

再比如手淘货架 D，将服务端返回的商品列表数据 $\widehat{D}$ 从 JSON 结构中提取出来、格式化并赋值在 DOM 元素对应的属性值上。一旦赋值到 DOM 元素对应的属性值上，$\widehat{D}$ 就借助 V 呈现给用户，用户会因为 V 的视觉引导或刺激而产生 I 交互行为，应用程序继续根据 I 产生的 $\widehat{D}$ 在客户端以 D 或在服务端以 S 的形式进行处理，再一次借助 V 呈现给用户响应，从而完成一次完整的呈现和交互过程，应用会在 $V\text{–}I$、$I\text{–}V$、$V\text{–}I$ 等这样的循环中无限持续下去直到用户退出关闭。由此不难发现，$\widehat{D}$ 的重要性不仅体现在应用程序启动（相对的用户冷启动）时带来充分的价值 U 让用户有动力进入 I，同时还要继续提升 $\widehat{D}$ 的有效性不断提升 U 进而让用户进入价值循环。$\widehat{D}$ 的重要性具体体现在哪里？应该如何测量和评估？

为了搞清楚 $\widehat{D}$ 的重要性及测量评估方法，必须从应用本身说起。假设应用的 G 只有登录界面，用户接收到的信息 $\widehat{D}$ 有：用户名 + inputbox、密码 + inputbox、注册 + button、登录 + button，然而，如果用户进入手淘的小黑盒新品频道，G 的信息 $\widehat{D}$ 变得异常复杂，如图 8-4 所示。

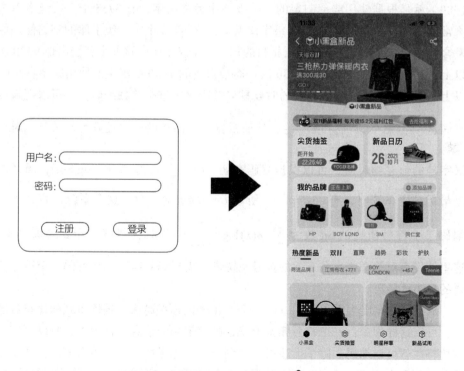

图 8-4　G 的复杂性带来用户理解 $\widehat{D}$ 的成本

　　20 世纪 70 年代，未来学家托夫勒用"信息过载"呼吁：信息的高速生产和传播会增加人们对噪声处理的成本。今天，应用在不断堆砌 $\hat{D}$ 的过程中，让用户迷失在噪声里。本质上信息在今天呈现出和容器相分离的特性，所谓的"数字化"就是把存在于公交站牌、产品手册、商品吊牌等容器上的信息提取出来以数字化的方式承载。数字化之后，和容器分离的信息就可以被 UI 更丰富地展示，从而借助网页或 App 在互联网上大规模传播。撇开传播不谈，就 UI 展示这些数字化信息的部分，能够清晰地考查 $\hat{D}$ 在信息层面对用户的价值是什么？价值几何？

　　在考查 $\hat{D}$ 的信息对用户的价值之前，先介绍一下香农在信息论方面的一些观察和思考。香农原始的观点是期望通过对信息以熵为单位度量，进而在通信工程传输信息的过程中依据熵来考查编码效率和效果，从而能够用数学的方法找到一个衡量信道容量并逼近信道容量极限的方式。在对信息进行二进制编码的时候，假设对每个汉字都进行独立的编码，编码空间为 $\frac{1}{2^L}$。但是，由于汉语常用字只有三千多个，国家标准《信息交换用汉字编码字符集 基本集》（GB/T 2312—1980）就是根据使用频率制定的。一级字库为常用字，有 3755 个，二级字库为不常用字，有 3008 个，一、二级字库共有汉字 6763 个。一级字库的字的使用频率合计达 99.7%。即在现代汉语材料的每一万个汉字中，这些字就会出现 9970 次以上，其余的所有汉字也不足 30 次。而最常用的 1000 个汉字的使用频率在 90%以上。因此，如果在汉字编码的时候只对常用汉字进行单独编码，就可以把编码空间从 $\frac{1}{2^{6763}}$ 缩小到 $\frac{1}{2^{3008}}$ 或 $\frac{1}{2^{1000}}$，从而根据汉字出现的概率提升编码效率。对于汉字外的信息编码时，可以根据编码空间 $\text{cost}=\frac{1}{2^L}$，得到 $L=-\log_2\text{cost}$，当系统是最优编码系统时，有 $\text{cost}=p(x)$，所以 $L=-\log_2 p(x)$，对于这个系统而言，平均编码一个符号消耗的 bit 数为 $\sum_x p(x)\log_2\frac{1}{p(x)}$，称其为概率分布 p 的熵 $H(p)$。这里熵代表对符合概率分布 p 的符号系统进行无损编码时，平均编码一个符号需要的最小比特数。

　　从编码的角度去看 $L=-\log_2 p(x)$，当 x 出现的概率越大，编码得到的比特数越小，可以这样理解：一个符号频繁出现，则它带来的信息量比较小，所以用较少的比特数就可以编码。除了上述汉字的例子外，思考两句话：明天太阳会从东边升起，明天会下雨。由于明天会下雨背后隐藏着各种可能性，因此信息量更大，而"明天太阳会从东边升起"是常识，所以信息量相对较小。因此，从信息量的角度，香农提出："信息是对不确定性的消除"。对不确定性消除得越多，获得的信息量就越大。如果把信息视为消除不确定性过程中引入的变化，那么信息的量就与随机事件的概率密切相关。设函数 $I(a_1)$ 表示观测到随机事件 a_1 发生所带来的信息量，按照上面的思路推导有以下 4 个性质：

- ❑ 概率越大的随机事件提供的信息量越小，概率越小的随机事件提供的信息量越大，即 $P(a_1)>P(a_2)$，则 $I(a_1)<I(a_2)$。
- ❑ 概率为 1 的随机事件所提供的信息量为 0，因为没有消除任何不确定性，即 $P(a_1)=1$，则 $I(a_1)=0$。
- ❑ 概率为 0 的随机事件所提供的信息量为 ∞，即 $P(a_1)=0$，则 $I(a_1)=\infty$。
- ❑ 当两个独立的随机事件同时出现的时候，它们所提供的信息量为这两个时间各自信息量的和，即 $I(a_1, a_2)=I(a_1)+I(a_2)$。

根据上述性质，可以得到函数 I 是一个对数函数，即 $I(a_i)=\log\dfrac{1}{P(a_i)}$，满足上述 4 个性质。

回到 UI 问题里，如果以用户手机屏幕的一屏为单位，可以找到很多的 $\hat{D}$ 被 V 直接静态显示或因为 I 的响应而动态显示，如果把这些 $\hat{D}$ 看作一个随机系统，每个 $\hat{D}$ 的信息量为 $I(a_i)$，则该系统所有 $\hat{D}$ 的信息量的统计平均就是该系统的总体信息量，根据 $I(a_i)=\log\dfrac{1}{P(a_i)}$ 可知：

$$E_p I(a_i) = \sum_i p(a_i)I(a_i) = -\sum_i p(a_i)\log p(a_i)$$

香农提出，如果要对一个随机系统的信息总量（即信息熵）进行度量，那么用于度量的函数表达必须满足以下 3 个性质。

- ❑ 连续性：当随机系统的概率分布发生微小变化时，随机系统的总体信息量不发生显著变化，变化前后是连续的。
- ❑ 等概率单调增：当随机系统是在集合上等概率分布时，随着集合元素的个数增加，信息熵度量函数应该具有单调增的性质。
- ❑ 可加性：随机系统的信息熵应该具有可加的性质，分两次对随机系统信息量观察和一次彻底观察得到的信息量相同。

由于上述性质的约束，对随机系统的这种定义不仅是合理的且是唯一的，有兴趣的读者可以查看原著的推导过程，这里就不赘述了。其实上述定义可以用一种更朴素的方法和 $\hat{D}$ 联系起来。假设用户来到手淘，进入聚划算的百亿补贴子频道，使用百亿补贴的浏览功能找到心仪的商品完成购买，回到公式 $U=TP$ 中，U 由用户通过 T 上 V 和 I 的指引一步步明确。但是，必须明确 V 和 I 的信息量非常小，而 $\hat{D}$ 是影响用户行为的关键因素，营销信息、品类信息、商品的信息 $\hat{D}$ 在层层消除用户的不确定性，从进入手淘买东西到进入聚划算频道用实惠的价格买到好东西，最后到百亿补贴子频道的限时抢购中拼运气和手气抢个好东西。这就解释了为什么所见即所得会取得非常显著的优化效果，因为把某个百亿补贴的好东西放在入口，这个只能抢的好东西因为抢购时效不确定性更强，对于用户来说信息量就更大，如图 8-5 所示。但是，从信息编码的原理上看，由于入口只能放 2 个商品，用户的选项变少，则命中用户需求的概率又被大大降低，这就要求 $\hat{D}$ 从用户加购、收藏、浏览等维度进行补偿。

图 8-5 在聚划算和百亿补贴的应用情况

首先从编码的角度考查聚划算频道 $\hat{D}$ 的构成，并针对首屏信息计算 $\hat{D}$ 有效编码长度 cost=$p(x)$，即 $L=-\log_2 p(x)$ 的部分。根据图 8-6 所示，在聚划算频道首屏梳理出工具栏、运营活动、子频道入口、频道心智运营区块、类目导航、信息流、互动玩法入口这 7 个部分。

假设用户打开了 100 次聚划算频道，在没有智能 UI 优化的前提下，上述 7 个部分里很多信息都是重复出现的，如聚划算、直播、搜索、信息流、百亿补贴、大牌补贴、15 天价保、点此咨询、精选、健康、宅家、户外、会吃、筛选，对于重复使用 100 次聚划算频道的用户，这些不变的信息 $\hat{D}$ 有效编码长度就很小，这也是为何这些信息会被前端直接硬编码到代码里。因此，在 UI 开发中可以把硬编码、配置下发等变化不频繁的信息遍历出来作为静态数据，借此区分服务端返回的动态数据。

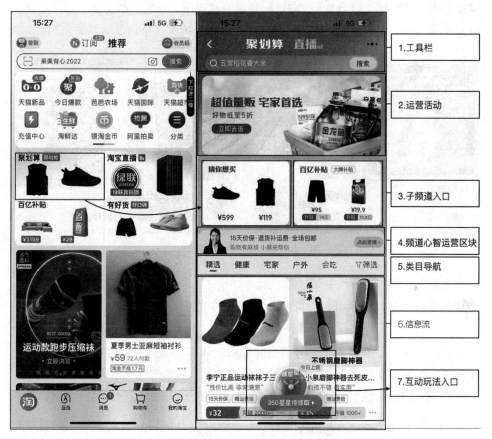

图 8-6　聚划算首屏信息架构梳理

静态数据的编码长度很短，由于在总的信息中占比很少，因此这里暂时放下看动态数据部分。动态数据部分基本都围绕商品展开，除了互动玩法入口的"350 星星待领取"这个信息外。商品的信息主要由主图、标题、卖点、权益、价格 5 个部分组成，这 5 个部分有图片、文本、数字 3 种数据类型（淘宝首页还会有业务／活动图标），再加上商品的总量，这部分信息编码空间会非常大。尤其是业务人员在平台视角就会控制同款商品的规模，来保障供给的多样性。此外，虽然商品及其信息出现的概率根据热销产品呈现正态分布的态势，但因为商品价格不同，相同或相似的商品仍然需要占用独立的编码空间，所以，在理想状态下，针对上述情况对 $\hat{D}$ 的优化是希望编码空间更大的。从信息量的角度也比较容易理解和推导，如果两个商品相同、信息相同，那么重复出现的商品对消费者的信息量就会降低，如果价格、权益等信息不同，甚至是埋点描述不同，则带给消费者的信息量就会有明显的差异。如图 8-7 所示，同样是商品主图，左侧商品主图里包含语言支持、游戏人数、游戏类型，对比右侧商品主图带给消费者的信息量就会更大。

图 8-7　商品主图信息量对比

对于图 8-7 右侧商品主图，用户点击详情才能看到类似语言支持、游戏人数、游戏类型等信息，甚至有一些商家只放几张游戏截图，没有任何说明（除了不退款声明外）。从表象上看似乎这样会增加用户点击率，但实际上这种点击大概率是无效的，无效的操作多了，势必会降低用户体验，而这背后就是 $\hat{D}$ 的信息量出现问题，不足以支撑消费者正确决策是否要点击，从而造成无效的点击。

类似这样的例子还有很多，虽然无法一一列举，但可以通过公式 $E_p I(a_i) = \sum_i p(a_i) I(a_i) = -\sum_i p(a_i) \log p(a_i)$ 知道总体 $\hat{D}$ 的信息量是多少，然后根据每一屏透出 $\hat{D}$ 的信息量进行表达有效性检查，再根据用户分群进一步借助智能 UI 个性化表达检查：增加或减少信息量对用户 UI 交互行为产生的影响是什么？最终，可以把公式中 $U = [\hat{P}R(VS + IS + VD + ID)]P$ 的 D 和 S 也就是 $\hat{D}$ 用公式 $E_p I(a_i) = \sum_i p(a_i) I(a_i) = -\sum_i p(a_i) \log p(a_i)$ 替换，从而考查在 P 正确的情况下，$\hat{D}$

符合 U 的价值期望部分（用有效点击可以度量输入信息对用户的有效性），通过固定 V 和 I 就可以完成实验，用智能 UI 调控信息 $\hat{D}$ 的透出找到 $\hat{D}$ 和 U 之间的关系是未来进行 UI 调控的基础。

虽然通过 UI 和交互以及服务和数据的优化，在 $T \approx 1$ 的情况下能够做出 $U \approx TP$ 的高质量交付，但如何逼近 1 甚至部分超出做到 1.1、1.2、1.3 等，则需要面向用户体验进行持续优化并持续交付让 $f(V, I, \hat{D}) \geq 1$。下面就介绍一下如何进行 UI 的调控，从而做到不断地优化、细化和个性化。

（2）面向用户体验的 UI 调控

在这部分经常面对一个疑问：内容／商品的透出是服务端算法决定的，UI 的调控能起到多大作用？这个问题就类似于产品是由产品经理定义的，前端交付的高质量对用户体验有多大影响一样。诚然，如果商品推荐没有透出某个商品，对商品信息表达的优化就无法生效。但是，当商品推荐透出某个商品的时候，如何展示商品信息？展示哪些字段？用什么样式展示？商品推荐是不关心的，这部分基本是由产品和设计决定的。而技术人员如果能把视角从产品和设计方案的实现转向交付物对用户行为的影响，就能从用户的视角下独立推导并设计出持续交付以提升用户体验的方案。诚然，回到最初的疑问上，内容／商品的推荐是第一层漏斗，如果这层漏斗有问题，也就是前文中的 $\hat{D}$ 有问题，这时在 V 和 I 上进行 UI 调控的效果一定大打折扣。由于本书不讨论推荐算法，姑且假设 $\hat{D}$ 和 P 一样是最优的，在实际方案中针对性地设计固定 $\hat{D}$ 和 P 的方法，比如使用相同的 $\hat{D}$ 和 V 测试不同 I 的表现，或使用相同的 $\hat{D}$ 和 I 测试不同 V 的表现。

有了上述方法，还需要介绍具体操作的路径。用分析、调控、反馈构成的循环来实现操作路径，通过分析提出问题和假设，通过调控进行实验，通过实验结果反馈检查分析提出的问题和假设，并根据事实和假设之间的偏差做出新的假设，再进入新一轮循环。下面就依次分享一下对分析、调控、反馈可能存在的方案和未来的发展方向。

对于分析来说，现在的分析是基于产品经理个人对用户需求理解的基础上衍生出来的，因为在基础指标和指标应用之间存在一条无法逾越的鸿沟。举例来说，在基础指标里的点击率、浏览深度、停留时长等，并不能说明问题出在哪里。点击率低只是表象，真正有用的问题是：为什么点击率低？点击率低的问题出在哪里？这就变成了一个复杂的问题，尽管有反事实、归因分析等内容，但事实上这个问题没有那么简单。

面对未知和不确定性很大的情况，可以从最大熵原理中获得一些启发。举个例子，如果把一枚骰子抛到空中，骰子落地的时候停留在每一面的概率应该相等，因此得到 1~6 任意数字的概率为 1/6。由于对骰子的情况一无所知，只知道骰子是正常的、抛投的方式是正常的，在这些"约束条件"下每一点的出现是等概率事件，所以答案是 1/6。可以把"约束条件"描述为：$P(x_1)+P(x_2)+P(x_3)+P(x_4)+P(x_5)+P(x_6)=1$，满足这种情况就是最大熵原理，即满足已知约束条件不做任何假设，则每个事件都应该是等概率的：

$$P(x_1) = P(x_2) = P(x_3) = \cdots = P(x_6) = \frac{1}{6}$$

如果根据最大熵原理去考查 $\widehat{D}$，在图 8-6 中，假设想对布局进行调控，每个部分被用户点击的概率是 1/7，但此时产品经理提出新的需求，根据经验，$P(x_2)$ 运营活动和 $P(x_6)$ 信息流点击的概率是 3/10，因为产品经理输入的信息，软件工程师得到了新的约束条件，这时用户的点击概率就会发生变化：

约束条件：

$$P(x_1) + P(x_2) + P(x_3) + P(x_4) + P(x_5) + P(x_6) + P(x_7) = 1$$

$$P(x_1) + P(x_6) = \frac{3}{10}$$

$$P(x_1) + P(x_3) + P(x_4) + P(x_5) + P(x_7) = \frac{7}{10}$$

满足最大熵原理的概率：

$$P(x_2) = P(x_6) = \frac{3}{20}$$

$$P(x_1) = P(x_3) = P(x_4) = P(x_5) = P(x_7) = \frac{7}{50}$$

上一节信息量部分的公式如下：

$$E_p I(a_i) = \sum_i p(a_i) I(a_i) = -\sum_i p(a_i) \log p(a_i)$$

用最大熵原理看这个随机系统的信息量问题。假设有一枚质地均匀的硬币，根据最大熵原理，抛一次正面和背面朝上的概率均为 1/2，那么总共的信息熵就是 log2，如果以 2 为底计算的话就是 1 bit 信息熵：

$$E_p I(a_i) = H(P) = -(0.5 \times \log 0.5 + 0.5 \times \log 0.5) = \log 2$$

既然给出了信息上的定义，那么根据公式计算能否得到概率 0.5 是系统的熵最大呢？换言之，等概率让系统的熵最大是不是真的？为了证明这个结论，假设抛硬币出现正面的概率是 p，那么出现背面的概率就是 $1-p$，这里其实包含了约束条件，隐含了两者总和为 1 这个事实。

$$P(\text{正面}) = p, \ P(\text{背面}) = 1-p$$

$$H(P)=-[p\log p+(1-p)\log(1-p)]$$

接下来要找到一个 p 让 $H(P)$ 最大也就是熵最大，求这个函数的导数 $H(P)'=0$ 的解：

$$\text{Max}H(P): \ H(P)' = 0$$

$$\log p +1-\log(1-p)-1 = 0$$

$$p = \frac{1}{2}$$

也可以把这个问题推广到之前的问题上：7 个部分的点击事件发生的概率为 $p_i(i=1,\cdots,7)$，根据最大熵原理概率的总和为 1，则：

$$H(P) = -\sum_{i=1}^{7} p_i \log p_i$$

其中，约束条件为 $\sum_{i=1}^{7} p_i = 1$。

为了求出满足最大熵的事件概率 p_i，可以构造拉格朗日（Lagrangian）函数，把需要满足的约束条件加到 $H(P)$ 后，即 $\mathcal{L}(p,\lambda) = -\sum_{i=1}^{n} p_i \log p_i + \lambda\left(\sum_{i=1}^{n} p_i -1\right)$，然后求这个函数的最大值 $\text{Max}\mathcal{L}(p,\lambda)$：

$$\frac{\partial \mathcal{L}(p,\lambda)}{\partial p_i} = -\log p_i -1+\lambda = 0$$

$$p_i = \mathrm{e}^{\lambda-1}, \ i =1,2,\cdots,n$$

求解得到的 p_i 具有未知参数 λ（来自约束项），利用约束条件 $\sum_{i=1}^{n} p_i = n\mathrm{e}^{\lambda-1} = 1$ 进一步求解：

$$\mathrm{e}^{\lambda-1} = \frac{1}{n}$$

$$p_1 = p_2 =,\cdots,= p_n = \frac{1}{n}$$

最终推导出含有 n 个事件的系统熵最大时，事件的概率必然满足等概率。在符合最大熵原理的情况下，一个硬币抛向空中正反面朝上的概率为 1/2，一个骰子每个点数出现的概率为 1/6，聚划算首页 7 个部分点击事件的概率为 1/7，再把产品经理根据经验认为的 $P(x_2)+P(x_6)=3/10$ 这个新的约束条件代入：

$$H(P) = -\sum_{i=1}^{7} p_i \log p_i$$

约束条件：

$$\sum_{i=1}^{7} p_i = 1$$

$$P(x_2)+P(x_6) = \frac{3}{10}$$

根据前面的方法得出：

$$\mathcal{L}(p,\lambda) = -\sum_{i=1}^{7} p_i \log p_i + \lambda_0\left(\sum_{i=1}^{7} p_i - 1\right) + \lambda_1\left(p_1 + p_2 - \frac{3}{10}\right)$$

由于系统包含 $\mathcal{L}(p,\lambda)$ 各个约束条件，因此添加 λ_0、λ_1 两项。对概率 p_i 求偏导等于 0，求出满足 Max $\mathcal{L}(p,\lambda)$ 的 λ 和 p，固定 λ_0、λ_1 求 p_i：

$$\frac{\partial \mathcal{L}}{p_i} = 0$$

$$\frac{\partial \mathcal{L}}{p_1} = -\log p_1 - 1 + \lambda_0$$

$$\frac{\partial \mathcal{L}}{p_2} = -\log p_2 - 1 + \lambda_0 + \lambda_1$$

$$\frac{\partial \mathcal{L}}{p_3} = -\log p_3 - 1 + \lambda_0$$

$$\frac{\partial \mathcal{L}}{p_4} = -\log p_4 - 1 + \lambda_0$$

$$\frac{\partial \mathcal{L}}{p_5} = -\log p_5 - 1 + \lambda_0$$

$$\frac{\partial \mathcal{L}}{p_6} = -\log p_6 - 1 + \lambda_0 + \lambda_1$$

$$\frac{\partial \mathcal{L}}{p_7} = -\log p_7 - 1 + \lambda_0$$

根据上式可知：

$$p_2 = p_6 = e^{\lambda_0 + \lambda_1 - 1}$$

$$p_1 = p_3 = p_4 = p_5 = p_7 = e^{\lambda_0 - 1}$$

代入 $\mathcal{L}(p,\lambda)$，寻找使 $\mathcal{L}$ 最大的 λ：

$$\mathcal{L}(p,\lambda) = 2e^{\lambda_0 + \lambda_1 - 1} + 5e^{\lambda_0 - 1} - \frac{3}{10}\lambda_1 - \lambda_0$$

求 Max $\mathcal{L}(p,\lambda)$：

$$\frac{\partial \mathcal{L}}{\lambda_0} = 2e^{\lambda_0+\lambda_1-1} + 5e^{\lambda_0-1} - 1 = 0$$

$$\frac{\partial \mathcal{L}}{\lambda_1} = 2e^{\lambda_0+\lambda_1-1} - \frac{3}{10} = 0$$

最后可以解出聚划算首页 7 个部分被点击的概率：

$$p_2 = p_6 = e^{\lambda_0+\lambda_1-1} = \frac{3}{20}$$

$$p_1 = p_3 = p_4 = p_5 = p_7 = e^{\lambda_0-1} = \frac{7}{50}$$

可以简单地验证一下：

$$3 \div 20 \times 2 = 0.15 \times 2 = 0.3$$
$$7 \div 50 \times 5 = 0.14 \times 5 = 0.7$$
$$0.3 + 0.7 = 1$$

撇开这些公式和推导不谈，闭上眼睛回忆一下刚才介绍的内容，是否能从脑海中浮现一幅画面：一个不确定、未知的复杂点击率问题慢慢收敛到一个确定的边界"1"之内，要么由产品经理根据经验得出，要么由软件工程师通过日志记录用户行为数据并统计分析得出。在这个"1"中出现了"2"，一部分仍然是未知的等概率分布，另一部分是产品经理的经验或数据中归纳的经验带来的判断（p_2 + p_6 = 3/10），接着用线上实际数据去验证这个判断是否正确，最后软件工程师的脑海逐渐清晰，呈现出智能 UI 上的调控、UI 的变化其实是不断添加的约束条件，程序将 UI 信息架构中位置等概率分布，然后根据用户行为数据的反馈进行分析，从而对用户如何使用软件工程师开发的 UI 越来越了解，用户点击的实际数据情况愈加符合工程师、设计师和产品经理的经验判断。

综上所述，再回到公式 $U=TP$ 中，通常情况都是根据产品经理的判断和定义进行实现，而产品经理的判断是由抽象和不可见的经验、理解等产品思路构成的，如果能够通过最大熵原理和智能 UI 的调控实验能力将其具象化，前端技术就能逐步参与到真正的产品定义中（最起码是调控），基于数据、事实来产生自己独立的判断——什么样的 P 能够给 U 带来用户价值。这一点非常重要，因为这能够融入智能 UI 的视角来丰富的内涵。

（3）面向用户体验的创新设计

除非发生重大的技术变革，否则创新的难度会随着技术和工程的变革步伐的演进而越发困难。近几年，浏览器、Hybrid App 和客户端技术伴随着计算的移动化，已经逐渐成熟和稳定。即便有一些局部的技术迭代，也很难大范围地释放创新空间。这种规律的限制下，笔者认为每次技术变革的初期更适合在技术和工程范围内进行创新，在变革中期更适合在跨领域技术范围内创新，变革后期更适合在产品应用的解决方案层面创新。在产品应用的解决方案层面创新，势必能帮助前端工程师更深入地理解产品和用户，更直接和深刻地发现技术和工程的瓶颈，借此寻找第二曲线和新的技术变革机遇。对于技术和工程乃至跨领域技术范围内创新，想必大家已经轻车熟路了，下面详细介绍一下笔者的观察和思考。

首先看看互联网行业本身，在信息交换效率提升方面的发展情况是怎样？放眼望去，互联网行业充斥着各种以提升信息交换效率为目的的产品，而 4G 带宽提升带来的短视频和 5G 流量费用降低带来的直播，只是把 PC 上创造的互联网产品做了一下移动端的兼容。做技术的都明白，创造一个全新的项目和用一个旧项目改造适配新环境哪个更有发挥空间？所以，从大环境互联网技术的应用问题到行业内创新的乏力，都是明确的信号——互联网技术发展已从初创期走向成熟期。

技术成熟期的特点是什么？最重要的就是：好的创意都被人做出来了。因此，创新的空间有限的情况下，做局部的微创新并做好技术落地应用是最优解。因为微创新并不需要大量的人才和投入，而改变行业获得竞争优势和壁垒的创新又太难、投入太大，让很多互联网企业望而却步。另外，如果技术上有竞争优势和壁垒，消费者就很容易从一堆产品中识别和选择。但是，前有性价比高的小米，后有大屏、多摄像头的其他国产品牌，中国企业在技术应用方面做得足够出色，硬生生从 Apple、三星等国际厂商口中夺下一片市场。那么，回到面向用户体验的软件技术和互联网行业，如何通过技术应用进行局部微创新？

做好技术应用创新的前提是对技术的理解，技术理解可以分成技术变化的敏感度和技术理解的深度两个方面。GUI 软件技术和用户体验相关的核心领域有两个：视觉、交互，这两个领域里的技术需要时刻保持关注，并对有应用前景和趋向成熟的技术通过编码来加深理解。视觉方面包括图像、视频、直播、3D、AR/VR、智能化等，交互方面包括触摸屏、手势、声音和智能化等。其他部分都有大量文献和互联网资料，这里就不再赘述，重点对智能化这个在视觉和交互领域都存在的技术阐释一下个人理解。

先看一下 UI 自身，视觉领域应用智能化超分辨率技术降低带宽、提升性能的方法已经在手机淘宝上运用了，借助端上超分辨率算法模型把视频显示从 240p 提升到 720p，做到中低端机流畅，这个在之前端智能部分有过介绍。由于 UI 上存在大量的素材图片，手机淘宝的电商业务又充斥着海量的商品图片、视频，超分辨率技术应用能够极大降低带宽消耗、提升浏览速度，从而提升用户体验。再看一下 UI 个性化，这是本书花费篇幅最多的部分，通过智能 UI 技术应用智能化能力让每个用户都能因 UI 方案不同而享受到个性化体验。如果说超分辨率把 Sharp.js 等 JavaScript 图片处理库用智能化能力所替代，从而要求前端开发了解端智能和算法模型，那么智能 UI 则是把切图、写 UI 彻底变成生成代码和智能 UI 方案生成与推荐。前者变化相对较小，可以理解为调用 Sharp.js 等库的 API 变为调用智能化超分辨率算法服务 API，后者则要求从研发、构建、发布上线全链路改变现有的技术工程体系，但这些只是延伸内容，按照之前的技术工程体系进一步完善即可。

交互方面应用创新包括两个方面，一方面是应用创新来提升特定场景下的输入能力，另一方面是利用智能化降低交互操作的复杂度和频率。特定场景下的输入能力能够给用户带来很多有趣的体验，比如 UC 国内浏览器团队在 2017 年双十一做的 AR 表情大作战，就是借助人的面部特征作为输入，用表情来操作的游戏。

阿尔法狗让 Google AI 一战成名，但真正刷爆朋友圈让 Google AI 为大家熟知的却是微信小程序"猜画小歌"，如图 8-8 所示，这是一款有趣的社交微信小程序，用户可以在有限的时间内进行速写涂鸦，在每一轮游玩中，用户需要在规定时间内勾画出一幅日常用品的图画（比如狗、钟表或鞋子），AI 则需要在时间结束前猜出图画中的物体。有了智能化的加持，用户用手指绘画作为游戏的输入，AI 和用户交互来完成挑战，趣味性和挑战性并存，再加上社交属性，让用户体验有了本质的提升。

再来看一个 Apple 的 Core ML 提供的官方示例，如图 8-9 所示，利用机器学习的计算机视觉和人体关节特征识别理解能力，采集人的肢体动作作为输入。一度风靡海内外的"尬舞"，疫情期

图 8-8　Google AI 的猜画小歌

间流行起来的 Switch 游戏《健身环大冒险》等，都是借助人的肢体动作完成交互。除了趣味性外，《健身环大冒险》还涵盖了健康的概念，通过游戏的方式让封闭在家的人们保持运动，一度让游戏脱销，这反映了技术应用创新带来的用户认可。

图 8-9　Core ML 肢体和动作识别

　　上述 3 个例子无一例外都使用到智能化对交互进行创新，这些超出用户期待的创新设计改变了什么？毋庸置疑，这些创新设计改变了人和设备交互的方式，它们逐渐打破了传统"控件"操作软件的局限性，把用户带入一个全新的数字化世界，甚至把用户也人格化和数字化，重生在这个无限的世界中。当然，这些创新的设计也对技术研发带来了全新的挑战，传统 GUI 开发所具备的技能将不再适用，操作界面从 2D 向 3D 拓展，操作方式从控件向智能化演化，以往沉淀的经验、训练的技能都受到严峻的挑战，这就是第二曲线和全新技术变革到来的信号。下面分享一下对未来变革的预测和理解。

　　随着先进制程让芯片的 PPA 逼近物理极限，AI 加速计算能力大大降低了通用处理器的压力，从而使前述的智能化应用成为可能。但是，这些应用还偏向于局部微创新，人类和数字世界之间还存在着巨大的鸿沟，这些创新更像是无人机飞过去看了一眼却因为续航不足而匆匆返航，那么跨越鸿沟的桥梁在哪里？只有把数字世界到现实世界和现实世界到数字世界的双向路径彻底地打通，才能迎来真正的技术变革。

　　把数字世界和现实世界相融合，同时让现实世界可以直接迈入数字世界，并且以游戏手柄震动般带来物理反馈，或者通过脑机接口用数字信号让大脑以为接收到物理反馈，这场技术变革才能改变用户体验。这里最大的改变就是让数字世界从虚拟成为现实，因为虚拟带来的最大体验折损就是缺乏真实感，如无法触摸、没有反馈等。真实感能够让用户沉浸其中，而不会因为不真实而被打断和跳脱当前场景。同时，真实感能够让用户不必学习和训练，交互体验会变得更加自然、直接和简单。

　　光有真实感肯定是不够的，因为突破现实世界的局限性是人们看电影、玩游戏的重要动力，比如一个用户在数字世界里能够像《黑客帝国》里的尼奥一样从地面一下跳到楼顶，起跳后飞行的过程要让现实世界的用户保持悬空，落到楼顶还要有建筑物施加在用户脚上的反作用力，完全真实地反馈给人体肯定是无法承受的，反馈太弱又会破坏真实感。这里面还有很多的技术问题需要研究和突破，就像 Adobe 给 Web 带来富媒体应用，以及前文中 Silverlight 技术刚上市用 3D 场景、任务和交互做的 Silverlight QQ 一样，新技术会带来很多问题，但技术变革也留下了巨大的创造全新用户体验的空间。如表 8-1 所示，我们至少应该关注机器智能、机器知觉、区块链、数据传输、边缘计算、用户交互、扩展现实和 IoT 这 8 个领域的技术，在这些技术完善、成熟前尽早地学习和理解它们对用户体验带来的可能性，对领域学术研究的进展通过国际顶级学术会议的论文和综述持续学习，才能更敏锐地发现技术变革带来的用户体验创新机遇。

表 8-1　关注的领域和技术

关注领域	相关技术
机器智能	数字孪生、通用人工智能、多模态
机器知觉	识别、理解、处理
区块链	去中心化、数字身份、数字合约、数字经济
数据传输	无线传输、光通信、卫星通信、自组网、网络感知、拥塞控制
边缘计算	边缘云、分布式、公平、隐私
用户交互	移动计算、移动显示、用户反馈线索、物理反馈、神经反馈
扩展现实	透明显示、全息投影、微电子材料学、柔性电路
IoT	物联网、车联网、嵌入式神经网络

最后，UI 智能化如何降低用户操作的频率和成本？由于涉及的内容较多，后面会详细介绍其中的细节。

8.3　如何实现 UI 智能化

2019 年 8 月 15 日，笔者独自造访美国山景城 Google 总部，除了演示 imgcook 产品，还促成了 TensorFlow 团队和阿里智能化小组的战略合作。除了优美的环境和热情的工程师，还感受到了 Google 强大的技术产品能力。回酒店打了个车，一路上司机用 Google 助理全程语音完成了阅读信息、回复信息、预定餐厅、给家里留言等事项，我意识到行业标准化以及英语语音识别、理解的强大。Google 助理（Google Assistant）是 Google 开发的个人助理 App，于 2016 年 5 月在 Google I/O 发布。与 Google 即时不同，Google 助理可以参与双向对话，协助用户完成很多事务。

这次经历使我对智能 UI 有了一些全新的理解和认识，不仅仅是 UI 样式和信息表达的智能化，要穿透 UI 和信息去感知和理解用户的意图，用智能化手段协助用户实现其意图，从而做到真正的智能用户界面。把用户和数字世界连接，同时通过 UI 实现数字世界和物理世界的互操作，用户操作的对象可能会从应用程序变成现实世界的服务。用户通过应用程序操作现实世界的服务，不仅需要互联网提供穿越时空的连接能力，服务本身的可操作性也是重要的问题和障碍。基于服务业自身的特点，服务本身是复杂多样的，而且服务本身的标准化和规范化程度也进一步限制了可操作性。服务业与工业、农业不同，它所提供的产品就是服务，这种服务具有无形性、非储存性、同时性和主动性。服务业的这 4 个特征，决定了服务业必须把标准化作为前提和基础。因为标准是对服务的各环节一系列特征作出的明确和具体的技术规定。如果没有有效的服务标准，服务行为就无法数字化，服务行为无法数字化就难以用互联网技术为其构建声明式的操作界面，没有声明式的操作界面就会造成技术研发和对接成本高，难以规模化，难以规模化就无法为用户提供充分的选择来帮助用户实现其意图。

如果深入考查这个问题，会发现没有标准而引发的问题不仅仅在服务业，内容的标准化产生了 RSS 订阅能力，应用程序调用的标准化产生了唤端能力，iOS 还在应用程序的互操作性上制定标准，用 Siri 对应用背后提供的服务进行操作，比如阅读微信消息、打开健康码等。所以，实现 UI 智能化的前提是有脱离用户的服务操作能力和程序操作能力等，而这些能力就需要有标准来支持以提供规范的开放性，降低研发和接入成本，从而实现规模化以实现用户意图。

对服务的标准化，就需要在技术规定之上进行规范的调用，从而替代用户做很多额外和烦琐的工作。以打电话为例，本质上是两台机器之间用数字信号在技术规定之上互相接收和发送数据，用户打电话的过程因为标准化加持而被机器自动代理完成了。若把这个例子换成 Google 助理帮助用户订座位会发生什么？其实过程本质上是一样的，用户告诉 Google 助理想订个餐厅，Google 助理会根据用户常订的餐厅询问是否订同一家，用户拒绝的话，Google 助理会询问用户想要订什么风格的餐厅，用户说要法式餐厅，Google 助理就会根据标准接入的订座位服务对餐厅进行查询，选定几个法式餐厅推荐给用户，用户决定是离家最近还是评价最高的餐厅，Google 助理就会根据服务的标准要求用户提供时间、用餐人数等信息尝试调用服务来锁定座位，一旦锁定成功则通知用户，这个发送信息、请求锁定和锁定的过程都由应用程序和餐厅管理系统之间交互完成，不仅不需要用户参与，而且仅需要数百毫秒就可以完成，节约了用户的时间也提升了餐厅的效率。

虽然订餐厅服务从海量用户和餐饮行业宏观上看价值和意义很大，但从用户个体微观视角下价值和意义有限，毕竟不是高频操作，那么有哪些高频操作可以用这种方式优化呢？举个例子，在疫情之下笔者每天都会打开今日头条 App，点击抗疫专栏，查找与本地相关的疫情信息和动态。如果有个 AI 打开头条查阅疫情信息，并且在疫情动态发生变化时把最新消息以语音的方式通知，就不必花费时间和精力在这件事上，每天可以节约很多时间。类似的情况还有很多，人们生活在社会中，总是因为环境或自身主动或被动的变化而打破或产生习惯性的交互行为，而这些习惯性的交互行为大多是用户的高频操作，高频操作的优化对用户个体微观视角下价值和意义更大。

针对习惯性的交互行为优化用户高频操作，应用程序大体上有两个技术路线，一种是自动化，另一种是智能化。自动化可以追溯到 Windows 上的批处理、Fireworks 和 Photoshop 提供的自动化以及 Excel 和游戏中的宏命令，由用户借助应用程序开放的能力编排触发条件、流程和输入输出。通过操作系统和应用程序开放的能力，在疫情之下把展示绿码变成一键操作，在抖音和 B 站进行视频一键下载等，尤其是借助 Safari 浏览器对应用程序分享、在浏览器中打开等能力巧妙实现一些烦琐却高频的用户操作。另一种是智能化技术路线，对比服务端，计算端上计算有隐私保护的巨大优势，用户习惯的高频操作本就需要高频地监控和识别用户行为，所以在端上计算也就是在端智能技术的帮助下突破隐私问题，才能更好地监控、识别和理解用户行为，从而了解用户的习惯。比如每天坐地铁上下班，iOS 借助 iPhone 的传感器对位置进行判断，辅之以时间、打开应用的使用路径，智能叠放就能够准确在下班进入地铁站时首屏显示一个大大的支付宝出行按钮，只要点击一下就可以打开二维码扫码进站。类似的应用场景还有很多，只要能通过各种实时数据进行训练，把其中的模式抽象为"场景"，再根据用户在特定场景下的行为就能够精确判断用户的习惯性高频操作并简化之。

即便是基于端智能和 AI，简化高频操作以迎合用户的 UI 交互习惯，其本质上和自动化没有太大区别。事实上，端智能只是智能生成并推荐了自动化操作而已，虽然有智能的成分，但还是那句话——蜡烛怎么改进也无法变成灯泡。之所以蜡烛不能变成灯泡，是因为前者依赖化学能，后者依赖电能，它们的技术基础是完全不同的。基于端智能简化用户习惯性高频操作的技术基础是自动化和依赖于应用程序有限开放的功能，遇到一些"特殊"的 App，迫使用户必须打开应用，人工操作才能使用其功能（思考登录验证程序），自动化就显得束手无策了。笔者认为未来应该把 Google 助手的技术路线作为基础，思考如何才能用一个数字化和智能化的新技术基础进行替代，并用 AI 助手替代用户做一些烦琐的事情，从而让用户使用终端的时候更加高效。

记得 2014 年 4 月刚接手溜溜网电子商务有限公司任 CEO 的时候有 5 个秘书，笔者并没有贸然把他们精简，而是悉心观察了一段时间，去了解每个人的工作内容。由于当时在做跨境电商业务，有一个秘书专门负责烟酒等经营许可，一个秘书负责清关、退税等相关事务，一个秘书负责政府关系包括争取补贴和扶持等，一个秘书负责日常行政事务、日程安排和司机的管理，一个秘书负责管理线下网购机的铺点商务合作及合同法务。一个不到三百人的公司，却因为当时公司的经营模式和业务性质有太多琐事需要处理，如果不能把问题进行过滤和自主消化，CEO 将成为公司发展的瓶颈。虽然后来精简到一个秘书，但之前的琐事并没有消失，而是由不同的角色承担了。

因此，在一个结构性复杂的系统中，复杂度不会消失只会转移，在刚接触软件架构设计的时候就应对此有深刻理解。所以，在面对结构性复杂的系统时，要想办法把复杂度转移到合理可控的区域。

从移动操作系统到移动应用，受商业因素的影响，工程师只能围绕通用性做妥协以期获得商业规模。因为针对个体做深度的个性化，体验虽然能极致优化但成本太高，商业价值会受投入产出比影响而下降。在这个动态变化的世界中，围绕动态变化的用户需求，习惯性的高频操作也是不断变化的，如果助手 App 能够像秘书一样理解世界、理解用户、理解用户面对的问题，就能够在用户面对这种结构性复杂的局面时，给用户提供真正有效的协助。

助手 App 的效用与它的理解能力成正比，理解能力与端智能的能力成正比，端智能的能力和模型算法的能力及其训练使用的用户数据量成正比，可用的用户数据量和对用户隐私保护的能力成正比，模型算法能力和端上算力成正比，所以最终影响助手 App 效用的关键是隐私保护和端上算力。有了隐私和算力的保障，怎样构建一个助手 App 去协助用户？应该从人的需求出发，众所周知的马斯洛模型可以提供良好的指导。马斯洛需求理论是心理学中的激励理论，他认为人的需求可以建模成五级模型，用金字塔形式表示，自底向上分别为：生理、安全、社交需要、尊重和自我实现。下面进行一下类比，看看在互联网和数字世界中的人类对助手 App 的要求是什么？互联网和数字世界在生理、安全上给人类带来的最大价值是信息，获取信息已经像吃饭、睡觉一样成为生理需求的一部分，而安全则是在信息获取中的特殊和紧急部分，就像疫情之下需要疫情动态信息来保证出行安全一样。相对于生理和安全的简单需求，把社交需要、尊重和自我实现归类为复杂需求，划分的依据是生理和安全的需求更加直接和易于识别、获取、理解、分析和供给。因此，做好生理和安全的简单需求是做好助手 App 并提供有效协助的第一步。

有了生理和安全的有效协助，助手 App 就会获取协助对象的信任，这一点非常重要。有了信任的基础，助手 App 在必要时提醒用户给家人打个电话联络一下感情，才不会让其觉得突兀，反而会让用户越发觉得助手 App 是有温度和感情的，而不是个冷冰冰的机器。从熟人社交（如家人）开始分界，随着向陌生人社交、尊重和自我实现迈进，用户本地和个人的信息越发显得不足，助手 App 需要更多外部的信息输入和对外部常识、知识的理解，才能够有效协助用户解决这些高层次复杂需求。不管怎么说，有了信任的基础，用户就会像给词典应用或输入法添加词库一样自然地接受给助手 App 添加外部信息和常识、知识（这些外部数据的透明和安全依然非常重要）。

当然，解决用户高层次复杂需求时，外部输入只是一部分，另一部分是助手 App 会逐渐人格化。在 Google 助理的例子中，它实际成为了用户的代理，订座是利用用户和餐厅之间签订的契约，Google 助理代表用户承诺在某个时间去餐厅就餐，而餐厅为用户留下其选定的座位。回到助手 App，它代替用户回短信、处理邮件、阅读新闻并形成摘要简报、在纪念日订鲜花、安排日程订机票、约出租车等，助手 App 依据价格、耗时等维度设计解决方案，让用户进行选择和确认，并将执行结果及时反馈。随着时间推移，端智能学习用户的偏好从而更懂用户，需要选择和确认的频率和内容逐渐减少，让用户觉得助手 App 就像一个能干的私人秘书。

一旦设计开发出像能干的私人秘书一般的助手 App，用户的终端设备也会因为交互的改变而发生巨大的变化。为什么交互会改变？因为用户不必再与冷冰冰的机器和 UI 打交道了。用户与自己的"私人秘书"助手 App 进行交互，而助手 App 又是人格化的，所以用户可以用更加自然的语言甚至眼神来与助手 App 交流。此外，由于助手 App 本质上是应用程序，因此它与数字世界打交道的方式会更加直接和高效，不需要把二进制数据用协议解析成文本、图片、音频、视频等，直接用二进制进行交互。由于直接和高效的交互，用户终端设备的计算消耗会下降，除了不需要对数据进行解析处理外，还省去了渲染 UI、监听用户输入、处理用户输入、响应输出等过程，这对于用户终端设备的小型化和可穿戴是极大的利好。

综上所述，UI 智能化会朝着没有 UI 的方向演进，应用会向着服务化和二进制输入输出的方向演进，移动操作系统会进化为只有一个 App ——用户的私人智能体，其他 App 被服务化并和该智能体进行二进制交互，而用户则会回归自然、社会和生活。未来，大家可能只佩戴眼镜或耳机就可以完成今天手机上的大部分功能。

Chapter 9 第 9 章

交付智能化：设计生产一体化之旅

当 UI 演进到智能化阶段，用户佩戴眼镜或耳机，其中操作系统安装的私人智能体替代了纷繁复杂的 GUI，让用户可以像与人交流一样通过私人智能体这个助手 App 完成各种任务。这个过程就像设计稿生成代码（D2C），D2C 替代了前端工程师识别、理解设计稿并生成代码，而前端工程师则把工作重心转移到训练算法模型上，并围绕算法模型构建智能化的技术工程体系。

虽然 D2C 可以替换部分前端工程师编码工作，但是它的属性还是工具而不是生产力，并不能改变前端的工作方式，只是在现有工作方式上提高效率。前文说到，蜡烛如何改进也不能成为灯泡，基于化学能和电能的不同，将彻底改变工业制造业的生产方式，基于前端技术工程能力和机器学习 AI 能力的不同，将彻底改变前端工程的生产方式。

改变了前端生产方式，只是把前端从施工队变成工程师的第一步。解决研发效能而不是解决研发效率，可以把前端智能化从生产工具变成生产力，重构后的生产关系如图 9-1 所示，让需求到代码形成端到端、无须前端工程师参与的全新生产方式，把生产的核心向产品经理、设计师倾斜。

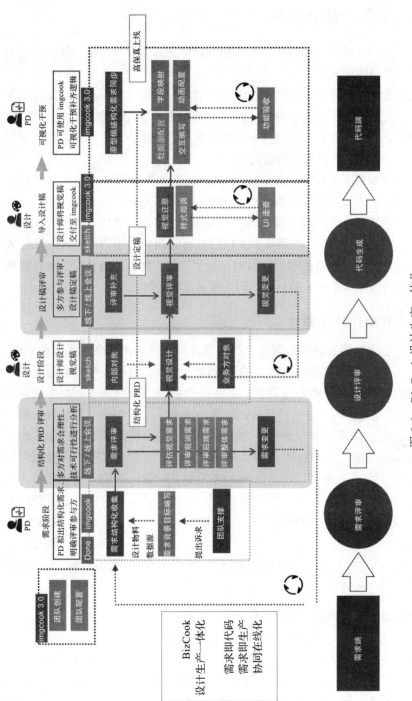

图 9-1 BizCook 设计生产一体化

9.1 设计生产一体化详解

本节主要讲一讲对设计制造一体化思想的理解，以及设计制造一体化思想如何影响设计生产一体化实践。

既然是借鉴工业制造业设计制造一体化思想，就有必要简单介绍一下这个思想是什么。首先，MBD（Model Based Definition，基于模型的定义）作为第三代制造设计语言，其基于文档的过程驱动和基于特征的三维表达，与知识库、过程模拟有机结合，以此实现设计和制造的一体化。

回顾 imgcook 基于 D2C 能力，对于多态、交互和复杂布局，还需要设计稿之外的信息辅助，否则算法模型也难以准确判断。由于搭建体系在前端领域很成熟，因此，前端软件开发过程非常类似于 MBD 设计制造一体化过程，可以参考MBD 设计制造一体化思想，借助基于文档的过程驱动和基于特征的表达来完成软件研发自动化。通过全链路端到端自动化生产交付，降低沟通次数，最终完成研发效能提升的终极形态——端到端代码生成和业务交付。

9.1.1 端到端交付的必要性

从设计稿生成代码进化到从需求文档加设计稿生成代码，降低了沟通成本，同时赋予产品理解技术创新赋能业务的可能性。产品可以从一个粗略的想法开始，通过先验算法推荐一些产品原型，再通过产品原型借助 imgcook 生成带有Mock 数据和交互能力的 VIP。产品通过直观的视觉、交互调整产品设计来验证自己的想法，检查实现和需求是否一致，以及用过往数据测算给用户创造的价值用户是否符合要求。这个过程代替了需求评审，不需要技术人员在身边告知产品经理和设计师这个需求是否能实现。端到端交付的必要性，就是降低业务理解技术的成本，提高业务创新的敏捷程度。当然，端到端交付的必要性的另一面就是释放前端，随着行业竞争加剧，前端作为业务研发的前线，被资源化成施工队的情况严重，终日重复编写低技术含量的代码。把前端从资源化中解放，给业务进行技术赋能让其敏捷高效迭代，已经成为前端工程师必须面对和解决的问题。

1. 复杂业务的上手成本：经验依赖

众所周知，机器学习可以把大量的实际业务需求、业务规划和产品定义，沉淀为算法模型。对于不太了解业务的新人来说，有了算法模型的辅助，上手一个业务将更容易。新人借助算法模型，除了可以在成熟的规划和定义上快速迭代，还能快速加入自己对业务的理解和优化。同时，在 imgcook 生成 VIP 能力的加持下，可以更加直观地判别需求设计的合理性和技术实现的可行性，能够前置发现设计问题，避免无意义的需求变更。

在智能化端到端交付的初期，算法模型的不完善势必造成识别、理解和生成错误的问题。而智能化的好处就在于学习，毕竟机器学习不是白叫的。此时，指派一个工单给研发人员进行开发。工单信息和交付的代码作为样本数据，送入算法模型中，让模型对这些新情况进行理解和学习，以便模型在未来可以应对同类的问题。

在智能化端到端交付的中期，算法模型逐步完善，能够提供的帮助越来越多，新人上手一个业务的成本随之降低。由此，复杂的业务通过算法模型和人进行协作共同完成，从而降低了复杂业务设计和研发的上手成本。

2. 需求评审的沉默成本：高频低值

业务的视角下，日常的需求总体上分为两类：新需求、变更需求。技术视角下，新需求里又分为两类：可复用的代码、全新的代码。除了全新的代码外，可复用的代码、变更需求大概率都是高频率、低价值的。举例来说，为了快速找到业务发展的方向，文案、样式都会涉及高频反复的修改。因为通常来说大促从预热到结束也就一周左右的时间，错过这个流量密集期，业务全年的 KPI 都有可能受到严重影响。因此，在消费者偏好和市场环境的不确定性影响下，高频低值需求将会持续走高。小步快跑、持续打磨，才能让产品快速走向成熟，获得用户青睐。但是，小步快跑和持续打磨的背后是前端工程师被资源化，这几乎变成技术和业务之间不可调和的矛盾，从而迫使有技术追求的前端工程师转向架构、工程等纯技术工作而远离业务。然而，由于架构、工程等纯技术工作远离业务，又会让做这些的前端工程师越发脱离实际业务场景和问题，难以给一线业务研发人员真正有意义的解决方案和技术工程支持。究其原因，就在于谁都不愿意去做高频低值的事情。

既然谁都不愿意做高频低值的事，那就用智能化手段替代前端工程师来做，这是笔者提出的解决方案。这个方案用技术视角去审视，实质上是把业务承接的方式异步化了，如图 9-2 所示。以往前端工程师接到需求并开发，需求和开发是同步的，牵涉的大量评审会都是在纠结资源投入和时间排期，很少有评审会真正审视产品技术方案有什么问题及如何改进。如果用智能化手段替代前端工程师，机器是 7×24h 不休的，不存在资源投入和时间排期问题。同时，高频低值的事情都用机器和算法替代了，前端能够从同步的需求承接中释放出来，审视智能生成代码的体系本身技术工程上的问题和改进的方法。

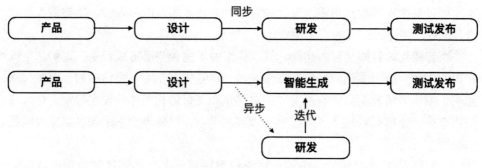

图 9-2 需求承接异步化

3. 沟通联调的链路成本：复杂烦琐

今天，在 SSR、搭建、数据驱动的 UI、移动化、跨平台、跨终端设备、云计算、Node FaaS 等背景下，前端技术覆盖的业务场景越来越多，前端技术实现业务的手段越来越丰富，前端技术软件研发的链路从端侧到服务越来越完整，从 Web 到 Hybrid 越来越复杂。场景多、手段丰富、链路完整，意味着今天前端的软件开发过程异常复杂烦琐，从而带来了巨大的沟通联调成本。

综上所述，经验依赖、高频低值、复杂烦琐导致 imgcook 提效有一定的局限性。这种局限性的主要原因是，imgcook 通过设计稿生成代码之前、中、后，依然需要前端工程师人为参与到需求评审、编码调试、除错调优中去。为了降低交付过程的人工参与，就要求智能生成从一个解决方案降级到节点，引入产品需求结构化、设计输入约束、UI 调控能力等，从端到端交付的视角下形成完整的端到端交付能力。只有完整的端到端交付，协助产品运营进行端到端的业务级交付，同时赋予产品运营敏捷调整产品的能力，才能解决上述问题。

9.1.2 端到端交付的挑战

通过智能生成的方式，完整端到端交付业务代码的挑战主要有 3 个：信息缺失、PRD 结构化差、归纳和复用代码难。设计稿中主要是 UI 元素和布局信息，即便设计元素有业务域、设计语言的语义，能从中识别和理解的信息也很有限，况且设计师的 Mock 数据参差不齐，难以用来进行业务信息推断。想要补充设计稿之外的产品和业务信息，自然会想到需求文档，可不幸的是，需求文档质量更是参差不齐、结构千奇百怪，从一句话到几十页的需求说明书无奇不有。

那么，回到传统解题思路里，用复用来解决效率问题会如何？情况也不乐观。业务间差异化（所谓的用户心智）几乎覆盖了每个需求，场景也逐渐复杂丰富，复用的频率被极大降低。以往在淘宝上领优惠券，点击一下即可。今天，用户能看到各种券，每种券对应不同的使用规则，每种规则又对应不同的商品，好不容易抽象归纳了一下，业务方却提出全新的裂变任务。这种情况下，使用抽象归纳的方法在面对复杂多变的业务需求时，已然遇到瓶颈，很难抽象一套业务组件通过复用来实现需求，每次根据需求无止境的组件自定义和新组件的添加，严重破坏了抽象系统及其复用性，因此，我们必须找到新方法来解决。

下面对设计稿信息缺失、PRD 结构化差、归纳和复用代码难这三个问题进行详细分析。

1. 设计稿无状态和逻辑：信息缺失

首先，设计稿缺失需求信息有其必然性，因为设计稿只是需求的视觉表达，需求里的逻辑和业务表达很难用设计稿作为载体进行呈现。其次，设计稿缺失需求信息也有其偶然性，从交互设计师的角度本该有更多需求信息的供给，但交互设计师的职能经常在产品和设计之间摇摆不定且缺乏载体，让智能生成代码方案难以获取这些信息。此外，后 PC 时代交互体验越来越成熟、规范，移动时代交互体验越来越有限和确定的情况下，交互设计师岗位逐渐没落，取而代之的是设计系统。

设计系统的工作主要是对 UI 的标准状态和逻辑进行描述，从而在响应用户交互操作的时候，以标准和规范来确定 UI 的变化。D2C 无法生成状态和逻辑代码，主要原因就是 UI 状态和逻辑描述的设计系统标准和规范缺失，每个产品经理都有自己的设计系统。因此，D2C 更擅长生成数据驱动的 UI 和逻辑代码，对于多态和交互逻辑复杂的 UI 代码生成步履维艰。如果能够收集更多 UI 状态和逻辑的描述信息，把 D2C 的设计稿 D 升级到设计和交互稿 D+，让产品运营可以所见即所得地补充状态和逻辑等信息，D2C 就能够生成更多代码。

此外，一个控件、组件、模块因状态变化才能展示出其特征，算法模型无法通过无状态的设计稿识别。

搜索示例如图 9-3 所示。

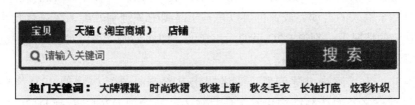

图 9-3　搜索示例一

产品经理设想用户输入关键字会是如图 9-4 所示的情况。

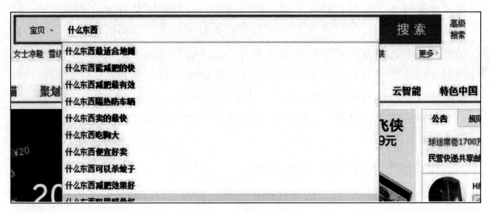

图 9-4　搜索示例二

结果却是如图 9-5 所示的情况。

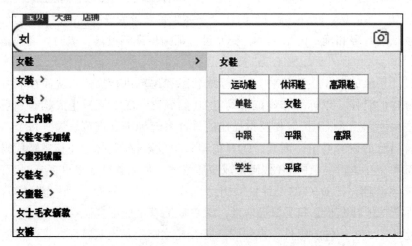

图 9-5　搜索示例三

结论：搜索框没输入之前，永远不知道它长什么样、有什么功能等。搜索框可以是基于输入的自动完成，也可以是基于品类的关键字匹配，在只有设计稿没有交互稿的情况下，别说 D2C 里的人工智能，即便是人工去应对这类问题也将是一头雾水。

因此，为了解决上述问题，笔者提出 P2C 来补充结构化的 PRD 信息，给 D2C 设计稿之外的产品结构化需求信息输入，从而把 D2C 升级到 D+2C 来解决上述问题。D+ 就是在设计稿之上补充的结构化需求信息，但是 P2C 以业务为单元管理信息，因此在输入端还可以给 D+2C 补充很多业务基础信息。有了业务基础信息，就能在设计系统里查询约束规则，在生成代码时对约束规则进行碰撞检测，不仅能避免还原页面的问题，还能够进行设计走查，辅助设计师更好地在设计系统约束下工作。设计有了设计系统的约束，PRD 有了信息结构化的约束，D+2C 在进行识别、理解和代码生成的时候，将从一个复杂开放的问题空间进入另一个相对简单和封闭的问题空间，从而降低模型算法的复杂度并提升生成精度。

2. PRD 不规范和成本高：结构化差

需求文档一般包含需求说明书和设计稿两个部分，需求说明书又包含需求名称、需求定义、需求说明、交互稿线框图、用户流程图、重点逻辑说明等部分。一般来说，拿到需求说明书和设计稿就直接开始开发了，很少需要去找产品经理和设计师沟通。

今天，有人认为，有写需求文档的时间，不如多去跟客户交流，理解客户的真实需求。虽然完全理解和认同这个观点，但是也不能一概而论。窃以为，规范的需求文档和理解需求同样重要。即便跟客户交流很多，理解了客户的真实需求，如果不能规范、完整和体系化地精确表达出来，也无法指导技术和运营人员把产品做好。所以，想清楚是根本，讲明白是降低程序员理解成本的有效手段。尤其在智能生成代码的时候，对象是算法模型而不是程序员，对讲明白的诉求更强烈，随心所欲的表达和结构化约束下的表达，对训练算法模型和预测时预处理的影响区别很大。

虽然让产品经理在线填写一个结构化的需求表单是有成本的，但是考虑到需求管理的乱象、一句话需求的泛滥，规范治理是有必要的。其实，这就像设计师提供设计稿、程序员提供代码一样，产品经理需要把自己的产品设计和用户思维用一定的形式交付。因此，对大部分产品经理来说，一个好用的在线需求录入和管理工具是有价值的，可以提升产品经理的工作效率。此外，由于智能 UI 赋予了产品经理对产品上线后的调控和实验能力，可以进一步帮助产品经理对自己的产品设计进行优化迭代。

成功说服产品经理提供结构化 PRD 后，通过对 PRD 及设计稿、前端代码的积累，就能沉淀一套完整且需求与代码一一对应的训练样本集。通过需求与代码一一对应的样本，原本无法从设计稿获取的信息被补充完整，让模型学习它们之间的关系和模式，从而生成更丰富的代码，尤其是逻辑代码。

3. 生成逻辑代码复杂度高：无法归纳和复用

初期，没有丰富、结构化的 PRD 作为训练样本，如何生成逻辑代码呢？这确实是个复杂的问题。回顾 UI 的代码生成，数据驱动的 UI 是在 imgcook 里提效最明显的。D2C 生成代码的时候，UI 的识别和布局算法最终会通过设计稿生成 D2C Schema。可以把 D2C Schema 看成视觉模型（View Model），会发现，纯展示型的 UI 只要配上合适的数据模型（Data Model）就能够良好运作。

如图 9-6 所示是在逻辑代码生成和算法自动绑定研发中搜集的一些数据模型关键字，复杂且多变。面对不同的业务，这些字段还会有歧义，比如价格字段在分期的时候是"¥¥"加上文案部分" ×12 期"，而不是"¥¥"。对所有复杂多变的数据、服务、UI 交互逻辑、业务逻辑、代码逻辑进行抽象归纳，几乎是不可能的。

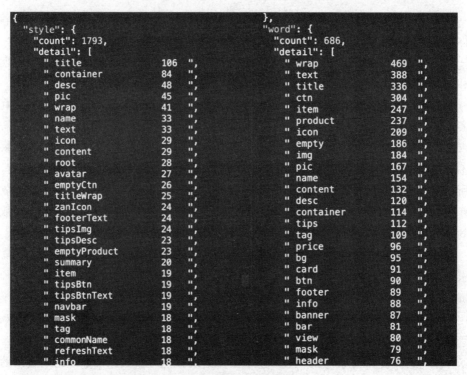

图 9-6 数据模型示例

经过阿里妈妈前端团队 Boom 平台，把广告的前端研发效率提升 90%，笔者从中看到了解决这个问题的曙光——业务定制化。业务定制化就是在每个特定业务领域内进行逻辑代码的抽象归纳，把开域问题变成闭域问题。由此，开发了图 9-7 所示的业务逻辑库，把内聚在组件里的代码逻辑解耦出来，按照业务域沉淀和组织这些逻辑点。因此，在 D2C 依据设计稿生成 UI 代码后，根据 UI 代码生成过程的 D2C Schema 中的视觉模型去推测适配的数据模型，然后根据两者的关系调用合适的逻辑库完成数据绑定工作。

图 9-7　业务逻辑库

在 imgcook 上提供了新增逻辑库的功能，并且整合了训练模型、预发部署和验证、线上部署和应用等流程帮助开发者定义自己业务的逻辑，如图 9-8 所示。

图 9-8　新增逻辑库

在自己的业务域里定义业务逻辑库，就可以在生成代码的时候自动进行数据字段绑定和逻辑代码生成，如图 9-9 所示。

图 9-9　逻辑库应用原理

由于设计稿有一定的规律，同时设计元素的结构能够反映一定的 UI 信息架构，因此简单的字段绑定和通用逻辑可以较为准确地识别和生成。但是，如果想端到端生成完整业务代码，还有很多挑战。带着前面提到的三个问题，笔者试着寻找解决方案，最终将目光放在工业领域。如果信息缺失、结构化差，制造无法完成；如果无法归纳，工业自动化控制无法完成。工业领域最先进的思想是什么？如何应用这些思想帮助团队在前端智能化领域完成端到端交付？下面就从理论到实践依次详细介绍学习和应用过程。

9.2　工业领域端到端交付的先进思想

在工业制造业领域，一条生产线的投资少则几百万、多则数千万上亿，CPU、GPU 等芯片生产线动辄几十亿美金。这么昂贵的投入显然是经不起折腾的，不比软件公司开除一个研发团队，工业制造领域的失误可能直接埋葬一个企业。因此，在工业制造业领域各种血的教训下，严谨规范的管理方式推陈出新，不断降低成本和风险。在这些先进思想中，MBD 设计制造一体化的思想和方案最能给笔者带来启发和帮助。

9.2.1　MBD 设计制造一体化概览

早在 1997 年，波音公司就开始研究 MBD 技术的标准，它的数字化设计与制造方法的使用大幅减少关联模型重构耗时，限制或消除因重构引起的出错，实现工艺过程的虚拟验证和装配仿真，大幅提升数据重用，为智能制造奠定经验和理论基础。简单来说，MBD 技术是指将产品信息定义到产品数字模型中，产出数字孪生产品，形成保证产品数据唯一性、一致性和连贯性的数字化设计与管理体系。

通过对中航西飞民用飞机有限责任公司的来云峰和李婉丽老师发表的《模型驱动的民机数字化制造工艺技术研究与实践》论文的学习，被他们的设计思想深深折服。如图 9-10 所示，通过模型驱动理念的应用，以业务对象模型结合系统架构约束完成了行业典型的设计制造并行一体化协同环境构建，开展了 5000 余项产品模块的可制造性审查、制造分工确认，以及 300 多个制造装配站位规划和数

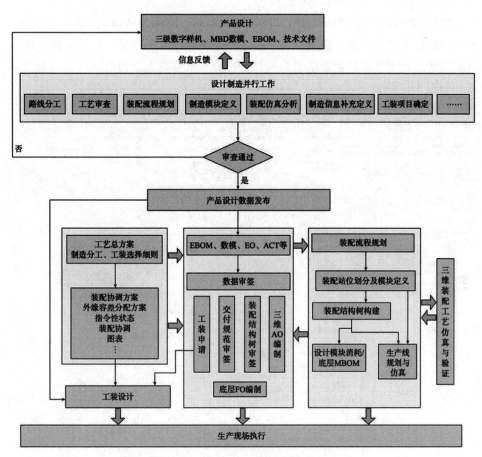

图 9-10　飞机数字化制造模型

（源自《模型驱动的民机数字化制造工艺技术研究与实践》）

据消耗式配置,完成了机翼、中机身等大部件装配仿真及结构供应商三维交付规范快速编制,下发了 1500 余份基于产品模型的制造指令编制。与传统国内其他型号对比分析,产品数模发放后工艺工装设计效率大幅提高,制造数据与产品数据的符合性提高了 100%,有力支撑了飞机研制阶段的产品协同定义和部件准时交付,飞机工艺创新能力得以极大提升。

启发:在前端智能化领域,是否可以借鉴这种思想实现"产品设计生产一体化"的端到端业务交付?

9.2.2 PMI 协同制造需求结构化

PMI(Product and Manufacturing Information,产品制造信息)即所有尺寸、公差与配合等制造信息,按规范直接标注在三维模型上的方式,使产品团队能够直接创建、查询和读取制造信息,并使信息数据能够在上下游协作成员间快速调度,如图 9-11 所示。

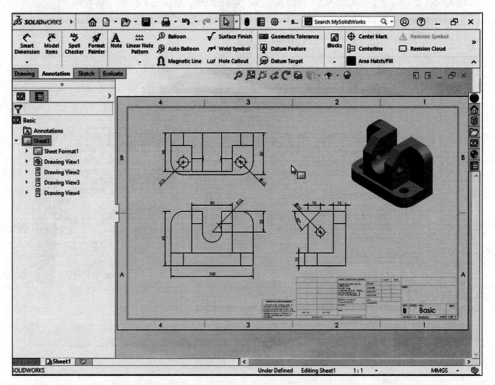

图 9-11　在 SolidWorks 上的工件设计中对三维模型标注(源自 SolidWorks 官网)

在直接建模和顺序建模中，PMI 尺寸还提供重要的设计修改工具。通过编辑尺寸值，可对模型进行更改。锁定和解锁尺寸，可控制连接的模型面响应尺寸值编辑的方式，还可控制要应用尺寸编辑的方向，这极大简化了设计、测试和更新的过程。

启发：这种可视化标注的过程把制造和生产装配用数据模型关联起来，而设计生产一体化里可以把 D2C 生成的 UI 像三维模型一样进行可视化，然后产品经理可以在生成的 UI 基础上可视化标注。有了产品经理标注的信息，后续的代码生成就可以根据这些信息的约束来决定路由、控制流、数据流、UI 交互逻辑等，测试人员也可以随时查看这些约束从而编写用例，如图 9-12 所示。

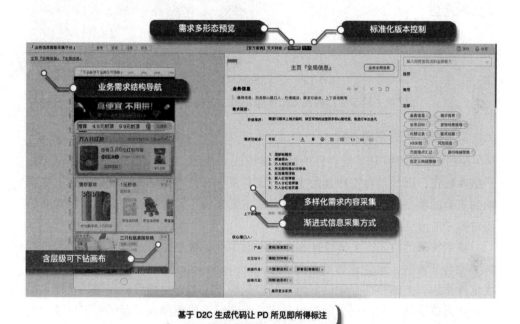

图 9-12　设计生产一体化中产品经理标注形成结构化需求来约束后续生成、构建和交付

9.2.3　设计制造一体化过程分析

如何把结构化的需求映射到设计制造一体化的过程中？如图 9-13 所示，本节将从容差分析的兜底方案、BOM、EBOM、PBOM、MBOM、PMI 需求的 BOM 转换、结构化工艺与可视化工单、基于 MBD 的 CMM（数字化检测和质量控制）8个方面，简要介绍一体化过程以及如何在软件工程里类比的应用。

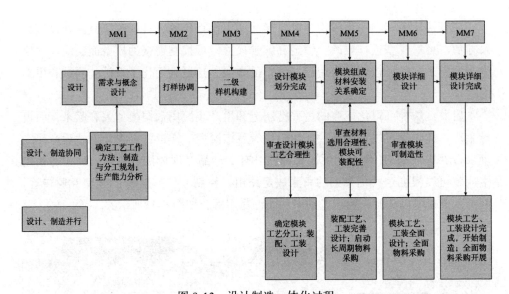

图 9-13　设计制造一体化过程

（源自《模型驱动的民机数字化制造工艺技术研究与实践》）

1. 容差分析的兜底方案

MBD 范畴的容差是指容许的特征值的波动范围。数字化产品的装配过程都严格参数化，因此，容差积累的主要形成对象——尺寸链，从微观到宏观上都影响到工装的精度。而实际生产的可控误差主要来源于尺寸链公差叠加，因此有必要对容差进行更严格的界定。

基于特征的协同，关键特征在协同过程中处于核心地位。直接影响工程进度的关键特征参数，对生命周期管理（Product Lifecycle Management，PLM）起着决定性作用。关键特征在设计制造协同过程中作为关键协同目标，包括设计人员与制造人员协同时共同或分别提出的产品生产时需要控制或把握的极限尺寸、配合公差、专用公差、特征关联、干涉、轮廓度公差等。

容差的本质还在于制造和装配精度必然有一定损失，对于这些损失的预测和处理，将极大抑制生产制造的不确定性。在软件开发领域也是一样，对于网络传输的不确定性、代码质量的不确定性、服务高可用的不确定性等，同样需要预测和处理，用兜底方案去抑制软件开发的不确定性，带来用户体验的确定性。

启发：由于整个体系是 MBD 驱动和数字化连接在一起的有机整体，在 D2C 或逻辑生成出现问题的时候，这些问题可以由测试进行容差分析，同时，产品经理或设计师对需求实现和 UI 还原的差异进行容差分析。通过容差分析，产品经理或设计师、测试人员决定是否接受降级，如果接受降级，则反馈到需求中对其进行相应变更；如果不接受降级，设计生产一体化体系会生成工单由前端工程师人工开发进行兜底。

2. BOM

BOM（Bill Of Material，物料清单）是记录项目所用材料的详细信息及其相关属性并作为 MRP（Material Requirement Planning）和 ERP（Enterprise Resource Planning）的重要文件。对项目来说，即是产品或工程的构成元素的属性明细表及关系清单。这里 BOM 可以类比为搭建用到的模块清单，或者模块开发的组件清单。

启发：智能 UI 的 BOM，以及设计生产一体化体系中设计令牌的应用，让产品经理可以尽早参与到生产中去对物料规格进行审查，或者由设计师通过设计令牌对物料进行维护。

3. EBOM

EBOM（Engineering BOM，设计物料清单）作为 BOM 在工程应用中使用的数据结构，它能精确地描述工程的定义和设计指标，及其各子工程之间的关联关系，并以文件形式对材料明细表、特征明细表及子构件分类明细表等数据进行详细抽取并规范表达。

启发：这里的 EBOM 可以类比为页面或物料的渲染、数据配置等。

4. PBOM

PBOM（Process BOM，工艺物料清单）明确了各零件之间的工艺关联关系，对零件的制造位置、施工方及施工形式等制造信息进行分布式跟踪，以 EBOM 作为数据支撑，以收集的跟踪数据为依托，制定并修正工艺规划和工序进程，并生成生产计划参考，根据需求预测系列产品的不同组合的产能和产能余量，指导下一步的生产行为。

启发：这里的 PBOM 可以类比为页面布局配置，描述模块之间的关联关系、位置等信息。

5. MBOM

MBOM（Manufacturing BOM，制造物料清单）根据 PBOM 进行的制造及装配步骤的详细设计，以此描述物料在车间的流动，包括产品的装配信息（方法、顺序等）、工装相关信息（设备、磨具、刀具、卡具等）、工时材料定额、最终产品制造方法等。基于 EBOM、PBOM 和 MBOM 信息流组成的 BOM 是不可分割的整体构架方案，也是未来指导生产制造的具体方案。

启发：对应到设计生产一体化体系中，根据产品经理标注的结构化需求，通过算法模型向产品经理推荐智能 UI、历史物料或魔切（基于图片的 Hotpoint 技术生成模块），产品经理对不同工艺的生产效果进行预览和确认，从而决定最终进行代码生成时使用的工具方法。

6. PMI 需求的 BOM 转换

PMI 需求到 BOM 的转换过程中，最重要的就是把需求映射到生产制造方案上。PMI 需求由 MBD 描述的全生命周期数据链映射到 BOM：设计、仿真验证、工艺、制造等。在 PMI 需求 MBD 描述的基础资料库中加入物料信息库，在 MBD 产品结构树中加入 BOM 差异分析、物料齐套和汇总，在产品资料中加入成本与模拟模块，并在数据管理库中加入物料资料更改查询模块，将 MBD 系统特征树与 BOM 系统进行并行综合，形成以产品资料 PMI 为核心的 BOM 系统结构。

反向以 BOM 为核心来看，相当于在 BOM 特征树中有选择地添加全部或部分制造生产信息，与制造部门 ERP 和 MES 系统集成，提供相应信息，达到方便生产管理的目的。

各 MBD 特征与 BOM 之间的一致性，尤其是关键特征的一致性必须根据 MBD 结构树上反映的工艺信息快速准确体现，包括工艺层次、分工路线、零件组号、装配大纲、原材料牌号等。基于目录的 BOM 特征分类和基于装配关系的矩阵分布作为数据关联的函数变量，使 BOM 产品结构各层次的特征值形成关键控制特征作为一般工程数据传递的分布环境。既在纵向数据通道，又在横向数据通道对各层级的 BOM 特征实现了基于目录的有效区分，因此关键控制特征的传递，是实现产品全生命周期前期数字化生产的有效方式。

基于 PMI 工作报表的 BOM 转换实质为抑制部分简单加工特征、体积加工特征和表面加工特征等，将 MBD 模型转化为 MBOM 模型的过程如图 9-14 所示。工艺模型的创建实质就是从建模低层语义中收集工艺高层语义，并建立稳定的工艺本体与建模本体之间的映射的过程。

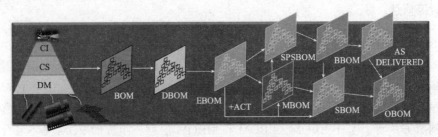

图 9-14　BOM 映射过程

（源自《模型驱动的民机数字化制造工艺技术研究与实践》）

启发：如果把产品经理标注的结构化需求信息看做 PMI 和 MBD，建立类似 BOM 映射关系的过程可以类比为 PRD 和设计稿到代码的过程。这里的代码用区块进行组织，避免技术概念和产品概念无法对齐的问题。区块代码里包含物料 / 模块、组件、控件和逻辑等，对应到需求的某个部分或用户路径上的某个节点。

7. 结构化工艺与可视化工单

结构化工艺作为一种适应 MBD 数字化设计的工艺设计模式，是产品制造工艺领域，为达到工艺数据创建、验证、协同提供支持的目的，面向生产资料准备、阶段工艺规划、制造过程管理的应用。MBD 结构化工艺实现过程如下。

- ❏ 输入：输入工艺参数，选择加工方法，指定加工要求，收集 MBD 工艺信息，形成结构化工艺描述。
- ❏ 转换：以加工方法、轮廓映射为建模特征，以工艺参数映射为建模参数，加工要求映射为 PMI，构建建模本体。
- ❏ 应用：创建与建模特征对应的加工特征，抑制建模特征，创建工序模型。判断建模特征包含的几何元素，将建模本体识别为工艺本体，并在不同的工艺文件中重用工艺本体。将建模本体作为前道工序模型进而得到本道工序模型，并附加 PMI 标注。

以表述任务下达、受领、分配与审核，面向工种的人员、任务、物料、工时、作业进程、技术保障、关联厂商和相关说明的管理系统如图 9-15 所示，工单与制造执行管理之间的传递关系，是可视化工单作为 PLM 系统任务工作单据的有效形式。

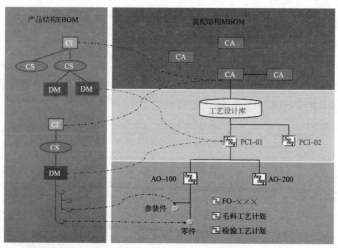

图 9-15　消耗式工艺数据管控模型（源自《模型驱动的民机数字化制造工艺技术研究与实践》）

如图 9-16 所示，结构化工艺的闭环功能配置快速输出工艺，可视化工单的闭环功能配置维持 PDCA 计划和 SDCA 循环。

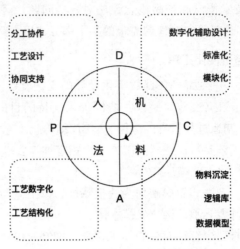

图 9-16 结构化工艺和持续改进

相比只能进行局部阶段性表述的卡片式工艺设计，结构化工艺设计的优越性主要体现在：

❑ 高效的数字化作业不受设计树节点、设计区域和时间阶段的限制，大幅降低人力需求，缩短工期，降低成本。

❑ 垂直的模块化关联设计树，模块化创建、修改、报备、传递、关联等，能对全局管理。

❑ 快速联动的工艺设计、管理。

纸质工单作为描述性工作任务单据，只能独立表述单个或几个任务的详细作业，缺乏时间上的阶段性和整体性的规划分析，因此，远不能满足数字化作业对现场指导的时效性需求。相比纸质工单，可视化工单的优越性主要体现在：

❑ 根据工艺 BOM 制定，对工程进行实时跟踪。

❑ 实时场景式表述，可实现基于现场视图的快速管理（创建、修改、报备、反馈、审核等）。

❑ 更加灵活，可据实际情况进行权限设定，基于管理员权限进行任务自动分配。

❑ 功能模块化，工单数据的重用度大幅提高，可实现关联工序的选择调用。

启发：设计稿解析、代码生成、方案生成、智能 UI 方案投放的指标形成了一个快速联动的工艺指标管理系统。

8. 基于 MBD 的 CMM（数字化检测和质量控制）

CMM（Coordinate Measuring Machine，坐标测量仪）检测技术通过软件自动读取产品 MBD 数据，生成检测设备能自动读取、识别、执行、报备的 DMIS 等格式文本，作为测量标准值。将实际值与标准值差值与标准公差进行比较，根据差值大小评估该产品的质量优劣。CMM 将基于 MBD 的设计、制造、检验的数据传递链路完整地统一起来。

配备数字化测头、量具、量仪和数据处理软件的设备，基于计算机辅助检验规划（Computer Aided Inspection Planning，CAIP）的 MBD 检测工艺，集成了检测工艺规划、过程控制、报告生成的数字化检测系统。基于检测规范及要求，对 MBD 模型实施关键特征检测并进行数据抽取，生成 GD&T（Geometric Dimensioning and Tolerancing，几何尺寸和公差）。工艺路径规划及 CNC 程序进行后置处理后，实施基于 DMIS 等文件的 CMM 测量，将测量数据、测量要求和数据处理规范组合编制为测量报告。

CMM 作为数字化设计、制造的后期反馈，是实现 MBD 作为唯一信息驱动的重要环节。

启发：今天的质量能否像 CMM 一样通过模拟、拨测等手段实现自动化和数据反馈闭环？

9. 总结回顾

工程定义都需要清晰、准确和无歧义的表达。随着计算机辅助设计的发展和广泛应用，CAD 技术成为了工程表达的标准方式，是工程师沟通的重要工程语言。随着数字化技术和制造技术的发展，基于 MBD 成为了新一代产品定义方法，极大地提高了产品定义的设计质量、生产质量和生产测试效率，使 MBD 驱动的设计制造一体化成为工业制造领域最先进生产力代表。

此外，设计制造一体化可以使用 SolidWorks MBD 软件轻松传达详细的设计信息，节约时间、降低信息传递成本、提高实时性、提升生产效率等。同时，随着工业机器人和自动化控制的发展，AI 和机器视觉、深度神经网络、强化学习等技术的成熟，有了 MBD 的详细设计信息，辅之以自动化生产，未来工厂全自动生产就在眼前。那么，回到设计生产一体化，如何借鉴工业化思想改进端到端的交付？下面将详细介绍一下具体的设计实现。

9.2.4　借鉴工业化思想改进端到端交付

软件开发毕竟不是工业制造，要区别两者有何不同，不能生搬硬套。

首先，不同领域差异不同。在编程领域差异很大，而在工业制造领域差异要小得多。例如：一个 H5 应用和一个 Hybrid 应用的开发有本质的不同，而制造一辆巴士和制造一辆轿车并没有太多工业制造思想的差异。前者的需求、使用的技术、具体生产过程和生产工艺都有本质区别。然而，不论是制造巴士还是制造轿车，甚至是制造飞机和坦克，都可以使用同样的工业制造思想，它们的生产过程和生产工艺并没有本质不同，可以采用同一套 MBD 驱动的思想来驱动。

其次，两者对工艺、工期和产品质量容忍度不同。工业制造几乎是零容忍，因为出现问题可能直接导致企业重大损失，软件开发则有延期发布、Hotpatch 等补救手段，按照工业制造的标准要求可能引入过高的实施成本。因此，在借鉴工业化思想的时候，需要针对产品需求的重要性、影响面等问题容忍度做出客观评价，从而在质量和成本中找到最佳平衡点，并动态调整。

最后，数据标准化程度不同。在工业领域，为了实现工业自动化控制，大到工件，小到一枚螺丝、一个电子元器件，各个子领域都有非常完善的标准化体系。在软件开发领域，设计生产一体化主要解决业务端到端交付问题，中后台相对好一些，C 端业务需求的多变造成沉淀标准和复用非常困难。

在上述差异和问题上，如何应用工业化思想来改进 D2C 实现设计生产一体化端到端的交付能力？带着这些问题把自己的思考和实践详细介绍一下。

1. 软件工程设计制造一体化

在工业制造一体化中，MBD 制造设计语言提供了文档驱动的三维表达，在前端技术领域，设计生产一体化需要业务和产品的结构化表达。工业制造的一体化体现在将产品信息定义到产品数字模型中，产出数字孪生产品，形成保证产品数据唯一性的数字化设计与管理体系。在前端技术领域，产品定义 UI、设计师定义视觉、运营定义数据，产品种类繁多缺乏数字模型，用结构化 PRD 加上设计系统和设计令牌对 UI 视觉的约束，共同用 D+ 定义和约束产品。

其实，从网上可以搜到很多因工业制造一体化思想萌芽的产品。例如有 teambition 这种协作平台，也有 Redmine 这种工程管理平台和工具，还有 xiaopiu.com 这种需求和产品设计管理平台。这些平台相比工业制造一体化来说，有的缺乏实施过程、有的缺乏规划设计过程。总之，这些局部的管理和协同仍然无法令人满意，他们都难以实现设计生产一体化的目标。因此，要把目标聚焦在设计生产一体化上，对照 MBD 制造一体化思想完成全链路的管控和实施。

如图 9-17 所示，把自己负责的业务分为行业、品牌、用户三个领域，可以看到三者对应的需求管理不同、工艺不同。继续按照工业制造的流程拆解，发现模型、BOM、CMM、交付是相似且可以抽象的。那么，问题在哪里呢？

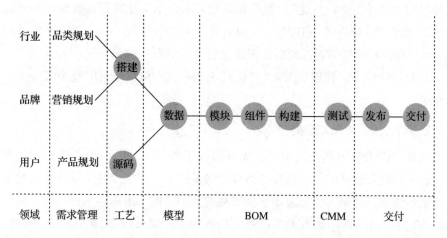

图 9-17　对照工业制造一体化对业务流程进行梳理

前端搭建的问题就在于，复用和生成两种不同类型的工艺需要两种不同的 BOM。复用类工艺不论是搭建还是源码，都追求代码的复用性，而生成类工艺则追求代码生成的准确率和效率，如图 9-18 所示。有了足够强大的生成能力，复用带来的框架复杂性和内聚代码的非标性会帮倒忙，如模块规范的限制、组件的内聚逻辑和代码冗余等，都会让生成变得麻烦，难以实现无人参与的自动化，在设计生产一体化上持续资源化前端工程师。

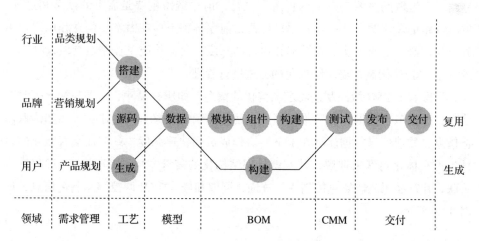

图 9-18　对生产工艺和生产过程进行分析找到问题

从前端搭建回到 AI 驱动的智能生成，由于生成过程可以直接将交付物和需求一一对应，因此，智能生成非常契合"设计制造一体化"的思想。在前端智能化提出的"设计生产一体化"，就是希望把需求的结构化数据和设计稿一起送入 D+2C，类似把 MBD 送入 BOM 、CMM 进行生产和测试，一一对应模仿需求制造一体化在前端领域实现端到端的智能化交付，如图 9-19 所示。

下面就针对需求管理、工艺、模型、BOM、CMM、交付的整个流程进行详细介绍。

2. 需求管理：PRD 需求结构化

在介绍需求管理部分之前，首先介绍一下产品设计的两种范式：迭代和创意。迭代，顾名思义就是在现有产品设计的基础上，根据产品实际表现的数据进行反馈和调整。这里的实际表现根据产品的类型不同，指标体系也有所不同。如果是 2B 的产品，指标体系大多以商业指标为主。如果是 2C 的产品，指标体系大多以用户体验指标为主。上述的指标体系可以衡量出一个产品设计的好坏，在数据分析的基础上调整对应的产品设计的方式就是迭代。另一种产品设计是创意，创意是指不依赖过去的产品设计而提出全新的设计方案。这种产品设计方式在创新领域里称为颠覆式创新，最典型的例子就是乔布斯一次次的"重新定义 ××"。

因此，对于迭代和创意两种不同的产品设计范式，需求管理的方法是不同的。迭代的需求管理方法更加重视后继链路，创意的需求管理方法更加重视前序链路。后继链路主要是需求的拆解和执行，前序链路主要是需求的创意和论证。后继链路更多在做产品运营和用户运营，前序链路更多在做产品创意和用户行为分析与调研。下面先从需求拆解和执行的角度，对应传统工业制造领域设计和生成，用 PMI 协同制造需求结构化的方式进行管理。

回顾一下 PMI 协同制造需求结构化的概念，如所有尺寸、公差与配合等制造信息，按规范直接标注在三维模型上，使产品团队能够直接创建、查询和读取制造信息，并使信息数据能够在上下游协作成员间快速调度。站在前端智能化的设计生产一体化角度来理解，其实就是把结构化的需求文档和 UI 的生产过程进行关联，让产品团队能够直接创建、查询、读取和修改（UI 调控）UI 制造信息，如图 9-20 所示。

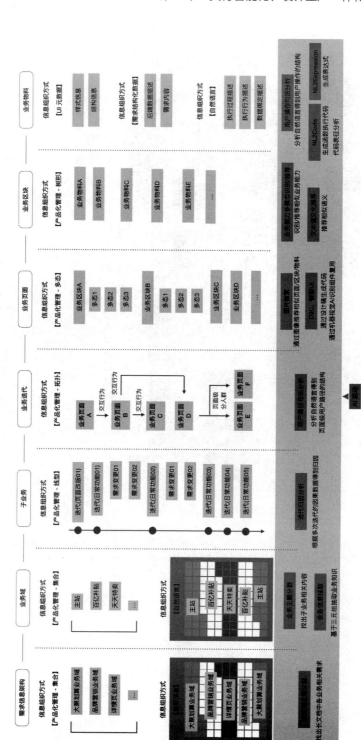

图 9-19　AI 驱动的智能生成工艺下设计生产一体化总体架构

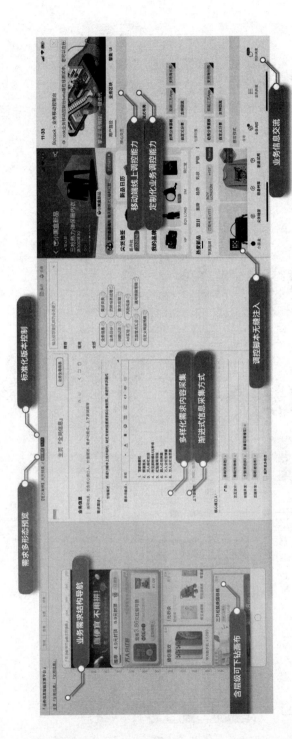

图 9-20 需求结构化和 UI 调控

需求结构化和 UI 调控辅以智能推荐和需求版本控制，可以良好承接创意和迭代两种类型的需求。同时，按照业务、子业务、页面、区块为粒度，把需求和生产（代码组织）进行对齐，保证需求在整个生产过程中的唯一性、一致性。对于创意型需求，可以用新增区块、页面、子业务、业务来进行识别。对于迭代型需求，可以用修改或调控区块、页面、子业务、业务来识别，如图 9-21 所示。

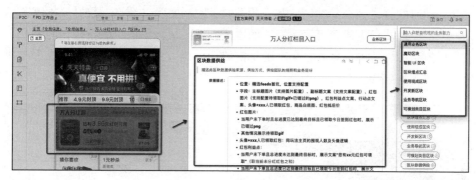

图 9-21 对区块的新增和迭代

需求迭代过程中对于新增区块，可以选择既有区块复用，类似于搭建，可以快速完成生产。如果选择上传设计稿并进行标注约束，则基于生成的方式创建一个新的区块，然后把新增的区块通过拖放添加到页面上。如果需要对区块进行数据和逻辑上的约束，只要双击下钻到区块内进行编辑即可，如图 9-22 所示。

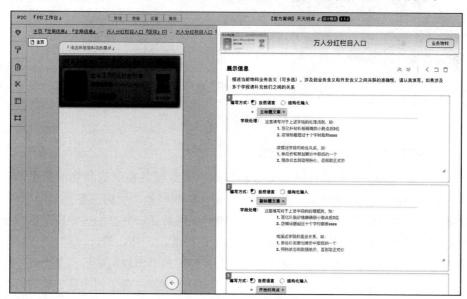

图 9-22 区块内详细约束定义

如图 9-22 所示，进入区块内部可以对 UI 元素进行两种类型的编辑：自然语言和结构化输入。自然语言主要是通过产品经理对需求的描述，借助 NLP 机器学习算法模型生成逻辑代码。结构化输入则多用于数据字段绑定，让产品经理选择需要的字段并进行相应处理。

如图 9-23 所示，通过页面级全局信息的约束，可以把业务目标和需求迭代相关联，同时配置一些全局功能，如资损防控、A/B 实验、埋点、数据分析等。至此，产品经理基于生成和可视化标注的方式，以区块为单位组织结构化的需求信息，供给结构化需求信息并在生产的全链路上保持一致的定义和约束，成为设计生产一体化的基石。

图 9-23　页面级全局信息约束

3. 视觉、交互和内容的兜底方案

在工业领域，一个元件的容差分析可以直观地反映在制造和创配等生产环节，容差将产生问题和后果。在物理世界里，这些容差产生的问题比较好模拟，比如物理引擎可以模拟材料的刚性、弹性等一系列特征，并根据这些特征在数字世界还原问题。在前端领域，问题会更加复杂晦涩，产品、设计、运营、测试、研发无法直观地感知和发现问题。比如一个页面的某个模块的显示信息出现了问题，有可能是网络抖动造成丢包和延迟，有可能是数据本身出现问题，也有可能是数据解析、数据绑定出现问题，还有可能是渲染数据的引擎出现逻辑错误。对

于产品、设计、运营、测试，甚至研发人员，想要发现这些问题都需要用大量的研发工具，从各种日志和原始信息中凭借经验和专业度进行分析和判断。因此，在前端领域里无法照搬工业领域容差分析的概念和方法。

那么，在前端领域里如何去做"容差分析"，从而产生视觉、交互和内容的兜底方案呢？首先，在内部 Mock 工具"山海关"的基础上，设计了 ReviewCook。ReviewCook 是从网络、数据、渲染等层面，通过模拟数据注入异常情况和边界值。闻梦在前端智能化小组开发的视觉走查系统"蒙娜丽莎"，经过 UI 自动化比对、规则判断、NLP 语义化检查，像工业领域的"容差分析"一样，找到问题并由产品或运营人员对问题进行约束，比如文案长度超过 UI 展示长度后是省略号还是折行显示、页面结构和还原度等问题，如图 9-24 所示。

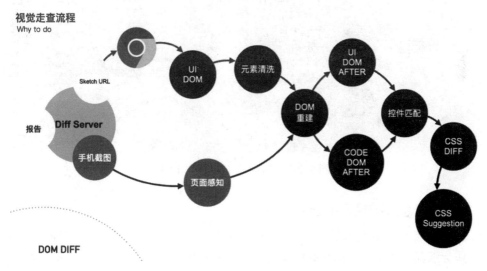

图 9-24　视觉走查系统"蒙娜丽莎"

针对产品或运营人员设置的约束，imgcook 在生成 UI 的样式或逻辑代码的时候，自动化加入兜底样式、兜底逻辑代码。这个过程实现了"容差分析"的后继链路，还包括对应的自动化测试用例、真实用户环境拨测等，从高可用和监控发现两方面保障健壮性。

4. 区块、数据、服务等物料清单

由产品或业务编制区块、数据、服务等清单，可以明确软件研发的交付物组成部分。这就像在工业制造领域里的 BOM 一样，把需求对应的材料、元器件、组装件、构件等一一列出。有了这个清单，可以为生产准备好所有物料，避免因

需求生成代码过程中遗漏而导致 UI 的展示和交互能力缺失。

和工业制造领域不同,设计生产一体化中如果某些元素无法生成,就需要形成工单指派给前端开发人员完成。前端工程师可以在 imgcook 上对区块、数据、服务进行生产、修改,如图 9-25 所示。前面已有介绍,这里就不再赘述了。总之,为了实现设计生产一体化释放前端工程师,所有的可视化干预都会沉淀成训练样本让下一次生成更准确。

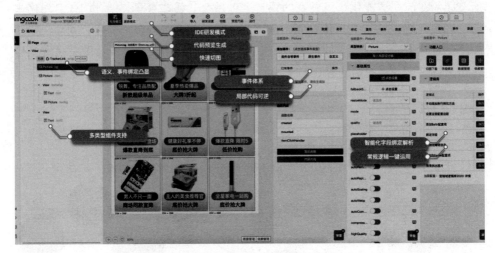

图 9-25 前端工程师可视化干预

5. 元素级别 UI 生产(物料 + 样式)

在 C 端频道研发场景中,把 Sketch、DSM(智能设计平台)、VS Code 工具链作为承载设计生产一体化的主要载体。在工具链之上,元素级别生产的链路是在实现频道源码开发中,用设计生产一体化方式引入 DSM 为 UI 可变性进行约束。DSM 的约束会导出设计令牌的 NPM 包,在代码生成的时候借助 RunCook 对 D2C Schema 解析和处理,用设计令牌替换 CSS 来实现对 UI 可变性的表达约束。最后,根据智能 UI 方案的要求 RunCook 编译输出的运行时代码——方案包,如图 9-26 所示。

从智能设计系统的物料 Schema 对 UI 可变性借助设计令牌进行约束,交付物料 Schema NPM 包,再到 imgcook 生成 D2C Schema 对 UI 和交互逻辑、业务逻辑进行描述。最后,由 RunCook 用编译的方式,按自定义 DSL 生成对应运行时和数据投放要求的智能 UI 物料方案包。最终设计约束和 UI 可变性被逐步融入代码生成体系,并借助智能 UI 的方案包实现可变性的调控能力,由此完成设计生产一体化，如图 9-27 所示。

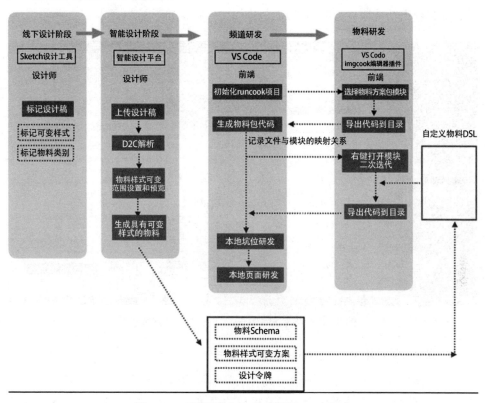

图 9-26　元素级别 UI 生产智能 UI 方案包

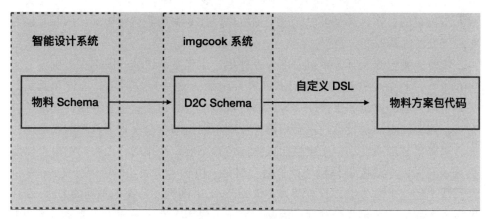

图 9-27　关键交付物

借助 imgcook 的 VS Code 插件导入 RunCook 生成的项目和方案包代码，可视化地检查样式名是否正确的设计令牌、设计还原、文件结构和布局渲染效果等，通过导出功能输出智能 UI 方案包作为交付物，如图 9-28 所示。

图 9-28　VS Code 检查、完善和导出方案包

6. 坑位级别 UI 生产（布局 + 物料 + 样式）

坑位是电商 C 端业务的概念，其含义是预留运营资源位，俗称挖坑。有了坑位，运营就可以在投放平台上选择要投放的模块、数据进行投放，从而完成商品运营工作。为了在 UI 自身的可变性外引入更多调控能力，坑位可以良好地实现对元素物料的替换，甚至可以通过干预坑位设计令牌调整坑位样式，从而实现对布局可变性的调控能力。

坑位方案包和元素方案包大部分设计生产流程是一致的，区别在于坑位方案包在生产过程中要选择物料并对布局进行约束，如图 9-29 所示。坑位和元素的关系可以理解为容器和组件的关系，通过调整组件的边距、重复等属性实现弹性布局，需要注意的是设计约束会用设计令牌不同值的组合实现更合理的布局。例如，当屏幕分辨率变小，元素横向或纵向位置不够，绕排的合理布局约束可以避免重新开发一个适配低分辨率的物料。但是，由于未来使用时会基于智能 UI 推荐算法个性化下发方案，且方案是由 RunCook 借助设计令牌把不同的 UI 可变性编译成不同的方案包或配置项，因此，完全可以用个性化来替代复杂易出错的弹性布局。是否针对分辨率生成不同的方案或配置项，取决于投放 UI 的场景是否复杂，如果不是很复杂，可以用弹性布局降低方案生成、配置和下发的复杂度。

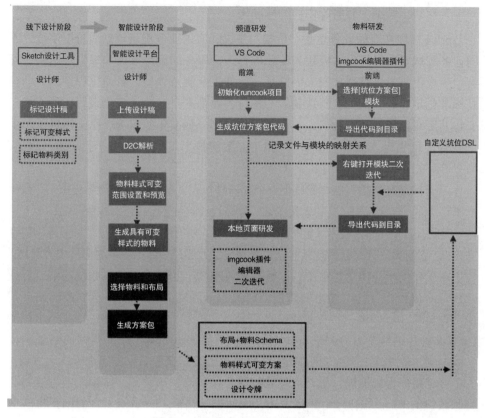

图 9-29　坑位方案包设计生产流程

在智能设计系统解析布局和物料之后会生产出布局 Schema 和物料 Schema，设计师选择布局和物料之后生成方案包，并在 imgcook 创建一个坑位方案包模块，此模块用 D2C Schema 描述，最后在 VS Code 中拉取模块，使用自定义 DSL 生成代码导出到对应目录，如图 9-30 所示。

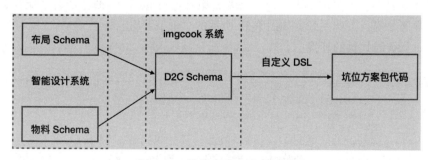

图 9-30　坑位方案包交付过程

7. 区块、数据、服务等物料的标准化

price 字段在有的业务里是"价格"字段，有的业务里是"划线价"字段，不同业务领域里数据字段、模块初始化等行为、服务的调用方式和规则等不同，都会给生成代码的体系造成很大的麻烦。比如工业制造领域，自动化程度高的前提是标准化足够好。在工业制造领域的各行各业都有自己的标准化组织，他们承担着将其所在领域涉及的物料、工艺、流程等部分标准化的职责。作为阿里前端委员会智能化小组，及集团诸多智能 UI 方案的技术工程基座，对于区块、数据、服务等智能化物料的标准化，责无旁贷。

一个 PCB 基板上可能有成千上万个元器件，人工贴片效率低到无法想象。由于电子元器件、PCB 基板、架构制造工艺、电路设计软件整个体系都在统一的标准下运作，因此，自动化贴片技术才能成为现实。其实，所有的区块、数据、服务等物料也需要统一的标准，才能让智能化生成成为现实，才能让端到端业务级交付成为可能。

在设计生产一体化体系中，以智能物料和 Slot 为标准，在核心链路中结合设计规范应用设计令牌，编译链路涉及的流程如图 9-31 所示。RunCook 的使命是借助物料和 Slot 标准，将智能物料在研发侧的信息，通过解析编译生成产出智能UI 方案，并供给 BizCook 进行线上调控。然后 BizCook 将线上调控的结果同步到数据侧，最终线上页面调用智能 UI 推荐服务接口获取渲染方案进行线上渲染。

该链路作为智能设计生产一体化链路中的核心供给链路，希望通过智能物料将频道侧的 UI 信息进行个性化表达，从而把"接需求→做需求"的同步模式变成"输入需求和设计稿→生成代码和生成能力迭代"的异步模式。借助这种同步需求承接的异步化，把前端工程师从资源化和施工队的窘迫中解放，从高频低值的工作转向建设智能设计生产一体化系统的低频高值工作。

8. 智能物料注册

在 RunCook 编译构建源码页面中，开发智能物料与开发页面 UI 组件一样，即智能物料等价于组件。因此，只需要将组件通过 uicook-sdk注册为智能物料即可。举例来说，假如要开发如图 9-32 所示的"价格 UI 组件一"。

进行智能物料的开发：

```
import { createElement, memo } from 'rax';
import View from 'rax-view';
import { Picture } from '@ali/runcook-framework';
import styles from './index.module.css';
export default memo(({ data }) => {
    return (
        <View className={styles.brCouponWrap} style={{ width: '357rpx'
            }}>
```

```
<Picture
    resizeMode="contain"
    style={{ width: '357rpx', height: '65rpx' }}
    source={{
        uri: 'https://img.alicdn.com/imgextra/i3/O1CN01YB
            09py27QKQMgCIzU_!!6000000007791-2-tps-308-60.
            png',
    }}
/>
    </View>
);
});
```

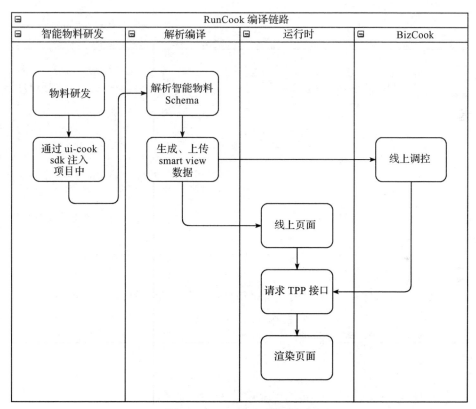

图 9-31　RunCook 编译链路

图 9-32　价格 UI 组件一

接着，开发如图 9-33 所示的基于另一个设计的"价格 UI 组件二"。

图 9-33 价格 UI 组件二

进行智能物料的开发：

```
import { createElement, memo } from 'rax';
import View from 'rax-view';
import { Picture } from '@ali/runcook-framework';
import styles from './index.module.css';
export default memo(({ data }) => {
    return (
        <View className={styles.brCouponWrap} style={{ width: '357rpx'
            }}>
            <Picture
                resizeMode="contain"
                style={{ width: '357rpx', height: '65rpx' }}
                source={{
                    uri: 'https://img.alicdn.com/imgextra/i1/O1CN018P
                        cviy1DAeNm5ORjS_!!6000000000176-2-tps-308-50.
                        png',
                }}
            />
        </View>
    );
});
```

然后，通过 uicook-sdk 将两个价格组件注册为智能物料：

```
import { createElement } from 'rax';
import { createSmartElement } from '@ali/uicook-framework';
import View from 'rax-view';
import Text from 'rax-text';
import PriceBox1 from '@/elements/PriceBox1';
import PriceBox2 from '@/elements/PriceBox2';
const PriceSlot = createSmartElement(

    {
        name: 'PriceSlot',
        title: '价格物料'
    },
    [
        {
```

```
                name: 'PriceBox1',
                title: '醒目价格',
                snapshot: 'xxxx',
                component: PriceBox1
            },
            {
                name: 'PriceBox2',
                title: '非醒目价格',
                snapshot: 'xxxx',
                component: PriceBox2
            },
        ],
        'PriceBox1',
    );
export default PriceSlot;
```

9. 解析编译

通过前述 uicook-sdk 注册的"价格 UI 组件一"和"价格 UI 组件二"代码，RunCook 将解析编译出如下数据格式：

```
{
    smartView: [
        {
            info: {
                name: 'PriceSlot',
                title: '价格物料'
            },
            list: [
                {
                    name: 'PriceBox1',
                    title: '醒目价格',
                    snapshot: 'xxxx'
                },
                {
                    name: 'PriceBox2',
                    title: '非醒目价格',
                    snapshot: 'xxxx'
                }
            ]
        }
    ]
}
```

然后将该数据存储在 manifest.json 中，上传到 CDN 供 BizCook 使用。

10. 智能 UI 方案数据下发层

本地研发需要在 src/services 下增加 TPP 智能 UI 推荐算法服务请求配置文件 tpp.json：

```
{
    "type": "jsbridge",
    "params": {
        "api": "jsbridge.relationrecommend.WirelessRecommend.
            recommend",
        "v": "2.0",
        "mock": false,
        "data": {},
        "ecode": 0,
        "type": "GET",
        "timeout": 2000
    }
}
```

然后，在 src/services/index.js 中定义如下请求：

```
import { request, setStorage } from '@ali/runcook-framework';
import tpp from './tpp';
const getFirstScreenData = () => {
    //发起TPP请求
    return request('tpp', (requestParams) => {
        //从customConfig中取出plainId
        requestParams.data.appid = window.$pageInfo.customConfig.planId;
        return requestParams;
    }).then(res => {
        //将TPP数据存储起来
        setStorage('smartViewData', res);
    });
}
export default {
    dataJSON: {
        {
            name: 'tpp',
            val: tpp,
        },
    },
    getFirstScreenData,
};
```

最后，再使用 PriceSlot 智能物料组件的地方将 TPP 数据传入物料中进行渲染：

```
import { createElemtn, memo } from 'rax';
import View from 'rax-view';
import Text from 'rax-text';
import PriceSlot from '@/components/PriceSlot';
import { useStorage } from '@ali/runcook-framework';
export default memo((props = {}) => {
    const { data } = props;
    const [smartUIData] = useStorage('smartViewData');
    return (
        <View className={styles.good}>
```

```
            <View className={styles.content}>
                <View style={{ lineHeight: '200rpx' }}>
                    <Text>智能UI商品坑</Text>
                    <PriceSlot smartUIData={smartUIData} data={data} />
                </View>
            </View>
        </View>
    );
});
```

至此，智能物料可通过 BizCook 进行线上调控。如果按照上述过程实现了设计生产一体化的工程链路，那么就能够把自己从繁重和低价值的 UI 开发里释放出来。这里，进入新需求和迭代需求两个类别里详细分析一下。首先，未来接到新需求，产品经理和设计师通过 BizCook 上传设计稿并录入结构化需求信息，就能够生成区块、数据、服务等物料。其次，产品经理针对这些物料对页面进行具体的 UI 和数据调整。最后，由 RunCook 编译构建生成页面来完成交付。这个过程能够让产品经理和设计师在前端工程师不直接参与的情况下，用自己熟悉的 PRD 和设计稿来表达需求，并通过直观的、所见即所得的可视化调整过程进行确认。如果是需求迭代，产品经理和设计师分别在 BizCook 和 DSM 上，针对 UI 可变性进行调控，就可以实现大部分需求变更、线上需求优化。

之所以能够实现脱离前端工程师的产品研发、迭代，是因为设计生产一体化方法将需求在线化、结构化和数据化。有了数据化需求，就可以在元素级别、坑位级别的 UI 生产中带入数据字段绑定等配置，通过 D2C 生成代码并由 RunCook 进行编译，RunCook 将 UI 可变性编译生成 BizCook 调控的配置项 JSON，同时，借助 BizCook 的 SDK 对这些智能化物料进行注册，从而打通产品经理和设计师的数字化需求中给出的可变性具体数值，指导 BizCook 下发符合产品经理和设计师约束的方案包。对于迭代型需求，产品经理和设计师只需要在数字化需求中迭代 UI 可变性数值即可，而不需要提需求变更让前端工程师开发。

9.2.5　前端工程的工艺信息

不断强调 UI 可变性用设计令牌承载，让产品经理在 BizCook 上进行结构化需求的修改，实际上就是用 UI 可变性调控来实现需求变更和迭代，那么工业制造一体化思想应该怎么实现呢？如图 9-34 所示，把物料看做工件，设计令牌对工件可变性范围的描述其实就可以类比为工件加工的**工艺信息**。再进一步，设计师用 DSM 产出设计令牌实际上是对研发生产物料的工艺信息供给，从而实现对具体样式也就是 UI 视觉约束的效果。

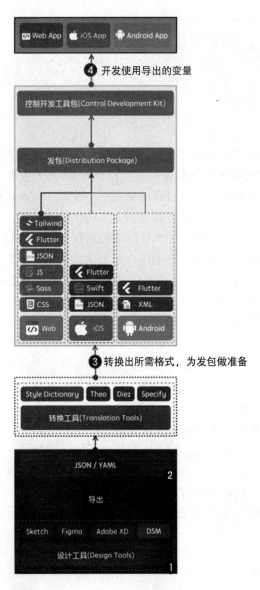

图 9-34 UI 生产工艺信息：设计令牌的定义和约束过程

1. 设计令牌

设计令牌的定义和约束分为以下 4 层。

1）设计工具 DSM 提供设计令牌数据，分为 4 层（见图 9-35）：

❏ 值。

❏ 参考（Reference），定义可选择部分（Choices）。

❏ 系统（System），定义决策部分（Decisions）。

❏ 组件（Component）。

2）转换工具 Style Dictionary 将 DSM 导出的 JSON 或 YAML 数据（设计令牌）转换为平台所需的数据格式。

3）NPM 包（控制开发工具包，CDK）提供给开发者使用。

4）开发者使用导出的变量进行开发。

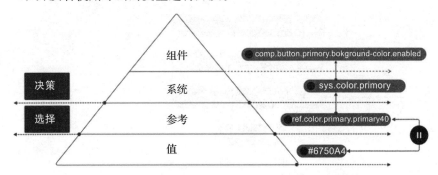

图 9-35 设计令牌的分层设计

首先由设计师供给一个有限的定义的"选择"，例如 DSM 中设计系统定义的所有可用的颜色等。有了这些"选择"，就可以做出选择和决策，例如在主按钮上使用哪种颜色。一个"选择"代表一个核心的设计令牌，一个选择和决策代表在某个业务场景中选用一个设计令牌补充可变性范围数值的具体"工艺信息"。核心的设计令牌代表基础"工艺信息"，与特定的业务场景无关。设计语言中的颜色（Color）、排版（Typography）、空间（Space）、形状（Shape）、立面（Shadow）、图案（Iconography）和插图（Illustration）、动画（Motion）、声音（Sound）、触觉（Haptics）等共同构成了设计系统的基础约束——基础工艺信息。

设计令牌中的"选择"都统一被列入参考名系列，以 ref 前缀为开始，比如 ref.color.primary.primary40。设计令牌中的"决策"部分包括"系统"和"组件"两个部分，分别以 sys 和 comp 为前缀。设计令牌架构如图 9-36 所示，其中，系统层可以用于整个设计系统中的任何元素中，sys.color.primary 可以用于按钮元素、链接元素等，组件层将指定用于具体的组件设计中，比如 comp.button.

primary.background-color.enabled，表示默认主按钮的背景颜色。

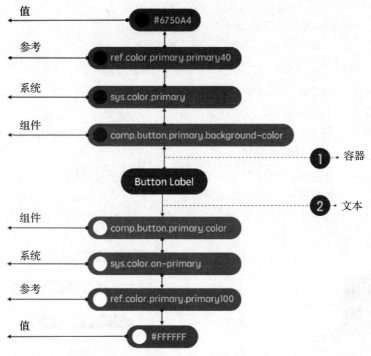

图 9-36 设计令牌架构

"决策"是一个应用于用例的"选择"。引用一个"选择"时，它的名字代表一个用例、一个决策，但不是值。可以通过引用的"选择"改变值，而不需要重新命名设计令牌。此外，通过阅读设计令牌的名称和引用的值（选择）就可以理解已经做出的决策，如图 9-37 所示。

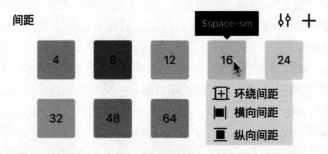

图 9-37 用设计令牌改变物料示例

如何用设计工具输出设计令牌数据？设计工具这里主要指 DSM，输出设计令牌数据格式会根据设计令牌设计分层输出 JSON 数据：

```
{
    "ref":{
        "color":{
            "primary":{},
            "secondary":{},
            "tertiary":{},
            "neutral":{},
            "neutral-variant":{}
        }
    },
    "sys":{
        "color":{
            "light":{},
            "dark":{}
        }
    },
    "comp":{
        "button":{
            "color":{},
            "background-color":{}
        }
    }
}
```

为了在交付物 RunCook 编译构建工程文件时获取用于 Web 平台的 CSS 变量，还需要转换工具将设计令牌数据转换为具体的 CSS 属性值。目前在项目中使用的设计令牌转换工具是开源工具 Style Dictionary，其架构如图 9-38 所示。

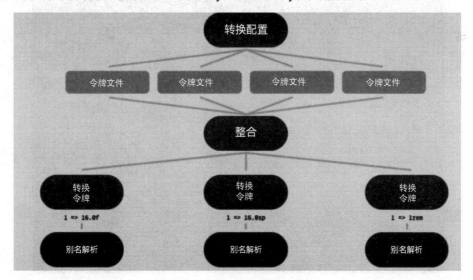

图 9-38　Style Dictionary 架构

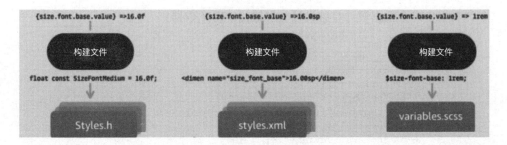

图 9-38　Style Dictionary 架构（续）

有了 Style Dictionary 这个开源利器，就能将设计令牌和 Style Dictionary 输出的 assets 都包含到工程中，如图 9-39 所示。

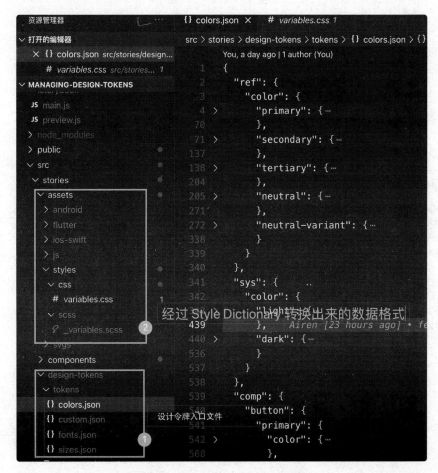

图 9-39　在项目中引入设计令牌

如图 9-40 所示，Style Dictionary 输出的 CSS 变量和定义的"工艺信息"——设计令牌——对应，根据设计师的选择和产品经理的调控，最终以 CSS 的方式包含在交付物中供浏览器渲染。

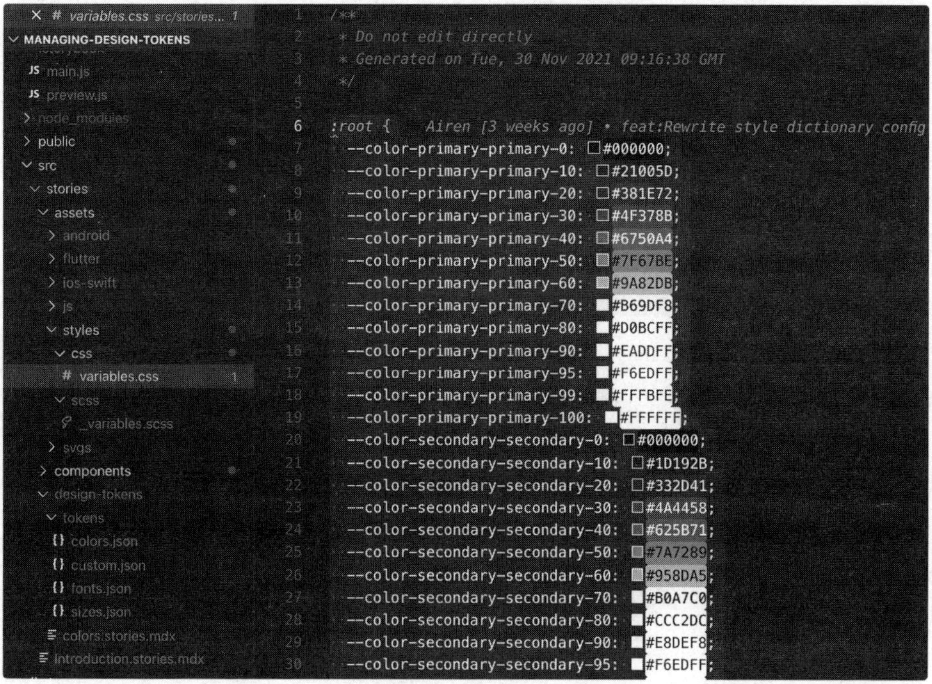

图 9-40　用于 Web 平台的 CSS 变量示例

2. CI/CD 的信息结构化及工单可视化追踪系统

在 MDB 和 PMI 的很多环节都需要对工单和工件等工作内容进行可视化追踪，在设计生产一体化中相对应的概念是 SmartView。像在 PMI 中检查一个工件或组装的工艺一样，在 SmartView 中也可以可视化检查一个区块、模块、组件、元素的工艺和各种参数，并将这些参数通过线上用户数据表现进行归因分析，让检查可以以这些归因分析为依据，知道配置和调整的过程会在哪些维度给用户体带来何种影响。

SmartView 的 JSON 结构如何设计？ manifest.json 的内容如下：

```
{
    name: "RunCook Example App",
```

```
start_url: ".",
display: "standalone",
background_color: "#fff",
theme_color: "#fff",
smartView: [
    {
        info: {
            name: 'LayoutSlot',
            title: '完整布局',
        },
        list: [
            {
                name: 'PlugInSingleLayout',
                title: '单一布局',
                cover: 'xxxx'
            },
            {

                name: 'ApprovalLabelSingleLayout',
                title: '单一标签布局',
                cover: 'xxxx'
            },
            {

                name: 'NormalSingleLayout',
                title: '布局3',
                cover: 'xxxx'
            },
            {

                name: 'PlugInDualLayout',
                title: '布局4',
                cover: 'xxxx'
            },
            //略去细节
        ]
    },
    {
        //类似上面的SmartView
    },
    {
        //类似上面的SmartView
    }
]
}
```

SmartView 的配置在交互层面如何展示？如图 9-41 所示，当前项目下所有
SmartView 进行智能 UI 的配置。

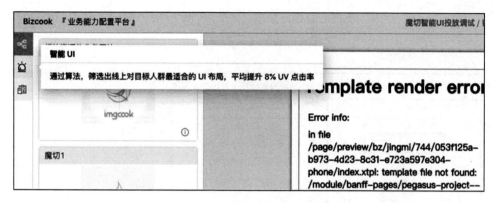

图 9-41　SmartView 配置 UI 可变性

图 9-42 中左侧列出了目前项目中的所有智能 UI 区块，单击任意一个区块，右侧将出现对应的交互图，其中的功能包括：识别出 SmartView 对应的区块信息，决定是否启用；选择当前 SmartView 的调控目标；配置调控的目标和优化方向等。

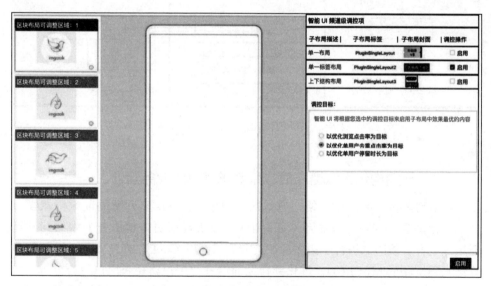

图 9-42　选择不同的 UI 区块进行调控

SmartView 的配置信息如下（见图 9-43）。

❑ BizCook 侧：如前述内容进行交互配置；保存配置，请求 jingmi 后台。

❑ 智能 UI 侧：根据请求生成方案 ID，返回给 BizCook。

❑ BizCook 侧：存储方案 ID，和 SmartView 关联；发布页面和配置。

❑ RunCook 侧：解析 CustomConfig，请求 TPP ；取得 jingmi 结果，渲染可
变性 UI。

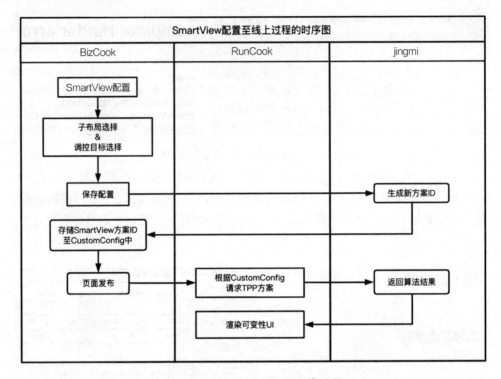

图 9-43　SmartView 配置上线过程

9.2.6　基于结构化工程链路信息和需求信息的业务验证

之前对 PipCook 做过介绍，通常的印象中 PipCook 是开源的前端机器学习
框架。但随着 PipCook 的发展，为了让 PipCook 能够更好地服务前端做到开箱
即用，笔者带领团队进行了诸多的改变和升级，PipCook 已经从支撑前端智能化
算法工程链路的 MLCI/CD，进化到帮助前端进行用户路径和用户行为分析，如
图 9-44 所示。通过分析来理解前端交付物最终是如何在场景中服务用户的，以及
帮助前端定位哪些服务有问题。这像极了基于结构化工程链路信息和需求信息的
自动化测试验收，用实际的应用场景、实际的指标和参数对交付物进行全面的自
动化测试和验收。

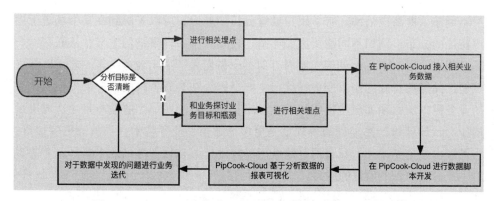

图 9-44　PipCook 在设计生产一体化中进行业务验证的流程

1. 用户动线分析

如图 9-45 所示，用户动线分析是指通过 spm 曝光和点击埋点，去取得每个用户在某段时间内手淘端的行为路径。这个行为路径的每个节点的内容包括进入页面、离开页面、在页面内浏览了某个区块或者商品、点击了某个区块或商品，以及其他行为（取决于令箭埋点）。

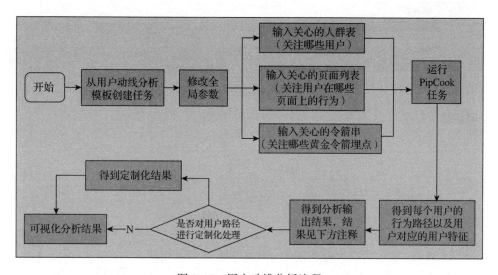

图 9-45　用户动线分析流程

为了实现自动化业务验证，通过用户行为动线得到用户在当前频道的体验，了解真实的用户使用情况，从而发现用户在频道内浏览遇到的问题。结合具体的场景，例如用户销券，了解到用户在核销过程中的情况，从而指导业务进行相应策略调整，提高核销率。有了用户动线分析的能力，可以了解到在某个场景下用户特征的分布，例如不同购买力、年龄、性别对于一件事情的差异，从而帮助产品经理在使用 BizCook 调控方案时针对某个特定人群做出业务决策。之所以考虑赋能产品经理有效的需求变更迭代，主要是因为在高频低值的业务研发中，严重的业务需求压力和加班使得实际的业务增长和收益不明显。收益不足会造成决策层压力，传导给产品经理的表现就是更多的需求，业务技术人员就会更多加班。为了跳出这个死循环，只有通过赋能产品经理让其迭代业务的效果提升，才能缓解生产过程中每个角色的压力。

2. 用 PipCook 做业务验证的流程

为了使用 PipCook 进行业务验证，首先要创建一个数据分析任务，如图 9-46 所示。

图 9-46　创建任务

任务创建后就可以通过可视化流程编排的方式进行如图 9-47 所示的数据分析流程。

图 9-47　分析流程编排

通过 UI 操作编排一个数据分析的链路，组合 SQL 和 JS 节点，查看节点状态和输出。清晰地展示一个数据分析任务的过程，灵活地排列组合不同节点，完成数据分析，快速查看每一个节点的状态和输出的数据，方便开发。接下来，就可以进入具体的数据分析逻辑编写。如图 9-48 所示，通过编写 SQL 语句进行数据归集、数据清洗、数据筛选等数据处理工作。

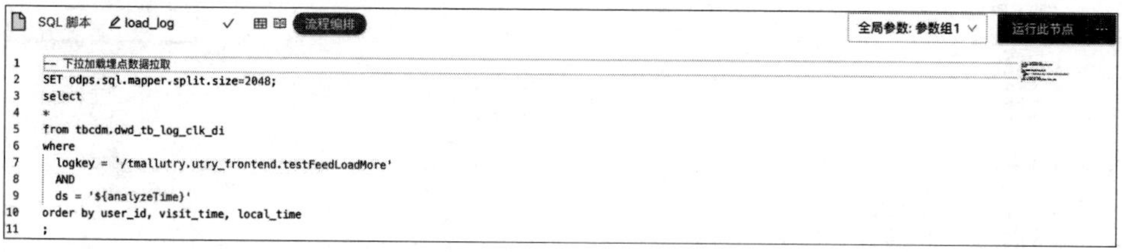

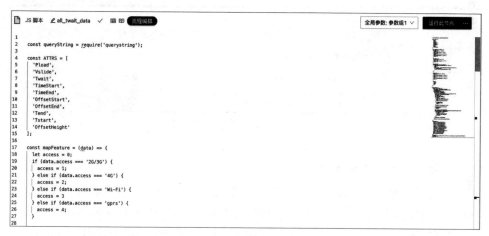

图 9-48　SQL 语句的编写

除了用 SQL 语句编写数据处理的部分外，分析流程的逻辑控制都是由 JavaScript 完成的，如图 9-49 所示。

图 9-49　JavaScript 编写

编写具体分析流程的逻辑包括提供 PipCook API 的提示包含字段、类型等，对于不符合 PipCook 规定的写法进行错误提示，对于有可能可以优化的代码进行优化提示。完成分析流程的编写后，就能运行数据分析任务，如图 9-50 所示。

所谓 "一图胜千言"，如果产品经理可以通过报表乃至可视化报表来验证产品设计，将会极大提升效率和体验。于是，在 PipCook 的分析流程中加入如图 9-51 所示的报表、图标的开发能力。

对数据分析的结果进行展示，一方面提供灵活的定制能力，另一方面对于常见图表可以直接嵌入到设计生产一体化的各环节中使用。

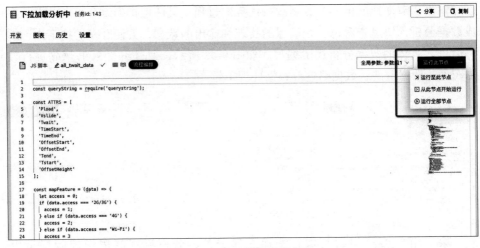

图 9-50　执行数据分析任务

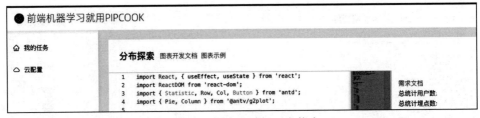

图 9-51　报表、图标开发能力

3. 实战：下拉加载分析

电商页面的底部大多会有一个无限加载信息流。目前加载到底部时，有较为明显的底部加载区域存在的时间延时，如果能得到目前下拉加载的不同群体用户等待的情况和用户的平均下拉速度，那么就可以预估一个合理的提前量进行数据预加载，可在最大程度减少服务端请求压力的同时优化用户体验，给用户沉浸式的下拉浏览。

下拉加载分析的流程如下。

- ❑ 数据埋点，埋点内容包括加载更多曝光时间 Tstart、加载更多消失时间 Tend、最后一次有效下滑偏移结束量 OffsetEnd、最后一次有效下滑偏移开始量 OffsetStart、最后一次有效下滑结束时间 TimeEnd、最后一次有效下滑开始时间 TimeStart、当前用户滚动的距离 OffsetHeight。
- ❑ 从下拉加载分析模板新建任务。
- ❑ 填写全局参数：需要分析的时间范围。
- ❑ 运行任务并得到分析结果。

目前仅基于第一版本迭代，在某个固定提前量加载下，用户下拉加载和没有下拉加载强制刷新页面的比例，以及不同用户特征下的比例，用于定位在不同网络条件、手机等级的情况下，分析下拉加载的体验问题，如图 9-52 所示。

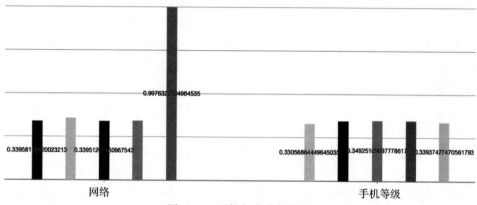

图 9-52　下拉加载分析结果

有了上述的分析能力，就能够把设计生产一体化的交付效果度量出来，用数据来验证需求的完成情况，并根据这些数据提醒产品经理针对特定用户群体增加、调整 UI。比如对网络条件差的用户，产品经理可以约束 UI 方案包中素材分辨率的配置，从而降低素材下载压力、提升页面打开速度。

9.3　设计生产一体化展望

即便围绕业务和用户做了很多的工作，也还是在模仿 MBD 和 PMI 的思想，很多方面不如 MBD 和 PMI 做得那么完善和彻底。但是，构建一个以用户为中心数据驱动的全新业务研发模式是必要的，用优秀的产品去满足用户的需求是前端工程师必须不断追求的。

当很多业务价值提升和用户体验改善跃然而出，产品经理、设计师和运营人员等更加深入和敏捷地参与到创造业务价值、改善用户体验中来，前端的技术和工程能力及其相关产出都能被业务价值和用户体验直接度量，"设计生产一体化"的体系才算有所成。

9.3.1　技术赋能

针对营销场频道业务增长迅速、试错性需求多、业务干预意愿强的特点，把业务承载作为第一优先级要务，重新设计了频道业务的产品经理、设计、运营、测试、研发紧密咬合的设计生产一体化承接方案。以 UI 上透出的信息及其样式为调控手段，牵引产品经理、设计师、运营人员、测试人员、研发人员聚焦消费者体验的实际问题共同协力解决。从初期聚划算消费券消费者行为分析、用户路径分析、用户跃迁分析中发现的入口问题和核销率商品承接问题，到用户沉浸度分析影响频道信息架构和信息流信息多元化等，都逐步显现了掌握基础事实和聚焦具体问题带来的强大威力，大家的判断力更强、方向感更好，前端交付价值度量和消费者体验度量从最小粒度的 UI 元素及其信息有效性进行绑定，开放和多元化调控手段正向干预用户行为，借助智能 UI 个性化投放调控细节配置，从用户视角下审视产品的每个用户路径中每个用户节点上的每个 UI 元素的细节，持续迭代以持续提升消费者体验。

天天特卖沉浸度提升实验，坑位高度人群定投桶 UVCTR 绝对值高于基准桶 4%（暂时下线，在寻找更优的策略），广告位置实验暂时下线，二期实验还在继续中。有好价智能 UI 应用 PVCTR 稳定相对提升 15% 左右。聚划算云主题智能 UI 实验带来的业务变化：目前商品属性个性化展示只在母婴类目试点，相对基准均有明显提升的一级类目有奶粉 / 辅食 / 营养品 / 零食（相对提升 PVCTR 均值为 5.1%）、婴童用品（均值为 2.6%），其他二级类目均有略微提升，其他类目继续测试中。聚划算信息流实验带来的业务变化：目前只上线了插卡中的品牌团和商品团的插卡比例，业务关心的引导独立点击率的 UV 渗透率比例从 81% 增加到 84%，相对增加了 3.7%（目前增加较小），逐渐形成了以用户沉浸度为核心指标的业务增长飞轮，助力业务增长才能把设计生产一体化的价值发挥出来，如图 9-53 所示。

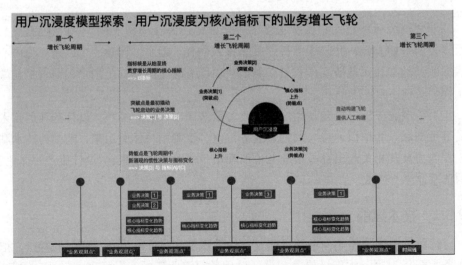

图 9-53　用户沉浸为核心指标下的业务增长飞轮

9.3.2　基于产品经理工作台重塑工作流

产品经理在 BizCook 上的重点操作是项目实际工作流的串联和原始需求意志的精加工，他们可以在产品经理工作台里按照结构化的方式录入需求文稿，查看业务演进过程，并编写业务需求细节，如图 9-54 所示。借助在线化和数字化需求，辅之以用户路径和用户节点的定义和度量能力，迅速形成了一套以前端交付物影响用户行为的 UI 调整及数据反馈闭环。

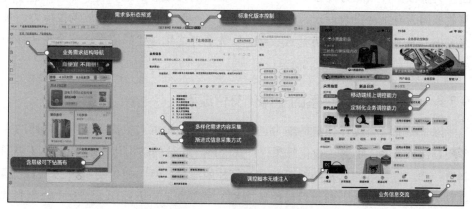

图 9-54　产品经理工作台

自 2021 年 6 月产品经理工作台上线后，目前频道有 50% 的业务场景有结构化 PRD 案例，其中天猫新品已经将需求全量搬到了产品经理工作台上，每个结构化 PRD 折算成文字约为 2324 个，产品经理工作台为业务提供了大量需求模板，并提供了需求追溯的方式，为业务协作省去了大量的时间，如图 9-55 所示。

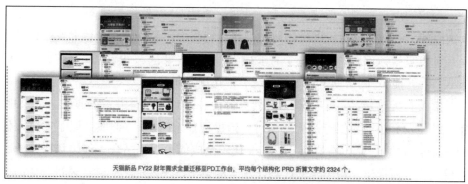

图 9-55　结构化 PRD 已成为品牌营销业务需求首选录入方案

9.3.3　基于投放实验能力渗透运营工作流

频道运营兼具行业运营和产品运营的特性，不仅关注频道中行业商品 ROI 效率，更对频道的产品形态和实验过程有着重度的调控诉求。在 BizCook 上提供了常规的数据投放和智能 UI 实验调控能力。自 2021 年 9 月产品经理工作台重构后，截至目前，BizCook 承载了团队品牌营销线上业务，产出了 300 多个有效页面。其中数据投放能力覆盖了 15 个项目，IUI 实验能力覆盖了 3 个项目。品牌营销业务因为有重度投放诉求，其下所有新增页面都覆盖了运营投放调控能力，且在天猫 U 先业务上与业务方达成一致，U 先业务优化迭代的协作链路全量迁移到线上。

9.3.4　基于智能 UI 体系的一体化交付成果

除了给业务方提供便捷的能力，还要给研发和测试人员提供高效、便捷的业务质量保障方案。借鉴工业化思想，产品经理工作台的结构化需求就像 PMI 协同制造一样，把原本纷繁复杂缺乏标准和管控的海量信息，通过物料信息、工艺信息、装配信息结构化，辅之以前端最擅长的画布技术和可视化，以及自动化测试和快速验证能力，构建起一幅清晰直观、逻辑严谨的时序图。

所有信息在设计系统约束下，乘着设计令牌和 UI 可变性的小船，划着 PipCook 机器学习框架的桨，沿着产品经理工作台、Sketch 和 Figma 等设计工具、imgcook、BizCook、ReviewCook 的方向和路径流转。最终，一套套个性化智能 UI 方案，在智能 UI 推荐算法的帮助下下发给用户侧，再由 RunCook 的运行时获取方案配置并渲染。

用户的点击和浏览等交互行为，就是对智能 UI 有效性投票的信号。通过 A/B 实验能力和归因分析等度量手段，把信号转化为产品经理工作台上业务目标所对应的度量指标，从而使每一个需求都可追踪、可度量、可迭代。以数据驱动的方式，在智能 UI 的帮助下，不断打磨、优化用户体验。

除了在天猫新品、小黑盒和聚划算等业务落地了一体化交付能力，在 2022 年 7 月还发起了"大促产品化"项目。借助智能 UI 体系，彻底升级了支撑大促的业务平台"方舟"。在原有 imgcook 代码生成能力下，结合大促会场搭建平台的模块化页面搭建，用模块低代码开发丰富会场模块供给。同时，通过会场的方案复用和模板化能力，进一步提升创建会场的效率。

这次大促产品化对方舟的升级分为两个阶段。

第一阶段，在原有智慧会场的基础上融入的智能 UI 平台"鲸幂"，使会场方案和模板与鲸幂的智能 UI 方案兼容并标准化。这样做不仅良好复用了团队在智能 UI 体系上沉淀的能力，还最大限度保留并发挥了方舟智慧会场的搭建能力。同时，引入了设计令牌、元件和逻辑点等能力，重新设计了搭建画布用于调控智能 UI 的可变性。最终，使完全没有技术背景和经验的运营小二，可以借助大促产品化的智能 UI 能力自己定义组件样式、字段展示等，并基于 AI 推荐方案模板快速生成会场模块或页面。在 99 大促中，一经上线就获得行业运营和会场运营人员的一致好评。他们终于摆脱了痛苦的需求排期，而前端也从海量的会场模块需求中释放出来。当然，被释放的还有测试人员，由于可变性是在设计系统约束下的变化，因此，小二的调整未来可以免测发布，只要产品经理和业务人员验收一下即可，省去了冗长的各种机型适配测试等工作。

第二阶段，在基于设计稿生成元件和 UI 可变性样式的部分又进行了大量迭代。毕竟，只调控样式能够做到的比较有限，虽然 60% 的大促会场模块已经是运营小二用大促产品化这种无代码模式生产，但从以往的经验来看，创造性需求未来只多不少。基于设计稿生成，能够在研发人员不参与的情况下，借助设计外包加设计师审核的方式，低成本、快速地产出元件和 UI 可变性样式，从而敏捷地产出各种促销模块和页面。

回想起来，在 2019 年底提出 BizCook 的构想，想从设计稿生成代码（D2C）向需求生成代码（P2C）升级。一晃两年半的时间，走了不少弯路。第一次失败，是因为在需求结构化和代码生成之间如何映射上走了弯路，直接把编码过程工具化，搞出一个上手成本极高的低代码平台。第二次失败，是因为过分信任算法模型的能力，低估了把自然语言理解（NLP）技术引入分析 PRD 、理解逻辑点和生成胶水层代码的难度，搞出一个满目疮痍的半成品。

最终，痛定思痛，阅读 imgcook 里所有的代码，从插件到解析，从布局算法到 PageSchema 的生成，再到出码引擎的各种细节，重新思考如何才能把技术融入与产品经理、设计师、业务人员等的协同工作中，终于从 UI 可变性以及大促业务平台上找到了突破口。总之，团队一起熬过来了，这是一次重要实践，把团队从 2018 年开始做的前端智能化之梦实现了。

读者也可以按照图 9-56 所示的体系来实现自己的系统。

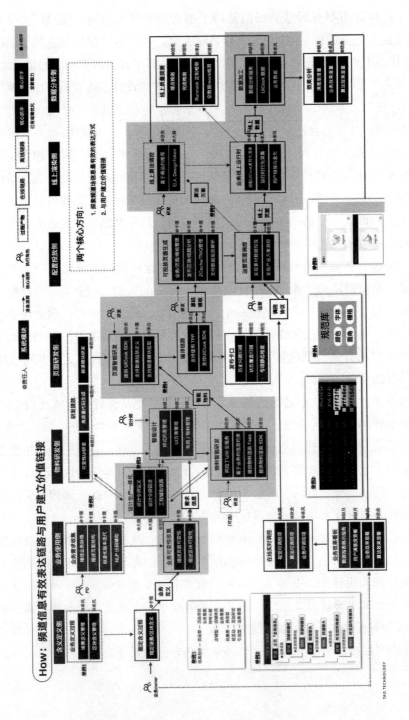

图 9-56 设计生产一体化实践大图

9.4　反思和展望

从问题分析、度量体系再到技术工程体系，设计生产一体化承接方案是我们团队全新的业务承接模式。这种新模式最大的特点是 AI 的智能化驱动。从提出前端智能化方向开始，以 D2C 智能代码生成为切入点，再到智能 UI 去赋能业务，AI 的智能化驱动的设计生产一体化方案 BizCook 彻底改变了前端工程师工作的内容和方法。从"同步"的承接需求变成"异步"，借助产品化能力以无代码的方式赋能业务。

对于做业务的前端来说，从工作内容上看，借助 AI 的智能化驱动，把页面重构、逻辑编码等"搬砖"的工作交给 AI 去完成，自己转而去收集和处理数据并训练 AI 替代自己完成重复的、低技术含量工作；从工作方法上看，借助智能 UI 去赋能业务，把被动接受需求并实现它们的方法，变成技术驱动的、可度量的和智能化的方法，从"施工队"成为真正的业务技术合伙人。

回过头来看这些工作内容和方法的变化，恰似自己在前端技术领域的成长路径，从开始时对技术和工程本身的关注，到成熟后对技术赋能业务的关注。智能 UI 给前端工程师切入业务脏腑的机会，借助本章耗费大量篇幅介绍的度量和归因能力，以数据为依托找到用户体验的基本事实，由此做出客观和准确的分析：用户体验在用户路径的哪些节点上出现了什么问题？

在掌握了基本事实的基础上，就可以和产品探讨落地智能 UI 的必要性，在这些用户路径和节点上部署智能 UI 的个性化调控能力。这个过程迫使前端工程师站在用户和产品的视角审视自己的交付物。让前端工程师从关注 UI 的还原度转到关注 UI 对用户行为施加的影响上。然后，借助归因分析等手段度量影响的好坏与程度，观察不同类型用户被影响的分布，从而借助智能 UI 持续提升用户体验。

即便知道前端交付物可以在用户行为上施加影响，对这种影响和用户体验之间的关系仍然是一头雾水。这个过程中学习了大量经典的理论，首先是从信息论的角度试图给用户体验和前端交付物找到一个标度，这个标度就是信息表达的有效性如果用信息量为单位，就能够计算出用户获得的有效信息数量，从而判断交付物的有效性和用户价值。以手机淘宝的频道入口为例，本来这些入口只是一些 logo 来代表这个业务，后来换成了所见即所得商品，点击进入频道就可直接看见商品，同时还围绕该商品进行协同推荐进一步放大信息量，这个过程中信息有效性相较于 logo 可谓云泥之别。就这样 UI 上一个小小的变化，让频道入口点击率有了大幅度增长。

虽然所见即所得商品优化入口点击率有价值，但这种价值是产品定义和设计得来，创新较少。同时，由于这是产品经理的本职工作与核心价值，无法直接证明前端工程师的价值。因此，能否把产品功能是否符合用户需求的定义进一步细化，比如一个所见即所得入口的尺寸、样式、内容（信息维度）各自包含的信息量及其对用户行为的影响精细化调控，进一步分析前端的哪些页面、模块、组件中的元素对用户行为产生了影响，而这些精细化的调控、分析和迭代正是设计系统和设计令牌定义出的 UI 可变性发挥的场景，智能 UI 可以轻松地在消费链路里对这些元素进行个性化消费。

在实际的操作中，这种个性化的消费有明显的天花板且不可迭代。近期用智能 UI 测试了不同人群下信息流目标高度，分别对 230、250、270、290、310、330、350 七种高度在十八种人群上进行实验，发现不同人群用不同的高度能够提升浏览深度和点击率，但是，这里缺少了一个重要的部分。这种实验只能找到一个最大公约数：大部分用户能接受的高度，以此保证设计的下限。但是，这并不能为产品定义和设计一个合理的方案，因为这里忽略了很多用户的偏好，无法达到设计的上限。经过大量的学习和思考，终于找到一条解决的途径——控制论（Cybernetics）。

1948 年诺伯特·维纳（Norbert Wiener）发表的奠基著作《控制论——关于在动物和机器中控制和通讯的科学》，自此之后的几十年，控制论的思想开始迅速渗透到几乎所有的自然科学和社会科学领域，诞生了许多新兴学科，如经济控制论、社会控制论、工程控制论、生物控制论、教育控制论等。

控制论能够帮助人们按照自己制定的目标去调节复杂的系统，从而通过调节来影响系统的行为，让其向着人们的目标变化，从而不断降低系统的不可控和不可预知性。系统的不可控和不可预知性又称为可能性空间（事物发展变化中面临的可能性集合），缩小可能性空间到人们制定的目标范围的能力就叫做控制力，可能性空间的范围越小，控制力越强。

维纳在弹道分析的研究中，发现火炮对目标的打击精度会受到诸如风速、气温、湿度等因素的干扰，还会受到目标移动的影响，因此火炮很难精准打击目标，从而需要饱和式打击密度来弥补精度的不足，但这会带来大量浪费。维纳设想：如果炮弹在发射后根据目标和当前的情况不断调整，就能够得到很高的精度。这就是导弹的由来，发射后还能根据目标调整自己的飞行姿态从而不断缩小目标的可能性范围，用超强的控制力获得极高的精度。因此，为了缩小目标的可能性范围，就需要控制力和调整能力。

这里分别就控制论里的两个方法分别介绍控制力和调整能力，一个是共轭控制，另一个是反馈调节。所谓共轭控制，就是用变换的方法将不可控的对象转化为可控的对象，从而提升控制力。举例来说，一个页面对用户行为的影响是一个复杂且很难控制的系统，如果把一个页面分成很多模块，再对不同的模块进行拼装，就大大提升了对用户的控制力，因为把页面这个不可控对象转化为了模块这种可控对象，这就是搭建体系的由来。由于模块对用户行为的影响依然比较复杂，用 A 模块还是 B 模块背后带来大量新模块开发的工作，因此，搭建系统对业务开发人员并不友好，对用户行为影响的控制力存在边际效益递减的情况。有了智能 UI 就可以把模块进一步细分成诸多 UI 元素，并针对 UI 元素的可变性进行控制，辅之以个性化 UI 方案投放匹配不同的场景和人群，为 UI 控制力打开了一个持续向上突破的可能性，因为 UI 可变性、人群、场景可以不断细分再组合到一起，理论上可以无限缩小特定人群和场景下 UI 可变性的可能性范围，从而带来更加强大的控制力。在控制论里有一个共轭控制的公式：$B=LAL'$，其中 L 是源控制，L' 是共轭控制。假设源控制是页面的改版，共轭控制就是模块搭建。假设源控制是模块开发，共轭控制就是 UI 可变性调整。通过源控制到共轭控制，借此可以大大扩充 A 过程的控制范围和控制力。

反馈调节和维纳控制炮弹的思路是一致的，在智能 UI 消费链路中，归因分析和度量相当于系统反馈的信号，这些信号由智能 UI 投放的方案中 UI 的可变性和人群、场景所共同标识，回流后的数据根据对用户施加的影响再次调整智能 UI 的方案生成和投放。但是，对用户施加的影响可能是正向也可能是负向。因此，这就是反馈调节中的正反馈和负反馈。对于智能 UI 的例子来说，负反馈意味着调节无效或效果差，这就需要智能 UI 的方案生成和投放施加更大的影响，从而让用户产生正向行为且持续稳定。按照 UI 可变性的层次，从信息架构开始，信息选择、主题风格、布局、内容样式对用户行为施加影响的程度依次递减。一旦系统趋于稳定，逐步出现正反馈时，意味着调节有效且有正向效果，就应该从细节入手调整内容样式，选择不同的设计令牌来强化和放大控制效果，而不是贸然去改变布局、主题风格、信息选择。只有当内容样式的强化和放大控制效果逼近极限，用户受到的影响减弱，才需要升级对用户的影响。

引入控制论后，智能 UI 的体系变得更加完整，消费链路上方案生成、投放、归因和反馈调节都有了更加明确的理论支撑，从而目的明确地去使用智能 UI 在个性化程度和信息表达有效性两个方向上不断地迭代和优化，给用户带来更好的体验。

这种设计生产一体化的全新业务承接模式势必是一场持久战，无论是数据度量指标体系的细致、深入和完善，还是调控能力丰富、具体和有效，都需要以消费者体验为出发点紧扣业务，基于基本事实做出客观的判断，用合理的优先级和适宜的节奏，一步一个脚印做出来。

编程思想智能化：可微编程

通过第 9 章的学习，借助 D2C、智能 UI 等前端智能化能力，把前端工程师的时间精力从繁重、高频、低价值的工作中释放出来后，可以用这部分时间和精力做什么？进一步提升 D2C、智能 UI 等技术产品的智能化能力，让这些能力可以解决更多业务问题、实现更多产品需求，将会是一个好的选择。笔者及整个团队能够从之前"同步需求承接"转变为"异步需求承接"，也就是用技术产品去承接需求而不是堆人。为了实现这个良性循环，需要帮助团队里传统前端工程师进行升级，尤其是在编程思想方面发生转变，从直接设计实现需求的功能切换到用 AI 构建实现需求的能力。

用 AI 构建实现需求的能力具体包括开发 D2C、C2C、P2C 等技术产品。但是，在构建这些技术产品的过程中，笔者发现一个严重的问题，如果前端工程师还是以传统的编程思想来设计 D2C、C2C 等技术产品，就会遇到很多无法解决的问题、做很多无用功。这里所谓的"传统编程思想"举例来说明。例如在 iOS 应用（特别是浏览器）中经常看到这样的"弹性阻尼"效果：当页面滚动到边缘时，若继续拖动，其位移变化量和拖动距离成反比。弹性阻尼效果和橡皮筋一样，拉动的距离越大则继续发生形变的难度越大，也就是所受到的阻尼力越大。如果以横坐标为拖动距离，纵坐标为实际位移建立坐标轴，符合"弹性阻尼"效果的数学函数模型如 $f(x)=\log_a x$。为了满足 H5 向下拖动的实际场景，需要对函数进行微调。此外，还需要设置一个容器高度值 M 作为被拖动元素的位移最大值的参考，那么函数调整为 $f_1(x)=0.08M\ln(x+1)$。在刚开始往下拖动的阶段，元素发生了较大幅度的跳动，这是由于在 $x \subseteq (0,167)$ 的区间内，$f(x)$ 都是比 x 大的，也就是元素的位移比手指拖动的距离还要大，从而产生不合理的"跳动"。换句话说，需要降低函数图像曲线首段的陡度，使元素随手指拖动的变化幅度更加平缓。由于数学水平有限，这里仅提供一种比较麻烦的方式——分段线性函数。以 iOS 原生的效果

为参考，经过大量的测试，函数 $f(x) = \dfrac{M}{500} * \dfrac{411.155}{1 + \dfrac{4338.47}{x^{1.14791}}} = \dfrac{0.82231M}{1 + \dfrac{4338.47}{x^{1.14791}}}$ 在 $M=500$ 时

效果最好。最终，实现成 JavaScript 代码：

```javascript
function damping(x, max) {
    let y = Math.abs(x);
    //下面的参数都来源于公式用数值拟合的结果
    y = 0.82231 * max / (1 + 4338.47 / Math.pow(y, 1.14791));
    return Math.round(x < 0 ? -y : y);
}
```

　　上面实现弹性阻尼函数的过程就是典型的传统编程思维过程，这里简要回顾一下这个过程的编程思想。首先，要实现"弹性阻尼"效果，就要对弹性阻尼效果下一个定义。然后，根据这个定义编写具体的实现，例如 H5 向下拖动实际场景中，容器高度 M 作为位移的最大值进行具体的实现。最后，进入调试过程查看实际实现的效果并对参数进行调整，通过调整让整个效果更符合 iOS 原生表现。整个过程背后的编程思想就是根据实际问题用数据结构和算法进行实现。

　　根据实际问题用数据结构和算法进行实现有什么问题吗？假设由于分辨率、横屏等，外部容器高度 M 发生了变化怎么办？由于实现中硬编码了阻尼函数的参数，只能重新修改参数，枚举每一种情况并提供每一组不同的参数。这样写的程序就像硬编码一样简单粗暴。初期实现 D2C、C2C、P2C 等技术产品的时候，充斥着大量以解决实际问题为出发点的硬编码式的设计实现。而事实上需要的是构建起解决实际问题的能力，那就需要一种全新的编程思想和技术手段。

　　对全新编程思想的研究持续了两年多，其间查阅了大量资料、写了大量 Demo，试图从数学上寻求突破。为什么要从数学上寻求突破呢？笔者的观点是：数学是揭示本质的优秀工具。首先，数学和程序一样由数值、符号和逻辑构成，一个数学公式就是一段优美的逻辑表达，它描述了数值、符号之间的逻辑关系，并昭示这些关系背后伟大的思想和问题的本质。其次，数学带来的帮助是计算，例如前面的例子中，可以把每一步计算用 damping(x, max) 函数计算出来，或者

用数学公式 $f(x) = \dfrac{M}{500} * \dfrac{411.155}{1+\dfrac{4338.47}{x^{1.14791}}} = \dfrac{0.82231M}{1+\dfrac{4338.47}{x^{1.14791}}}$ 在 $M = 500$ 时采用算术方法计算

出来。细心观察就能发现，如果代码不是硬编码，而是把这个公式和程序的输入
输出、控制逻辑融为一体，程序就能够学会用弹性阻尼公式来解决用户拖拽越界
的问题，这就把编程问题转换成了计算问题。

如何让公式和数学思想与程序融为一体？带着这个问题，笔者把这两年的一
些学习和思考整理出来分享给读者，希望通过这一章的学习，读者能够学会编写
智能程序的编程思想和方法——可微编程。

10.1 什么是可微编程

2019 年 Julia Computing 团队发表论文"A Differentiable Programming System
to Bridge Machine Learning and Scientific Computing"，如图 10-1 所示，他们构
建了一种可微编程系统，这个系统能将自动微分内嵌于 Julia 语言，从而将其作
为 Julia 语言的第一公民。如果将可微编程系统视为编程语言第一公民，那么不
论是机器学习还是其他科学计算都将方便不少。Y Combinator Research 研究者
Michael Nielsen 对此非常兴奋，非常赞同 Andrej Karpathy 的观点。Karpathy
说："我们正向前迈出了一步，与原来对程序有完整的定义不同，我们现在
只是写一个大致的解决问题的框架，这样的框架会通过权重把解决过程参数
化。如果我们有一个好的评估标准，那么最优化算法就能帮我们找到更好的解
（参数）。"

这里 Karpathy 说的就是传统编程和可微编程的区别，可微编程会通过梯度下
降等最优化方法自动搜索最优解。但这里有个问题，程序需要梯度才能向着最优
前进，因此程序的很多部分都要求是可微的。鉴于这一点，很多人也就将机器学
习称为可微编程了。

但是，可微编程只能用于机器学习吗？它能不能扩展到其他领域，甚至成
为编程语言的基本特性？答案是可以的，这就是 Julia 团队及 MIT 等其他研究机
构正在尝试的。近年来，机器学习模型越来越精妙，展现出了很多科学计算的特
性，侧面凸显了机器学习框架的强大能力。研究者表示，由于广泛的科学计算和
机器学习领域在底层结构上都需要线性代数的支持，因此有可能以可微编程的形
式创造一种新的编程思想。下面一起进入这个全新的领域。

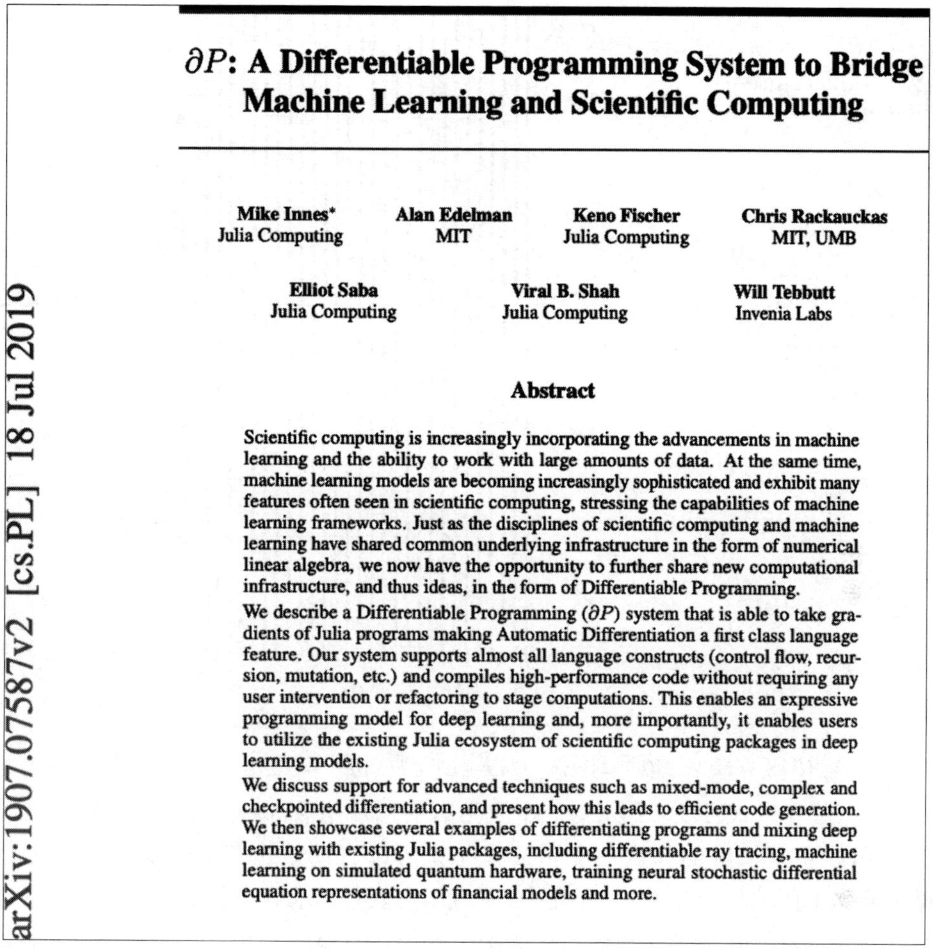

arXiv:1907.07587v2 [cs.PL] 18 Jul 2019

∂P: A Differentiable Programming System to Bridge Machine Learning and Scientific Computing

Mike Innes*
Julia Computing

Alan Edelman
MIT

Keno Fischer
Julia Computing

Chris Rackauckas
MIT, UMB

Elliot Saba
Julia Computing

Viral B. Shah
Julia Computing

Will Tebbutt
Invenia Labs

Abstract

Scientific computing is increasingly incorporating the advancements in machine learning and the ability to work with large amounts of data. At the same time, machine learning models are becoming increasingly sophisticated and exhibit many features often seen in scientific computing, stressing the capabilities of machine learning frameworks. Just as the disciplines of scientific computing and machine learning have shared common underlying infrastructure in the form of numerical linear algebra, we now have the opportunity to further share new computational infrastructure, and thus ideas, in the form of Differentiable Programming.

We describe a Differentiable Programming (∂P) system that is able to take gradients of Julia programs making Automatic Differentiation a first class language feature. Our system supports almost all language constructs (control flow, recursion, mutation, etc.) and compiles high-performance code without requiring any user intervention or refactoring to stage computations. This enables an expressive programming model for deep learning and, more importantly, it enables users to utilize the existing Julia ecosystem of scientific computing packages in deep learning models.

We discuss support for advanced techniques such as mixed-mode, complex and checkpointed differentiation, and present how this leads to efficient code generation. We then showcase several examples of differentiating programs and mixing deep learning with existing Julia packages, including differentiable ray tracing, machine learning on simulated quantum hardware, training neural stochastic differential equation representations of financial models and more.

图 10-1　Julia Computing 团队发表的论文

10.1.1　可微编程和自动微分的关系

在开始可微编程之前，先简单回顾一下之前计算弹性阻尼的例子。稍加观察就会发现函数 $f(x) = \dfrac{M}{500} * \dfrac{411.155}{1+\dfrac{4338.47}{x^{1.14791}}} = \dfrac{0.82231M}{1+\dfrac{4338.47}{x^{1.14791}}}$ 在 $M=500$ 时是用参数拟合曲线借助"数值解"来推导近似函数，其实是在用数值微分的方法。真正的弹性阻尼公式应该是 $1-(\mathrm{e}^{-5x} \cdot \cos(30x))$，前面 H5 弹性阻尼实现的例子就是用数值来拟合图 10-2 的一部分来实现弹性效果。

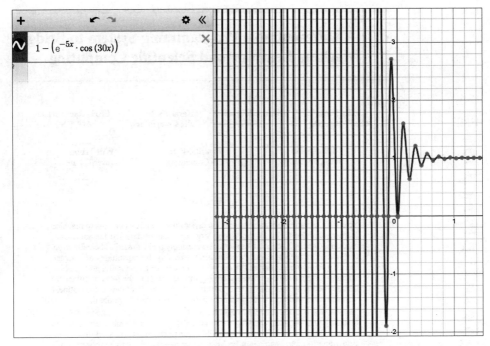

图 10-2 弹性阻尼函数

1）数值微分法。$f'(x) = \lim_{h \to 0} f(x+h) - f(x)h$，只要 h 取很小的数值，比如 0.0001，就可以很方便求解导数，并且可以对用户隐藏求解过程，用户只要给出目标函数和要求解的梯度的变量，程序就可以自动给出相应的梯度，这也是某种意义上的"自动微分"。而在 H5 弹性阻尼函数的求解过程中，使用的正是这种"自动微分"技术。数值微分法的弊端在于计算量大，相当于要把公式 $f(x) =$ $\dfrac{M}{500} * \dfrac{411.155}{1 + \dfrac{4338.47}{x^{1.14791}}} = \dfrac{0.82231M}{1 + \dfrac{4338.47}{x^{1.14791}}}$ 在 $M = 500$ 时的参数全部拟合出来，才能够在以下函数中正确设置参数：

$$y = 0.82231 * max / (1 + 4338.47 / Math.pow(y, 1.14791));$$

2）符号微分法。符号微分（Symbolic Differentiation）属符号计算的范畴，其计算结果是导函数的表达式。符号计算用于求解数学中的公式解（也称解析解）。和前文数值解不同的是，通过符号微分得到的是解的表达式而非具体的数值。根据基本函数的求导公式以及四则运算、复合函数的求导法则，符号微分法可以得到任意可微函数的导数表达式。

以函数 $z = \ln x + x^2 y - \sin xy$ 为例，根据求导公式通过符号计算得到对 x 的偏导数为：

$$\frac{\mathrm{d}z}{\mathrm{d}x} = \frac{1}{x} + 2xy - y\cos xy$$

然后将自变量的值代入导数公式，得到任意点处的导数值。符号微分计算出的表达式需要用字符串或其他数据结构存储，如表达式树。数学软件（如Mathematica、Maple、MATLAB）中实现了这种技术，Python 语言的符号计算库也提供了这类算法。

对于深层复合函数，如机器学习中神经网络的映射函数，符号微分法得到的导数计算公式将会非常冗长。这种冗长的情况称为表达式膨胀（Expression Swell）。对于机器学习中的应用，不需要得到导数的表达式，而只需计算函数在某一点处的导数值，从而以参数的形式更新神经元的权重。因此，符号微分法的计算冗余且成本高昂。例如：对于公式 $l_{n+1} = 4l_n(1-l_n)$，其中 $l_1 = x$，如果采用符号微分算法，当 $n=1, 2, 3, 4$ 时 l_n 的及其导数如图 10-3 所示。

n	l_n	$\frac{\mathrm{d}}{\mathrm{d}x}l_n$	$\frac{\mathrm{d}}{\mathrm{d}x}l_n$ (Optimized)
1	x	1	1
2	$4x(1-x)$	$4(1-x)-4x$	$4-8x$
3	$16x(1-x)(1-2x)^2$	$16(1-x)(1-2x)^2 - 16x(1-2x)^2 - 64x(1-x)(1-2x)$	$16(1-10x+24x^2-16x^3)$
4	$64x(1-x)(1-2x)^2(1-8x+8x^2)^2$	$128x(1-x)(-8+16x)(1-2x)^2(1-8x+8x^2)+64(1-x)(1-2x)^2(1-8x+8x^2)^2 - 64x(1-2x)^2(1-8x+8x^2)^2 - 256x(1-x)(1-2x)(1-8x+8x^2)^2$	$64(1-42x+504x^2-2640x^3+7040x^4-9984x^5+7168x^6-2048x^7)$

图 10-3　符号微分的膨胀问题

3）自动微分。自动微分不同于数值微分和符号微分，它是介于符号微分和数值微分之间的一种方法。数值微分一开始就代入数值近似求解，而符号微分直接对表达式进行推导，最后才代入自变量的值得到最终解。自动微分则是将符号微分应用于最基本的运算（或称原子操作），如常数、幂函数、指数函数、对数函数、三角函数等基本函数，代入自变量的值得到其导数值，作为中间结果进行保留。然后，再根据这些基本运算单元的求导结果计算出整个函数的导数值。

自动微分的灵活强，可实现完全向用户隐藏求导过程，由于它只对基本函数或常数运用符号微分法则，因此可以灵活地结合编程语言的循环、分支等结构，根据链式法则，借助于计算图计算出任意复杂函数的导数值。由于存在上述优点，该方法在现代深度学习库中得到广泛使用。在 Julia 的论文中，研究人员定义了一个损失函数，将点光源作为输入在图像上产生光照，和参考图像进行对比，如图 10-4 所示。通过可微编程的方式自动计算和提取梯度，并用于更新点光源的位置：

```
julia> guess = PointLight(Vec3(1.0), 20000.0, Vec3(1.0, 2.0, -7.0))
julia> function loss_function(light)
          rendered_color = raytrace(origin, direction, scene, light,
              eye_pos)
          rendered_img = process_image(rendered_color, screen_size.w,
                                  screen_size.h)
          return mean((rendered_img .- reference_img).^2)
      end
julia> gs = gradient(x -> loss_function(x, image), guess)
```

a）初始化   b）100 轮训练后预测   c）对照用的原始图像

图 10-4　生成图片和点光源的关系

10.1.2　可微编程实现智能应用程序

在 Julia 之后 Swift 也推出了自己的可微编程。在 Swift 的可微编程提案中，研究人员提出了"智能应用程序"的概念。智能应用程序很智能：使用机器学习技术来增强用户体验。智能应用程序可以借助可微编程的强大能力，对应用的行为做出预测、提供建议并了解用户偏好，根据用户偏好智能调整应用的行为。

智能应用的核心是可微编程，可微编程的核心是自动微分，自动微分可通过梯度下降系统地优化（即找到"好"值）参数。通过传统编程思想的算法进行优化，这些参数通常很难处理，要么是类似数值微分和符号微分中的参数太多，要么是难以和应用的行为做关联。例如，要开发一个智能播放器，可根据播放器内容类型和播放器的用户偏好自动调整播放速度。

```
enum PodcastCategory {
    case comedy
    case news
    ...
}

enum PodcastSection {
    case advertisement
    case introduction
    case body
    case conclusion
}

struct PodcastState {
    let category: PodcastCategory
    let section: PodcastSection
}

struct PodcastSpeedModel {
    var minSpeed, maxSpeed: Float
    var categoryMultipliers: [PodcastCategory: Float]
    var sectionMultipliers: [PodcastSection: Float]

    ///预测并返回播放速度
    func prediction(for state: PodcastState) -> Float {
        let speed = categoryMultipliers[state.category] *
            sectionMultipliers[state.section]
        if speed < minSpeed { return minSpeed }
        if speed > maxSpeed { return maxSpeed }
        return speed
    }
}
```

此播放器的播放速度参数为 minSpeed、maxSpeed、categoryMultipliers 和 sectionMultipliers。根据的经验来判断的话，什么是好的参数？不同的用户可能会有不同的答案，无法根据用户偏好设定不同的参数值。

智能应用程序可以借助可微编程来确定个性化的参数值，如下：

❑ 让用户手动设置速度，并在用户改变速度时记录观察结果的参数值。

❑ 在收集到足够的观察值后，搜索参数值，使模型预测的速度接近用户的首选速度。如果找到这样的值，播放器会产生预测并自动设置速度。

"梯度下降"是执行这种搜索的算法，而支持可微编程的语言可以很容易地实现梯度下降。以下是说明梯度下降的伪代码：

```
//用一个梯度下降的目标函数来最小化，这里使用平均绝对误差
struct Observation {
```

```
    var podcastState: PodcastState
    var userSpeed: Float
}
func meanError(for model: PodcastSpeedModel, _ observations:
    [Observation]) -> Float {
    var error: Float = 0
    for observation in observations {
        error += abs(model.prediction(for: observation.podcastState) -
            observation.userSpeed)
    }
    return error / Float(observations.count)
}
//实现梯度下降算法
var model = PodcastModel()
let observations = storage.observations()
for _ in 0..<1000 {
    let gradient = gradient(at: model) { meanError(for: $0,
        observations) }
    model -= 0.01 * gradient
}
```

　　至此就使用可微编程的能力实现了智能应用的关键部分，这个应用会随着用户实际使用过程越来越智能、越来越懂用户的偏好，从而自动帮助用户设置播放速度。

　　可微编程除了可实现前文中播放速度智能化控制外，还可实现动画参数的变化率、使用物理方程在游戏引擎中的可微函数建模、游戏中的 NPC 和玩家之间智能的互动、流体和其他物理过程的模拟技术基于用导数定义的方程的近似解等。机器人和机械工程中使用的自动控制算法也依赖于对关节和其他物理系统的行为进行建模，可微编程可以轻松得到这些模型函数的导数。只要愿意，几乎所有编程场景里都可用可微编程的思想来智能化解决问题。

10.1.3　Swift 的可微编程

　　领域特定语言（DSL）是一种旨在解决特定领域问题的语言。它们是具有自己的语法和语义的独立语言，如 HTML（一种标记语言）和 SQL（一种数据库查询语言）。这些 DSL 利用宿主语言结构和特性来定义有趣的行为，就像在 imgcook 的 D2C 中使用 D2C Schema 描述 UI 一样，D2C Schema 就是在 JavaScript 中定义的 UI DSL。嵌入式 DSL 的优点包括灵活性和可移植性，典型的嵌入式 DSL 的示例包括 React（一种嵌入在 JavaScript 中的 UI 语言）和 LINQ（一种嵌入在 C# 中的查询语言）。

　　可微编程的一种实现方法是将用于微分的部分用嵌入式 DSL 来实现，通过运算符重载来完成可微分数学运算以计算原始值和导数值：

```
struct RealWithDerivative<T: FloatingPoint> {
    var value: T
    var derivative: T = 0
}
extension RealWithDerivative {
    static func + (lhs: Self, rhs: Self) -> Self {
        RealWithDerivative(
            value: lhs.value + rhs.value,
            derivative: lhs.derivative + rhs.derivative)
    }
    static func * (lhs: Self, rhs: Self) -> Self {
        RealWithDerivative(
            value: lhs.value * rhs.value,
            derivative: lhs.derivative * rhs.value + lhs.value * rhs.
                derivative)
    }
}
var x = RealWithDerivative(value: 3, derivative: 1)
// Original:   x^2 + x^3 = 3^2 + 3^3 = 36.
// Derivative: 2x + 3x^2 = 2*3 + 3(3)^2 = 33.
var result = x*x + x*x*x
print(result)
// RealWithDerivative<Double>(value: 36.0, derivative: 33.0)
```

这样的 DSL 具备很强的扩展性，例如 Real 可以将类型推广到多维数组，并且可以添加更多的可微分操作。但是，嵌入式 DSL 有一些限制：

❑ DSL 功能通常仅限于特定类型和 API。为了简单和优化，DSL 通常使用专门的抽象而不是通用的抽象。例如，许多机器学习框架是 DSL，仅支持特定多维数组类型的微分，并且仅使用特定算法（反向模式自动微分）。

❑ 通常涉及一些模板文件。作为宿主语言，Swift 目前支持有限的元编程来减少模板代码。

❑ 受到宿主语言的元编程能力的限制。目前不可能在 Swift 代码的 Swift 库中定义重要的代码转换（例如反向模式自动微分）。

❑ 可能不适用于所有宿主语言的算法和数据结构，仅支持宿主语言功能的一个子集。

❑ 程序调试可能很困难或无法调试。

源代码转换工具是可微编程的另一种实现方法。用户编写要微分的函数名称、自变量和因变量等，并将它们提供给工具，工具分析输入代码，并根据选项生成计算导数后的输出代码。从历史上看，这是最古老的自动微分方法之一，Tapenade 和 ADIC/ADIFOR 等工具计算 Fortran 和 C 代码并生成优化后的输出代码。

源代码转换工具的一个优点是它们本质上是静态编译器：它们可以对输入代码执行静态分析，以生成优化的导数计算输出代码。例如，Tapenade 执行"活动分析"以确定不需要导数的变量，并执行"TBR（待记录）分析"以在微分过程中去除不必要的中间变量，如图 10-5 所示。但是，这些工具在易用性方面并不理想：用户必须与外部 GUI 交互以指定输入，使用上述外部工具处理输入会打断用户的编程过程，使用户脱离了自然的编程环境。

图 10-5 用户指定输入程序和配置选项 Tapenade 生成导数计算输出程序
（源自 Tapenade 网站）

而 Swift 的可微编程实现是另一类将微分语义和代码转换集成到编程语言中的方式，这种方式和 Julia 的实现方式是类似的，都是将微分运算符（如 grad）添加到语言特征中，并将反向模式自动微分变换添加到编译器中。这样的设计不仅能够让程序员在编程中自然地使用微分能力，还能够帮助用户定义自己的微分API，而无须借助任何外部工具。

1. 线性回归

线性回归尝试找到一条拟合最适合数据点的线，借助迭代方法，使用梯度下降来慢慢找到斜率 x 和截距 y。对于由 (x, y) 组成的基本数据，模型如下：

```
struct Perceptron: @memberwise Differentiable {
    var weights: SIMD64<Float>
    var bias: Float

    @differentiable
    func callAsFunction(_ input: SIMD64<Float>) -> Float {
        weights.dot(input) + bias
    }
}
```

在数据集上训练模型，如下所示：

```
let iterationCount = 160
let learningRate: Float = 0.00003

var model = Perceptron(weights: .zero, bias: 0)

for i in 0..<iterationCount {
    var (loss, totalloss) = valueWithGradient(at: model) { model ->
        Float in
        var totalLoss: Float = 0
        for (x, y) in data {
            let pred = model(x)
            let diff = y - pred
            totalLoss = totalLoss + diff * diff / Float(data.count)
        }
        return totalLoss
    }
    totalloss.weight *= -learningRate
    totalloss.bias *= -learningRate
    model.move(by: totalloss)
    if i.isMultiple(of: 10) {
        print("Iteration: \(iteration) Avg Loss: \(loss / Float(data.count))")
    }
}
```

2. 前馈神经网络

神经网络是一个"参数化函数逼近器"，它接受一些输入，产生一些输出，并通过权重进行参数化。神经网络由层（layer）组成，层是较小的参数化函数"构建块"，损失函数（或成本函数）用于衡量神经网络输出与预期输出之间的差异。神经网络可以通过训练进行学习：将网络应用于"训练数据"（输入 / 输出对），并根据损失函数的导数更新参数。

前馈神经网络是一个简单的神经网络，其中每一层的输出作为输入反馈到下一层。多层感知器是前馈神经网络的常见类型，它由多个密集层（Dense Layer）组成，每个密集层执行 output = activation(matmul(weight, input) + bias)。

```
import TensorFlow
struct MultiLayerPerception: Layer, @memberwise Differentiable {
    var dense1 = Dense<Float>(inputSize: 784, outputSize: 100,
        activation: relu)
    var dense2 = Dense<Float>(inputSize: 100, outputSize: 30,
        activation: relu)
    var dense3 = Dense<Float>(inputSize: 30, outputSize: 10,
        activation: softmax)
    @differentiable
    func callAsFunction(_ input: Tensor<Float>) -> Tensor<Float> {
        dense3(dense2(dense1(input)))
    }
}
```

3. 卷积神经网络

卷积神经网络是执行互相关运算的前馈神经网络，它是输入上的"滑动点积"。互相关运算对空间局部性和平移不变性进行编码，使卷积神经网络适用于图像识别等应用。这是一个实现 LeNet-5 的简单示例，LeNet-5 是一种对手写数字进行分类的卷积神经网络。

```
import TensorFlow
// Original Paper:
// "Gradient-Based Learning Applied to Document Recognition"
// Yann LeCun, Léon Bottou, Yoshua Bengio, and Patrick Haffner
// http://yann.lecun.com/exdb/publis/pdf/lecun-01a.pdf
//
// Note: this implementation connects all the feature maps in the
    second convolutional layer.
// Additionally, ReLU is used instead of sigmoid activations.
struct LeNet: Layer, @memberwise Differentiable {
    var conv1 = Conv2D<Float>(filterShape: (5, 5, 1, 6), padding: .same,
        activation: relu)
    var pool1 = AvgPool2D<Float>(poolSize: (2, 2), strides: (2, 2))
    var conv2 = Conv2D<Float>(filterShape: (5, 5, 6, 16), activation:
        relu)
```

```
    var pool2 = AvgPool2D<Float>(poolSize: (2, 2), strides: (2, 2))
    var flatten = Flatten<Float>()
    var fc1 = Dense<Float>(inputSize: 400, outputSize: 120, activation:
        relu)
    var fc2 = Dense<Float>(inputSize: 120, outputSize: 84, activation:
        relu)
    var fc3 = Dense<Float>(inputSize: 84, outputSize: 10, activation:
        softmax)
    @differentiable
    func callAsFunction(_ input: Tensor<Float>) -> Tensor<Float> {
        let convolved = pool2(conv2(pool1(conv1(input))))
        return fc3(fc2(fc1(flatten(convolved))))
    }
}
```

4. 递归神经网络

循环神经网络是一个前馈神经网络，它包裹在一系列输入的循环中。循环内的前馈神经网络通常被称为递归神经网络（RNN）。与其他神经网络层一样，递归神经网络具有 callAsFunction(_:) 可微分的方法。

```
///递归神经网络定义
protocol RNNCell: Layer
where Input == RNNCellInput<TimeStepInput, State>,
    Output == RNNCellOutput<TimeStepOutput, State> {
    ///输入定义
    associatedtype TimeStepInput: Differentiable
    ///输出定义
    associatedtype TimeStepOutput: Differentiable
    ///跨时间步骤保留的状态
    associatedtype State: Differentiable
    ///0状态
    var zeroState: State { get }
}
```

下面是一个长短期记忆（LSTM）网络的示例，它广泛用于自然语言处理和语音处理。在设计稿生成代码的 D2C 过程中，就大量运用了 LSTM 结合上下文特征来识别 UI 元素。

```
///LSTM定义
struct LSTMCell<Scalar: TensorFlowFloatingPoint>: RNNCell, @memberwise
    Differentiable {
    var fusedWeight: Tensor<Scalar>
    var fusedBias: Tensor<Scalar>
    @noDerivative var stateShape: TensorShape { [1, fusedWeight.
        shape[1] / 4] }
    var zeroState: State {
```

```
        State(cell: Tensor(zeros: stateShape), hidden: Tensor(zeros:
            stateShape))
    }
    typealias TimeStepInput = Tensor<Scalar>
    typealias TimeStepOutput = State
    typealias Input = RNNCellInput<TimeStepInput, State>
    typealias Output = RNNCellOutput<TimeStepOutput, State>
    struct State: @memberwise Differentiable {
        var cell: Tensor<Scalar>
        var hidden: Tensor<Scalar>
    }
    @differentiable
    func callAsFunction(_ input: Input) -> Output {
        let gateInput = input.input.concatenated(with: input.state.
            hidden, alongAxis: 1)
        let fused = matmul(gateInput, fusedWeight) + fusedBias
        let (batchSize, hiddenSize) = (fused.shape[0], fused.shape[1] /
            4)
        let fusedParts = fused.split(count: 4, alongAxis: 1)
        let (inputGate, updateGate, forgetGate, outputGate) = (
            sigmoid(fusedParts[0]),
            tanh(fusedParts[1]),
            sigmoid(fusedParts[2]),
            sigmoid(fusedParts[3])
        )
        let newCellState = input.state.cell * forgetGate + inputGate *
            updateGate
        let newHiddenState = tanh(newCellState) * outputGate
        let newState = State(cell: newCellState, hidden: newHiddenState)
        return Output(output: newState, state: newState)
    }
}
```

递归神经网络是一个环绕在"神经元"周围的循环网络：

```
struct RNN<Cell: RNNCell>: Layer {
    typealias Input = [Cell.TimeStepInput]
    typealias Output = [Cell.TimeStepOutput]
    var cell: Cell
    init(_ cell: @autoclosure () -> Cell) {
        self.cell = cell()
    }
    @differentiable(wrt: (self, input))
    func callAsFunction(_ input: [Cell.TimeStepInput]) -> [Cell.
        TimeStepOutput] {
        var currentHiddenState = zeroState
        var timeStepOutputs: [Cell.TimeStepOutput] = []
        for timeStep in input {
            let output = cell(input: timeStep, state: currentHidden-
```

```
                State)
            currentHiddenState = output.state
            timeStepOutputs.append(output.output)
        }
        return timeStepOutputs
    }
}
```

使用泛型，可以组合不同的 RNN Cell 类型，只需创建类型别名即可在库中定义不同的 RNN 类型：

```
typealias SimpleRNN<Scalar: TensorFlowFloatingPoint> =
    RNN<SimpleRNNCell<Scalar>>
typealias LSTM<Scalar: TensorFlowFloatingPoint> = RNN<LSTMCell<Scalar>>
```

至此，读者已经看到了如何借助可微编程来实现一些以往借助 TensorFlow、PyTorch 等机器学习框架才能实现的功能。同时，可微编程像写普通程序那样复用现有的编程思想、编程生态、语言特性等，可以从语言层面把现有的技术工程体系进行智能化升级。虽然在 github.com/alibaba/pipcook 开源项目里提供的可微编程能力不如 Swift 这么原生和强大，但是依然可以借助 PipCook 提供的可微编程能力，对现有的技术工程体系进行升级。

PipCook 可微编程是基于 TensorFlow 实现的，下面将详细介绍一下 TensorFlow 的可微编程和自动微分技术，便于读者在使用 PipCook 进行可微编程的时候，理解可微编程的能力和解决问题的方法。

10.2　TensorFlow 可微编程

把 TensorFlow 放在 Julia 和 Swift 之后，是因为它与前两者有显著的区别，前两者是语言原生的可微编程能力，而 TensorFlow 是把可微编程内置在机器学习框架中。因此，TensorFlow 无法像 Julia 和 Swift 一样原生地进行可微编程，但是，TensorFlow 作为一个机器学习框架可以摆脱语言的限制。如果发现在使用 PipCook 或直接使用 TensorFlow.js 无法满足需求的时候，可以用 Python 来使用 TensorFlow，甚至在一些对性能要求苛刻的场景中，也可以直接用 C/C++ 来使用 TensorFlow 底层 API。回到可微编程，由于 TensorFlow 作为机器学习框架不支持原生可微编程，而 JavaScript 在可微编程对一些数据结构和运算符的要求尚有不足，建议先从 Python 的使用开始，再以 API 的方式和 PipCook、TensorFlow.js 结合，来借助可微编程升级前端技术工程体系。

现代的机器学习框架基本都以计算图为基础，计算图是什么呢？作为程序员，都知道计算的过程是围绕变量和计算指令构成的语句进行，计算执行完会得到结果并返回。然而，TensorFlow 等机器学习框架则不同，它们首先要构建一个计算图，然后将数据输入图中，通过计算图规定的操作进行计算。计算图上规定的操作可以是一些基础的运算符，这和符号微分解决的方法是一致的。计算图也可以规定一些自定义的运算符，这可以降低符号微分的膨胀问题，但同时也会带来编程的负担。计算图赋予程序员选择和平衡的权力，从而对计算成本进行优化，让我们进行可微编程的时候更加灵活。

举个例子，假设要计算 $e = (a+b) \times (b+1)$，式中包含两个加法和一个乘法，为了更直观可以用中间变量存储每个运算的结果：

$$c = a + b$$
$$d = b + 1$$
$$e = c \times d$$

用上述操作构建一张计算图，同时对 a 和 b 进行赋值通过计算图计算结果，如图 10-6 所示。

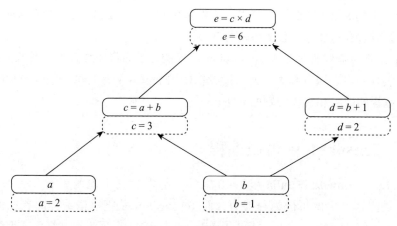

图 10-6　计算图示例

通过图计算，可以清晰看到表达式中的运算操作、依赖关系、控制流等。如果把计算图的每个运算作为节点（node），则箭头线段就是边（edge），如图 10-7 所示求边的偏导数。

通过链式法则逐节点计算偏导数，在计算图反向传播时，需要用链式求导法则算出计算图最后输出的梯度，然后对计算图进行优化。类似图 10-7 的表达式形式就是 TensorFlow 的基本计算模型。总而言之，计算图由节点和边构成，节点表示操作符（operator），或称为算子，边表示计算间的依赖，实线表示有数据传递

依赖，数据单元一般用 tf.Tensor 来包装，称为"张量"，虚线通常可以表示控制
依赖，即执行计算的次序。

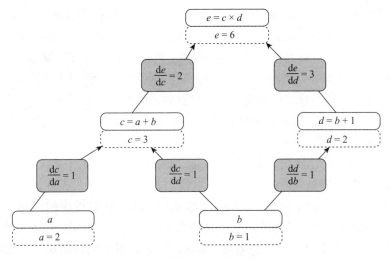

图 10-7　对边求偏导数

计算图从本质上说就是 TensorFlow 在内存中构建的程序逻辑图，一张计算图
可以看作一个程序，程序可以被分割成多个语句或命令从而并行化，在多个不同
的 CPU 线程或 GPU 处理器上分布式并行计算，如图 10-8 所示。因此，计算图的
模式不仅有利于可微编程的灵活性，还能够支持大规模、分布式并行计算。

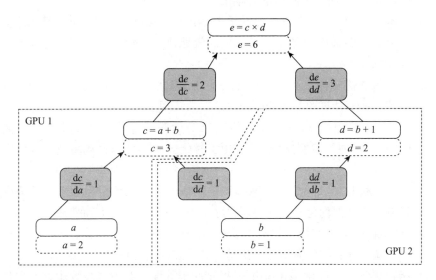

图 10-8　计算图并行计算示意图

10.2.1 TensorFlow 计算图示例

TensorFlow 中的计算图有 3 种，分别是静态计算图、动态计算图和自动计算图（Autograph）。在 TensorFlow 1 中采用的是静态计算图，需要先使用 TensorFlow 的各种算子创建计算图，然后再开启一个会话（Session）显式执行计算图。所以，静态计算图是先定义后计算的。在 TensorFlow 2 中默认采用的是动态计算图，即每使用一个算子后动态加入到隐含的默认计算图中立即执行得到结果。由此可见，动态计算图是边定义边计算的。因此，动态计算图更方便调试程序，让 TensorFlow 代码的表现和 Python 原生代码的表现一样，虽然有效率损失但更接近原生的可微编程。

TensorFlow 同时使用计算图和 Eager Execution 来执行计算。一个 tf.Graph 包含一组代表计算单元的 tf.Operation 对象（运算）和一组代表在运算之间流动的数据单元的 tf.Tensor 对象。Grappler 是 TensorFlow 运行时中的默认计算图优化系统。Grappler 通过计算图简化和其他高级优化（例如利用内嵌函数体实现程序间优化），在计算图模式（在 tf.function 内）下应用优化以提高 TensorFlow 计算的性能。优化 tf.Graph 还可以通过优化计算图节点到计算资源的映射来减少设备峰值内存使用量并提高硬件利用率。使用 tf.config.optimizer.set_experimental_options() 可以更好地控制 tf.Graph 优化。

Grappler 提供的计算图优化器具体如下。

❑ 常量折叠优化器：通过折叠计算图中的常量节点来静态推断张量的值（如可能），并使用常量使结果具体化。

❑ 算术优化器：通过消除常见的子表达式并简化算术语句来简化算术运算。

❑ 布局优化器：优化张量布局以更高效地执行依赖于数据格式的运算，例如卷积。

❑ 重新映射优化器：通过将常见的子计算图替换为经过优化的融合一体化内核，将子计算图重新映射到更高效的实现上。

❑ 内存优化器：分析计算图以检查每个运算的峰值内存使用量，并插入 CPU-GPU 内存复制操作以将 GPU 内存交换到 CPU，从而减少峰值内存使用量。

❑ 依赖项优化器：移除或重新排列控制依赖项，以缩短模型步骤的关键路径或实现其他优化。另外，还移除了无运算的节点，例如 Identity。

❑ 剪枝优化器：剪掉对计算图的输出没有影响的节点。通常会首先运行剪枝来减小计算图的大小并加快其他 Grappler 传递中的处理速度。

❑ 函数优化器：优化 TensorFlow 程序的函数库，并内嵌函数体以实现其他程序间的优化。

❑ 形状优化器：优化对形状和形状相关信息进行运算的子计算图。

❑ 自动并行优化器：通过批次维度拆分计算图来自动并行化。默认情况下，此优化器处于关闭状态。

❑ 循环优化器：通过将循环不变式子计算图提升到循环外并通过移除循环中的冗余堆栈运算来优化计算图控制流。另外，还优化具有静态已知行程计数的循环，并移除条件语句中静态已知的无效分支。

❑ 范围分配器优化器：引入范围分配器以减少数据移动并合并某些运算。

❑ 固定到主机优化器：将小型运算交换到 CPU 上。默认情况下，此优化器处于关闭状态。

❑ 自动混合精度优化器：在适用的情况下将数据类型转换为 float16 以提高性能。目前仅适用于 GPU。

❑ 调试剥离器：从计算图中剥离与调试运算相关的节点，例如 tf.debugging.Assert、tf.debugging.check_numerics 和 tf.print。默认情况下，此优化器处于关闭状态。

TensorFlow 2 及更高版本默认情况下会以 Eager 模式执行。使用 tf.function 可将默认执行切换为"计算图"模式，同时，Grappler 在后台自动运行，以应用上述计算图优化并提高执行性能。接下来用一个常量折叠优化器的示例，来理解一下 Grappler 的强大。

首先，做一些准备工作：

```python
import numpy as np
import timeit
import traceback
import contextlib
import tensorflow as tf
#创建上下文管理器以简化切换优化器状态
@contextlib.contextmanager
def options(options):
    old_opts = tf.config.optimizer.get_experimental_options()
    tf.config.optimizer.set_experimental_options(options)
    try:
        yield
    finally:
        tf.config.optimizer.set_experimental_options(old_opts)
```

接着，定义一个对常量执行运算并返回输出的函数：

```python
def test_function_1():
    @tf.function
```

```
def simple_function(input_arg):
    print('Tracing!')
    a = tf.constant(np.random.randn(2000,2000), dtype = tf.float32)
    c = a
    for n in range(50):
        c = c@a
    return tf.reduce_mean(c+input_arg)
return simple_function
```

然后，关闭常量折叠优化器并执行以下函数来观察性能表现：

```
with options({'constant_folding': False}):
    print(tf.config.optimizer.get_experimental_options())
    simple_function = test_function_1()
    #跟踪一次
    x = tf.constant(2.2)
    simple_function(x)
    print("Vanilla execution:", timeit.timeit(lambda: simple_
        function(x), number = 1), "s")
```

执行结果如下：

```
{'constant_folding': False, 'disable_model_pruning': False, 'disable_meta_
    optimizer': False}
Metal device set to: Apple M1 Pro
Tracing!
Vanilla execution: 0.0027082499999835363 s
```

可以看到执行耗时约为 0.0027s，这里用的是 Apple M1 Pro 处理器，Apple 的 M1 芯片和 macOS 硬件加速 Metal 软件包对 TensorFlow 有很好的支持，只需要安装 MiniConda，然后用以下命令：

```
conda install -c apple tensorflow-deps
python -m pip install tensorflow-macos
python -m pip install tensorflow-metal
```

即可以快速完成对 M1 处理器的 MacOS 机器学习环境的搭建，又可以拥有完整的 GPU 加速能力。下面启用常量折叠优化器，再次执行函数以观察加速的情况。

```
with options({'constant_folding': True}):
    print(tf.config.optimizer.get_experimental_options())
    simple_function = test_function_1()
    #跟踪一次
    x = tf.constant(2.2)
    simple_function(x)
    print("Constant folded execution:", timeit.timeit(lambda: simple_
        function(x), number = 1), "s")
```

执行结果如下：

```
{'constant_folding': True, 'disable_model_pruning': False, 'disable_
    meta_optimizer': False}
Tracing!
2022-05-26 16:18:01.238004: [ tensorflow/core/grappler/optimizers/
    custom_graph_optimizer_registry.cc:113] Plugin optimizer for
    device_type GPU is enabled.
Constant folded execution: 0.0005552079999802118 s
```

可以看到执行耗时约为 0.000555s，数量级上有了巨大提升。了解完计算图部分，接下来就进入自动微分部分，看看 TensorFlow 如何帮助程序员进行可微编程。

10.2.2　TensorFlow 梯度计算

图计算里大部分都是优化问题，而优化问题通常会用梯度下降处理，那么在进行可微编程的时候，梯度下降就显得非常重要。提到梯度就必须从导数（Derivative）、偏导数（Partial derivative）和方向导数（Directional derivative）入手，理解这些概念才能明白为什么优化问题使用梯度下降来优化目标函数。

在开始之前，首先回顾一下导数。图 10-9 是一张经典图，如果忘记了导数微分的概念，借助此图就能全部想起来。导数指的是函数 $y=f(x)$ 在某一点沿着 x 轴正方向的变化率，也就是说在 x 轴某一点处，如果 $f'(x)>0$，说明 $f(x)$ 在 x 处沿着 x 轴正方向趋于增加，如果 $f'(x)<0$，则说明 $f(x)$ 在 x 处沿着 x 轴正方向趋于减少。

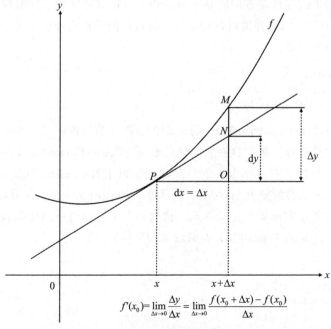

$$f'(x_0)=\lim_{\Delta x \to 0}\frac{\Delta y}{\Delta x}=\lim_{\Delta x \to 0}\frac{f(x_0+\Delta x)-f(x_0)}{\Delta x}$$

图 10-9　导数与微分

从偏导数 $\dfrac{\mathrm{d}}{\mathrm{d}x_j} f(x_0, x_1, \cdots, x_n) = \lim\limits_{\mathrm{d}x \to 0} \dfrac{\mathrm{d}y}{\mathrm{d}x} = \lim\limits_{\mathrm{d}x \to 0} \dfrac{f(x_0, \cdots, x_j + \mathrm{d}x, \cdots, x_n) - f(x_0, \cdots, x_j, \cdots, x_n)}{\mathrm{d}x}$

中不难看出，其和导数的本质是一样的，都是当自变量变化趋于 0 时，函数值的变化量与自变量变化量比值的极限。简单来说，偏导数也就是函数在某一点上沿坐标轴正方向的变化率。两者的区别在于，导数指的是一元函数中 $y = f(x)$ 在某一点沿着 x 轴正方向的变化率，而偏导数则指多元函数 $y = f(x_1, x_2, \cdots, x_n)$ 在某一点沿着坐标轴 $(x_1, x_2, \cdots, x_n)$ 正方向的变化率。

方向导数 $\dfrac{\mathrm{d}}{\mathrm{d}t} f(x_0, x_1, \cdots, x_n) = \lim\limits_{p \to 0} \dfrac{\mathrm{d}y}{\mathrm{d}x} = \lim\limits_{p \to 0} \dfrac{f(x_0 + \Delta x_0, \cdots, x_j + \Delta x_j, \cdots, x_n + \Delta x_n) - f(x_0, \cdots, x_j, \cdots, x_n)}{p}$

是函数在其他特定方向上的变化率。除函数在坐标轴正方向上的变化率（即偏导数），在其他特定方向上的变化率也非常重要。

梯度 $\mathrm{grad} f(x_0, x_1, \cdots, x_n) = \left(\dfrac{\mathrm{d}f}{\mathrm{d}x_0}, \cdots, \dfrac{\mathrm{d}f}{\mathrm{d}x_j}, \cdots, \dfrac{\mathrm{d}f}{\mathrm{d}x_n} \right)$，函数在某一点的梯度是一个向量，该向量与方向导数的方向一致，梯度向量的模是方向导数的最大值。因此，在优化目标函数时，沿着梯度方向相反的方向减小函数值以达到所谓"下降"的效果。总体来说，梯度是为了寻找极大值，所以梯度向量沿着函数增长最快的方向延伸。如果改变梯度方向则是下降最快的，这就是共线反向取极小值。下面用 TensorFlow 计算梯度并进行自动微分，通过可微编程来理解上述数学知识。

先准备一下环境：

```
import numpy as np
import matplotlib.pyplot as plt
import tensorflow as tf
```

要实现自动微分，TensorFlow 需记住在前向计算过程中定义哪些运算及以何种顺序控制运算过程。随后，在后向计算期间，TensorFlow 以相反的顺序遍历此运算图来计算梯度。TensorFlow 为自动微分提供了 tf.GradientTape API，即计算相对于某些输入（通常是 tf.Variable）的梯度。TensorFlow 会将在 tf.GradientTape 上下文内执行的相关运算"记录"到"梯度带"上。通过反向模式微分计算"记录"的梯度，用来给 TensorFlow 在后续流程里使用。

例如：

```
x = tf.Variable(3.0)
with tf.GradientTape() as tape:   y = x**2
```

执行结果如下：

```
Metal device set to: Apple M1 Pro
2022-05-20 16:26:12.103519: [ tensorflow/core/common_runtime/pluggable_
    device/pluggable_device_factory.cc:305] Could not identify NUMA
    node of platform GPU ID 0, defaulting to 0. Your kernel may not
    have been built with NUMA support.
2022-05-20 16:26:12.103892: [ tensorflow/core/common_runtime/pluggable_
    device/pluggable_device_factory.cc:271] Created TensorFlow device
    (/job:localhost/replica:0/task:0/device:GPU:0 with 0 MB memory)
    -> physical PluggableDevice (device: 0, name: METAL, pci bus id:
    <undefined>)
```

使用 GradientTape.gradient(target, sources) 计算某个目标（通常是损失）相对于某个源（通常是模型变量）的梯度。

```
# dy = 2x*dx
dy_dx = tape.gradient(y, x)
dy_dx.numpy()
```

执行结果为 5.9999995，虽然这个简单的示例使用标量，但是 tf.Grad-ientTape 可以轻松运行在任何张量上。

```
w = tf.Variable(tf.random.normal((3, 2)), name='w')
b = tf.Variable(tf.zeros(2, dtype=tf.float32), name='b')
x = [[1., 2., 3.]]

with tf.GradientTape(persistent=True) as tape:
    y = x @ w + b
    loss = tf.reduce_mean(y**2)
```

要获得 loss 相对于两个变量的梯度，可以将这两个变量作为源传递给 gradient 方法。梯度带在关于变量的传递方式上非常灵活，可以接受列表或字典的任何嵌套组合，并以相同的方式返回梯度结构（请参阅 tf.nest）。

```
[dl_dw, dl_db] = tape.gradient(loss, [w, b])
```

对于每个源的形状梯度计算，返回结果的形状是相同的。

```
print(w.shape)
print(dl_dw.shape)

#返回
(3, 2)
(3, 2)
```

再以一个字典变量为例计算一下梯度：

```
my_vars = {
    'w': w,
    'b': b
}
grad = tape.gradient(loss, my_vars)
grad['b']
```

执行结果如下：

```
<tf.Tensor: shape=(2,), dtype=float32, numpy=array([-1.3877114 ,
    -0.99336153], dtype=float32)>
```

通常将 tf.Variables 收集到 tf.Module 或其子类之一（layers.Layer、keras.Model）中，用于设置检查点（checkpoint）和导出。在大多数情况下，需要计算相对于模型的可训练变量的梯度，从而通过梯度下降对模型优化。由于 tf.Module 所有子类的变量都在 Module.trainable_variables 属性中聚合，可以用以下代码计算这些梯度：

```
layer = tf.keras.layers.Dense(2, activation='relu')
x = tf.constant([[1., 2., 3.]])
with tf.GradientTape() as tape:
    y = layer(x)
    loss = tf.reduce_mean(y**2)

#计算梯度
grad = tape.gradient(loss, layer.trainable_variables)
for var, g in zip(layer.trainable_variables, grad):
    print(f'{var.name}, shape: {g.shape}')
```

执行结果如下：

```
dense/kernel:0, shape: (3, 2)
dense/bias:0, shape: (2,)
```

TensorFlow 默认在访问可训练变量 tf.Variable 后记录所有运算，原因如下：
❑ 需要知道在前向传递中记录哪些运算，以计算后向传递中的梯度。
❑ 梯度带包含对中间输出的引用，因此应避免记录不必要的操作。
❑ 最常见用例涉及计算损失相对于模型的所有可训练变量的梯度。
以下示例无法计算梯度，因为默认情况下 tf.Tensor 未被"检视"，并且 tf.Variable 不可训练。

```
#可训练的变量
```

```
x0 = tf.Variable(3.0, name='x0')
#不可训练的变量
x1 = tf.Variable(3.0, name='x1', trainable=False)
#变量+张量，返回张量的情况
x2 = tf.Variable(2.0, name='x2') + 1.0
#非变量
x3 = tf.constant(3.0, name='x3')
with tf.GradientTape() as tape:
    y = (x0**2) + (x1**2) + (x2**2)
grad = tape.gradient(y, [x0, x1, x2, x3])

for g in grad:
    print(g)
```

执行结果如下：

```
tf.Tensor(5.9999995, shape=(), dtype=float32)
None
None
None
```

可以使用 GradientTape.watched_variables 方法列出解控的变量：

```
[var.name for var in tape.watched_variables()]
#执行结果：
# ['x0:0']
```

tf.GradientTape 提供了钩子（hook）让用户可以自己选择监控或不监控的内容。要记录相对于 tf.Tensor 的梯度，需要调用 GradientTape.watch(x)。

```
x = tf.constant(3.0)
with tf.GradientTape() as tape:
    tape.watch(x)
    y = x**2

# dy = 2x * dx
dy_dx = tape.gradient(y, x)
print(dy_dx.numpy())

#执行结果：
# 5.9999995
```

相反，要停用监视所有 tf.Variables 的默认行为，只需设置 watch_accessed_variables=False。

```
x0 = tf.Variable(0.0)
x1 = tf.Variable(10.0)
```

```
with tf.GradientTape(watch_accessed_variables=False) as tape:
    tape.watch(x1)
    y0 = tf.math.sin(x0)
    y1 = tf.nn.softplus(x1)
    y = y0 + y1
    ys = tf.reduce_sum(y)
```

由于 GradientTape.watch 未在 x0 上调用，因此无法计算其梯度。

```
# dys/dx1 = exp(x1) / (1 + exp(x1)) = sigmoid(x1)
grad = tape.gradient(ys, {'x0': x0, 'x1': x1})

print('dy/dx0:', grad['x0'])
print('dy/dx1:', grad['x1'].numpy())
```

执行结果如下：

```
dy/dx0: None
dy/dx1: 0.9999546
```

还可以获取对于 tf.GradientTape 上下文中计算的中间梯度的值。

```
x = tf.constant(3.0)
    with tf.GradientTape() as tape:
    tape.watch(x)
    y = x * x
    z = y * y
# dz_dy = 2 * y and y = x ** 2 = 9
print(tape.gradient(z, y).numpy())
#执行结果：
# 18.0
```

默认情况下，只要调用 GradientTape.gradient 方法，就会释放 GradientTape 保存的资源。要在同一计算中计算多个梯度，需创建一个 persistent=True 的梯度带。这样一来，当梯度带对象作为垃圾回收时，随着资源的释放，可以对 gradient 方法进行多次调用。

```
x = tf.constant([1, 3.0])
with tf.GradientTape(persistent=True) as tape:
    tape.watch(x)
    y = x * x
    z = y * y
print(tape.gradient(z, x).numpy())  # 108.0 (4 * x**3 at x = 3)
print(tape.gradient(y, x).numpy())  # 6.0 (2 * x)
#执行结果：
# [4. 108.]
# [2. 6.]
del tape
```

　　至此就完成了基础的梯度计算实践，在真实的使用过程中，梯度带来的最大价值是判断自动微分是否正常，换句话说就是模型是否进行了有效的训练。作为一个程序员，相信每个程序员都有在传统编程中有打印控制台日志的经历，通过打印调试信息来对程序是否正常进行判断，其实，在可微编程中计算梯度可以类比为在传统编程中打印调试信息。

```
x = tf.Variable(2.0)
with tf.GradientTape(persistent=True) as tape:
    y0 = x**2
    y1 = 1 / x

print(tape.gradient(y0, x).numpy())
print(tape.gradient(y1, x).numpy())
#执行结果：
# 4.0
# -0.25
```

　　但必须注意的是，在某些层面上梯度计算和打印调试信息又有所不同，因为当有多个目标的梯度时，每个输入源的计算结果为每个目标的梯度总和，而不会把调试信息都加在一起输出。

```
x = tf.Variable(2.0)
with tf.GradientTape() as tape:
    y0 = x**2
    y1 = 1 / x
print(tape.gradient({'y0': y0, 'y1': y1}, x).numpy())
#执行结果：
# 3.75
```

　　如果不以标量为目标，则计算梯度的总和：

```
x = tf.Variable(2.)
with tf.GradientTape() as tape:
    y = x * [3., 4.]
print(tape.gradient(y, x).numpy())
#执行结果：
# 7.0
```

　　总和的梯度给出了每个元素相对于其输入元素的导数，因为每个元素都是独立的：

```
x = tf.linspace(-10.0, 10.0, 200+1)

with tf.GradientTape() as tape:
    tape.watch(x)
    y = tf.nn.sigmoid(x)
```

```
dy_dx = tape.gradient(y, x)

plt.plot(x, y, label='y')
plt.plot(x, dy_dx, label='dy/dx')
plt.legend()
_ = plt.xlabel('x')
```

如图 10-10 所示，画出函数图像后，就完成了计算的部分。此外，在执行计算时由于梯度带会记录这些运算，因此，可以用 Python 的 if 和 while 语句进行控制。例如，可以用 if 的每个逻辑分支分别使用不同的变量，梯度仅在使用到的变量上计算：

```
x = tf.constant(1.0)
v0 = tf.Variable(2.0)
v1 = tf.Variable(2.0)

with tf.GradientTape(persistent=True) as tape:
    tape.watch(x)
    if x > 0.0:
        result = v0
    else:
        result = v1**2
dv0, dv1 = tape.gradient(result, [v0, v1])
print(dv0)
print(dv1)
#执行结果:
# tf.Tensor(1.0, shape=(), dtype=float32)
# None
```

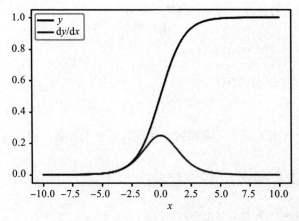

图 10-10　画出函数图像

不同于 Julia 和 Swift 的可微编程，由于没有对代码的分析和编译层面进行优化，这些控制语句本身是不可微分的，因此也享受不到类似 Julia 和 Swift 基于梯度的优化能力。

10.2.3　TensorFlow 自动微分

有了前面的知识就可以自己定义一个可微编程的算法，完整体验一下自动微分的魅力。

```python
import numpy as np
import matplotlib.pyplot as plt

import tensorflow as tf
#重置Jupyter Notebook的状态
tf.keras.backend.clear_session()

print("Version: ", tf.__version__)
print("Eager mode: ", tf.executing_eagerly())
print(
    "GPU is",
    "available" if tf.config.list_physical_devices("GPU") else "NOT
        AVAILABLE")
```

完成了准备工作，接下来用可微编程定义一个简单的计算图：

```python
class Dense(tf.Module):
    def __init__(self, in_features, out_features, name=None):
        super().__init__(name=name)
        self.w = tf.Variable(
            tf.random.normal([in_features, out_features]), name='w')
        self.b = tf.Variable(tf.zeros([out_features]), name='b')
    def __call__(self, x):
        y = tf.matmul(x, self.w) + self.b
        return tf.nn.relu(y)

class MySequentialModule(tf.Module):
    def __init__(self, name=None):
        super().__init__(name=name)
        self.dense_1 = Dense(in_features=3, out_features=3)
        self.dense_2 = Dense(in_features=3, out_features=2)
    @tf.function
    def __call__(self, x):
        x = self.dense_1(x)
        return self.dense_2(x)

my_model = MySequentialModule(name="the_model")
print(my_model([[2.0, 2.0, 2.0]]))
```

```
print(my_model([[[2.0, 2.0, 2.0], [2.0, 2.0, 2.0]]]))
```

执行结果如下：

```
Metal device set to: Apple M1 Pro
2022-05-26 21:43:03.418859: [ tensorflow/core/common_runtime/pluggable_
    device/pluggable_device_factory.cc:305] Could not identify NUMA
    node of platform GPU ID 0, defaulting to 0. Your kernel may not
    have been built with NUMA support.
2022-05-26 21:43:03.419521: [ tensorflow/core/common_runtime/pluggable_
    device/pluggable_device_factory.cc:271] Created TensorFlow device
    (/job:localhost/replica:0/task:0/device:GPU:0 with 0 MB memory)
    -> physical PluggableDevice (device: 0, name: METAL, pci bus id:
    <undefined>)
tf.Tensor([[3.484032 2.321042]], shape=(1, 2), dtype=float32)
tf.Tensor(
[[[3.484032 2.321042]
    [3.484032 2.321042]]], shape=(1, 2, 2), dtype=float32)
```

然后利用跟踪计算图的功能记录日志，用于可视化分析：

```
from datetime import datetime
#设置日志
stamp = datetime.now().strftime("%Y%m%d-%H%M%S")
logdir = "logs/func/%s" % stamp
writer = tf.summary.create_file_writer(logdir)
#创建计算图
new_model = MySequentialModule()
#跟踪计算图
tf.summary.trace_on(graph=True, profiler=True)
z = print(new_model(tf.constant([[2.0, 2.0, 2.0]])))
with writer.as_default():
    tf.summary.trace_export(
        name="my_func_trace",
        step=0,
        profiler_outdir=logdir)
```

最后，借助 TensorFlow 提供的工具 TensorBoard 进行可视化，方便程序员调试和定位问题，如图 10-11 所示。

```
#docs_infra: no_execute
%load_ext tensorboard
%tensorboard --logdir logs/func
```

在 TensorBoard 中不仅可以查看计算图，还能够查看梯度和计算过程，进行有限的调试、跟踪和优化性能等。至此，读者已经在不知不觉中把机器学习的底层原理基本掌握了。学习可微编程，一方面是理解机器学习框架提供的高阶抽象 API 背后都发生了什么，在模型训练出现问题的时候能够更好地理解、定位和优化，另一方面，如果掌握了可微编程就能够围绕问题定义自己的算法模型，有针对性地设计原生应用机器学习能力的程序，以期待进一步降低计算的复杂度，同时提升解决问题的效果。

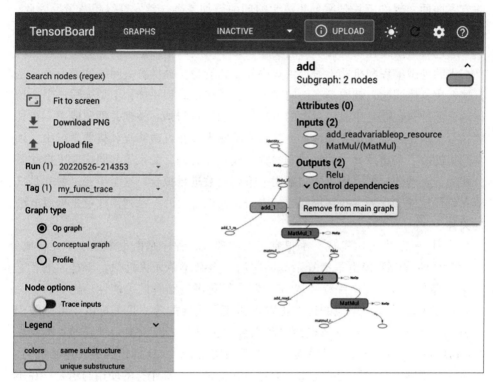

图 10-11　借助 TensorBoard 可视化

10.3　可微编程应对未来

笔者在腾讯工作 4 年多、阿里 8 年多，加上辗转于一些小公司和创业的经历，在编程和计算机技术领域积累了二十余年。从软件到硬件，从前端到云端，计算渗入社会的方方面面。如果说蒸汽机、电力、计算机是对物理世界的颠覆式创新，那么可微编程和机器学习就是对编程世界的颠覆式创新。这种颠覆的关键在于写的程序看起来像拥有了智能，可以完成一些软件工程师没有预先设定好的工作。举个例子，软件工程师无法预先设定好各种光线条件、各种角度、各种意外情况下人脸特征的数据，按照传统编程来说，这就无法编写一个程序来判断输入的特征数据是否属于同一个人，更不用说安检、考勤等系统要记住成千上万乃至上亿人。无法把所有程序的逻辑想清楚，按照传统编程思想，就难以把程序用编程语言表达出来。因为在传统编程思想中，程序是用编程语言作为媒介把软件工程师想清楚的程序逻辑表达出来而已。而现实情况则不同，随着计算渗入社会的方方面面，软件工程师需要想清楚的问题越加复杂，越发难以想清楚。因此，软件工程师必须用一种全新的编程思想来应对这种不确定性。

通过对可微编程和机器学习的实践，总结出应对不确定性的全新编程思想就是：借助可微编程和机器学习提供解决问题的能力。提供解决问题的能力而不是直接解决具体问题，就像是在面向对象编程思想里编程一样，不是去写一个个具体的业务逻辑，而是用面向对象的方法对它们进行归纳、整理并抽象成类，在具体场景中根据初始化参数和输入产生对应的输出。在可微编程和机器学习中，计算图里的节点和边及其上的算子和参数、权重、流程、关系等共同构成了自动微分能力，自动微分把要解决的问题用一系列函数进行拟合，这个拟合过程就是机器在替代软件工程师寻找解决问题的方法，而拟合后的一系列函数就是构成方法的关键。

从图 10-12 中可以发现一个很有意思的现象，程序是由很多微小单元构成，自动微分的可微编程也是把复杂的问题用很多微小单元去近似。于是，笔者这两年一直在思考对可微编程和 AST 控制流优化进行结合的可能性。比如前文关于弹性阻尼的计算，类似的还有正则表达式模式匹配等，是否可以用可微编程的方法，将具体实现的细节交给自动微分去推导？笔者认为是可以的，不仅在TensorFlow、Julia、Swift 里做尝试，笔者还使用 PYGAD 提供的遗传算法能力，给定一个正则表达式匹配的输出，通过对通配符的和操作符的使用与组合，在不同的文本输入上训练效果最好的模式匹配，比如从各种结构的 DOM 里提取所有的主容器元素 HTML 片段。通过 PYGAD 中对 fitness_func() 的定义，每次自适应地进行基因突变和遗传，从而逐步演化出最佳策略。同样地，也可以使用强化学习（DRL）。由 DeepMind 于 2013 年和 2015 年分别提出的两篇论文 "Playing Atari with Deep Reinforcement Learning" 和 "Human-level Control through Deep Reinforcement Learning"，《 Playing Atari with Deep Reinforcement Learning 》中第一次提出 Deep Reinforcement Learning（DRL）这个名称，并且提出 DQN 算法，完全通过 Agent 学习来玩 Atari 游戏，让模型和算法超越人类。而后 DeepMind 提出 AlphaZero，完美地运用了 DRL+Monte Calo 搜索树，取得了超过人类的水平！席卷全球的"阿尔法狗"横空出世，将世界顶级的多位围棋选手斩落马下。为什么 Reinforcement Learning 的算法叫做 Q-Learning ？正因为 Q 值（ Quality ）的存在，而 Q 值实际上是由 reward_func() 定义的，这与遗传算法里的 fitness_ func() 是类似的，都是用来评价学习质量 Q 值的方式。

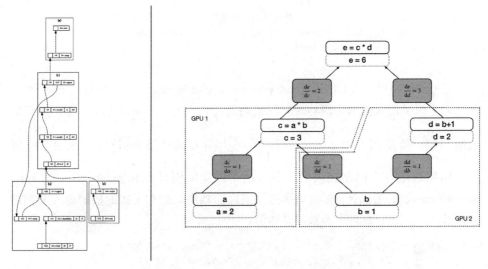

图 10-12　JavaScript 的 AST 控制流图和自动微分可微编程计算图

除了遗传算法和强化学习，不难发现生成对抗网络（Generative Adversarial Network，GAN）也是类似的，该方法由伊恩·古德费洛等于 2014 年提出。左右互搏的对抗网络由生成网络和判别网络构成，生成网络由一些随机种子开始随机生成，然后根据生成目标和判别网络的打分进行优化，判别器也会学习目标样本，然后判别器和生成器对企图蒙混过关的行为进行抗争，最终双方经过大量博弈后打成平手。比遗传算法和强化学习更进一步的是引入了外部视角，而遗传算法和强化学习仅是自己和收益以及回报的对抗。在 GAN 之后还有多任务、多网络、通用人工智能等，围绕如何让机器替代人去观察和思考，已经有大量的研究成果可供软件工程师参考和使用。下面再回到本章开始的弹性阻尼动画问题，用可微编程的方式重新实现，带领读者体会可微编程的魅力。

10.3.1　可微编程实现弹性动画

可微编程能解决什么问题呢？任何时候从实际的问题出发总没错，下面就进入可微编程实现弹性动画的部分。通过动画、动效增加 UI 表现力，作为前端人员或多或少都实现过。在本章开始的时候介绍了关于弹性阻尼动画的例子，函数

$$f(x) = \frac{M}{500} * \frac{411.155}{1 + \frac{4338.47}{x^{1.14791}}} = \frac{0.82231M}{1 + \frac{4338.47}{x^{1.14791}}}$$ 在 $M = 500$ 时效果最好，实现成 JavaScript

代码如下：

```
function damping(x, max) {
    let y = Math.abs(x);
    //下面的参数都是来源于公式用数值拟合的结果
    y = 0.82231 * max / (1 + 4338.47 / Math.pow(y, 1.14791));
    return Math.round(x < 0 ? -y : y);
}
```

完整的代码可以从 https://github.com/JunreyCen/blog/issues/8 中找到，JunreyCen 详细地介绍了他研究和实现弹性阻尼动画的过程。为了解决计算动画变化速率参数的问题，他使用了 4PL 公式 $Y = \dfrac{(A-D)}{[1+(x/c)^B]} + D$ 进行函数拟合，如图 10-13 所示。用到的是一个网站提供的工具，这个网站的网址是 http://www.qinms.com/webapp/curvefit/cf.aspx。在这里通过把实际动画中记录和采集的数据输入来获得 4PL 里 A、B、C、D 四个参数的具体值。

```
train_x = (0,500,1000,1500,2500,6000,8000,10000,12000)
train_y = (0,90,160,210,260,347.5,357.5,367.5,377.5)
```

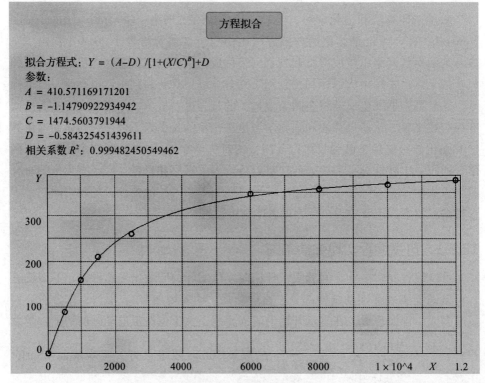

图 10-13 函数拟合工具

有了 A、B、C、D 四个参数及 4PL 公式就可以得到之前 JavaScript 代码里的弹性阻尼算法，从而实现与 iOS 一样的弹性阻尼效果。有人可能会问：能够做弹性动画挺酷的，但别的动画能做么？其实，只要稍作抽象，就能把这个方法提炼成处理动画的通用方法。例如，设计师在 AfterEffect 里制作了一段动画，只需要在动画的关键帧上采集一系列的数据，然后用函数拟合的方法找到对应的参数和函数，再将参数和函数融入程序算法中，就能够通过它们来控制动画效果了。

这种全新的动画编程方式与可微编程有什么关系？其实，用一个第三方的工具时，既不知道它是如何工作的，又难以集成到自己的工程项目中去，因此，可以用可微编程快速实现一个自己的函数拟合算法。由于之前已围绕 TensorFlow 的自动微分介绍可微编程，这里就介绍一下如何用可微编程实现多项式拟合。

多项式拟合利用定理：任意函数在较小范围内，都可以用多项式任意逼近。因此，在实际工程实践中，如果不知道 y 值与 x 值的数学关系，无法通过数学公式设计程序算法，则可以用多项式拟合的回归分析方法强行进行拟合逼近答案。那么如何逼近呢？对于只有一个特征值 x 的问题，前辈们发明了一种聪明的办法，就是把特征值的高次方作为额外的特征值，加入回归分析中，用公式描述如下：

$$z = xw_1 + x^2 w_2 + \cdots + x^m w_m + b$$

式中，x 是原有的唯一特征值，x^m 是利用 x 的 m 次方作为额外的特征值，这样就把特征值的数量从 1 个变为 m 个。换一种表达形式，令 $x_1 = x$，$x_2 = x^2$，$\cdots$，$x_m = x^m$，则：

$$z = x_1 w_1 + x_2 w_2 + \cdots + x_m w_m + b$$

随着多项式项数的增加，算法的运算复杂度也随之增加，而实际操作下来，对拟合弹性阻尼函数时，会发现三次多项式即可达到很好的效果，公式 $z = xw_1 + x^2 w_2 + \cdots + x^3 w_3 + b$ 是仅使用前三项的多项式拟合。多项式次数并不是越高越好，对不同的问题有特定限制，需要在实践中摸索。

下面就用可微编程在 TensorFlow 中实操一遍。环境准备部分和之前一样：

```
#安装MiniConda创建环境并更新: pip install -U pip
conda install -c apple tensorflow-deps
pip uninstall tensorflow-macos
pip uninstall tensorflow-metal
#进入工作目录,启动Jupyter Notebook进行实验
jupyter notebook
```

在 Notebook 里准备 TensorFlow 环境：

```
import tensorflow as tf

#重设TensorFlow
tf.keras.backend.clear_session()

print("Version: ", tf.__version__)
print("Eager mode: ", tf.executing_eagerly())
print(
    "GPU is",
    "available" if tf.config.list_physical_devices("GPU") else "NOT
        AVAILABLE")
```

执行结果如下：

```
Version:  2.8.0
Eager mode:  True
GPU is available
```

可以看到，这里使用的 TensorFlow 是 2.8.0 版本，由于 M1 Pro 有性能强劲的 GPU 和专用神经网络加速单元，在 GPU is available 加持下，训练速度非常快。

准备数据：

```
train_x = [0,500,1000,1500,2500,6000,8000,10000,12000]
train_y = [0,90,160,210,260,347.5,357.5,367.5,377.5]
```

开始可微编程：

```
num = 10000
optimizer = tf.keras.optimizers.Adam(0.1)
t_x = tf.constant(train_x,dtype=tf.float32)
t_y = tf.constant(train_y,dtype=tf.float32)

wa = tf.Variable(0.,dtype = tf.float32,name='wa')
wb = tf.Variable(0.,dtype = tf.float32,name='wb')
wc = tf.Variable(0.,dtype = tf.float32,name='wc')
wd = tf.Variable(0.,dtype = tf.float32,name='wd')
variables = [wa,wb,wc,wd]
for e in range(num):
    with tf.GradientTape() as tape:
        #预测函数
        y_pred = tf.multiply(wa,t_x)+tf.multiply(w2,tf.pow(t_x,2))+tf.
            multiply(wb,tf.pow(t_x,2))+tf.multiply(wc,tf.pow(t_x,2))+wd
        #损失函数
        loss=tf.reduce_sum(tf.math.pow(y_pred-t_y,2))
        #计算梯度
        grads=tape.gradient(loss, variables)
```

```
#更新参数
optimizer.apply_gradients(grads_and_vars=zip(grads,variables))
if e % 100 == 0:
    print("step: %i, loss: %f, a:%f, b:%f, c:%f, d:%f" % (e,loss,wa.
        numpy(),wb.numpy(),wc.numpy(),wd.numpy()))
```

在上面的代码中，有 5 个关键的部分需要注意：optimizer、wa,wb,wc,wd、loss、grads、apply_gradients。optimizer 是优化器，常用的有 SGD 和 Adam，前者是梯度下降，后者则可以理解为加强版，对于本示例只有 9 条数据这种样本比较少的情况有较好效果。因为 Adam 对每个参数使用相同的学习率，并随着学习的进行而独立地适应。此外，Adam 是基于动量的算法，利用了梯度的历史信息。基于这些特征，笔者选择了 Adam 而非 SGD；用 tf.Variable(0.,dtype = tf.float32,name='wa') 语句声明需要训练的参数 wa、wb、wc、wd，这部分在前面介绍自动微分的时候说过；损失函数 loss 是用拟合结果对比实际结果的方差来定义的，也叫平均方差损失；梯度部分则利用 TensorFlow 自动微分梯度带计算方法 tape.gradient(loss, variables) 来进行计算；apply_gradients 把计算好的梯度 grads 应用到参数上去进行下一轮的拟合。重复这个过程 10000 次，不断地优化参数来逼近实际数据：

```
step: 0, loss: 4.712249, a:0.100003, b:0.100003, c:0.100003, d:0.100003
step: 100, loss: 0.164529, a:1.204850, b:-0.219918, c:-0.219918,
    d:0.294863
step: 200, loss: 0.082497, a:1.994068, b:-0.615929, c:-0.615929,
    d:0.209093
step: 300, loss: 0.073271, a:2.291683, b:-0.766129, c:-0.766129,
    d:0.176420
...
step: 9700, loss: 0.072893, a:2.371203, b:-0.804242, c:-0.804242,
    d:0.169179
step: 9800, loss: 0.072850, a:2.369858, b:-0.805587, c:-0.805587,
    d:0.167835
step: 9900, loss: 0.072853, a:2.369503, b:-0.805943, c:-0.805943,
    d:0.167479
```

训练好之后，输出结果来看看实际效果：

```
plt.scatter(t_x,t_y,c='r')
y_predict = tf.multiply(wa,t_x)+tf.multiply(w2,tf.pow(t_x,2))+tf.
    multiply(wb,tf.pow(t_x,2))+tf.multiply(wc,tf.pow(t_x,2))+wd
print(y_predict)
plt.plot(t_x,y_predict,c='b')
plt.show()
#输出：
```

```
tf.Tensor(
[0.16805027 0.2640069  0.3543707  0.4391417  0.59190494 0.95040166
 1.0322142  1.0245409  0.92738193], shape=(9,), dtype=float32)
```

由于训练数据和预测的数据都做了归一化，需要处理一下才能看到真实结果：

```
print(*(y_predict.numpy())*377.5)
#输出：
63.43898 99.66261 133.77495 165.77599 223.4441 358.77664 389.66086
    386.7642 350.08667
#真实数据：
train_y = [0,90,160,210,260,347.5,357.5,367.5,377.5]
```

从图 10-14 中可以看到，程序已经借助多项式拟合和可微编程成功"逼近"了真实数据，图中黑点代表真实数据，线条是根据预测结果绘制的。

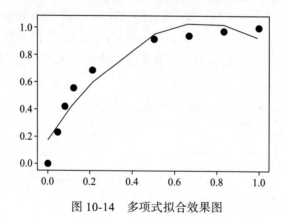

图 10-14　多项式拟合效果图

由于数据量太小，使用多项式拟合的时候，大概在第三轮之后损失的变化就不大了，可见多项式拟合对弹性阻尼函数问题并非最优解。经过一番研究后，笔者找到 Python 的科学计算工具包 Scipy，在 optimizer 里有一个 curve_fit 工具，能够把之前使用的 4PL 公式 $Y = \dfrac{(A-D)}{[1+(x/c)^{B}]} + D$ 很好地拟合出来：

```
from scipy import stats
import scipy.optimize as optimization

xdata = t_x
ydata = t_y

def fourPL(x, A, B, C, D):
    return ((A-D)/(1.0+((x/C)**(B)))) + D
```

```
guess = [0, -0.3, 0.7, 1]
params, params_covariance = optimization.curve_fit(fourPL, xdata, ydata,
    guess)#, maxfev=1)

x_min, x_max = np.amin(xdata), np.amax(xdata)
xs = np.linspace(x_min, x_max, 1000)
plt.scatter(xdata, ydata)
plt.plot(xs, fourPL(xs, *params))
plt.show()
```

函数拟合的效果如图 10-15 所示，可见，用 Scipy 提供的新方法 optimization. curve_fit() 进行可微编程与使用 TensorFlow 区别不大，也是针对函数里的参数进行训练，并返回训练后的参数。

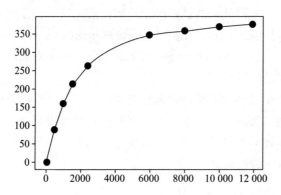

图 10-15　用 Scipy 里的 curve_fit 进行拟合的效果

输出用 Scipy 训练后的参数：

```
print(*params)
#输出:                                #使用工具得到的参数:
A = 410.517236432893                 A = 405.250160538176
B = 1.1531891657236022               B = -1.17885294211307
C = 1481.6957597831604               C = 1414.70383142617
D = -0.16796047781164916             D = -0.516583385175963
```

如输出的结果所示，利用 Scipy 里的 curve_fit 方法进行训练，参数结果与函数拟合工具得到的结果非常接近，这说明通过编程方式获取参数是可行的。回到阻尼函数 $Y=(A-D)/(1+(x/C)**B)+D$，代入可微编程拟合的参数 $A=410.517236432893$、$B=1.1531891657236022$、$C=1481.6957597831604$、$D=-0.16796047781164916$，舍去 D 四舍五入简化表达式 $f(x)=410.514/(1+(4527.779/x**1.153))$，代入 $M = 500$ 限制条件

```
f(x)=(M*(410.517/500))/(1+(4527.779/X**1.153))
```

得到：

```
y=0.821*max/(1+4527.779/Math.pow(y,1.153));
```

对比函数拟合第三方工具产出的参数：

```
y=0.82231*max/(1+4338.47/Math.pow(y,1.14791));
```

两者的差异非常小，参数之间的差异在可忽略的范围内。

除了程序准确性之外，程序性能也非常重要。因此，还要去探究一下新的参数运算性能与之前工具生成的参数相比，在 JavaScript 程序中有何差异。通过使用 https://github.com/JunreyCen/blog/issues/8 的代码进行实际运行测试，两者实际性能表现上差异不大。通过肉眼观察动画效果，两者与 iOS 原生的弹性阻尼效果都非常接近。需要补充的是，由于示例代码比较早，在使用示例的时候要注意一下，将语句 <script src="https://cdn.jsdelivr.net/npm/vue"></script> 修改为 <script src="http://static.runoob.com/assets/vue/1.0.11/vue.min.js"></script> 来解决程序无法运行的问题。

虽然到这里似乎已经完成了可微编程解决弹性阻尼函数拟合的问题，并找到了用可微编程实现算法的解决方案，但回到智能化编程思想里，笔者脑海里又浮现了一个问题：图计算和神经网络能否解决这个问题呢？带着这个问题，笔者又定义了一个图计算的神经网络：

```
model = tf.keras.Sequential()
#添加层
#input_dim(输入1即可，后面的网络可以自动推断出该层的对应输入)
model.add(tf.keras.layers.Dense(units=10, input_dim=1, activation=
    'selu'))
model.add(tf.keras.layers.Dense(units=10, input_dim=1, activation=
    'selu'))
model.add(tf.keras.layers.Dense(units=10, input_dim=1, activation=
    'selu'))
model.add(tf.keras.layers.Dense(units=10, input_dim=1, activation=
    'selu'))
model.add(tf.keras.layers.Dense(units=10, input_dim=1, activation=
    'selu'))
model.add(tf.keras.layers.Dense(units=10, input_dim=1, activation=
    'selu'))
model.add(tf.keras.layers.Dense(units=10, input_dim=1, activation=
    'selu'))
model.add(tf.keras.layers.Dense(units=10, input_dim=1, activation=
    'selu'))
model.add(tf.keras.layers.Dense(units=10, input_dim=1, activation=
    'selu'))
```

```
model.add(tf.keras.layers.Dense(units=10, input_dim=1, activation=
    'selu'))
#units为神经元个数，input_dim为输入维度数，activation为激活函数
model.add(tf.keras.layers.Dense(units=1, activation='selu'))
#设置优化器和损失函数
model.compile(optimizer='adam', loss='mse')
#训练
history = model.fit(t_x, t_y,epochs=2000)
#预测
y_pred = model.predict(t_x)
```

这里用 TensorFlow 的 keras API 定义了 10 个 Dense 层，每层有 10 个神经元、一个输入维度和 selu 非线性激活函数，然后，定义了一个同样激活函数的 Dense 层作为输出。这个定义是通过实验发现的，过多或过少的神经元都无法提升训练效果，层太多的神经网络也无法更好地优化准确率。模型编译时选择的优化器是 adam，损失函数是平均方差损失函数 mse。训练过程如下：

```
1/1 [==============================] - 1s 573ms/step - loss: 74593.5156
Epoch 2/2000
1/1 [==============================] - 0s 38ms/step - loss: 74222.5469
Epoch 3/2000
1/1 [==============================] - 0s 31ms/step - loss: 74039.7734
...
Epoch 1996/2000
1/1 [==============================] - 0s 24ms/step - loss: 0.3370
Epoch 1997/2000
1/1 [==============================] - 0s 26ms/step - loss: 0.3370
Epoch 1998/2000
1/1 [==============================] - 0s 24ms/step - loss: 0.3370
Epoch 1999/2000
1/1 [==============================] - 0s 25ms/step - loss: 0.3369
Epoch 2000/2000
1/1 [==============================] - 0s 24ms/step - loss: 0.3369
```

可以看到，整个神经网络的训练效果持续稳定的提升，一直到近 2000 个 Epoch 的时候损失还在继续下降，可见继续训练还能进一步提升拟合效果，更好地逼近真实数据。按照惯例，画个图来观察一下效果：

```
#把训练结果图像化
plt.scatter(xdata, ydata)
plt.plot(t_x, y_pred, 'r-', lw=5)
plt.show()
```

神经网络拟合效果如图 10-16 所示，训练好的神经网络预测结果与真实数据几乎是一致的，但是，对比之前 4PL 和多项式的函数拟合，整体效果并不像函数的曲线那样平滑，整体呈现过拟合的状态。

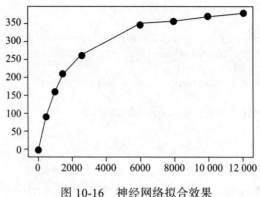

图 10-16 神经网络拟合效果

对比原始数据观察拟合的效果：

```
print(t_y.reshape(-1,1))
```

预测输出：

```
[[ 0.   ][-1.7345996][ 90.   ][90.01992][160.   ][159.91837][210.   ]
   [210.06012][260.   ][260.01797][347.5][347.43182][357.5][357.57867]
   [367.5]   [367.53287][377.5]][377.4857]
```

可以看到，相对于真实数据，神经网络预测的结果是非常精确的，误差比使用多项式拟合要小得多。

至此，前文的示例分别使用了 4PL、多项式以及神经网络三种可微编程的方法，对弹性阻尼函数进行拟合，逼近真实数据的效果虽然有一定差异，但总体都拟合得比较好。与神经网络的方法不同，4PL 和多项式拟合可以直接提供公式和参数，可以方便地将其应用在程序的算法中。而对于前端程序员来说，则需要让神经网络在浏览器中运行，才能在实际业务中应用神经网络的能力解决问题。下面就介绍一下这个过程。

为了能够让神经网络在浏览器中运行，并让 JavaScript 可以调用，首先需要将神经网络存储成文件。

```
model.save('saved_model/w4model')
```

存储到目录后会得到两个文件 keras_metadata.pb 和 saved_model.pb，以及两个目录 assets 和 variables。这里使用的是 TensorFlow 的 tf_saved_model，转换 Python 模型给浏览器使用时，TensorFlow.js 会用到这个参数。

为了能够让模型在浏览器中运行，先安装 JavaScript 版的 TensorFlow 包，命令为 pip install tensorflowjs，然后用 tensorflowjs_converter 命令行转换工具进行模型的转换：

```
tensorflowjs_converter --input_format=tf_saved_model \
--output_node_names="w4model" \
--saved_model_tags=serve ./saved_model/w4model ./web_model
```

其中，--input_format 参数的值 tf_saved_model 对应之前模型存储使用的方法，要注意方法不同，保存的文件格式和结构也不同，它们互不兼容；--output_node_names 是模型的名称；--saved_model_tags 中的 tag 是用来区别不同的 MetaGraphDef，这是在加载模型所需要的参数，其默认值是 serve。

通过 tensorflowjs_converter 进行模型转换后，在 web_model 文件夹中会看到 group1-shard1of1.bin 和 model.json 两个文件。这两个文件中，以 .json 为后缀的文件是模型定义文件，以 .bin 为后缀的文件是模型权重文件。可以把模型定义文件看做 4PL 和多项式的函数，把模型权重文件看做函数的参数。

通过 npm 初始化一个 node.js 项目，然后在 package.json 配置文件中加入如下代码：

```
"dependencies": {
      "@tensorflow/tfjs": "^3.18.0",
      "@tensorflow/tfjs-converter": "^3.18.0"
   }
```

这里的 @tensorflow/tfjs 是 TensorFlow.js 提供的运行时依赖，而 @tensorflow/tfjs-converter 则是加载前面转换的模型所需要的依赖。接下来，在 EntryPoint 的 JavaScript 程序文件中加入如下代码：

```
import * as tf from "@tensorflow/tfjs";
import { loadGraphModel } from "@tensorflow/tfjs-converter";
```

将依赖引入程序文件中，这里要注意 loadGraphModel 是从 @tensorflow/tfjs-converter 依赖中导入的，虽然 @tensorflow/tfjs 提供 tf.loadGraphModel() 方法加载模型，但是这个方法只适用于 TensorFlow.js 中保存的模型，而通过 Python 的 model.save() 方法保存，并用转换器转换的模型，必须用 tfjs-converter 依赖包中提供的 loadGraphModel 方法进行加载。

程序完整的代码如下：

```
import * as tf from "@tensorflow/tfjs";
import { loadGraphModel } from "@tensorflow/tfjs-converter";
window.onload = async () => {
    const resultElement = document.getElementById("result");
```

```
const MODEL_URL = "model.json";

console.time("Loading of model");
const model = await loadGraphModel(MODEL_URL);
console.timeEnd("Loading of model");

const test_data = tf.tensor([
    [0.0],
    [500.0],
    [1000.0],
    [1500.0],
    [2500.0],
    [6000.0],
    [8000.0],
    [10000.0],
    [12000.0],
]);
tf.print(test_data);
console.time("Loading of model");
let outputs = model.execute(test_data);
console.timeEnd("execute: ");
tf.print(outputs);
resultElement.innerText = outputs.toString();
};
```

需要注意的是，由于模型在预测时使用的是张量作为输入，因此，需要用 tf.tensor() 方法来返回经过包装的张量作为模型的输入。运行程序后，可以从浏览器开发者工具的控制台看到输出的调试信息。

```
[Violation] 'load' handler took 340ms
index.js:12 Loading of model: 67.19482421875 ms
print.ts:34 Tensor
    [[0      ],
     [500    ],
     [1000   ],
     [1500   ],
     [2500   ],
     [6000   ],
     [8000   ],
     [10000  ],
     [12000  ]]
index.js:28 execute: 257.47607421875 ms
print.ts:34 Tensor
    [[-1.7345995 ],
     [90.0198822 ],
     [159.9183655],
     [210.0600586],
```

```
[260.0179443],
[347.4320068],
[357.5788269],
[367.5332947],
[377.4856262]]
```

从输出信息可知，加载模型花费约 67ms，执行预测花费约 257ms。

```
import * as tf from "@tensorflow/tfjs";
import { loadGraphModel } from "@tensorflow/tfjs-converter";
window.onload = async () => {
    //新加入webgl硬件加速能力
    tf.setBackend("webgl");
    //输出当前后端信息
    console.log(tf.getBackend());
    const resultElement = document.getElementById("result");
    const MODEL_URL = "model.json";
```

通过执行程序，会看到控制台输出 webgl，代表 TensorFlow.js 成功启用了 WebGL 的加速能力，在其加速之下，预测时间会从 257ms 大幅度缩短到 131ms。多次预测时，由于权重和计算图已经加载到显存中，预测速度会更快，时间达到 78ms 左右。当然，对于动画来说，这种耗时还是有点长的，可以回顾本书端智能中性能相关的部分，使用文中介绍的工具和方法对模型进行压缩和优化，只需要在模型输出的时候选择 TensorFlow.js，或者用 TensorFlow 提供的工具把优化后的模型转成 TensorFlow.js 的模型即可复用这个示例中的代码。

最后，再次回到弹性阻尼函数在 JavaScript 中的定义：

```
damping(x, max) {
    let y = Math.abs(x);
    y = 0.821 * max / (1 + 4527.779 / Math.pow(y, 1.153));
    return Math.round(x < 0 ? -y : y);
},
```

把这里的 y 变成模型预测的结果 y = model.execute(tf.tensor([[x],])); 即可用模型来拟合弹性阻尼函数并返回计算结果。

既然有 4PL、多项式拟合等方法，用神经网络替换多项式拟合就显得多此一举。是的，如果要解决的问题简单到足以用函数拟合的方式解决，同时知道应该用 4PL 还是多项式或是其他函数进行拟合可以逼近真实情况。满足这两个前提条件，就可以用函数拟合的方式直接找到对应的函数和参数来解决问题。但是，现实中要解决的问题往往会更加复杂，比如想做个语音输入交互能力，就需要对语音进行音频信号解析、分析、处理、语义识别、转文本等等操作，每个环节中要解决的问题都无法简单用一个函数和单变量多参数方式去描述和拟合变量间的关系。因此，可以把复杂的问题用神经网络去拟合，让神经网络通过神经元、边、权重、参数等以自动微分的能力去寻找答案。

最后需要指出的是，拟合毕竟是一种近似，无法揭示问题的本质，这就是大家经常质疑机器学习可解释性的根源所在。试想一下，如果程序的弹性阻尼算法是根据物理学定义的公式编写的，那这个算法就具备了可解释性。具备了可解释性，就能够揭示每个变量的意义以及变量之间的关系，从而使程序和算法具备更精确、细致的处理能力。而函数拟合或神经网络拟合的可微编程中，机器学习到了什么很难直接给出答案，只能通过反复实验来推断函数或神经网络能够根据输入估计出正确的输出。因此，不能遇到问题就一股脑地使用可微编程去解决，在解释性方面有强诉求的场景中，尽量还是要从问题本身出发找出解决的途径。

10.3.2　展望未来

回顾本章不难发现，有一个贯穿始终的要点：问题的定义及其解决问题的度量。一步步回看，在 GAN 中，如果不能清晰地定义问题和明确其解决问题的度量标准，就无法定义对抗行为。通常会输入真实样本让判别器对生成器生成的样本进行度量，用一系列参数判断生成样本对真实样本的逼近程度。再回到强化学习 DQN，如果不能清晰定义问题和明确其解决问题的度量标准，就无法定义 reward_func()，无法定义 Reward 就无法定义 Q 值，也无法训练深度神经网络对 Q 值进行优化。然后是遗传算法，同样地，不能清晰定义问题和明确其解决问题的度量标准，就无法定义 fitness_func()，无法定义 Fitness 就无法对变异后的策略进行判断，从而无法有效地遗传，无法有效的遗传就不能演化出有效的策略。甚至再回到可微编程也是一样，可微编程是把复杂的问题用一系列简单的问题进行自动微分，然后用自动微分对照问题解决的度量标准进行拟合和逼近从而解决问题。因此，不论是可微编程，还是各种智能化手段用程序替代人工解决问题，最终都要回到"问题的定义及其解决问题的度量"这个要点上来。

虽然问题的定义已经超出本书讨论的范畴，但笔者还是想把自己在前端智能化过程中的思考分享一下，以便帮助大家少走弯路、少踩坑。在前端智能化过程中，从初期对人工智能的不信任到信任的过程中，最难的点就在于大部分程序员不擅长定义问题。程序员们大多以解决问题为主，可以毫不夸张地说，很少有花费时间学习思考多于编码的程序员，因为在日常工作中应对和解决问题本来就需要对问题所处的环境、技术现状和工程体系进行大量研究学习，在云计算、跨平台等技术基座上，编程解决问题的复杂度有所收敛但并没有消失。举例来说，当拥有云基础设施的 IaaS 能力，迫不及待地拥抱 DevOps 甚至 NoOps 的时候，同时要面对大数据的一致性和复杂的流式计算引擎，以及复杂的业务逻辑和冗长的数据处理运算管道，经常因跟不上强大的终端运算和 5G 网络传输性能，而在性能优化中苦苦挣扎。

传统编程将被替代，人工智能和机器学习的时代终将到来。之所以说终将到来，是因为人工智能和机器学习就像电力一样，代表了时代当下最先进的生产力，而时代会自然地选择最先进的生产力，降低成本提升效率是任何时代都不会改变的 Q 值。正因如此，所谓的问题定义能力就可以稍微具象一点——识别落后的生产力并用人工智能和机器学习进行优化。回到编程领域，就可以定义得更具体一些——识别落后的编程模式并用可微编程进行优化。

当然，识别落后的编程模式并用可微编程进行优化听起来过于虚无缥缈。是的，通常情况下可以这么认为。相对于做数据工作的程序员，使用 Julia、Swift 和直接使用 TensorFlow、PyTorch 等机器学习框架，即便开源了 PipCook 和 DataCook，前端工程师依旧缺乏锻炼的场景和机会。所谓知行合一，对于可微编程、机器学习和人工智能，笔者的理解大多来源于实际问题的定义、解决过程：在负责 PP 助手业务的时候，用机器学习对应用和用户偏好进行理解和匹配，大幅度提升了应用分发效率；在负责 UC 浏览器的时候，用机器学习超分辨率算法让带宽条件差的外国网友能够看到高清视频；在淘宝前端团队的时候，用机器学习分析、识别和理解设计稿生成代码，大幅度提升 UI 研发效率。在这些过程中，笔者通过不断学习、总结和反思，然后开启新一轮对问题解决过程的优化、迭代，才逐渐掌握如何面向不确定性的复杂问题进行编程。

或许前端工程师无法通过阅读本书和练习可微编程，就彻底改变自己对传统编程的认识和对可微编程的理解。但是，本书从开篇的设计稿生成代码，再到使用生成能力去产生 UI 可变性供给，最后再利用机器学习和人工智能实现个性化 UI 推荐，以及如何用机器学习和人工智能改进 UI 和用户体验，用设计生产一体化的方式降低对高频低值研发工作的投入，最终讲到什么是可微编程以及如何进行可微编程，其实都是在尝试用这些场景创造思考和实践的机会。笔者从小学习绘画的时候，基本上都是从临摹开始再到自己创作，最终形成自己的绘画风格，技术也是类似的，希望读者也可以从本书的案例中找到灵感，从识别落后编程模式并用可微编程进行智能化改造开始，逐渐从日常应对和解决问题的过程中识别出可以用可微编程改造的地方，合理利用可微编程的思想和能力武装自己，通过学习和实践双循环形成自己的前端智能化编程风格！

本篇小结

从第一次接触前端智能化的概念开始，到成为能够用可微编程和交付智能化改变前端工程师工作方式的高手，笔者希望把一路摸索、学习、实践的所有细节都娓娓道来。但是，有两点想在最后再交代一下，一个是思考，另一个是实践。

先谈谈思考部分。书中较为细致地呈现了思考的过程，以 UI 智能化来说，从 UI 是什么开始，到谷歌助手对笔者的启发，再到什么是 UI 智能化的定义，详细介绍了笔者对 UI、交互及用户体验的理解。为什么 UI 需要智能？有一个深植于内心的想法是对计算的消耗。

在了解国家经济形势的时候，经常听见一个指标——工业用电量。为什么用工业用电量来衡量经济发展状况？通常答案是因为工厂耗电就意味着生产情况，生产情况决定了供给和市场需求情况，从而推断经济形势。但还有一个深层次的原因很少被关注——电力革命。正是因为电力成为经济的基础，才造就上述判断的成立。

就像蒸汽机的出现让大规模采矿、国际乃至洲际铁路等成为现实一样，电力也伴随着照明、取暖、制冷等一系列应用场景同步发展。尤其在人工智能出现后，"算力黑洞"效应愈加显著。大模型和多模态等模型算法的复杂度攀升的同时，自动驾驶、视频理解、3D 空间理解、3D 建模等应用场景的复杂度也在迅速提高，社会治理、生活服务、工业制造、金融、投资、科研等领域的渗透也在不断加深，随着机器学习和人工智能逐渐成熟，似乎一夜之间整个世界都对算力产生了无穷无尽的需求。

然而，算力无穷无尽的需求背后就是对电力的需求。即便摩尔定律失效，芯片领域仍然通过 3D 封装等途径寻求对单位面积算力极限的突破。只要光计算、量子计算等超越硅基半导体技术没有产业化、规模化，电力消耗就会是衡量一个国家、社会、企业综合实力的魔法数字。

那么，如果把电力换成计算，电力消耗换成算力消耗，会有什么启发？可以把思维框架回到电力革命替代了什么，再寻找算力替代了什么。电力除了直接驱动工业设备工作外，还承担着对电子、硬件、软件系统提供能量的职责。这部分职责最初由一些测量电路和控制电路组成，现在则在 CAN 总线等数字信号控制下，实现着越来越精确、复杂的工业控制。而随着智能化兴起，机器视觉、计算机模拟、模型预测等能力不断升级，简单作业的工种逐渐在工厂消失。这些工种被电子、硬件、软件系统，以及更先进的工业设备如机械臂和数控车床所替代。

一旦低价值工作被机器替代，人们将进行技术含量更高或创意类型的工作。人们将收获更多个人和生活时间。有了更多时间，人们会追求更高层次的需求，当下来看就是对实物商品的消费转向对服务的消费。服务因被数字化改造已经回不到过去，如今不能标准化和数字化的服务就无法利用好互联网这个重要的基础设施。而互联网的重要载体是应用程序，应用程序和其上的 UI 也势必会不断加大算力消耗来提供更易用、酷炫、个性化的功能。

因此，算力消耗是笔者对应用是否强大、先进的重要判断依据。UI 智能化恰好可以用端智能、智能 UI 等可微编程方法，良好地提升应用对算力的消耗。交付智能化则在应用设计研发一体化体系中，消耗算力来重塑各角色之间的协作方式。只有用可微编程的智能化编程思想武装自己，主动去设计和实现这些系统，才能够在未来工作被智能化算力消耗所取代时，升级到这些智能化系统的创作者或维护者，从而完成工作内容和职责的进化。

当然，这是遥远的未来，但笔者 2019 年在 D2 论坛对外发布 imgcook 后，各大公司已经建设了自己的 D2C 设计稿生成代码能力，还有很多创业公司如 CodeFun、光速软件等获得了巨额融资。这些未来或许并不遥远，只需要行动起来。

接近未来，只要细心观察不难发现，不光程序员逐渐智能化和"赛博"化，今天的所有人都已经"赛博"化了。

首先，几乎每个人的口袋里都揣着一个十多年前的超级计算机——手机，将人类和数字世界连接在一起。内容创作者这几年受益于手机和移动互联网普及，创作的内容不再受到影院、电视等传统媒体制约，随时随地快速将内容通过手机传递给用户的同时，借助 AI 降低创作门槛，让每个人通过手机如同拥有录音室、摄影棚、剪辑师等。整个世界运行的基础已经从互联网信息逐步向深层次的数字化转变，手机则是人类连接数字世界的窗口，并且成为人类作为数字人的重要延伸。

其次，世界的数字化已经成为不可逆的潮流，明天无法掌握数字化接入和使用能力的人，就像今天无法掌握互联网的人，会逐渐跟不上时代发展的潮流。从互联网初期的信息、大数据和数字化办公，到中期的内容和政务数字化，后期的IoT、NFC、支付等生活和服务的数字化，中国高质量发展的下一步就是工业制造和产业数字化。过去，不懂计算机难找工作，因为计算机是辅助工作的重要部分，是人类"赛博"化的重要证明。今天乃至未来，不懂数字化难找工作，无法借助手机、XR、脑机接口等技术接入数字世界，就无法掌握数字世界提供的辅助能力，很难在全面数字化的未来社会有立足之地。

最后，AI 将是"赛博"化人类接入数字世界的重要代理能力。接入数字世界并不见得能够使用好数字世界提供的辅助能力。本质上，人类处理外部信号的方式和计算机是不同的，无法接收 TB 级别的数据并良好处理。人类是通过感知、认知产生的意识驱动思考的，而人类感知以视觉、听觉、嗅觉和触觉为主，每一种感知能力的带宽都极其有限，人类却能够在认知和思考层面优于计算机，就是因为人类的认知和思考和计算机是不同的。这也正是自动驾驶运用的带宽和算力巨大，却始终难以达到人类驾驶水平的原因。这种不同的方式体现在人类的非线性和计算机的线性。只要回想一下日常生活的细节就能够发现，端起水杯并没有任何对水杯形状、位置和伸手方向、握持力度等计算的过程，但人类却能准确地端起水杯，这就是人类处理外部信号的非线性。而计算机则会一丝不苟地计算这些过程，调整驱动电机和舵机的输出功率来执行端起水杯这个命令，这就是计算机处理外部信号的线性。作为程序员，很难想象输入信号和输出之间没有直接关系，这种非线性计算过程是软件工程当做 BUG 极力避免的。然而，AI 的出现和机器学习的发展打破了计算机传统线性计算的瓶颈。通过神经网络的权重和复杂的网络结构记住一些模式，计算机就能借助 AI 能力在非线性过程中完成端起水杯的任务，而不是执行一系列命令。AI 的这种非线性和人类非线性处理输入输出的过程非常相似，因此，AI 可以作为人类使用数字世界的代理，也可以是人类非线性和数字世界线性的桥梁，从而接受人类非线性任务并用 AI 直接下达各种线性指令。

未来衡量价值的标准是电力消耗，电力消耗背后是算力消耗，算力消耗是为了借助 AI 更好地连接和使用数字世界，连接和使用数字世界会让人类社会进入一个全新且极致高效的时代，消除贫困和疾病的同时，也不再为争夺资源而发动战争，而程序员将是构建这一切的中坚力量。

最后是实践部分，笔者有些经验与读者分享。端到端用智能化手段解决问题看似诱人，但实现一个智能化体系还是需要尊重客观规律，如果没有数据、没有人才、没有工程基础，实现起来则难如登天。对此，笔者使用了大量的规则和工程手段，从软件设计的角度去规避智能化过程中的一些问题。比如在 imgcook 中生成代码的部分，使用了大量的规则去翻译 UI 识别结果。但是，必须对这些规则做数据沉淀的设计，而且这些设计要围绕未来的智能化方法（也就是本书前述的各种方法）有意识地设计，从而保证数据沉淀的有效性和质量，以期未来逐步智能化。

罗马不是一天建成的，前端智能化编程思想也需要不断进行可微编程的实践。可微编程实践需要在交付智能化或 UI 智能化的应用场景中检验，才知道问题定义、数据收集、模型选择、模型训练、模型应用等方面是否有问题。如此循环往复地锻炼，同时，系统也需要不断迭代，模型则在数据驱动的自闭环中更新升级。

在此，衷心祝愿读者能够从本书中获得些许启发，并伴随着阅读和实践，成为推动前端智能化发展的中坚力量，用前端智能化让前端摆脱"切图仔"的尴尬，推动前端智能化发展的进程，造就一个全新的前端程序员的舞台，共勉！